自动化专业本科系列教材

ChuanGanQi Yu Jiance JiShu

传感器与检测技术

010100100010000 1（第二版）

海 涛 李啸骢 韦善革 黄光日 等 编著

重庆大学出版社

内容提要

全书共分13章，主要由三部分构成，第一部分是基础知识，包括第1～3章，主要描述检测技术概论、测量误差、数据处理与信号分析、检测系统的特性等；第二部分是传感器原理部分，包括第5～9章，介绍电阻式传感器、电感式传感器、电容式传感器、压电式传感器、光电式传感器的工作原理与应用；第三部分包括第10～13章，介绍固态图像传感器、红外和辐射式传感器、温度传感器、位移、流量参量的工作原理与应用。本书为适应电气工程相关专业，在第4章介绍了电气参数测量技术。与之配套使用的有海涛主编的《传感器与检测技术实验指导书》。

本书可以作为自动化、电气工程及相关专业本科生和研究生教科书，也可作为相关技术人员的参考书。

图书在版编目(CIP)数据

传感器与检测技术／海涛等编著. -- 2版. -- 重庆：重庆大学出版社，2020.8(2023.7重印)
自动化专业本科系列教材
ISBN 978-7-5624-9753-0

Ⅰ.①传… Ⅱ.①海… Ⅲ.①传感器—检测—高等学校—教材 Ⅳ.①TP212

中国版本图书馆CIP数据核字(2020)第152382号

传感器与检测技术
(第二版)
海　涛　李啸骢　韦善革　黄光日　等　编著
策划编辑：鲁　黎
责任编辑：曾显跃　版式设计：曾显跃
责任校对：杨育彪　责任印制：张　策
*
重庆大学出版社出版发行
出版人：饶帮华
社址：重庆市沙坪坝区大学城西路21号
邮编：401331
电话：(023) 88617190　88617185(中小学)
传真：(023) 88617186　88617166
网址：http://www.cqup.com.cn
邮箱：fxk@cqup.com.cn (营销中心)
全国新华书店经销
重庆市国丰印务有限责任公司印刷
*
开本：787mm×1092mm　1/16　印张：20.5　字数：512千
2020年8月第2版　2023年7月第5次印刷
印数：11 001—13 000
ISBN 978-7-5624-9753-0　定价：49.80元

编写委员会

主　任

海　涛

副主任

李啸骢　　韦善革　　黄光日

委　员

张镱议　　徐辰华　　刘瑞琪

王　钧　　朱浩亮　　周　玲

黄新迪

前言

本书综述了传感器与检测技术的主要理论知识和应用技术,并简要阐述了检测系统综合设计的原则和方法,以满足在应用能力培养实施过程中对教材的同步需求。全书主要由三部分构成,第一部分是基础知识,包括第 1 ~3 章,主要描述检测技术概论、测量误差、数据处理与信号分析、检测系统的特性等;第二部分是传感器原理部分,包括第 5 ~9 章,介绍电阻式传感器、电感式传感器、电容式传感器、压电式传感器、光电式传感器的工作原理与应用;第三部分包括第 10 ~13 章,介绍固态图像传感器、红外和辐射式传感器、温度传感器、位移、流量参量的工作原理与应用。本书为适应电气工程相关专业,在第 4 章介绍了电气参数测量技术。

本书针对温度、压力、流量、物位、转速、加速度等各种非电量参数分析和测量方法,注重新知识的融合,包括智能传感器和一些具有实用价值的新技术的介绍。参数检测的各章具有相对独立性,可根据教学课时和不同专业的教学需要选用。

本书作为普通高等教育应用型本科教材编写,重点突出了知识的应用性。面向工程实践,书中许多章节有详细举例。为突出对应用能力的培养,书中不仅在误差处理、参数检测、信号变换等内容注意介绍知识的具体应用,而且在第 4 章中专门讨论了电力参数检测的具体方法,列举相应的微机化检测系统的设计实例,对课程设计或相关专业的综合性教学有参考价值。本书配有与教材对应的电子课件,该课件获得全国第八届高校理工组优秀奖,电子课件可在重庆大学出版社教育资源网下载;另外,本书还有相关实验指导书配套。本书每章开头有内容提要,结尾有小结和习题,便于教学和自学。

本书可作为自动化专业、电气工程的本科教材,也可作为硕士研究生及从事相关工程技术人员的参考书。

本书于 2015 年 7 月第 1 次出版,再次出版的修订工作始于 2020 年 8 月,由广西大学电气工程学院硕士生导师海涛教授级高级工程师、博士生导师李啸骢教授及韦善革、南宁学院黄光日高级工程师等教师编著。参与本书修订工作的还有广西大学电气工程学院张镱议、徐辰华、广西工学院刘瑞琪、华蓝设计院王钧、南宁学院朱浩亮,以及广西计量研究院黄新迪等。广西大学海涛负责全书修订的统稿工作。

在本书的编写过程中,海蓝天、上官雅婷、张天娇等人为本书的撰写做了很多工作,广西盟创智慧科技有限公司李康对编撰此书也给予了大力支持和帮助,在此对他们的辛勤工作表示感谢。由于时间紧迫,编者水平有限,书中谬误之处在所难免,恳请读者推评指正。

E-mail:haitao5913@163.com

编　者

2020年5月

目录

第 1 章 检测技术概论

检测技术,就是利用各种物理化学效应,选择合适的方法和装置,将生产、科研、生活中的有关信息通过检查与测量的方法赋予定性或定量结果的过程。检测技术对促进企业技术进步、传统工业技术改造和技术装备的现代化有着重要的意义。本章主要介绍测量的基本方法和要求、检测系统的组成和分类等内容。

1.1 检测的基本概念

1.1.1 测量与检测

对于每一个物理对象,都包含有一些能表征其特征的定量信息,这些定量信息往往可用一些物理量的量值来表示,测量就是借助于一定的仪器或设备,采用一定的方法和手段,对被测对象获取表征其特征的定量信息的过程,是以确定被测对象的量值为目的的全部操作。测量的实质是将被测量与同种性质的标准单位量进行比较的过程:

$$\text{被测量}\xleftrightarrow[\text{直接/间接}]{\text{比较}}\text{标准量}\longrightarrow\text{倍数}\times\text{单位}=\text{测量结果}$$

由测量的定义可知,测量过程中必不可少的环节是比较,在大多数情况下,被测量和测量单位不便于直接比较,这时需把被测量和测量单位都变换成某个便于比较的中间量,然后再进行比较。测量过程三要素为测量单位、测量方法和测量装置。

通过测量可以得到被测量的测量值,但在有些情况下测量的目标还没有全部达到。为了准确地获取表征对象特性的定量信息,在有些情况下还要对测量数据进行数据处理和误差分析,估计测量结果的可靠程度,等等。

检测则是意义更为广泛的测量——测量+信息获取,检测过程包括测量、信息提取、信号转换与传输、存储与显示等过程,检测技术包括测量方法、检测装置和检测信号处理等内容。

1.1.2 测量方法的分类

测量可从不同的角度进行分类,按测量的手段可分为直接测量和间接测量;按测量敏感元件(传感器)是否与被测介质接触,可分为接触式测量和非接触式测量;按测量的方式,可分为偏差法测量、零位法测量和微差法测量;按测量系统是否向被测对象施加能量,可分为主动式测量和被动式测量。

(1)直接测量

在使用仪表进行测量时,对仪表读数不需要经过任何运算,就能直接表示测量所需要的结果,这种测量方法称为直接测量。直接测量过程简单、迅速,缺点在于测量准确度往往不高。例如,使用米尺测长度,用玻璃管水位计测水位等为直接测量。

(2)间接测量

某些被测量的量值不能通过直接测量获取。在对这类被测量进行测量时,首先应对与被测量有确定函数关系的几个量进行直接测量,然后将测量结果代入函数关系式,经过计算得到所需要的结果,这种测量方法称为间接测量。对于未知待测变量 y 有确切函数关系的其他变量 x(或 n 个变量)进行直接测量,然后再通过确定的函数关系式 $y=f(x_1, x_2, \cdots, x_n)$,计算出待测量 y。间接测量的缺点在于测量过程比较烦琐,所需的时间比较长,且由于需要测量的量较多,引起误差的因素也较多。通过测量导线电阻、长度及直径求电阻率即为间接测量的典型例子。

(3)接触式测量

在测量过程中,检测仪表的敏感元件或传感器与被测介质直接接触,感受被测介质的作用,这种测量方法称为接触式测量。典型例子为使用热电偶测量物体温度。接触式测量比较直观、可靠,但传感器会对被测介质引起干扰,造成测量误差,且当被测介质具有腐蚀性等特殊性质时,对传感器的性能会有特殊要求。

(4)非接触式测量

在测量过程中,检测仪表的敏感元件或传感器不直接与被测介质接触,而是采用间接方式来感受被测量的作用,这种测量方法称为非接触式测量。典型例子为使用红外测温仪测量物体的温度。非接触式测量在测量时不干扰被测介质,适于对运动对象、腐蚀性介质及在危险场合下的参数测量。

(5)偏差法测量

以检测仪表指针相对于刻度起始线(零线)的偏移量(即偏差)的大小来确定被测量值的大小。

在应用这种测量方法时,标准量具没有安装在检测仪表的内部,但是事先已经用标准量具对检测仪表的刻度进行了校准。输入被测量以后,按照检测仪表在刻度标尺上的示值来确定被测量值的大小。偏差法测量过程简单、迅速,但是当偏移量较大时,测量误差也会增大。如图1.1所示的使用压力表测量压力就是这类偏差法测量的例子。

由于被测介质压力的作用,使弹簧变形,产生一个弹性反作用力。被测介质压力越高,弹簧反作用力越大,弹簧变形位移越大。当被测介质压力产生的作用力与弹簧变形产生的反作用力相平衡时,活塞达到平衡,这时指针位移在标尺上对应的刻度值,就表示被测介质的压力值。

(6)零位法测量

被测量和已知标准量都作用在测量装置的平衡机构上,根据指零机构示值为零来确定测量装置达到平衡,此时被测量的量值就等于已知标准量的量值。在测量过程中,用指零仪表的

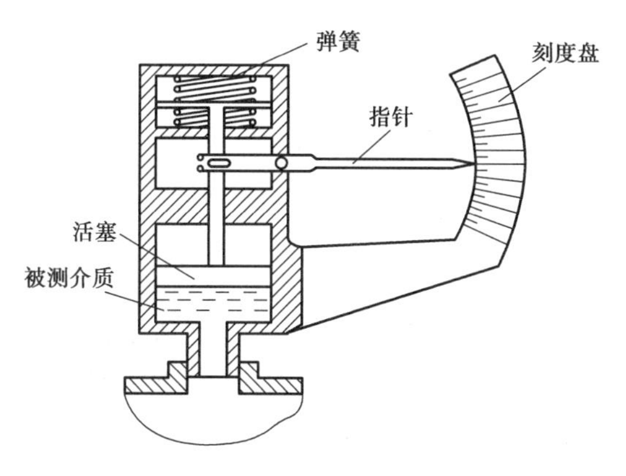

图1.1　压力表测量原理

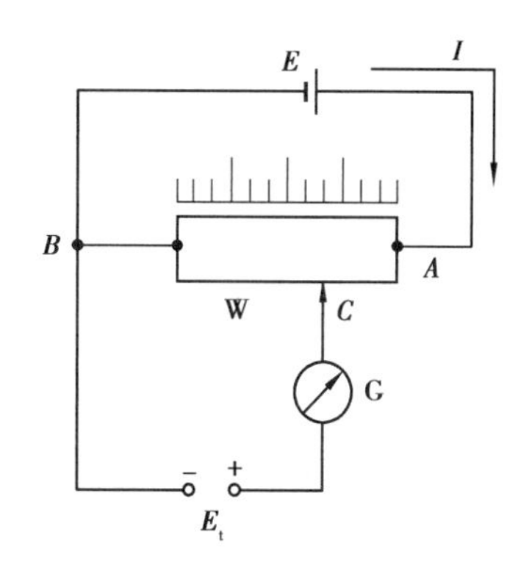

图1.2　电位差计测量原理

零位指示来检测测量装置的平衡状态。在应用这种测量方法时，标准量具一般安装在检测装置内部，以便于调整。零位法测量精度较高，但在测量过程中需要调整标准量以达到平衡，耗时较多。零位法在工程参数测量和实验室测量中应用很普遍，如天平称重、电位差计和平衡电桥测毫伏信号或电阻值、零位式活塞压力计测压等。

如图1.2所示为电位差计的简化等效电路。图中 E_t 为被测电势，滑线电位器W与稳压电源 E 组成一闭合回路，因此流过W的电流 I 是恒定的，这样就可以将W的标尺刻成电压数值。测量时，调整W的触点 C 的位置，使检流计G的指针指向零位（即 $U_{CB}=E_t$），此时 C 所指向的位置即为被测电压 E_t 的大小。

（7）微差法测量

微差法测量是偏差法测量和零位法测量的组合，用已知标准量的作用去抵消被测量的大部分作用，再用偏差法来测量被测量与已知标准量的差值。微差法测量综合了偏差法测量和零位法测量的优点，由于被测量与已知的标准量之间的差值是比较微小的，因此微差法测量的测量精度高，反应也比较快，比较适合于在线控制参数的检测。

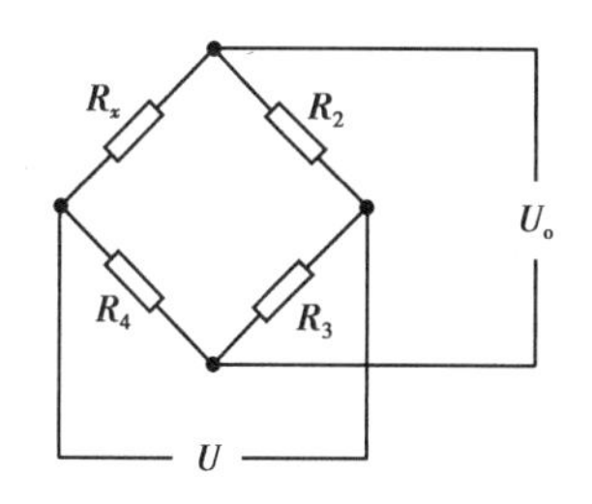

图1.3　不平衡电桥测电阻原理

如图1.3所示的用不平衡电桥测量电阻就是用微差法测量的例子。图中，R_x 为待测电阻，$R_2=R_3=R_4=R$ 为平衡电阻，则当 R_x 与 R 很接近时，有 $R_x=R+4U_oR/U$。

（8）主动式测量

测量过程中，需从外部辅助能源向被测对象施加能量，这种测量方法称为主动式测量。主动式测量相当于用被测量对一个能量系统的参数进行调制，故又称为调制式测量。主动式测量不破坏被测对象的物理状态，往往可以取得较强的信号，但测量装置的结构一般比较复杂。

（9）被动式测量

测量过程中，无须从外部向被测对象施加能量，这种测量方法称为被动式测量。被动式测量所需能量由被测对象提供，被测对象的部分能量转换为测量信号，故又称为转换式测量。被动式测量的测量装置一般比较简单，但对被测对象的物理状态有一定的影响，所取得的信号较弱。

1.2 检测系统的定义及其基本功能

1.2.1 检测系统的定义

检测的基本任务是获取信息，信息是客观事物的时间、空间特性，是无所不在、无时不存的。为了从海量的信息中提取出有用的部分，以达到观测事物某一内在规律的目的，人们需要通过各种技术手段将所需要了解的那部分信息以容易理解和分析的形式表现出来，这种对信息的表现形式称为"信号"，信号是信息的载体。

检测系统就是由一些部件以一定的方式组合起来，采用一定的方法和手段，以发现与特定信息对应的信号表现形式，并完成在特定环境下进行最佳的信号获取、变换、处理、存储、传输、显示记录等任务的全套检测装置的总体，它是检测装置的有机组合。

1.2.2 检测系统的基本功能

各种类型的检测系统，尽管它们的被测对象及参数、工作原理和结构千差万别，但它们在完成检测任务时所必备的基本功能是相同的。检测系统的基本功能有检出变换、信号选择、运算比较、数据处理及结果显示等。

(1)检出变换

检出变换是检测系统最基本的功能之一，是检测技术的核心，它是指把某一个物理量按一定的规律变换成便于被后一个环节接受和处理的另一个物理量的过程，检出变换通常是基于某种物理的、化学的或生物的效应来进行的，要求得到的测量信号 y 与被测量 x 之间有确定的关系。最简单也是最理想的变换规律是线性变换，即变换后的量 y 与变换前的量 x 呈线性关系，也即 $y=kx$，k 为常数，称为变换系数。

(2)信号选择

信号选择功能是指检测系统仅对被测量 x 有响应，而对干扰量的影响有抑制作用。实际的检测系统中，除了被测量 x 外，还有许多其他的影响量，它们以不同程度影响输出信号 y，这些影响量称为干扰量。为了保证输出信号 y 与被测量 x 之间有一一对应的单值函数关系，检测系统必须具有信号选择功能。

(3)运算比较

比较功能也是检测系统最基本的功能之一。在任何一个检测系统中，代表被测量的作用一定要与代表标准量的反作用进行比较，通过比较才能得到被测量的数值。现代的检测系统往往还具有极强的运算功能，在比较前或比较后对信号进行各种运算。

(4)数据处理

检测系统通常还应能按照一定的规则和方法对测量数据进行分析、加工处理，以便从大量的、可能是杂乱无章的、难以理解的数据中将测量数据所代表的被测系统的运行规律和特点提炼出来。

(5)测量结果显示

结果显示功能是检测系统实现人机联系的一种手段，即把测量结果用便于人们观察的形式表示出来。通常人们都希望及时知道被测参量的瞬时值、累积值或其随时间的变化情况，因此，各类检测仪表和检测系统在信号处理器计算出被测参量的当前值后通常均需送至各自的显示器进行实时显示。显示器是检测系统与人联系的主要环节之一。

1.3　检测系统的组成

一般说来，检测系统由传感器、信号调理电路、信号处理和显示记录装置等部分组成，如图1.4所示。

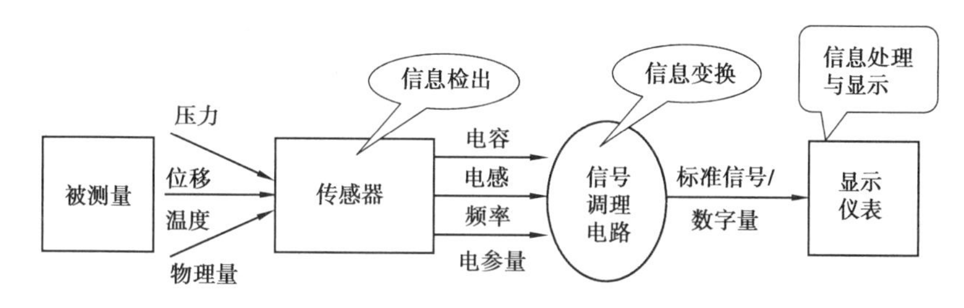

图1.4　检测系统的组成结构图

1.3.1　传感器

(1)定义

传感器是检测系统与被测对象直接发生联系的器件或装置。它的作用是将被测物理量（如压力、温度、流量等非电量）检出并转换为一个相应的便于传递的输出信号（通常为电参量），变送器将这些电参量转换成标准信号/数字量后送到显示仪表中进行分析（提取特征参数、频谱分析、相关分析等）、处理和显示等。例如，半导体应变片式传感器能把被测对象受力后的微小变形感受出来，通过一定的桥路转换成相应的电压信号输出。

传感器是一种检测装置，能感受到被测量的信息，并能将检测感受到的信息，按一定规律变换成为电信号或其他所需形式的信息输出，以满足信息的传输、处理、存储、显示、记录和控制等要求。它是实现自动检测和自动控制的首要环节。

人们为了从外界获取信息，必须借助于感觉器官，而单靠人们自身的感觉器官，在研究自然现象和规律以及生产活动中它们的功能就远远不够了。为适应这种情况，就需要传感器。因此，传感器是人类五官的延长，又称为电五官。传感器的功能是将被测对象的信息转化为便于处理的信号。传感器的被测量包括电量和非电量，在此偏重于非电量。传感器的输出为可用信号。所谓可用信号，是指便于显示、记录、处理、控制和可远距离传输的信号，往往是一些电信号（如电压、电流、频率等）。

(2)作用

新技术革命的到来，世界开始进入信息时代。在利用信息的过程中，首先要解决的就是要获取准确可靠的信息，而传感器是获取自然和生产领域中信息的主要途径与手段。在现代工业生产尤其是自动化生产过程中，要用各种传感器来监视和控制生产过程中的各个参数，使设备工作在正常状态或最佳状态，并使产品达到最好的质量。因此，没有众多的优良的传感器，现代化生产也就失去了基础。

传感器早已渗透到诸如工业生产、宇宙开发、海洋探测、环境保护、资源调查、医学诊断、生物工程，甚至文物保护等极其广泛的领域。可以毫不夸张地说，从茫茫的太空，到浩瀚的海洋，以至各种复杂的工程系统，几乎每一个现代化项目，都离不开各种各样的传感器。由此可知，传感器技术在发展经济、推动社会进步方面的重要作用，是十分明显的。

(3)特点

知识密集度高、边缘学科色彩极浓。由于传感技术是以材料的电、磁、光、声、热、力等功能效应和形态变换原理为基础，并综合了物理学、化学、生物学、微电子学、材料科学、机械原理、误差理论等多方面的基础理论和技术而形成的一门学科。在传感技术中多种学科交错应用，知识密集程度高，与许多基础学科和应用学科都有着密切的关系，因此，它是一门边缘学科色彩极浓的技术学科。

内容广泛，知识点分散。传感器是基于各种物理、化学、生物的原理、规律或效应将被测量转换为信号的，这些原理、效应和规律不仅为数众多，而且它们往往彼此独立，甚至完全不相关。因此，传感器所涉及的内容极为广泛，而知识点分散。

技术复杂、工艺要求高。传感器的开发、设计与制造涉及了许多高新技术，如集成电路技术、薄膜技术、超导技术、微机械加工等。在应用过程中，要求传感器具有良好的选择性和抗干扰能力，这就对传感器的材料及材料处理、制造及加工等方面都提出了较高的要求。因此，传感器的技术复杂，制造工艺难度大，要求高。

(4)组成和分类

传感器的基本功能是检测信号和信号转换。传感器总是处于测试系统的最前端，用来获取检测信息，其性能将直接影响整个测试系统，对测量精确度起着决定性作用。传感器一般由敏感元件、转换元件和基本转换电路3部分组成，如图1.5所示。

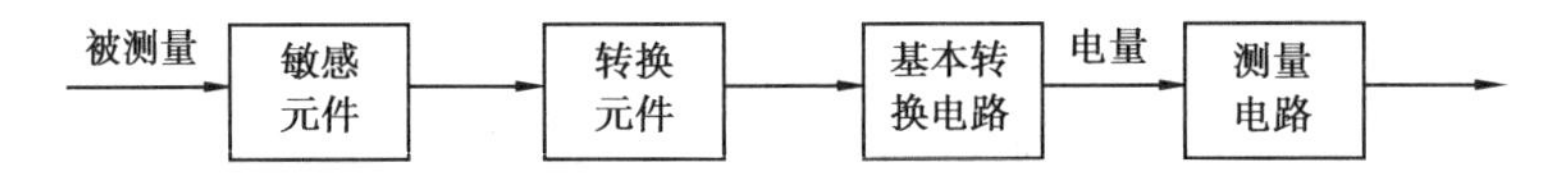

图1.5　传感器组成框图

①敏感元件：敏感元件又称为检测元件，其作用为直接感受被测量，并以确定关系输出某一物理量。如弹性敏感元件将力转换为位移或应变输出。

②转换元件：将敏感元件的输出的非电物理量（如位移、应变、光强等）转换成电路参数（如电阻、电感等）或电量。

③基本转换电路：将电路参数转换成便于测量的电量，如电压、电流、频率等。

传感器有多种分类方法，可按测量原理、被测量、信号转换机理、构成原理、能量传递方式，输出信号形式等来分类。

1）按测量原理分类

传感器是基于物理、化学、生物等学科的某种原理、规律或效应将被测量转换为信号，通常可按其测量原理分为应变式、压电式、电感式、电容式及光电式等。

2）按被测量分类

按被测量分为位移传感器、力传感器、加速度传感器、温度传感器等。这种分类方法阐明了传感器的用途，这对传感器的选用来说是很方便的，但是将不同测量原理的传感器归为一类，这对掌握传感器的基本原理是不利的。

3）按信号转换机理分类

传感器可分为物理型传感器、化学型传感器、生物型传感器。物理型传感器的信号转换机理是基于某些物理效应和物理定律。化学型传感器的信号转换机理是基于某些化学反应和化学定律。生物型传感器的信号转换机理是基于某些生物活性物质的特性。物性型传感器利用检测元件材料的物理特性或化学特性的变化，将被测量转换为信号。

4）按能源分类

传感器分为有源传感器（如热电式传感器和压电式传感器）和无源传感器（如电阻式、电感式传感器等）。

5）按输出信号形式分类

传感器可分为模拟式传感器和数字式传感器。模拟式传感器的输出信号为电压、电流、电阻、电容、电感等模拟量。数字式传感器的输出信号为数字量或频率量。

6）按能量传递方式分类

传感器可分为能量转换型传感器和能量控制型传感器。能量转换型传感器又称为有源传感器，它无须外加能源，从被测对象获取信息能量，并将信息能量直接转换为输出信号。能量控制型传感器又称为无源传感器，它需外部辅助能源（电源）供给能量，从被测对象获取的信息能量用来控制或调制辅助能源，将辅助能源的部分能量加载信息而形成输出信号。

（5）结构形式

1）简单结构

简单结构的传感器仅由敏感元件（检测元件）构成。在这种结构中，检测元件有易于传输的并足够强的信号输出。此类传感器的典型例子如热电偶，只有检测元件，直接感受被测温度并输出电动势。此外，有些简单结构传感器由敏感元件和转换元件组成，无须基本转换电路，如压电式加速度传感器，通过质量弹簧惯性系统将加速度转换成力，作用在压电元件上产生电荷。

2）电参量结构

电参量结构传感器由检测元件、转换元件和转换电路构成。检测元件和转换元件将被测量转换成电阻、电容、电感等电参量，再通过转换电路将电参量转换为易于传输的电压、电流信号输出。典型的如电容式位移传感器。

3）多级转换结构

有些传感器，转换元件不止一个，要经过若干次转换才能输出电量。多级转换结构的传感器由检测元件、转换元件和转换电路构成，如图1.6所示。检测元件的输出通过转换元件转换成中间参量，再通过转换电路将中间参量转换为易于传输的信号输出。

图1.6　多级转换结构框图

4）补偿结构

补偿结构的传感器如图1.7所示，由两个检测元件 A、B 组成。其中，A 的输入为被测量 $x=X+\Delta x$（其中 X 为被测量的设定值，Δx 为被测量的变化值），以及环境干扰量 $u=U+$

Δu;B 的输入为被测量的设定值 X 以及环境干扰量 $U+\Delta u$。

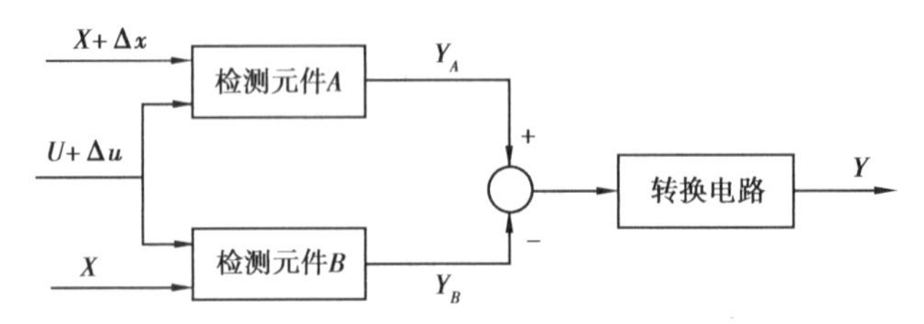

图 1.7　传感器的补偿结构

假设两个检测元件的输入输出之间的函数关系为 $Y_A=f_A(x,u)$,$Y_B=f_B(x,u)$,其中,f_A 和 f_B 为非线性函数,且在被测量和干扰量的变化范围 Δx、Δu 内,两检测元件的特性相同,即有 $f_A(x,u)=f_B(x,u)=f(x,u)$。

当被测量 x 和干扰量 u 分别在某一范围内变化,即 $x=X+\Delta x$,$u=U+\Delta u$ 时,有

$$Y_A=f(X+\Delta x,U+\Delta u) \tag{1.1}$$

$$Y_B=f(X,U+\Delta u) \tag{1.2}$$

使用泰勒级数式对式(1.1)和式(1.2)进行展开并略去3次及以上非线性项,得

$$Y_A=f(X,U)+\frac{\partial f(X,U)}{\partial x}\cdot\Delta x+\frac{\partial f(X,U)}{\partial u}\Delta u+\frac{1}{2}\left[\frac{\partial f^2(X,U)}{\partial x^2}\cdot(\Delta x)^2+2\frac{\partial f^2(X,U)}{\partial x\partial u}\cdot\Delta x\Delta u+\frac{\partial f^2(X,U)}{\partial u^2}\cdot\Delta u^2\right] \tag{1.3}$$

$$Y_B=f(X,U)+\frac{\partial f(X,U)}{\partial u}\Delta u+\frac{1}{2}\frac{\partial f^2(X,U)}{\partial u^2}\cdot\Delta u^2 \tag{1.4}$$

由式(1.3)和式(1.4)可得传感器的输出为

$$Y=Y_A-Y_B=\frac{\partial f}{\partial x}\Delta x+\frac{1}{2}\frac{\partial^2 f}{\partial x^2}(\Delta x)^2+\frac{\partial^2 f}{\partial x\partial u}\cdot\Delta x\Delta u \tag{1.5}$$

对比式(1.1)和式(1.5)可知,补偿结构可以大大减小环境干扰量的影响(式(1.1)中的 Δu 项消失了),即在一定程度上实现对环境干扰量影响的补偿,但补偿结构对干扰量影响的补偿不一定是完全的(仍剩下 Δu 的二次项),且非线性项(Δx 的平方项)没有被克服。

5)差动结构

差动结构的传感器如图1.8所示,与补偿结构所不同的是,将被测量 x 的变化量 Δx 取反后输入到检测元件B。差动结构的特点是不仅能够减少干扰量 Δu 的影响,还能提高测量灵敏度和减小非线性度。

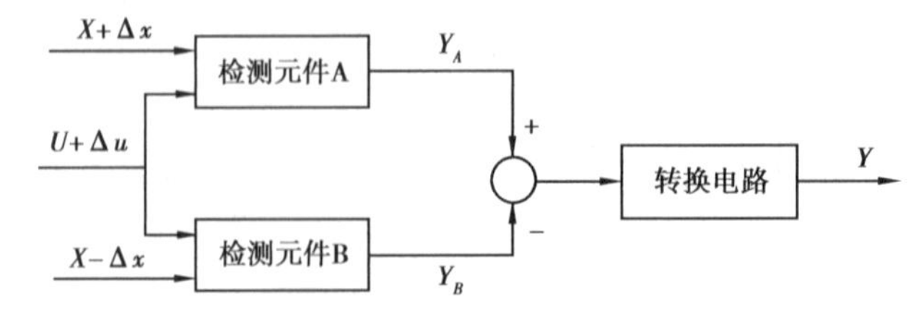

图 1.8　传感器的差动结构

当被测量的变化量为 Δx,干扰量的变化量为 Δu 时,传感器的输出为

$$Y = Y_A - Y_B = 2\frac{\partial f}{\partial x}\Delta x + 2\frac{\partial^2 f}{\partial x \partial u}(\Delta x, \Delta u) \tag{1.6}$$

对比式(1.5)和式(1.6)可知,差动结构不仅可大大减小环境干扰量的影响,而且还可以提高传感器的灵敏度和线性度(输出信号幅值增加了1倍,且式(1.5)中 Δx 的平方项消失)。

1.3.2 信号调理

在检测系统中,通常需要将传感器检测到的信号转换成标准信号以进行传输,当传感器的输出为单元组合仪表中规定的标准信号时称为变送器。信号调理电路在检测系统中的作用就是,通过对传感器输出的微弱信号进行检波、转换、滤波、放大等处理后变换为方便检测系统后续环节处理或显示的标准信号。常见的标准信号如图1.9所示。

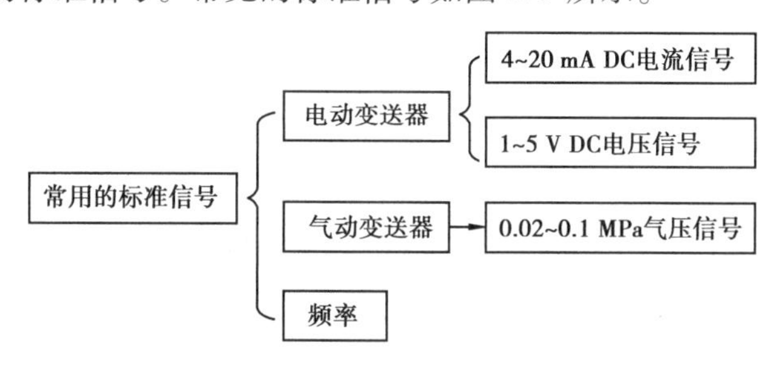

图1.9 常见标准信号的分类

变送器种类很多,总体来说就是由变送器发出一种信号给二次仪表使二次仪表显示测量数据,将物理测量信号或普通电信号转换为标准电信号输出或能够以通信协议方式输出的设备。它一般分为温度/湿度变送器、压力变送器、差压变送器、液位变送器、电流变送器、电量变送器、流量变送器及重量变送器等。对信号调理电路的一般要求是,能准确转换、稳定地转换、传输信号,且具有较强的抗干扰能力。

1.3.3 信号处理

对于经信号调理后的信号,现代检测系统通常使用各类模/数(A/D)转换器进行采样、编码等离散化处理转换成与模拟信号相对应的数字信号,并传递给单片机、工业控制计算机、PLC(可编程逻辑控制器)、DSP、嵌入式微处理器等数字信号处理模块,进行特征提取、频谱分析、相关运算等信号处理与分析。

由于大规模集成电路技术的迅速发展和数字信号处理芯片的价格不断降低,数字信号处理模块相对于模拟式信号处理模块具有明显的性价比优势,因此,在现代检测系统的信号处理环节都应尽量考虑选用数字信号处理模块,从而使所设计的检测系统获得更高的性能价格比。

1.3.4 显示仪表

显示仪表是一种能接受检测元件或传感器、变送器送来的信号,以一定的形式显示测量结果的装置。显示仪表由信号调理环节和显示器构成,并在结构上构成一个整体。有一些显示仪表仅由显示器构成。

显示仪表按照其显示结果的形式,可分为模拟式显示仪表、数字式显示仪表和图像式显示仪表3种类型。

①模拟式显示仪表又称为指针式。被测量的数值大小由指针在标尺上的相对位置来表示。指针式仪表有光指示器式、动圈式和动磁式等多种形式,具有价格低廉、显示直观等优点,但指针式仪表的读数精度和仪器的灵敏度等受标尺最小分度的限制,且读数结果受操作者的主观操作影响较大,通常应用在检测精度要求不高的场合。

②数字式显示仪表将被测量以数字形式直接显示在 LED 或液晶屏上,能有效地克服读数的主观误差,并提高显示和读数的精度,还能方便地与计算机连接并进行数据传输。因此,现代检测系统主要采用数字式显示方式。

③图像显示仪表通常采用较大的 LED 点阵或大屏幕 LCD,显示多个被测量的变化曲线和历史数据,这有利于对被测量进行比较和分析。图像式显示仪表通常用高速数字信号处理器进行控制,主要应用在复杂工业测控系统的控制室、监控中心等场合。

1.4 检测系统的结构形式

检测系统往往是由若干个基本环节构成的。这些基本环节可以形成检测系统的两种基本结构形式,即开环型结构和平衡变换闭环型结构。

1.4.1 开环结构

开环结构如图 1.10 所示,其特点是简单、直观、明了,但是测量精度不高。

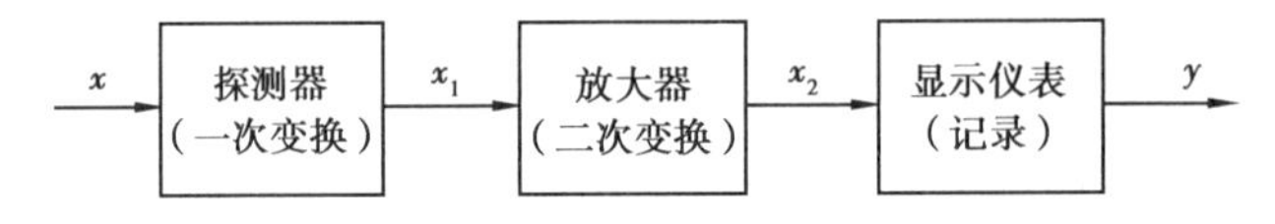

图 1.10 检测系统的开环结构

1.4.2 平衡闭环型结构

平衡闭环型结构如图 1.11 所示,系统的构成主要包括前向环节和负反馈环节,其中,前向环节由检测元件、变换器和放大器组成,而由反向变换器组成负反馈环节。

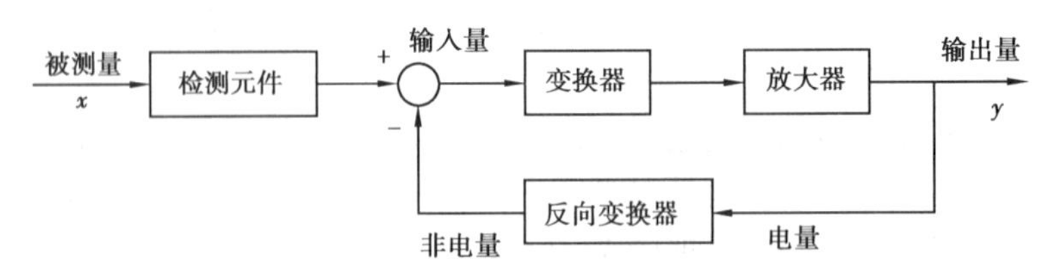

图 1.11 检测系统的平衡闭环型结构

该结构中,检测元件将被测量 x 变换为力、力矩或位移等非电量,输出量 y 一般为电量(电压、电流或电荷等),系统将输出信号 y 通过反馈变换器转换为反馈非电量,然后与输入量在平衡点进行比较而产生一个偏差信号,此偏差信号经前向环节放大后调节反馈量,直至达到偏差信号为零的平衡状态,这时的输出即为测量值。为保证闭环系统的稳定或满足系统不同的频响要求,往往需要加入复合反馈环节和在放大环节中加入校正环节等。

如图1.12所示的光电-磁力式平衡闭环力测量装置为平衡闭环型结构的应用实例。图1.12(a)中，被测力 F_i 作用在杠杆上，使遮光片下移，F_i 越大，则遮光片下移得越多，使得通过窗口照射在光电管上的光强越强，光电管输出的电流信号就越大，电流信号经放大器放大后，一方面经标准电阻转换为标准电压信号 U_o 输出；另一方面经电-磁转换装置产生一个反馈的电磁力，当该电磁力与 F_i 产生的力矩平衡时，则遮光片稳定在某一位置，从而使被测力 F_i 与输出电压 U_o 成一定的比例关系。

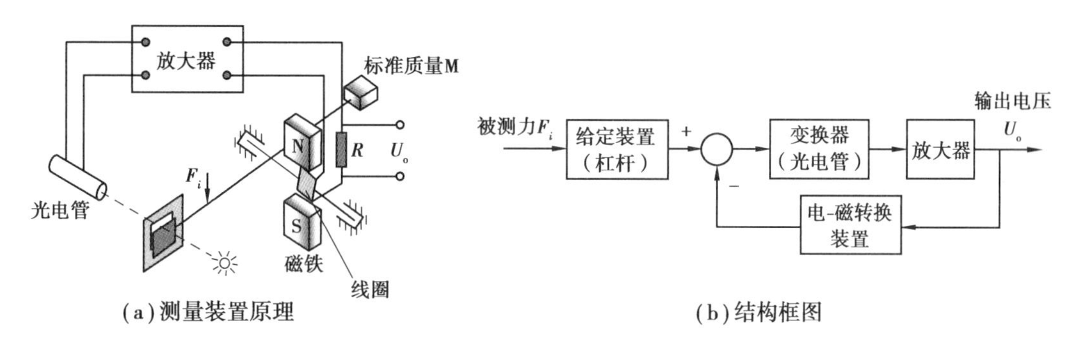

图1.12　光电-磁力式平衡闭环力测量装置

本章小结

本章对测量的基本概念和方法、检测系统的基本构成、传感器的定义和分类、变送器等几个方面进行了阐述，并介绍了检测系统的结构形式、传感器的结构形式以及传感器技术的发展等相关知识。

①测量可从不同的角度进行分类：按测量的手段，可分为直接测量、间接测量和组合测量；按测量敏感元件(传感器)是否与被测介质接触，可分为接触式测量和非接触式测量；按测量的方式，可分为偏差法测量、零位法测量和微差法测量；按测量系统是否向被测对象施加能量，可分为主动式测量和被动式测量。

②检测系统是由一些部件以一定的方式组合起来以完成特定的检测任务的全套检测装置的总体，它是检测装置的有机组合。

③传感器是一种检测装置，能感受到被测量的信息，并能将检测感受到的信息，按一定规律变换成为电信号或其他所需形式的信息输出，以满足信息的传输、处理、存储、显示、记录及控制等要求。传感器一般由敏感元件、转换元件和基本转换电路3部分组成。

④传感器的结构形式主要有简单结构、电参量结构、多级转换结构、补偿结构及差动结构。

习　题

1.1　什么是测量？测量有哪三要素？

1.2　什么是测量方法？有哪些测量方法？它们各自有何特点？

1.3　组成检测系统的基本环节有哪些？

1.4　什么是传感器？它由哪几个部分组成？分别起到什么作用？

1.5　传感器技术的发展动向表现在哪几个方面？

1.6　请使用泰勒级数展开法推导传感器差动结构的输出式(1.6)。

第 2 章 测量误差、数据处理与信号分析

测量的目的是要知道被测量值的真实值，但由于现阶段科学技术发展水平和操作人员的技术水平限制，测量值和被测量的真值之间，不可避免地存在误差，随着科学技术的发展，虽然可将误差控制得越来越小，但始终不能完全消除它。因此，在测量中，需要准确掌握测量误差的大小范围和分布特性，以误差理论为依据对测量结果作出科学合理的评价，并采用误差处理方法把测量误差控制在能够接受的范围内。

为了从大量的、可能是杂乱无章的、难以理解的测量数据中推导出、分析出被测对象的各种物理参数的大小、特性和变化情况，以及从测量结果中抽取出最能反映被测对象本质的信息，需要使用特殊的数学方法对测量结果进行数据处理和信号分析。

目前，误差理论、数据处理和信号分析方法的发展已相当成熟，所包含的内容非常广泛，本章将重点介绍误差理论中的几个基本概念、误差的处理方法，以及与检测系统密切相关的一些数据处理和信号分析方法。

2.1 测量误差的概念和分类

2.1.1 测量误差的定义及表示法

(1) 测量误差的定义

测量是一个变换、放大比较、显示、读数等环节的综合过程。由于检测系统（仪表）不可能绝对精确，测量原理的局限、测量方法的不尽完善、环境因素和外界干扰的存在以及测量过程可能会影响被测对象的原有状态等，也使得测量结果不能准确地反映被测量的真值而存在一定的偏差，这个偏差就是测量误差。简而言之，测量误差就是测量结果与被测量真值之间的差，可用下式表示，即

$$\delta = x - \mu \tag{2.1}$$

式中 δ—— 测量误差；

x—— 测量结果（由测量所得到的被测量值）；

μ—— 被测量的真值。

这里涉及几个与测量有关的基本概念：

①真值。某一被测量在一定条件下客观存在的、实际具有的量值。例如三角形三内角和为180°等。

②约定真值。是指人们定义的，得到国际上公认的某个物理量的标准值，通常用于在测量中代替真值。例如，保存在国际计量局的1 kg铂铱合金原器就是1 kg质量的约定真值。

③标称值。计量或测量器具上标注的量值，称为标称值。如天平的砝码上标注的100 g、精密电阻器上标注的250 Ω等。由于制造工艺的不完备或环境条件发生变化，这些计量或测量器具的实际值与标称值之间通常存在一定的误差，使计量或测量器具的标称值存在不确定度，通常需要根据精度等级或误差范围进行测量不确定度的评定。

④测量值。也称示值，为检测仪器（或系统）指示或显示（被测参量）的数值。测量值与真值之间总是存在一定的误差的，这称为误差公理。

(2)测量误差的表示方法

1)绝对误差δ

式(2.1)表示的误差也称为绝对误差。绝对误差可以为正，也可以为负值，且是一个有单位的物理量。由于被测量的真值μ往往无法得到，实际应用中常用实际值A（高一级以上的测量仪器或计量器具测量所得之值）来代替真值，即可用

$$\delta = x - A \tag{2.2}$$

代替式(2.1)。

2)相对误差γ

相对误差定义为绝对误差与真值之比，即

$$\gamma = \frac{\delta}{\mu} \times 100\% \tag{2.3}$$

因测得值与真值接近，故也可近似用绝对误差与测得值之比作为相对误差，一般用百分比来表示，即

$$\gamma_A = \frac{\delta}{x} \times 100\% \tag{2.4}$$

通常称其为示值相对误差。

由于绝对误差可能为正值或负值，因此，相对误差也可能为正值或负值。相对误差通常用于衡量测量的准确度。

3)引用误差γ_m

引用误差是一种简化和实用方便的相对误差，常在多挡和连续刻度的仪器仪表中应用。这类仪器仪表可测范围不是一个点，而是一个量程，这时若按式(2.4)计算，由于分母是变量，随被测量的变化而变化，故计算很烦琐。为了计算和划分准确度等级的方便，通常采用引用误差，它是从相对误差演变过来的，定义为绝对误差δ与测量装置的量程B之比，用百分数表示，即

$$\gamma_m = \frac{\delta}{B} \times 100\%$$

其中

$$B = x_{max} - x_{min} \tag{2.5}$$

式中　B——测量装置的量程；

x_{max}——测量上限；

x_{min}——测量下限。

最大引用误差可表示为

$$R_m = \left|\frac{\delta_{max}}{B}\right| \times 100\% \tag{2.6}$$

式中　δ_{max}——最大绝对误差。

所用测量装置应保证在规定的使用条件下，其引用误差限不超过某个规定值，这个规定值称为仪表的允许误差。

2.1.2　测量误差的来源及分类

测量误差一般根据其性质（或出现的规律）和产生的原因（或来源）可分为系统误差、随机误差和粗大误差这 3 类。

(1) 系统误差

在相同条件下，多次重复测量同一被测参量时，其测量误差的大小和符号保持不变，或在条件改变时，误差按某一确定的规律变化，这种测量误差称为系统误差。

系统误差产生的原因大体上有：测量所用的工具（仪器、量具等）本身性能不完善或安装、布置、调整不当而产生的误差；在测量过程中因温度、湿度、气压、电磁干扰等环境条件发生变化所产生的误差；因测量方法不完善，或者测量所依据的理论本身不完善等原因所产生的误差；因操作人员视读方式不当造成的读数误差，等等。总之，系统误差的特征是测量误差出现的有规律性和产生原因的可知性。系统误差产生的原因和变化规律一般可通过实验和分析查出。因此，系统误差可被设法确定并消除。

(2) 随机误差

在相同条件下多次重复测量同一被测参量时，测量误差的大小与符号均无规律变化，这类误差称为随机误差。随机误差主要是由于检测仪器或测量过程中某些未知或无法控制的随机因素（如仪器的某些元器件性能不稳定，外界温度、湿度变化，空中电磁波扰动，电网的畸变与波动等）综合作用的结果。随机误差的变化通常难以预测，因此也无法通过实验方法确定、修正和消除。但是通过足够多的测量比较可以发现随机误差服从某种统计规律（如正态分布、均匀分布、泊松分布等）。

(3) 粗大误差

粗大误差是指明显超出规定条件下预期的误差。其特点是误差数值大，明显歪曲了测量结果。粗大误差一般由外界重大干扰或仪器故障或不正确的操作等引起。存在粗大误差的测量值称为异常值或坏值，一般容易发现，发现后应立即剔除。也就是说，正常的测量数据应是剔除了粗大误差的数据，因此，通常研究的测量结果误差中仅包含系统和随机两类误差。

值得注意的是，在实际测量中系统误差和随机误差之间不存在绝对的界限，两者在一定条件下可相互转化。同一种误差，在一定条件下可当成随机误差，而在另外条件下则可认为是系统误差，反之亦然。例如，动圈式万用表的刻度误差，对于同一批次的万用表来说是随机误差；但用特定的一个万用表作为基准去测量某电压值时，则刻度误差就会造成测量结果的系统误差。

(4)精密度、正确度和准确度与误差的关系

在测量中,常用精密度、正确度和准确度这3个概念定性地描述测量结果的精确程度。

①精密度。表征了多次重复对同一被测量测量时,各个测量值分布的密集程度。精密度越高则表征各测量值彼此越接近。随机误差越小,测量结果越精密。

②正确度。表征了测量值和被测量真值的接近程度。准确度越高则表征测量值越接近真值。系统误差越小,测量结果越正确。

③准确度。它是正确度和精密度的综合,准确度高则表征了正确度和精密度都高。

三者的关系可用图2.1进行描述。

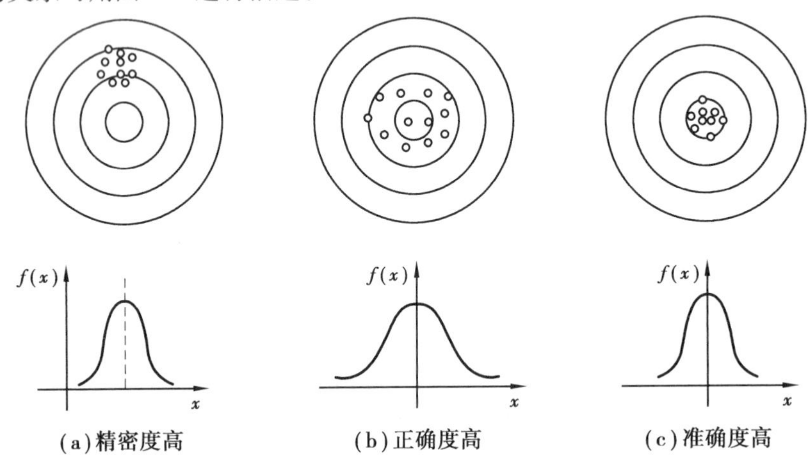

图2.1 精密度、正确度和准确度的关系

需要注意的是,这三者都是定性的概念,不能用数值作定量表示。

2.2 误差的基本性质

2.2.1 随机误差的性质

由随机误差的定义可知,随机误差具有随机变量的一切特点,它的概率分布服从一定的统计规律。这样,可以用数理统计的方法,研究其总体的统计规律,即从大量的数据中找出随机误差的规律。

对同一量值进行多次重复测量时,得到一系列不同的测量值,常称为测量列。在同一测量条件(相同的测量装置、相同的测量环境、相同的测量方法和相同的测量人员)下,进行的多次测量称为等精度测量,否则称为不等精度测量。

下面对随机误差的研究都是在假设无系统误差和粗大误差的条件下进行的。

(1)随机误差的分布规律

设被测量的真值为μ,一系列测得值为x_i,则被测量列中的随机误差δ_i为

$$\delta_i = x_i - \mu \qquad (1,2,\cdots,n) \tag{2.7}$$

当重复测量次数足够多时,随机误差的出现遵循统计规律,具有以下统计特征:

①对称性。绝对值相等的正、负误差出现的概率相等。

②单峰性。绝对值小的误差比绝对值大的误差出现的概率要大。

③有界性。在一定的测量条件下，随机误差的绝对值不会超过一定界限。

④抵偿性。当测量次数足够多时，随机误差的代数和趋于零。

这些统计特征说明测量值的随机误差多数都服从正态分布或接近正态分布，因而正态分布在误差理论中占有十分重要的地位。下面对正态分布进行介绍。

正态分布的概率密度函数为

$$P(\delta)=\frac{1}{\sqrt{2\pi}\sigma}e^{-\frac{\delta^2}{2\sigma^2}} \tag{2.8}$$

式中　σ——标准偏差；

δ^2——方差；

e——自然对数的底。

随机误差的概率分布曲线如图2.2所示。

(2)随机误差的估计

1)测量列的算术平均值

实际的等精度测量中，由于随机误差的存在而无法得到被测量的真值，应用测得值的算术平均值代替真值作为测量结果。设 $x_1,x_2,\cdots,x_n$ 为测量列中的 n 个测得值，则算术平均值 $\bar{x}$ 为

$$\bar{x}=\frac{x_1+x_2+\cdots+x_n}{n}=\frac{1}{n}\sum_{i=1}^{n}x_i \tag{2.9}$$

用算术平均值代替真值作为测量结果通常还是会存在误差，这个误差称为残余误差，它可表示为

$$\nu_i=x_i-\bar{x} \tag{2.10}$$

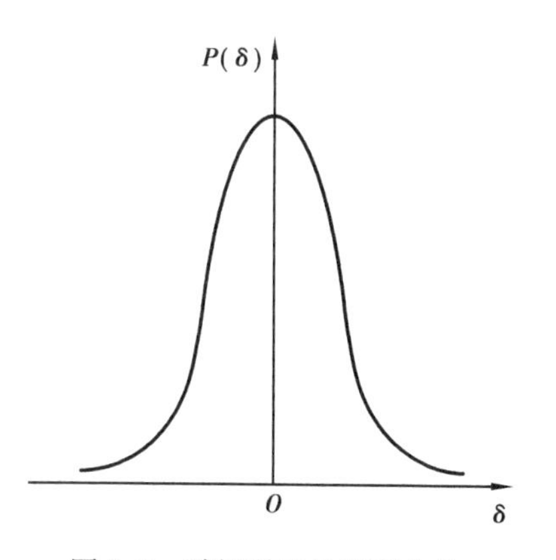

图2.2　随机误差的概率分布

式中　x_i——被测量的第 i 个测得值。

残余误差有两个重要的性质：

①一组测量值的残余误差的代数和等于零，即 $\sum_{i=1}^{n}\nu_i=0$。这一性质可以用来校验算术平均值的计算是否正确。

②一组测量值的残余误差的平方和为最小，即 $\sum_{i=1}^{n}(x_i-\bar{x})^2=\sum_{i=1}^{n}\nu_i^2=\min\sum_{i=1}^{n}(x_i-x_t)^2$，式中，$x_t$ 为任意其他数值。

2)测量列的标准差

由于随机误差的存在，测量列中各个测得值一般围绕着该测量列的算术平均值有一定的分散，分散程度说明了测量列中单次测得值的不可靠性，必须用一个数值作为其不可靠性的评定标准，常用参数为测量列的标准差 σ，也可称为均方根误差。它是测量列的精密度参数，用于对测量中的随机误差大小进行估计，反映了在一定条件下进行等精度测量所得测量值及随机误差的分散程度。

测量列中的单次测量值的标准差 σ 定义为

$$\sigma=\lim\sqrt{\frac{1}{n}\sum_{i=1}^{n}(x_i-\mu)^2}=\lim\sqrt{\frac{1}{n}\sum_{i=1}^{n}\delta_i^2} \tag{2.11}$$

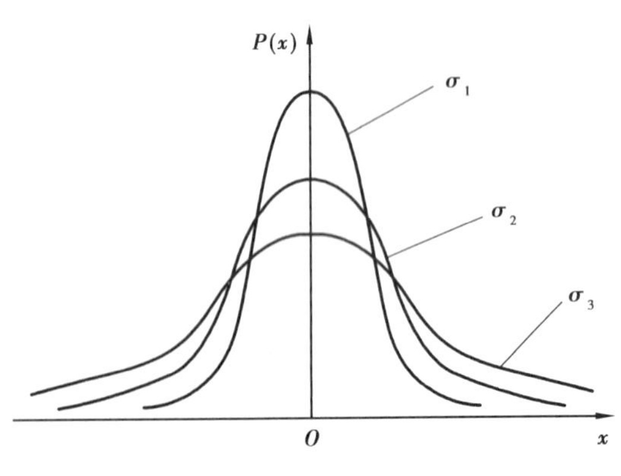

图 2.3　σ 值对概率分布的影响

标准差 σ 对随机误差分布密度的影响可由式(2.8)得出,σ 越小,概率密度分布曲线越陡峭,说明测量值和随机误差的分散性小,测量的精密度高,反之,σ 越大,概率密度分布曲线越平坦,说明测量值和随机误差的分散性大,测量的精密度低,如图 2.3 所示。图 2.3 中的 $\sigma_1<\sigma_2<\sigma_3$。

在实际测量中,测量次数总是有限的,且被测量的真值 μ 无法得到,故通常用算术平均值来代替真值,用残余误差 ν_i 来代替真误差 δ_i,对标准差 σ 作出估计,用符号 $\hat{\sigma}$ 表示。目前,常使用贝塞尔(Bessel)公式来计算,即

$$\hat{\sigma}=\sqrt{\frac{1}{n-1}\sum_{i=1}^{n}(x_i-\bar{x})^2}=\sqrt{\frac{1}{n-1}\sum_{i=1}^{n}\nu_i^2} \tag{2.12}$$

式中　x_i——第 i 次测量值;

n——测量次数,这里为一有限值;

$\bar{x}$——全部 n 次测量值的算术平均值,简称测量均值;

ν_i——第 i 次测量的残差;

$\hat{\sigma}$——标准偏差 σ 的估计值,也称实验标准偏差。

3)测量列算术平均值的标准差

如果以对某个被测量进行 n 次重复测量的结果作为一个测量列,求出一个算术平均值 $\bar{x}_i$,对上述过程重复 k 次,则可得到 k 个测量列和 k 个平均值 $\bar{x}_1,\bar{x}_2,\cdots,\bar{x}_k$,明显的,这 k 个平均值不可能完全相同,它们仍围绕真值有一定的分散性,因此,有必要考虑测量列算术均值标的精密度,此时用测量列的算术平均值标准差作为测量列算术平均值的精密度参数,用贝塞尔公式定义测量列算术平均值的标准差的估计值为

$$\sigma_x=\frac{\hat{\sigma}}{\sqrt{n}}=\sqrt{\frac{1}{n(n-1)}\sum_{i=1}^{n}\nu_i^2} \tag{2.13}$$

对比式(2.12)和式(2.13)可知,算术平均值的标准偏差比测量列的标准偏差小,而且随着测量次数的增多,算数平均值标准差减小,也就是说作为测量结果的算数平均值的精密度得到了提高,这也说明了随机误差的抵偿性。式(2.13)还表明,在 n 较小时,增加测量次数 n,可明显减小测量结果的标准差,提高测量的精密度。但随着 n 的增大,减小的程度越来越小;当 n 大到一定数值时。$\hat{\sigma}_x$ 就几乎不变了。另外,增加测量次数 n 不仅使数据采集和数据处理的工作量迅速增加,而且因测量时间不断增大而使"等精度"的测量条件无法保持,由此产生新的误差。因此,在实际测量中,对普通被测参量,测量次数 n 一般取 4 ~ 24 次(通常 10 次左右就足够了)。若要进一步提高测量精密度,通常需要从选择精度等级更高的测量仪器、采用更为科学的测量方案、改善外部测量环境等方面入手。

2.2.2　系统误差的分类和判定

系统误差又称为规律误差。它是在一定的测量条件下，对同一个被测尺寸进行多次重复测量时，误差值的大小和符号（正值或负值）保持不变；或者在条件变化时，按一定规律变化的误差。

（1）系统误差的分类

系统误差按照它服从的规律，可以分成两种类型，即恒值系统误差和变值系统误差。

1）恒值系统误差

恒值系统误差的特点是在测量条件变化时，误差的大小和符号始终保持不变，根据符号的不同，又可分为恒正值系统误差和恒负值系统误差。例如，千分尺、电表等的调零误差，量规或其他形式的标准件的偏差等，它们对每一测量值的影响均为一定的常量。

2）变值系统误差

变值系统误差的特点是在测量条件随某一个或某几个因素变化时，误差的大小和符号按确定的函数规律而变化，也就是说，它是可以用某因素的函数规律来表示的系统误差。变值系统误差的种类很多，有的还比较复杂，常见的有两种：

①累积性系统误差。累积性系统误差又称线性系统误差，会随着时间逐渐增大或减小，如万用表电池电压会随时间下降而引起的测量误差，它就是累积性系统误差。

②周期性系统误差。周期性系统误差在整个测量过程中，会随着测量值或时间的变化而呈正弦曲线变化，如光栅的细分误差通常就是周期性的系统误差。

（2）系统误差存在的判定

1）恒值系统误差的判别

对于不随时间变化的恒值系统误差，通常可以通过实验比对的方法发现和确定。实验比对的方法又可分为标准器件法（简称标准件法）和标准仪器法（简称标准表法）两种。标准件法是以检测仪器对高精度精密的标准器件（其标称值作为约定真值）进行重复多次测量，若测量值与标准器件的标称值的误差大小均稳定不变，则该差值即可作为此检测仪器在该示值点的系统误差值。标准表法是用精度等级高于被检定仪器1个数量级以上的同类高精度仪器与被检定检测仪器同时，或依次对被测对象进行重复测量，并把高精度仪器的示值视为真值，如果被检定检测仪器的示值与真值之差的大小稳定不变，就可将该差值作为此检测仪器在该示值点的系统误差。

当不能获得高精度的标准器件或标准仪器时，可用多台仪器进行多次重复测量，把多台仪器重复测量的平均值近似作为相对真值，通过观察和分析测量结果，也可大致判断是否存在系统误差。此方法只能判别被检仪器个体与其他群体间存在系统误差的情况。

2）变化的系统误差判别

①残余误差观察法

根据测量数据的各个残余误差大小和符号的变化规律，可直接由误差数据或误差曲线图形来判断有无系统误差。通常的做法是把一系列等精度重复测量值及其残差按测量的先后次序分别列表，仔细观察和分析各测量数据残差值的大小和符号的变化情况，若残余误差的分布大体上正负相同，无显著变化规律（图2.4（a）），可判定为无系统误差存在；如果发现残差序列呈规律性递增或递减，且残差序列减去其中值后的新数列在以中值为原点的数轴上呈正负对称分布(图 2.4(b)),则可判定测量存在累积性的线性系统误差;如果发现残余误差的符号呈有规律交替重复变化(图 2.4(c)),则说明测量存在周期性系统误差。

需要注意的是,残余误差观察法只适用于系统误差比随机误差大的情况。

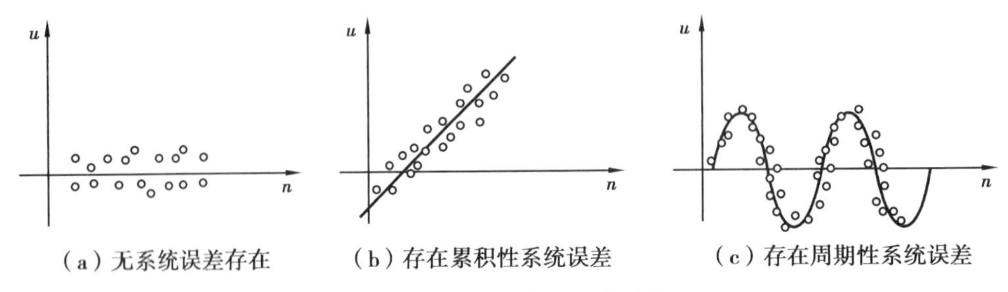

图 2.4 判定系统误差示意图

当系统误差比随机误差小时,就不能通过观察来发现系统误差,此时就要通过一些判断准则来发现系统误差。这些判断准则实质上是为了检验误差的分布是否偏离正态分布,常用的有马利科夫准则和阿贝-赫梅特准则。

②马利科夫准则

马利科夫准则适用于发现线性系统误差。此准则的具体方法是把等精度测量得到的 n 次测得值的残余误差 $\nu_1,\nu_2,\cdots,\nu_n$,按照测量的先后次序分为前后两组,然后把两组残差的代数和相减得到判别值 Δ 为

$$\Delta=\sum_{i=1}^{K}\nu_i-\sum_{i=K+1}^{n}\nu_i \tag{2.14}$$

式中,n 为偶数时,$K=n/2$;当 n 为奇数时,$K=(n+1)/2$。

若 Δ 显著不为零,则可认为测量中存在着线性系统误差;若 Δ 近似等于零,说明测量中不存在线性系统误差;Δ 等于零时,则无法判断是否存在系统误差。

③阿贝-赫梅特准则

阿贝-赫梅特准则适用于发现周期性系统误差。此准则的具体方法是把等精度测量得到的 n 次测得值的残余误差 $\nu_1,\nu_2,\cdots,\nu_n$ 按测量的先后次序进行排序,并求出测量列的标准差 $\hat{\sigma}$,然后计算统计量为

$$C=\left|\sum_{i=1}^{n-1}\nu_i\nu_{i+1}\right| \tag{2.15}$$

当 $|C|>\sqrt{n-1}\,\hat{\sigma}^2$ 时,可认为测量列中含有周期性系统误差。

2.2.3 粗大误差的性质

粗大误差,即明显地偏离了被测量真值的测量值所对应的误差,它通常是由主观失误或外界干扰引起的。含有粗大误差的测量值称为坏值,如读计数错误、计算错误、较大的干扰等。测量列中若含有坏值,必然会歪曲测量结果,因此,可根据正态分布规律给定一个置信水平,按照假设条件确定一个代表正常数据分布范围的置信区间,超出此置信区间的误差就被认为是粗大误差,应予以删除。

由于坏值判别准则都是在某些特定条件下建立的,因此其并不是绝对可靠的。

2.3　测量误差的处理

2.3.1　随机误差的处理原则

(1)随机误差的置信度

对于服从正态分布的随机误差,除用贝塞尔公式等方法求出标准差以表征其分散程度外,还需要估计测量误差落在某一对称的数值区间($-a$, a)内的概率,该数值区间称为置信区间,其界限称为置信限。随机误差落在该置信区间的概率称为置信概率或置信水平,如 $P=0.9$,表明测量的随机误差有 90% 的可能性落在该置信区间内。置信区间和置信概率合起来说明了测量结果的可靠程度,称为置信度。显然,置信限 a 越宽,测量误差落在置信区间内的概率越大。

由于随机误差 δ 在某一区间出现的概率与标准差 σ 的大小密切相关,故一般把置信限 a 取为 σ 的若干倍,即

$$a = \pm k\sigma \tag{2.16}$$

式中　k——置信系数或置信因子。

根据式(2.7),可得测量误差落在某区间的概率表达式为

$$P(\pm k\sigma) = \int_{-k\sigma}^{k\sigma} P(\delta)\,\mathrm{d}\delta \qquad (|\delta| < k\sigma) \tag{2.17}$$

当 k 值确定之后,则置信概率可定。以正态分布为例(表 2.1),给出了几个典型的 k 值及其相应的置信概率。

表 2.1　k 值及其相应的置信概率

k	置信概率	测量次数	误差超出$\lvert\delta\rvert$的次数
0.65	0.484 4	2	1
1	0.682 6	3	1
2	0.954 4	22	1
3	0.997 30	370	1
4	0.999 936	15 626	1
5	0.999 999 94	16 666 667	1

图 2.5 反映了置信区间与相应置信概率的关系。

由表 2.1 可知,当 $k=1$,置信区间为($-\sigma$,σ),相应的置信概率 $P=0.683$,这意味着大约每 3 次测量中有一次测得值的随机误差落在置信区间之外。

当 $k=2$,置信概率 $P=0.954$,这意味着大约每 22 次测量中有一次测得值的随机误差落在置信区间之外。

当 $k=3$,置信概率 $P=0.997$,这意味着大约每 370 次测量中有一次测得值的随机误差落在置信区间之外。因测量次数通常不会超过几十次,因此可认为绝对值大于 3σ 的随机误差

是不可能出现的。

(2) 多次重复测量的极限误差和测量结果的表示

多次重复测量的结果可用下式表示为

$$x = \bar{x} \pm \delta_{x\lim} = \bar{x} \pm k\sigma_x = \bar{x} \pm k\frac{\sigma}{\sqrt{n}} \qquad (2.18)$$

式中 $\bar{x}$——测量值的算术平均值；

$\delta_{x\lim}$——测量极限误差；

σ_x——算术平均值标准差；

k——置信因子。

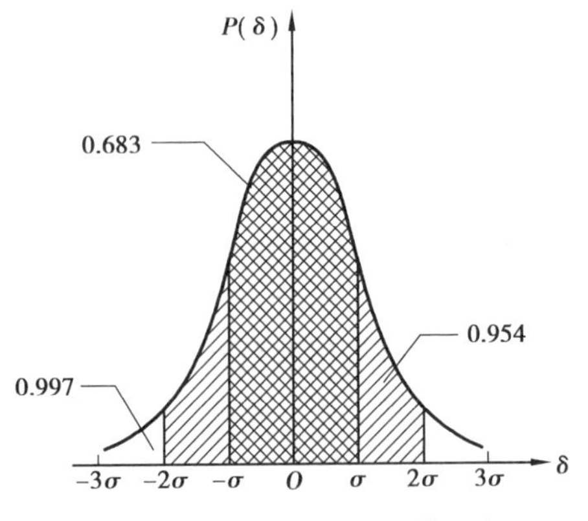

图 2.5 置信区间与相应置信概率

若标准差 σ 已知，则可取定置信概率 P，按正态分布来确定 k(若取 P=0.954 4，则 k=2，若取 P=0.997 3，则 k=3，可见表 2.1)；若标准差未知，用贝塞尔公式求出标准差的估计值 $\hat{\sigma}$ 代替 σ，且置信因子 k 按 t 分布确定(请查阅相关手册)。在测量结果后应标注所取定的置信概率 P。

例 2.1 对某工件的尺寸进行了 10 次等精度测量，测得值为 10.005 0、10.005 3、10.005 4、10.004 8、10.005 1、10.005 7、10.005 2、10.005 0、10.006 1、10.006 2 mm。事先未知测量列的标准差，试写出测量结果。

解 因标准差事先未知，置信因子 k 按 t 分布确定。

取定置信概率 P=0.99，显著水平 α=0.01，自由度 $\gamma=n-1=10-1=9$，查 t 分布表得置信因子 k=3.249 8。

测量列的算术平均值为

$$\bar{x} = \frac{1}{10}\sum_{i=1}^{10} x_i = 10.005\ 38\ \text{mm}$$

由贝塞尔公式(2.13)得测量列算术平均值的标准差的估计值为

$$\hat{\sigma}_x = \sqrt{\frac{1}{n(n-1)}\sum_{i=1}^{n}\nu_i^2} = \sqrt{\frac{1}{10(10-1)}\sum_{i=1}^{10}(x_i-\bar{x})^2} = 0.000\ 15\ \text{mm}$$

测量的极限误差为

$$\delta_{\bar{x}\lim} = k\hat{\sigma}_{\bar{x}} = 3.249\ 8 \times 0.000\ 15\ \text{mm} = 0.000\ 5\ \text{mm}$$

测量结果可表示为

$$x = (10.005\ 3 \pm 0.000\ 5)\text{mm} \qquad (P = 0.99)$$

2.3.2 消除或减小系统误差的方法

若判定出测量中存在系统误差，首先应对系统误差产生的原因进行仔细分析，从根源上消除系统误差。例如，可选择精度等级更高的仪器进行测量，对仪器进行校准、调零、预热以使其工作在最佳状态，提高操作员的技术水平和责任心以减小人员误差，选择最合适的测量方法和数据处理方法等。

此外，对于不同性质的系统误差，通常还可以采用不同的方法进行消除或减小。

(1)减小恒值系统误差的方法

1)替代法

这种方法的实质是在测量装置上对被测量测量后,立即在同一测量条件下,用同一测量装置对一个已知标准量进行测量,并使指示值相同,则被测量与标准量相同。

2)交换法

对被测量进行一次测量后,把被测量与标准量的位置进行交换后再测量一次,使能引起恒定系统误差的因素以相反的效果影响测量结果,通过取两次测量的平均值作为测量结果的方法减小系统误差。例如,在等臂天平上称重,先将被测量放在左边,标准砝码放在右边,砝码质量为 m,调平衡后,将两者交换位置,再调平衡,记下砝码的质量为 m',可取测量结果为

$$x = \sqrt{mm'} \approx \frac{(m + m')}{2} \tag{2.19}$$

3)抵消法

这种方法要求对被测量进行测量时进行两次适当的测量,使两次测量结果所产生的系统误差大小相等、符号相反,取两次测量的平均值作为最终测量结果。如用螺旋测微器测量长度时,第 1 次测量时从顺时针方向旋转螺杆对准标线,第 2 次测量时从反时针方向旋转螺杆对准标线,取两次测量结果的平均值作为最终结果,即可减小因螺杆和螺母加工时存在空隙而引起的空行程造成的系统误差。

(2)减小线性系统误差的方法

减小线性系统误差的方法通常采用对称测量法(或称交叉对数法)。对于存在线性系统误差的测量过程,被测量将随时间的变化而线性增加,若选定整个测量时间范围内的某时刻为中点,则对称于此点的各对测量值的算术平均值都相等。利用这一特点可将测量在时间上对称安排,取各对称点两次读数的算术平均值作为测量值,即可减小线性系统误差。

(3)采用半周期法减小周期性系统误差

对周期性系统误差,可按系统误差变化的半个周期进行一次测量,共进行偶数次测量,取偶数次读数的算术平均值作为测量结果,即可有效地减小周期性系统误差。因为对于相差半周期的两次测量,其系统误差在理论上具有大小相等、符号相反的特征,故能够有效地减小和消除周期性系统误差。

值得注意的是,上述几种减小或消除系统误差的方法在实际工程中,由于各种原因的影响,是难以完全消除系统误差的,而只能将系统误差减小到可以接受的程度。通常测量系统误差或残余系统误差代数和的绝对值小于测量结果扩展不确定度的最后一位有效数字的 1/2 时,可认为系统误差对测量结果的影响很小,可忽略不计。

2.3.3　粗大误差的处理

测量中存在粗大误差,会明显歪曲测量结果。为此需要对测量结果进行判别,找出含有粗大误差的测量值(坏值),并予以删除。

判别坏值的方法,是首先选定一个置信概率 P,得出置信水平 $\alpha=1-P$,然后按照一定的准则来设置置信区间,凡是超出置信区间的误差可认为是粗大误差,其对应的测量值即为坏值。

用于设置置信区间的准则通常使用以下两种:

(1)3σ 准则(拉伊达准则)

对某个可疑数据 x_b,若

$$|\nu_b| = |x_b - \bar{x}| \geq 3\sigma \tag{2.20}$$

成立,则认为该数据是异常值,应予舍弃。

式(2.20)中,ν_b 为坏值的残余误差;x_b 为坏值;$\bar{x}$ 为包括坏值在内的全部测量值的算术平均值;σ 为测量列的标准偏差,可使用贝塞尔公式进行估计。

需要注意的是,3σ 准则通常只适用于测量次数 $n>50$ 的情况;当 $n\leq10$ 时,3σ 准则失效。

(2)格罗布斯准则

格罗布斯准则的判别式为

$$|\nu_b| = |x_b - \bar{x}| > [g_0(n,\alpha)]\sigma \tag{2.21}$$

即如果某测量值的残余误差大于$[g_0(n,\alpha)]\sigma$,则认为该数据是坏值,应予舍弃。

式(2.21)中,$\alpha=1-P$,称为显著性水平;$[g_0(n,\alpha)]\sigma$ 称为格罗布斯鉴别值,其值随测量次数 n 和 α 而定,可由表 2.2 查出。

表 2.2 格罗布斯准则的 $g_0(n,\alpha)$ 数值表

n	α		n	α		n	α	
	0.01	0.05		0.01	0.05		0.01	0.05
	$g_0(n,\alpha)$			$g_0(n,\alpha)$			$g_0(n,\alpha)$	
3	1.16	1.15	12	2.55	2.29	21	2.91	2.58
4	1.49	1.46	13	2.6	2.33	22	2.94	2.60
5	1.75	1.67	14	2.66	2.37	23	2.96	2.62
6	1.91	1.82	15	2.70	2.41	24	2.99	2.64
7	2.10	1.94	16	2.74	2.44	25	3.01	2.66
8	2.22	2.03	17	2.78	2.47	30	3.10	2.74
9	2.32	2.11	18	2.82	2.50	35	3.18	2.81
10	2.41	2.18	19	2.85	2.53	40	3.24	2.87
11	2.48	2.23	20	2.88	2.56	50	3.34	2.96

需要注意的是:格罗布斯准则每次只能舍弃一个最大的异常数据,如有两个相同的最大值超过鉴别值,也只能先除去一个,然后按舍弃后的数据列重新进行以上计算,直到判明无坏值为止。

例 2.2 对某工件的质量进行 10 次等精度测量,并确认测量已排除系统误差,测得值为 1.33、1.36、1.41、1.40、1.38、1.39、1.35、1.34、1.49、1.37 g。若取定置信概率 $P=0.95$,试用格罗布斯准则判断测量结果中是否存在坏值,若有坏值,则将坏值剔除。

解 将测量值的残差和残差平方和列入表 2.3,经计算可得

测量列的算术平均值为

$$\bar{x} = \sum_{i=1}^{10} \frac{x_i}{10} = 1.382\ \text{g}$$

残差平方和为

$$\sum_{i=1}^{10}\nu_i^2=\sum_{i=1}^{10}(x_i-\bar{x})^2=0.019\ \text{g}^2$$

由贝塞尔公式得测量列标准差为

$$\hat{\sigma}=\sqrt{\sum_{i=1}^{n}\frac{1}{n-1}\nu_i^2}=\sqrt{\sum_{i=1}^{10}\frac{\nu_i^2}{9}}=0.045\ 898\ \text{g}$$

取定置信水平 $\alpha=0.05$，根据测量次数 $n=10$，查表 2.2 得格罗布斯临界系数 $g_0(10,0.05)=2.18$，计算格罗布斯鉴别值

$$[g_0(n,\alpha)]\sigma=2.18\times0.045\ 9=0.100\ 062$$

将表2.3 中绝对值最大的残余误差与格罗布斯鉴别值比较，由于 $|\nu_9|=0.108>0.100\ 3$，故判定 ν_9 为粗大误差，x_9 为坏值应剔除，重新计算各测量值的 ν_i 及 ν_i^2，并填入表 2.3。

表 2.3

i	x_i/g	$\nu_i(1)$/g	$\nu_i^2(1)$/g^2	$\nu_i(2)$/g	$\nu_i^2(2)$/g^2
1	1.33	−0.052	+0.002 704	−0.04	0.001 6
2	1.36	−0.022	+0.000 484	−0.01	0.000 1
3	1.41	+0.028	+0.000 784	+0.04	0.001 6
4	1.40	+0.018	+0.000 324	+0.03	0.000 9
5	1.38	−0.002	+0.000 004	+0.01	0.000 1
6	1.39	+0.008	+0.000 064	+0.02	0.000 4
7	1.35	−0.032	+0.001 024	−0.02	0.000 4
8	1.34	−0.042	+0.001 764	−0.03	0.000 9
9	1.49	+0.108	+0.011 664	—	—
10	1.37	−0.012	+0.000 144	0	0

重新计算测量的算术平均值为

$$\bar{x}=\frac{1}{n}\sum_{i=1}^{n}x_i=\frac{12.33}{9}\ \text{g}=1.37\ \text{g}$$

重新计算标准差为

$$\hat{\sigma}=\sqrt{\sum_{i=1}^{n}\frac{1}{n-1}\nu_i^2}=\sqrt{\sum_{i=1}^{9}\frac{\nu_i^2}{8}}\ \text{g}=0.027\ 4\ \text{g}$$

取定置信水平 $\alpha=0.05$，根据测量次数，$n=9$，查表 2.2 得出相应的格罗布斯临界系数 $g_0(9,0.05)=2.11$，计算格罗布斯鉴别值，即

$$[g_0(n,\alpha)]\sigma=2.11\times0.027\ 4=0.057\ 8$$

将各测量值的残余误差 ν_i 与格罗布斯鉴别值相比较，所有残余误差 ν_i 的绝对值均小于格罗布斯鉴别值，故已无坏值。

2.3.4　误差的合成与分配

在实际工程中，有些被测量难以进行直接测量，而需要采用间接测量的方法，先对与被测

量有确定函数关系的几个量进行直接测量，然后将直接测量结果代入函数关系式计算出被测量的数值。例如，测量圆柱体的体积，通常先要测量出圆柱体的高度 h 和横截面直径 D，然后由公式 $V=\pi D^2 h/4$ 计算出体积。

在间接测量中，由于各个直接测量结果都含有一定的误差，因此，根据函数关系式计算出的测量结果也含有误差，由两个或多个直接测量结果的误差值合并得出间接测量结果的误差值，称为误差的合成。反过来，若已知对一个间接被测量的误差范围要求，进而确定各直接测量量的误差范围，称为误差的分配或误差分解。

要解决误差的合成与分配问题，首先要明确总的合成误差和各直接测量量的误差之间的函数关系，再按它们之间的变量关系进行计算。这实际上就是由多元函数的各个自变量的增量综合求函数增量或做相反计算的问题。

(1)函数系统误差的合成

间接测量值是直接测量所得到的各个测量值的函数，而间接测量误差则是各个直接测量值误差的函数，故称这种误差为函数误差。研究函数误差的内容，实质上就是研究误差的传递问题。

在间接测量中，函数的形式主要为初等函数，且一般为多元函数，其表达式为

$$y=f(x_1,x_2,\cdots,x_n)$$

对于多元函数，其增量可用函数的全微分表示，则上式的函数增量为

$$\mathrm{d}y=\frac{\partial f}{\partial x_1}\mathrm{d}x_1+\frac{\partial f}{\partial x_2}\mathrm{d}x_2+\cdots+\frac{\partial f}{\partial x_n}\mathrm{d}x_n \tag{2.22}$$

若已知各个直接测量值的系统误差为 $\Delta x_1,\Delta x_2,\cdots,\Delta x_n$

用它来近似代替上式中的微分量，从而可得到函数系统误差公式为

$$\mathrm{d}y=\frac{\partial f}{\partial x_1}\Delta x_1+\frac{\partial f}{\partial x_2}\Delta x_2+\cdots+\frac{\partial f}{\partial x_n}\Delta x_n \tag{2.23}$$

式中，$\frac{\partial f}{\partial x_i}(i=1,2,\cdots,n)$称为各个直接测量值 $x_1,x_2,\cdots,x_n$ 的误差传递系数。

(2)函数随机误差的合成

随机误差是用表征其取值分散程度的标准差来评定的，对于函数的随机误差，也是用函数的标准差来进行评定。因此，函数随机误差计算，就是研究函数 y 的标准差与各直接测量值标准差之间的关系。

根据标准偏差的定义，间接测量 y 的标准偏差可计算为

$$\sigma_y^2=\left(\frac{\partial f}{\partial x_1}\right)^2\sigma_{x1}^2+\left(\frac{\partial f}{\partial x_2}\right)^2\sigma_{x2}^2+\cdots+\left(\frac{\partial f}{\partial x_n}\right)^2\sigma_{xn}^2+2\sum_{1\leqslant i<j}^{n}\sum_{m=1}^{N}\left(\frac{\partial f}{\partial x_i}\frac{\partial f}{\partial x_j}\rho_{ij}\sigma_{xi}\sigma_{xj}\right) \tag{2.24}$$

式中　σ_{xi}——第 i 个直接测量值的标准差；

ρ_{ij}——直接测量的量值 x_i 和 x_j 的相关系数。

如果各测量值的随机误差是相互独立的，且测量次数适当大时，有

$$\rho_{ij}=0 \tag{2.25}$$

则函数随机误差公式变为

$$\sigma_y^2=\left(\frac{\partial f}{\partial x_1}\right)^2\sigma_{x1}^2+\left(\frac{\partial f}{\partial x_2}\right)^2\sigma_{x2}^2+\cdots+\left(\frac{\partial f}{\partial x_n}\right)^2\sigma_{xn}^2=\sum_{j=1}^{n}\left(\frac{\partial f}{\partial x_j}\right)^2\sigma_j^2 \tag{2.26}$$

例 2.3　测量一个圆柱体的体积 V，采用间接测量法。V 的表达式为 $V=\pi D^2h/4$，其中，D 为圆柱体的横截面直径，h 为圆柱体的高，若已知 $D=10$ mm，$\sigma_D=0.04$ mm，$h=50$ mm，$\sigma_h=0.06$ mm，试写出圆柱体的测量结果及其标准差。

解　圆柱体的测量结果为

$$V=\frac{\pi D^2 h}{4}=\frac{\pi\times 100\times 50}{4}=3\ 926.99\ \text{mm}^3$$

圆柱体 V 的标准偏差为

$$\begin{aligned}\sigma_V&=\sqrt{\left(\frac{\partial V}{\partial D}\right)^2\sigma_D^2+\left(\frac{\partial V}{\partial h}\right)^2\sigma_h^2}\\&=\sqrt{\left(\frac{\pi Dh}{2}\right)^2\sigma_D^2+\left(\frac{\pi D^2}{4}\right)^2\sigma_h^2}\\&=\sqrt{(250\pi)^2\times 0.04^2+(25\pi)^2\times 0.06^2}=31.768\ \text{mm}^3\end{aligned}$$

(3)测量误差的分配

任何测量过程皆包含有多项误差，而测量结果的总误差则由各单项误差的综合影响所确定。

现在要研究当给定测量结果总误差的允差时，如何确定各个单项误差。在进行测量工作前，应根据给定测量总误差的允差来选择测量方案，合理进行误差分配，确定各单项误差，以保证测量精度。

现设各误差因素皆为随机误差，且互不相关，则由式(2.26)可得

$$\begin{aligned}\sigma_y&=\sqrt{\left(\frac{\partial f}{\partial x_1}\right)^2\sigma_1^2+\left(\frac{\partial f}{\partial x_2}\right)^2\sigma_2^2+\cdots+\left(\frac{\partial f}{\partial x_n}\right)^2\sigma_n^2}\\&=\sqrt{a_1^2\sigma_1^2+a_2^2\sigma_2^2+\cdots+a_n^2\sigma_n^2}\\&=\sqrt{D_1^2+D_2^2+\cdots+D_n^2}\end{aligned}\tag{2.27}$$

其中
$$D_i=a_i\sigma_i=\frac{\partial f}{\partial x_i}\sigma_i$$

测量误差分配的目的是，根据已给定的 σ_y，确定各个 D_i 或相应的 σ_i，使之满足

$$\sigma_y\leqslant\sqrt{D_1^2+D_2^2+\cdots+D_n^2}\tag{2.28}$$

显然，式中 D_i 可以是任意值，为不确定解，因此，通常按等作用原则分配误差原理对其进行求解。

等作用原则认为各个直接测量部分的误差对函数(间接测量)误差的影响相等，即

$$D_1=D_2=\cdots=D_n=\frac{\sigma_y}{\sqrt{n}}\tag{2.29}$$

由此可得

$$\sigma_i=\frac{\sigma_y}{\sqrt{n}}\frac{1}{\dfrac{\partial f}{\partial x_i}}=\frac{\sigma_y}{\sqrt{n}}\frac{1}{a_i}\tag{2.30}$$

按等作用原则分配误差需注意：当有的误差已经确定而不能改变时(如受测量条件限制，必须采用某种仪器测量某一项目时)，应先从给定的允许总误差中除掉，然后再对其余误差项进行误差分配。

例 2.4 在例 2.3 中,若要求圆柱体的体积测量的标准差不超过测量结果的 0.5%,试进行误差分配。

解 总的标准差要小于

$$\sigma_V = \frac{\pi \times 10^2 \times 50}{4} \times 0.005 = 6.25\pi$$

先按等作用原则分配

$$\sigma_D = \frac{\sigma_V}{\sqrt{2}\,\frac{\partial V}{\partial D}} = \frac{6.25\pi}{\sqrt{2} \times 250\pi}\ \text{mm} = 0.0175\ \text{mm}$$

$$\sigma_h = \frac{\sigma_V}{\sqrt{2}\,\frac{\partial V}{\partial h}} = \frac{6.25\pi}{\sqrt{2} \times 25\pi}\ \text{mm} = 0.175\ \text{mm}$$

为达到以上要求,测直径 D 需采用千分尺,而测 h 需采用 10 分度游标卡尺。

直径和高度均为长度量,却要采用两种量具来测量,显然这是不合理的。按等作用原则分配的误差,往往与实际情况不符,因此需对各误差进行调整:将 σ_D 和 σ_h 均调整为 0.02 mm,则测直径和测高度均可用同一种量具——50 分度游标卡尺来测量。此时

$$\sigma_V = \sqrt{\left(\frac{\partial V}{\partial D}\right)^2 \sigma_D^2 + \left(\frac{\partial V}{\partial h}\right)^2 \sigma_h^2} = \sqrt{62\,500\pi^2 \times 0.02^2 + 625\pi^2 \times 0.02^2} = 5.5\pi$$

结果说明,σ_V 小于允许值,调整后的误差分配是合理的。

(4)最佳测量方案的选择

选择最佳测量方案,即是当测量结果与多个测量因素有关时,采用某个方案确定各个因素,使测量结果的误差为最小。

函数(间接测量 y)的标准差为

$$\sigma_y = \sqrt{\left(\frac{\partial f}{\partial x_1}\right)^2 \sigma_1^2 + \left(\frac{\partial f}{\partial x_2}\right)^2 \sigma_2^2 + \cdots + \left(\frac{\partial f}{\partial x_n}\right)^2 \sigma_n^2} \tag{2.31}$$

欲使 σ_y 为最小,可以从以下两方面来考虑:

①间接测量中的部分误差项数越少,则函数误差也会越小,即直接测量值的数目越少,函数误差也就会越小。

②若不同的函数公式所包含的直接测量值数目相同,则应选取误差较小的直接测量值的函数公式。如测量零件几何尺寸时,在相同条件下测量内尺寸的误差要比测量外尺寸的误差大,应尽量选择包含测量外尺寸的函数公式。

例 2.5 如图 2.6 所示,测量箱体上两轴孔的轴心距。

测量方法有 3 种:

方法 1:测量 d_1、d_2 和 L_1,则

$$L = L_1 - \frac{d_1}{2} - \frac{d_2}{2}$$

方法 2:测量 d_1、d_2 和 L_2,则

$$L = L_2 + \frac{d_1}{2} + \frac{d_2}{2}$$

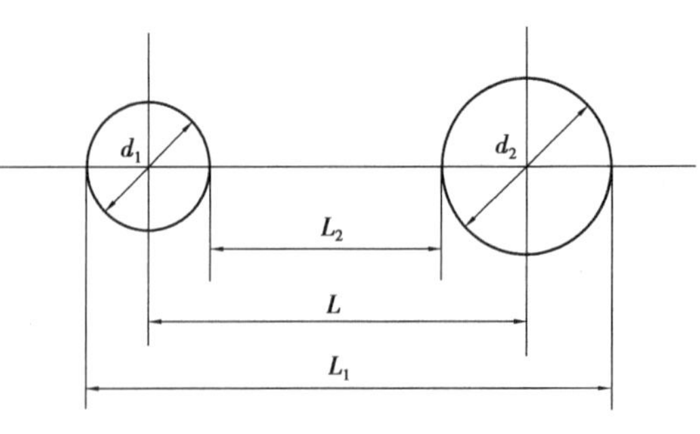

图 2.6 箱体的孔轴示意图

方法3：测量 L_1 和 L_2，则

$$L = \frac{L_1}{2} + \frac{L_2}{2}$$

若已知各直接测量的标准差分别为 $\sigma_{d_1}=3\ \mu m$，$\sigma_{d_2}=5\ \mu m$，$\sigma_{L_1}=6\ \mu m$，$\sigma_{L_2}=15\ \mu m$。试确定最佳的测量方案。

解　分别计算3种方法的总标准差。

方法1：

$$\sigma_L = \sqrt{\left(\frac{\partial f}{\partial L_1}\right)^2 \sigma_{L_1}^2 + \left(\frac{\partial f}{\partial d_1}\right)^2 \sigma_{d_1}^2 + \left(\frac{\partial f}{\partial d_2}\right)^2 \sigma_{d_2}^2}$$

$$= \sqrt{1^2 \times 6^2 + \left(\frac{1}{2}\right)^2 \times 3^2 + \left(\frac{1}{2}\right)^2 \times 5^2}\ \mu m = 6.67\ \mu m$$

方法2：

$$\sigma_L = \sqrt{\left(\frac{\partial f}{\partial L_2}\right)^2 \sigma_{L_2}^2 + \left(\frac{\partial f}{\partial d_1}\right)^2 \sigma_{d_1}^2 + \left(\frac{\partial f}{\partial d_2}\right)^2 \sigma_{d_2}^2}$$

$$= \sqrt{1^2 \times 15^2 + \left(\frac{1}{2}\right)^2 \times 3^2 + \left(\frac{1}{2}\right)^2 \times 5^2}\ \mu m = 15.28\ \mu m$$

方法3：

$$\sigma_L = \sqrt{\left(\frac{\partial f}{\partial L_1}\right)^2 \sigma_{L_1}^2 + \left(\frac{\partial f}{\partial L_2}\right)^2 \sigma_{L_2}^2}$$

$$= \sqrt{\left(\frac{1}{2}\right)^2 \times 6^2 + \left(\frac{1}{2}\right)^2 \times 15^2}\ \mu m = 8.08\ \mu m$$

由以上计算可知，方法1的总标准差最小，故选用方法1进行测量。

2.4　测量的不确定度

由于测量误差的存在，被测量的真值是难以得到的，使得测量结果带有不确定性。这就需要有科学的方法来评价测量的结果是否可信，或者说评价测量结果的精确程度到底达到何种程度。随着误差理论的发展和完善，引出了测量的不确定度的概念作为评价测量结果质量高低的标准。

鉴于国际间对测量不确定度表述的不一致，1993年GUM由国际标准化组织（ISO）颁布实施了《测量不确定度表达导则》（Guide to the Expression of Uncer-tainty in Measurement），在世界各国得到执行和广泛应用。我国也于1999年5月1日开始执行计量技术规范《测量不确定度评定与表示》（JJF 1059—1999）。本教材也将采用符合国际和国家标准的对误差理论和测量不确定度的表示方法。

2.4.1　测量不确定度的基本概念

（1）测量不确定度的术语

测量不确定度反映了由于测量误差的影响而对测量结果的不可信程度和有效性的怀疑程

度,是可定量地用于表示被测量值的分散程度的参数。这个参数可以用标准偏差表示,也可以用标准偏差的倍数或置信区间的半宽度表示。

测量不确定度在使用中有以下3种不同的分类:

1)标准不确定度

用标准差表征的测量不确定度称为标准不确定度,用符号 u 表示。

测量结果通常由多个测量数据分量组成,对表示各个分量的不确定度的标准差,称为标准不确定度分量,用 u_i 表示。标准不确定度有A类和B类两类评定方法,分别用 u_A 和 u_B 表示。

2)合成标准不确定度

由各标准不确定度分量 u_i 合成的标准不确定度,称为合成标准不确定度,用符号 u_c 表示。

3)扩展不确定度

扩展不确定度由合成标准不确定度 u_c 乘以包含因子 k 得到的一个区间半宽度来表示测量结果的不确定性,用符号 U 表示,测量结果的不确定度通常都是用扩展不确定度来进行表示的。

(2)测量误差与测量不确定度的区别

测量不确定度和误差是误差理论中两个重要概念,它们都是评价测量结果质量高低的指标,都可作为测量结果的精度评定参数,但两者之间又有明显的区别,见表2.4。

表2.4 测量误差与测量不确定度的区别

测量误差	测量不确定度
是测量结果与真值之差,以真值为中心,是有正号或负号的量值	以被测量的估计值为中心,是无符号的参数
是客观存在的,但不能准确得到,是一个定性的概念	表示测量结果的分散程度,可根据试验、资料、校准证书和经验等信息进行定量评定
误差是不随人的认识程度而改变的	与人们对被测量和影响量及测量过程的认识有关
随机误差、系统误差和粗大误差是3种不同性质的误差,可采取措施进行消除或减小,但各类误差之间不存在明显的界限,在分类和计算时不容易掌握	A类或B类不确定度是两种不同的评定方法,与随机误差、系统误差之间不存在简单的对应关系,两类评定方法不分优劣,可根据实际需要选择
须进行异常数据判别并剔除坏值	剔除异常数据后再评定不确定度
在最后测量结果中应修正确定的系统误差	不能用不确定度对测量结果修正,但应考虑修正不完善引入的不确定度分量

2.4.2 测量不确定度的评定方法

(1)A类标准不确定度的评定

A类标准不确定度是用统计分析的方法进行评定的,其标准不确定度 u_A 等同于等精度测量列的算术平均值标准偏差 $\hat{\sigma}_{\bar{x}}$,即

$$u_A = \hat{\sigma}_x = \sqrt{\frac{\sum_{i=1}^{n}(x_i - \bar{x})^2}{n(n-1)}} \tag{2.32}$$

式中　$x_i(i=1,2,\cdots,n)$——等精度测量列的 n 个测量值；

$\bar{x}$——测量列的算术平均值。

需要注意的是，通常当测量次数 $n>10$ 时，才能使标准不确定度的 A 类评定可靠。

(2)B 类标准不确定度的评定

当测量次数较少，不能用统计方法计算测量结果不确定度时，可以借助于影响被测量变化的可能的全部信息来进行 B 类标准不确定度的评定。

B 类方法评定的主要信息来源有以前测量的数据和经验、对有关仪器性能的一般知识、生产厂的技术说明手册、仪器的检定证书或校准证书等。

采用 B 类评定法，首先要根据实际情况对测量值进行一定的分布假设，可假设为正态分布，也可假设为其他分布。然后根据经验或相关的信息和资料，分析出被测量可能的取值区间 $(-\alpha,\alpha)$，并根据被测量的概率分布，确定包含因子 k，则可求出 B 类标准不确定度 u_B 为

$$u_B = \frac{\alpha}{k} \tag{2.33}$$

式中　α——被测量可能的取值区间的半宽度；

k——包含因子，或称置信因子。

k 的取值与被测量估计值的概率分布有关，主要有以下两种情况：

1)被测量估计值服从正态分布

k 值由所取置信概率 P 按概率论中的《正态分布表》可得，其典型值有 $P=0.50,k=0.676$；$P=0.95,k=1.960$；$P=0.99,k=2.576$；$P=0.997\,3,k=3$。

2)被测量估计值服从非正态分布

k 值由所取的置信概率和被测量估计值的概率分布类型进行选取，表 2.5 给出了几种常见的概率分布类型在置信概率 $P=1$ 时的 k 值。

表 2.5　几种非正态分布的包含因子 k

分布类型	均　匀	三　角	梯　形	反正弦
$k(P=1)$	$\sqrt{3}$	$\sqrt{6}$	$\sqrt{6}/\sqrt{1+\beta^2}$	$\sqrt{2}$

注：表中 β 为梯形的上底半宽度与下底半宽度之比。

2.4.3　标准测量不确定度的合成

当测量结果受多种因素影响形成了若干个标准不确定度分量时，测量结果的标准不确定度用各不确定度分量合成后所得的合成标准不确定度 u_c 表示。

在间接测量中，若被测量 Y 的估计值 y 是由 n 个互不相关的输入量 $X_1,X_2,\cdots,X_n$ 的测得值 $x_1,x_2,\cdots,x_n$ 的函数求得，即

$$y = f(x_1,x_2,\cdots,x_n) \tag{2.34}$$

u_c 的计算表达式为

$$u_c = \sqrt{\sum_{i=1}^{n}\left(\frac{\partial f}{\partial x_i}\right)^2 u^2(x_i)} = \sqrt{\sum_{i=1}^{n} c_i^2 u^2(x_i)} \tag{2.35}$$

式中 $u(x_i)$——直接测得值 x_i 的 A 类或 B 类标准不确定度；

$\frac{\partial f}{\partial x_i}$——被测量 y 在 $X_i=x_i$ 处的偏导数，称为传递系数，用符号 c_i 表示；

$\frac{\partial f}{\partial x_i}u(x_i)$——由 x_i 引起被测量的标准不确定度分量，用符号 u_i 表示。

若 y 与 $x_1, x_2 \cdots, x_n$ 之间不能用确定的函数关系式进行描述，则应根据具体情况按 A 类或 B 类评定的方法来确定各不确定度分量 u_i 的值，然后求得合成标准不确定度 u_c 为

$$u_c = \sqrt{\sum_{i=1}^{n} u_i^2} = \sqrt{\sum_{i=1}^{n} c_i^2 u^2(x_i)} \tag{2.36}$$

需要注意的是，式(2.35)及式(2.36)仅适用于影响测量结果的各分量彼此独立的场合。对各分量不是相互独立的情况，在合成标准不确定度时还需考虑协方差项的影响。

2.4.4 扩展不确定度的评定

标准不确定度仅对应于标准差，由其所表示的测量结果区间 $y \pm u_c$ 包含被测量 y 的真值的概率仅为68%左右，而在高精度测量中，通常要求给出的测量结果区间包含被测量真值的置信概率较大，为此需要将测量结果表示成 $Y=y \pm U$，其中，y 是被测量 Y 的最佳估计值，U 为扩展不确定度。

扩展不确定度 U 由合成不确定度 u_c 乘以包含因子 K 得到，即

$$U = Ku_c \tag{2.37}$$

包含因子 K 的选取方法有以下几种：

①根据测量值的分布规律和所要求的置信概率，选取 K 值，例如，假设为正态分布时，可参照《正态分布表》，假设为非正态分布且置信概率 $P=1$ 时，可参照表 2.4。

②如果 u_c 自由度较小，并要求区间具有规定的置信水平时，可根据自由度求包含因子 k，步骤如下：

a. 若被测量 $Y=f(X_1, X_2, \cdots, X_n)$，求出其合成标准不确定度 u_c。

b. 当各标准不确定度分量 u_i 相互独立时，根据各标准不确定度分量 u_i 的自由度 ν_i，计算 u_c 的有效自由度 V，即

$$V = \frac{u_c^4}{\sum_{i=1}^{n}\frac{c_i^4 u^4(x_i)}{\nu_i}} \tag{2.38}$$

式中 ν_i——各标准不确定度分量 u_i 的自由度；

$c_i = \frac{\partial f}{\partial x_i}$——灵敏系数。

当 u_i 是 A 类不确定度时，其自由度即为测量列标准差的自由度，当用贝塞尔公式估计测量列的标准差时，其自由度为 $\nu_i = n-1$，n 为测量次数。

当 u_i 是 B 类不确定度时，可用下式估计其自由度，即

$$\nu_i = \frac{1}{2\left[\frac{\Delta u(x_i)}{u(x_i)}\right]^2} \tag{2.39}$$

式中，$\Delta u(x_i)/u(x_i)$ 为标准不确定度 $u(x_i)$ 的相对标准不确定度，可凭经验或仪器的校准检定等信息获得，如果没有可靠信息时，通常按自由度为无穷大处理。

c. 根据给定的置信水平 $\alpha=1-P$ 与计算得到的自由度 V 查 t 分布表，得到 $t_\alpha(V)$ 的值，此时即可取包含因子 $k=t_\alpha(V)$。

③当缺乏相应资料而无法得到每一个分量的自由度 ν_i，且测量值接近正态分布时，一般可取 k 的典型值为 2 或 3。通常在工程应用中，取 $k=2$（相当于置信水平为 0.05）。

2.4.5　测量不确定度的评定步骤

对测量设备进行校准或检定后，要出具校准或检定证书，对某个被测量进行测量后也要报告测量结果，并应对给出的测量结果说明测量不确定度。测量不确定度的一般评定步骤如下：

①明确被测量的性质及测量条件，明确测量原理和方法，建立被测量的数学模型以及明确测量设备的性能指标。

②分析测量不确定度的来源，列出对测量结果影响显著的不确定度分量。

③分析所有不确定度分量的相关性，确定各相关系数 ρ_{ij}。

④定量评定各 A、B 类标准不确定度分量（需要注意进行 A 类评定时要先删除坏值），并给出其数值 u_i 和自由度 ν_i。

⑤计算测量结果合成标准不确定度 u_c 及其自由度 V。

⑥根据 V 求出包含因子 K，将 u_c 乘以 K，得扩展不确定度 $U=Ku_c$。

⑦以规定形式写出测量结果，完成测量结果报告。

例 2.6　某数字电压表在其说明书上指出："该表在校准后的两年内，其 2 V 量程内的示值误差不超过$\pm(14\times10^{-6}\times$读数$+10^{-6}\times$量程$)$V"，且误差服从均匀分布。在该表校准一年后，用该数字电压表在标准条件下，在 2 V 量程上对某电压源进行 9 次等精度重复测量，得测量列的算术平均值为 0.950 V，并根据测量值用贝塞尔公式算得测量列的标准差 σ 为 18 μV。试写出测量结果并给出扩展不确定度的报告。

解　1）分析测量方法，确定所含有的不确定度分量

通过对测量方法的分析可知，在标准条件下测量，由温度等环境因素带来的影响可忽略。因此对电压测量不确定度影响的因素主要有：

①电压多次重复测量引起的不确定度 u_1。

②标准电压表的示值误差引起的不确定度 u_2。

分析这些不确定度分量的特点可知，不确定度分量 u_1 由统计方法得到，应采用 A 类评定方法，而不确定度分量 u_2 由校准证书得到，应采用 B 类评定方法。

2）分别评定和计算各不确定度分量

①由 9 次测量的数据，用贝塞尔法计算测量列标准差得 $\sigma=18$ μV，则算术平均值的标准差为

$$\hat{\sigma}_{\bar{v}} = \frac{\sigma}{\sqrt{9}} = 6\ \mu\text{V}$$

则 A 类标准不确定度分量 $u_1=\hat{\sigma}_{\bar{v}}=6\ \mu V$,其自由度 $\nu_1=n-1=8$。

②示值误差的区间半宽度为

$$\alpha=\pm(14\times10^{-6}\times0.950+10^{-6}\times2)V=\pm1.53\times10^{-5}V$$

因示值误差在此区间内服从均匀分布,则包含因子 $k=\sqrt{3}$,则 B 类标准不确定度为

$$u_2=\frac{\alpha}{\sqrt{3}}=\frac{1.53\times10^{-5}}{\sqrt{3}}=8.83\times10^{-6}V=8.83\ \mu V$$

其自由度可看作无穷大。

3)标准不确定度的合成

因标准不确定度分量 u_1、u_2 相互独立,则相关系数 $\rho_{ij}=0$,得电压测量的合成标准不确定度为

$$u_c=\sqrt{u_1^2+u_2^2}=\sqrt{6^2+8.83^2}\ \mu V=10.7\ \mu V$$

计算其自由度

$$V=\frac{u_c^4}{\dfrac{u_A^4}{\nu_1}+\dfrac{u_B^4}{\nu_2}}=\frac{10.7^4}{\dfrac{6^4}{8}+\dfrac{8.83^4}{\infty}}=81$$

4)求扩展不确定度

取置信概率 $P=0.99$,即显著水平 $\alpha=0.01$,由自由度 $V=81$ 查 t 分布表得 $t_\alpha(V)=1.99$,即包含因子 $K=1.990$。于是,电压测量的扩展不确定度为

$$U=Ku_c=1.99\times10.7\ \mu V=21.3\ \mu V$$

5)给出测量结果

用扩展不确定度评定电压测量的不确定度,则测量结果为电压=(0.950 000 0±0.000 021 3)V,$P=0.99$,$K=1.992$,自由度为 81。

2.5 测量数据的处理方法

2.5.1 数据拟合与一元线性回归

当测量结果 y 受多个输入因素 $x_1,x_2,\cdots,x_n$ 共同影响时,为求得 y 与 $x_1,x_2,\cdots,x_n$ 之间的最佳函数关系式 $y=f(x_1,x_2,\cdots,x_n)$,通常需要实际测量 m 组数据$(y_1,y_2,\cdots,y_m)$然后根据这 m 组测量数据来确定 f 中的某些未知参数,这一过程称为数据拟合。若函数 f 为线性方程,则称为直线拟合;若 f 为非线性方程,则称为曲线拟合。

若两个变量 y 和 x 之间的函数关系可用一元线性方程 $y=a+bx$(a、b 为待定参数)来描述,且已通过测量得到一系列的测量数据

$$(x_i,y_i),i=1,2,\cdots,m$$

若用求解方程组的方法求出参数 a、b,因方程组的个数 m 大于未知数个数,因此 a、b 的解有无穷多个,为求得能够最好的符合 y 和 x 之间函数关系的参数 a、b,应利用最小二乘法,这种数据拟合方法称为一元线性回归。

(1)最小二乘法原理

在 2.2.1 小节曾经提到残余误差具有的一个重要性质是:对于一组等精度测量结果 x_1, x_2,…,x_n,测量值 x_i,$i=1,2,\cdots,n$ 与其他任何值之差的平方和都比残余误差的平方和大,即

$$\sum_{i=1}^{n}(x_i-\bar{x})^2=\sum_{i=1}^{n}\nu_i^2=\min\sum_{i=1}^{n}(x_i-a)^2 \tag{2.40}$$

式中　$\bar{x}$——测量列的算术平均值;

　　a——任意其他数值。

式(2.40)的证明如下:设 a 为任意一个数值,若要使令测量结果 x_i,$i=1,2,\cdots,n$ 与 a 的误差平方和 $\sum_{i=1}^{n}(x_i-a)^2$ 为最小,可对 a 求偏导并令之为零,即可得

$$\frac{\partial\left[\sum_{i=1}^{n}(x_i-a)^2\right]}{\partial a}=\sum_{i=1}^{n}2(x_i-a)=0\Rightarrow\sum_{i=1}^{n}x_i=na \tag{2.41}$$

可见,满足式(2.41)的 a 值即为测量列的算术平均值,即

$$a=\frac{1}{n}\sum_{i=1}^{n}x_i=\bar{x} \tag{2.42}$$

式(2.42)表明,测量结果的最可信赖值应在残差平方和为最小的条件下求出,此时测量结果为测量列的算术平均值,最接近真值,这就是最小二乘法原理。

(2)一元线性回归分析

一元线性回归就是根据一系列的测量数据(x_i,y_i),$i=1,2,\cdots,m$ 求出回归方程的回归参数 a、b。

令 $y_i(i=1,2,\cdots,m)$ 与最佳拟合直线 $y=a+bx$ 上由 x_i 对应的理想值 $\hat{y}$ 之间的残余误差平方和为

$$Q=\sum_{i=1}^{m}(y_i-\hat{y})^2=\sum_{i=1}^{m}[y_i-(a+bx_i)]^2\qquad(i=1,2,\cdots,m) \tag{2.43}$$

则 Q 值的大小反映了全部的测量值与回归直线间的偏离程度,要求出参数 a、b,可利用最小二乘法原理,将式(2.43)分别对 a、b 求偏导并令它们等于零,则有

$$\begin{cases}\dfrac{\partial Q}{\partial a}=-2\sum\limits_{i=1}^{m}[y_i-(a+bx_i)]=0\\[2ex]\dfrac{\partial Q}{\partial b}=-2\sum\limits_{i=1}^{m}[y_i-(a+bx_i)]x_i=0\end{cases} \tag{2.44}$$

联立解方程组可求得

$$\left.\begin{aligned}b&=\frac{m\sum\limits_{k=1}^{m}x_k y_k-\sum\limits_{k=1}^{m}x_k\sum\limits_{k=1}^{m}y_k}{m\sum\limits_{k=1}^{m}x_k^2-\left(\sum\limits_{k=1}^{m}x_k\right)^2}\\a&=\frac{\sum\limits_{k=1}^{m}x_k^2\sum\limits_{k=1}^{m}y_k-\sum\limits_{k=1}^{m}x_k\sum\limits_{k=1}^{m}x_k y_k}{m\sum\limits_{k=1}^{m}x_k^2-\left(\sum\limits_{k=1}^{m}x_k\right)^2}\end{aligned}\right\} \tag{2.45}$$

令

$$L_{xx} = \sum_{i=1}^{m} x_i^2 - \frac{1}{m}\left(\sum_{i=1}^{m} x_i\right)^2$$

$$L_{yy} = \sum_{i=1}^{m} y_i^2 - \frac{1}{m}\left(\sum_{i=1}^{m} y_i\right)^2$$

$$L_{xy} = \sum_{i=1}^{m} x_i y_i - \frac{1}{m}\left(\sum_{i=1}^{m} x_i\right)\left(\sum_{i=1}^{m} y_i\right)$$

则

$$\left.\begin{aligned} b &= \frac{L_{xy}}{L_{xx}} \\ a &= \frac{1}{m}\sum_{i=1}^{m} y_i - b\,\frac{1}{m}\sum_{i=1}^{m} x_i \end{aligned}\right\} \tag{2.46}$$

2.5.2 回归方程的方差分析和显著性检验

回归方程的方差分析是利用残余标准偏差 s 对回归方程的拟合准确度作出估计

$$s = \sqrt{\frac{Q}{n-2}} = \sqrt{\frac{L_{yy} - b^2 L_{xx}}{n-2}} = \sqrt{\frac{L_{yy} - bL_{xy}}{n-2}} \tag{2.47}$$

s 的值越小,则回归参数的准确度越高。

回归方程的显著性检验是利用相关系数 ρ_{xy} 来判断 x 与 y 之间是否存在线性相关的关系,ρ_{xy} 的计算公式为

$$\rho_{xy} = \frac{L_{xy}}{\sqrt{L_{xx}L_{yy}}} \tag{2.48}$$

若

$$\rho_{xy} > \frac{t_\alpha(n-2)}{\sqrt{t_\alpha^2(n-2) + (n-2)}} \tag{2.49}$$

成立,则 x 与 y 之间存在线性相关关系,否则求出的回归方程无意义,需进行曲线拟合。

2.6 信号分析与处理

在获得被测对象的测量数据后,为了了解对象的各种物理参数的特性和变化情况,通常需要利用特定的数学方法对测量数据进行分析与处理,研究从测量信号中提取有用信息的方法和手段称为信号分析,它是现代检测系统的一个组成部分,也是设计检测系统的依据。本节主要介绍信号的分类及其定义,信号频域描述及其频谱分析方法,傅里叶变换的概念和性质,随机信号的分析方法等内容。

2.6.1 信号与信息的关系

反映研究对象的状态或运动特征的物理量称为信号。信号定义为一个或多个独立变量的函数, 该函数含有物理系统的信息或表示物理系统的状态或行为,信号中的独立变量包括时

间、位移、速度、温度和压力等。信号一般表示为数学解析式和图形形式。

信息表示对一个物理系统的状态或特性的描述(抽象性)。例如,“飞机飞行是否正常”(信息),飞行状态参数、发动机工作状态参数(信号)等。

信号是物理量或函数(信号=函数),信号中包含着信息,是信息的载体和具体表现形式,但是信号≠信息,信息需转化为传输媒质能够接收的信号形式方能传输,通过对信号的分析与处理后才能提取信息。

2.6.2　信号的分类

一般而言信号都是随时间变化的时间函数,因此,可以根据信号随时间变化的规律进行分类,如图2.7所示。

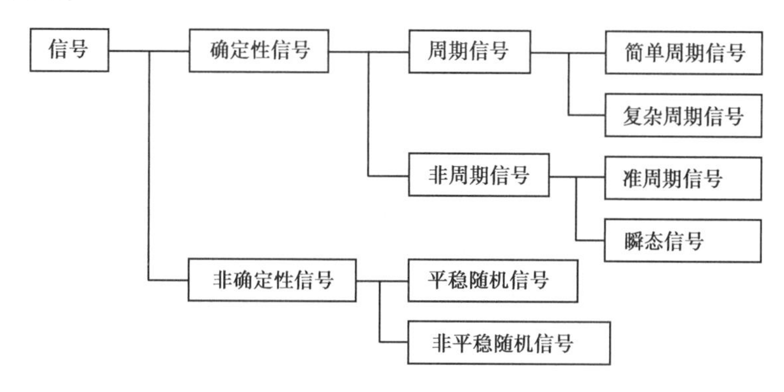

图2.7　信号的分类

(1)确定性信号

确定性信号是可以用精确的数学关系式来表达的信号,给定一个时间值就可以得到一个确定的相应函数值。

1)周期信号

周期信号按一定时间间隔重复出现的信号,满足如下关系式:

$$x(t)=x(t+nT)\qquad(n=\pm 1,\ \pm 2,\cdots)\tag{2.50}$$

式中　T——信号周期。

2)非周期信号

能够用数学函数或图表描述,但是又不会重复出现的确定性信号称为非周期信号。其中,准周期信号由多个周期信号合成,其频谱仍具有离散性,但各信号周期没有最小公倍数。例如,函数表达式 $x(t)=\sin t+\sin\sqrt{2}t$ 所描述的就是一个准周期信号,其频率比为 $1/\sqrt{3}$。而瞬态信号,是在有限时间段内存在或随着时间的增加而幅值衰减至零的信号,例如,函数表达式 $x(t)=e^{-\beta t}\cdot\sin 2\pi t$ 所描述的就是一个瞬态信号。

(2)非确定性信号(随机信号)

随机信号不能用数学函数公式来描述,其幅值、相位变化不可预知,其描述的物理现象是一种随机过程。确定性信号和随机信号之间并不是截然分开的,通常确定性信号也包含着一定的随机成分,而在一定的时间内,随机信号也会以某种确定的方式表现出来。判断一个信号是确定性的还是随机的,通常是以通过试验能否重复产生该信号为依据。如果一个试验重复多次,得到的信号相同(在试验允许误差范围内),则可以认为是确定性信号,否则为随机信号。

随机信号只能使用数学统计特征(均值、均方值、方差、概率密度函数、相关函数等)进行描述,图2.8为平稳随机信号,它的数学统计特性不随时间变化,即与时间无关。如果一个平稳随机信号的统计平均值或它的矩等于该信号的时间平均值,则称该信号是各态历经的。

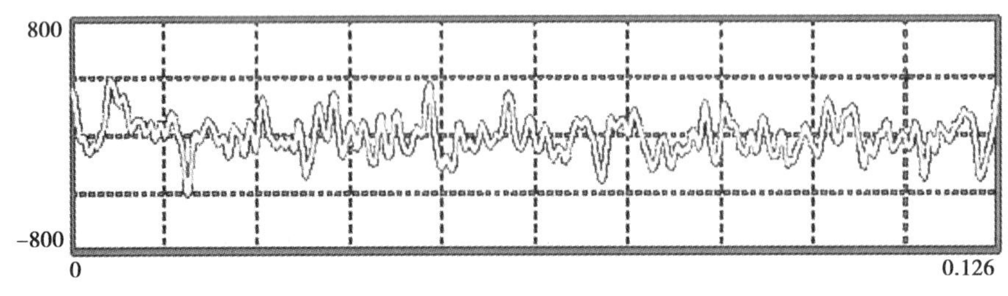

图2.8　平稳随机信号

图2.9为非平稳随机信号,即数学统计特征随时间变化的随机信号。

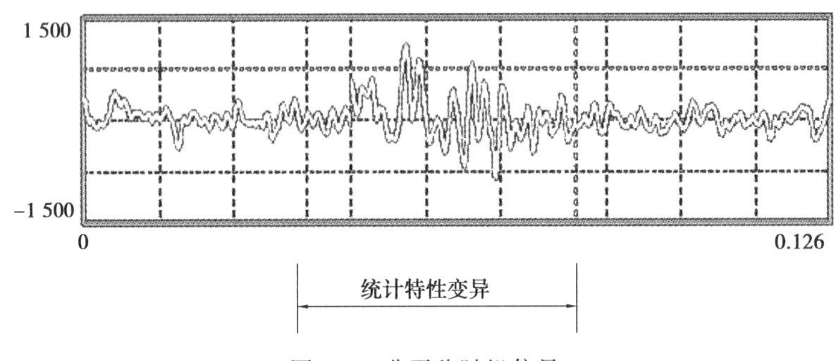

图2.9　非平稳随机信号

(3)连续时间信号与离散时间信号

1)连续时间信号

在所有时间点上有定义的信号,其幅值可连续或离散(模拟信号、量化信号)。图2.10的$x(t)$即为模拟信号,其自变量t和幅值都是连续的,而$x'(t)$为量化信号,其自变量t是连续的,而幅值是离散的。

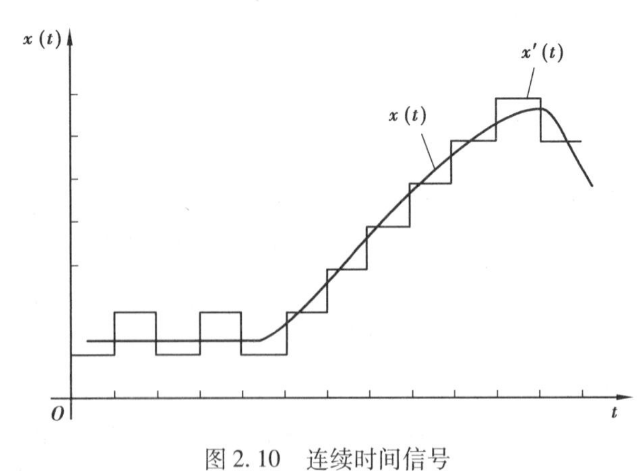

图2.10　连续时间信号

2)离散时间信号

在若干时间点上有定义,幅值可连续或离散(采样信号、数字信号)。图2.11(a)的$x_1(t)$

即为采样信号，其自变量为离散的，幅值是连续的；图 2.11(b) 的 $x_2(t)$ 为数字信号，其自变量和幅值都是离散的，通常也称一个数字信号为一个序列。

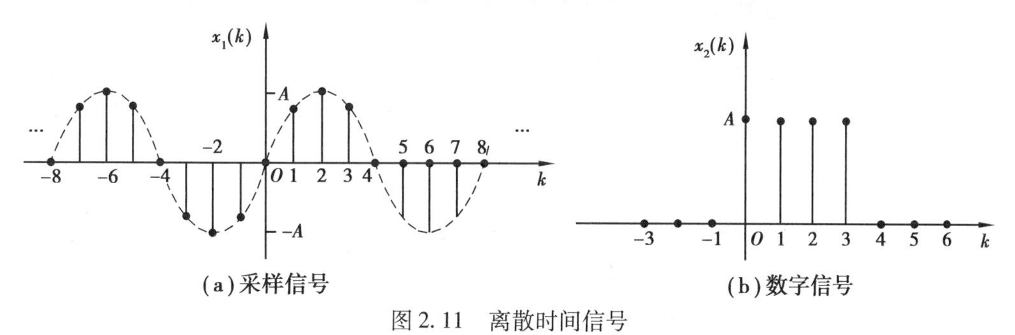

图 2.11　离散时间信号

在实际应用中，连续信号和模拟信号，离散信号和数字信号常可以通用。

2.6.3　信号的描述

任何一个信号都可以用时域和频域进行描述。对一个检测系统的时域分析法是直接分析其时间变量函数或序列，研究系统的时间响应特性。频域分析法是将时域信号进行变换，以频率作为独立分量（自变量），从频率分布的角度出发去研究信号的频率结构，以及各频率成分的幅值和相位关系。

(1)信号的时域描述

以时间为独立变量，描述信号随时间的变化特征，反映信号幅值随时间变化的关系，其波形图是以时间为横坐标的幅值变化图，可计算信号的均值、均方值、方差等统计参数。其优点是形象、直观，缺点是不能明显揭示信号的内在结构（频率组成关系）。

(2)信号的频域描述

一般而言，信号的时间形式比较复杂，直接分析检测系统中信号的幅值随时间变化的特性通常是比较困难，甚至是不可能的。因此，通常将复杂的信号分解成某些特定的基本信号的组合，常见的基本信号有正/余弦信号、单位冲激信号、阶跃信号、复指数函数信号、小波函数信号等。信号的频域描述即是将信号分解成一系列的简谐周期信号之和，其基本方法是应用傅里叶变换，对信号进行变换（分解），以频率为独立变量，建立信号的幅值、相位与频率的关系。由频谱图（以频率为横坐标的幅值、相位变化图）可以研究其频率结构。频域描述抽取信号内在的频率组成，信息丰富，应用广泛。例如，图 2.12(a) 的振动信号很难用时间函数描述其信号波形，而使用频域描述法对其进行频谱分析，可以从图 2.12(b) 的频谱图中看出该振动是由哪些不同的频率分量组成的，分析出各频率分量所占的比例，信号及噪声的强度比例，以及哪

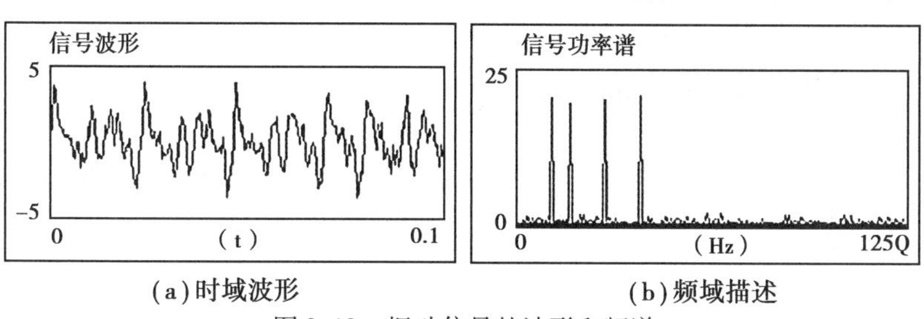

图 2.12　振动信号的波形和频谱

些频率分量是主要的，从而找出振动源，以便排除或减小有害振动。

2.6.4 周期信号与离散频谱

简谐信号是最简单的和最重要的周期信号，只有一种频率成分，正/余弦信号是简谐信号。而锯齿波、三角波、方波等都是非简谐信号。任何非简谐周期信号都可以利用傅里叶级数展开成多个乃至无穷多个不同频率的谐波信号的线性叠加。两者之间联系的桥梁是傅里叶级数。

傅里叶级数是周期信号分析的理论基础。从数学分析可知，对于以 T 为周期的函数 $x(t)$，若满足 Dirichlet（狄里赫利）条件（即在一个周期内满足：函数或者为连续的，或者具有有限个第一类间断点；函数的极值点有限；函数是绝对可积的；工程测试技术中的周期信号，大都满足该条件），则 $x(t)$ 可以在一个周期内展开成傅里叶级数。

（1）傅里叶级数的三角展开式

$$\begin{aligned} x(t) &= a_0 + \sum_{n=1}^{+\infty}(a_n\cos n\omega_0 t + b_n\sin n\omega_0 t) \\ &= a_0 + \sum_{n=1}^{+\infty}A_n\cos(n\omega_0 t - \varphi_n) \end{aligned} \tag{2.51}$$

$$\begin{cases} a_0 = \dfrac{1}{T}\displaystyle\int_{-\frac{T}{2}}^{\frac{T}{2}}x(t)\,\mathrm{d}t;a_n = \dfrac{2}{T}\displaystyle\int_{-\frac{T}{2}}^{\frac{T}{2}}x(t)\cos n\omega_0 t\mathrm{d}t;b_n = \dfrac{2}{T}\displaystyle\int_{-\frac{T}{2}}^{\frac{T}{2}}x(t)\sin n\omega_0 t\mathrm{d}t \\ A_n = \sqrt{a_n^2 + b_n^2};\varphi_n = \arctan\dfrac{b_n}{a_n} \end{cases} \tag{2.52}$$

式(2.51)和式(2.52)中，ω_0 为基波角频率，$\omega_0=2\pi/T$；a_0 为常值（直流）分量；a_n 为余弦分量的幅值；b_n 为正弦分量的幅值；A_n 为各频率分量的幅值；φ_n 为各频率分量的初相位。

例 2.7 求图 2.13 周期方波 $x(t)$ 的傅里叶级数。

解 周期方波在一个周期内可表达为

$$x(t) = \begin{cases} A & 0 < t < T/2 \\ 0 & t = 0,\ \pm T/2 \\ -A & -T/2 < t < 0 \end{cases}$$

由图 2.13 可知，该信号为奇函数，根据式(2.3)可得

$$a_0 = 0,a_n = 0$$

$$b_n = \frac{2}{T}\int_{-\frac{T}{2}}^{\frac{T}{2}}x(t)\sin n\omega_0 t\mathrm{d}t = \frac{4}{T}\int_0^{\frac{T}{2}}A\sin n\omega_0 t\mathrm{d}t = \frac{2A}{n\pi}(1 - \cos n\pi)$$

因此，周期性方波的傅里叶级数可写成为

$$\begin{aligned} x(t) &= \frac{4A}{\pi}\left(\sin\omega_0 t + \frac{1}{3}\sin 3\omega_0 t + \frac{1}{5}\sin 5\omega_0 t + \cdots\right) \\ &= \frac{4A}{\pi}\left[\cos\left(\omega_0 t - \frac{\pi}{2}\right) + \frac{1}{3}\cos\left(3\omega_0 t - \frac{\pi}{2}\right) + \frac{1}{5}\cos\left(5\omega_0 t - \frac{\pi}{2}\right) + \cdots\right] \end{aligned} \tag{2.53}$$

式中 $\omega_0=\dfrac{2\pi}{T}$。

由式(2.53)可知，利用傅里叶级数的表达式能确切地表达信号分解的结果，但是不够直

观。为了既简单又明了地表示一个信号中包含了哪些频率分量及各分量占的比例大小，通常用频谱图来表示：以角频率 ω 为横坐标，以 b_n、a_n（或 c_n 的实部和虚部）为纵坐标画图，称为实频-虚频谱图；以 ω 为横坐标，以 A_n、φ_n 为纵坐标画图，则称为幅频图和相频谱，图 2.13(b) 和图 2.13(c) 分别为周期方波的幅频图和相频图，其幅频谱仅包含信号的基波和奇次谐波，各次谐波的幅值以 $1/n$ 收敛，信号的相频谱中，基波和各次谐波的相角 φ_n 均为 $-\pi/2$；以 ω 为横坐标，A_n^2 为纵坐标画图，则称为功率谱图。图 2.14 为一个幅值为 5 的正弦信号的频谱图例。

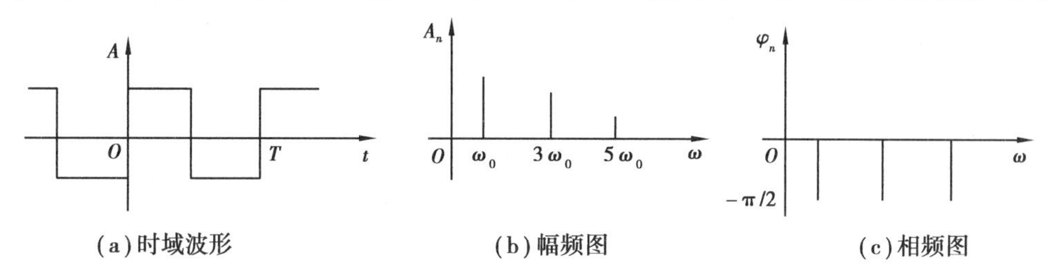

图 2.13　周期方波信号的时域波形与频域图

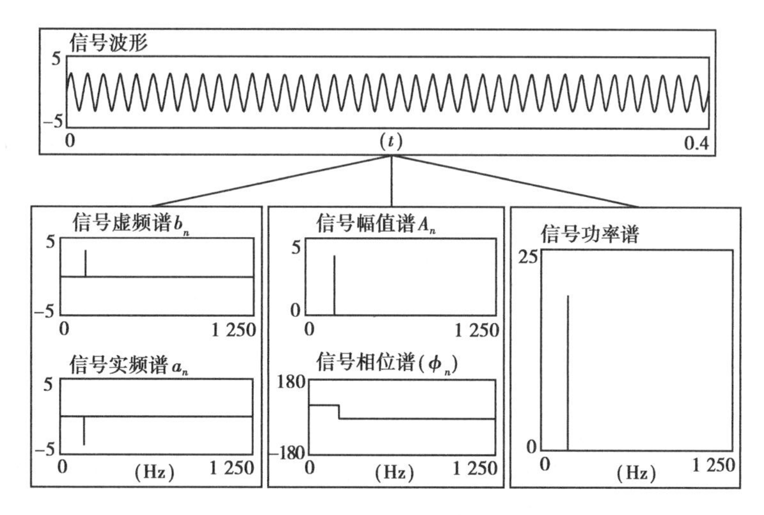

图 2.14　正弦信号频谱图例

(2)傅里叶级数的指数函数展开式

使用欧拉公式，可将式(2.51)和式(2.52)写成复指数形式，即

$$\begin{cases} x(t) = \sum\limits_{n=-\infty}^{\infty} C_n e^{jn\omega_0 t}, (n = 0, \pm 1, \pm 2, \cdots) \\ C_n = \dfrac{1}{2}(a_n - jb_n) = \dfrac{1}{T}\int_{-\frac{T}{2}}^{\frac{T}{2}} x(t) e^{-jn\omega_0 t} dt \end{cases} \tag{2.54}$$

式中　C_n——复数傅里叶系数。

傅里叶级数的复指数函数表达式表明：周期信号 $x(t)$ 可分解成无穷多个指数分量之和；而且傅里叶系数 C_n 完全由原信号 $x(t)$ 确定，因此包含原信号 $x(t)$ 的全部信息。C_n 又称为 $x(t)$ 的复振幅，是关于 $n\omega_0 t$ 的复变函数。它的模 $|C_n|$ 和相角 φ_n 表示第 n 次谐波的幅值和相位信息。复指数函数表达式与三角展开式的关系为

$$\begin{cases} |C_n| = \dfrac{1}{2}\sqrt{a_n^2 + b_n^2} = \dfrac{A_n}{2} \\ \varphi_n = \arctan \dfrac{-b_n}{a_n} \end{cases} \tag{2.55}$$

例 2.8　求图 2.15(a)周期矩形脉冲 $x(t)$ 的频谱。

解　若定义 $\sin c(x)$ 函数：

$$\sin c(x) = \frac{\sin x}{x}$$

根据式(2.54)可得

$$C_n = \frac{1}{T_0}\int_{-\frac{T}{2}}^{\frac{T}{2}} x(t)\mathrm{e}^{-\mathrm{j}n\omega_0 t}\mathrm{d}t = \frac{1}{T_0}\int_{-\frac{\tau}{2}}^{\frac{\tau}{2}} A\mathrm{e}^{-\mathrm{j}n\omega_0 t}\mathrm{d}t = \frac{A\tau}{T_0}\sin c\left(\frac{n\omega_0\tau}{2}\right) \qquad (n = 0,\ \pm 1,\ \pm 2, \cdots) \tag{2.56}$$

式中　$\omega_0 = 2\pi/T_0$ 为角频率。

由式(2.56)，可画出如图 2.15(b)所示的周期矩形脉冲的频谱图。

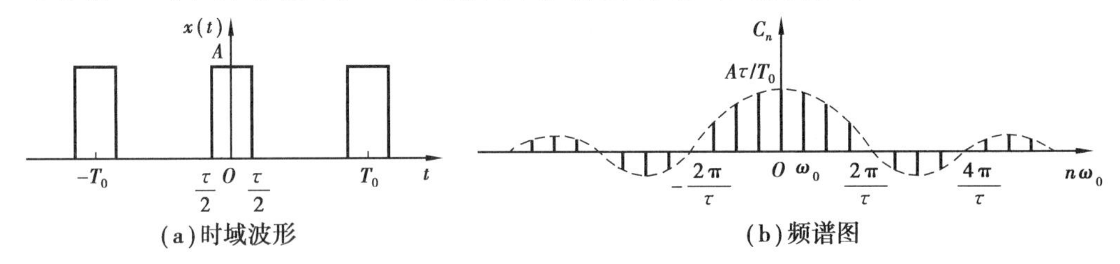

图 2.15　周期矩形脉冲及其频谱图

周期信号的频域描述清楚地表明了信号的频率成分构成及其幅值、相位信息——这在动态测试中非常重要。

(3)周期信号频谱的特点

由图 2.13 和图 2.15 可知，周期信号的频谱具有如下 3 个特点：

①离散性：周期矩形脉冲的频谱是离散的，谱线间隔为基波角频率 ω_0，即信号周期 T_0 越大，谱线越密，同时直流分量的幅值越小。

②谐波性：每个谱线只出现在基波频率 ω_0 的整数倍上。

③收敛性：周期信号展开成傅里叶级数后，在频域上是无限的，但从总体上看，其谐波幅值随谐波次数的增高而减小。因此，在频谱分析中没有必要取次数过高的谐波分量。

(4)信号频带宽度的概念

由式(2.51)和式(2.54)可知，一个周期信号由无限多个谐波分量组成，但是在实际工程应用中，只能用包含有限项的傅里叶级数近似表示，因此存在误差。

信号频带宽度与允许误差大小有关。由频谱的收敛性可知，周期信号的能量主要集中在低频分量，谐波次数过高的分量所占能量少，可忽略不计。通常将频谱中幅值下降到最大幅值的 10% 时所对应的频率定义为信号的频宽，称为 1/10 法则。

工程应用中可根据时域波形估计信号频宽：有突跳的信号，如周期方波和锯齿波，所取频带较宽，可取 $10\omega_0$ 为频宽。无突跳的信号变化较缓（越缓越接近简谐），如三角波，所取频带较窄，可取 $3\omega_0$ 为频宽。

如图2.16所示为使用周期方波的前5次谐波进行合成所得到的波形，可以看出波形已经和方波比较接近。需要注意的是，因为周期方波为奇函数，因此其谐波频率都为基波的奇数倍，例如图2.16中的第5次谐波频率为$9\omega_0$，幅值为基波幅值的1/9。

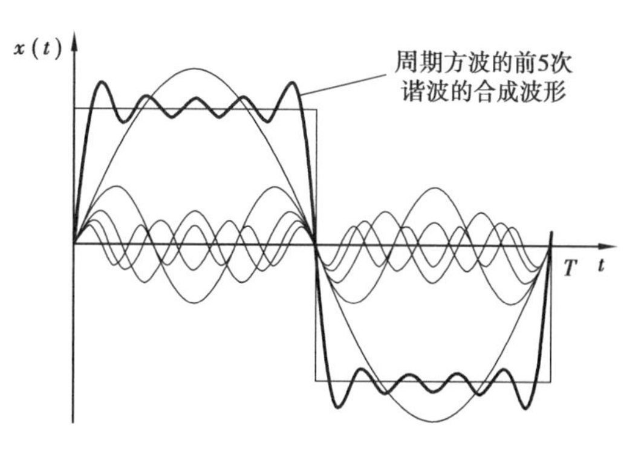

图2.16　周期方波的分解与合成

合理选择信号的频宽是非常重要的，测量仪器的工作频率范围必须大于被测信号的频宽，被测信号的高频分量经过测量仪器后会产生很大的衰减，从而引起信号失真，造成较大的测量误差，因此，在设计或选用测试仪器前必须了解被测信号的频带宽度。

2.6.5　非周期信号与连续频谱

(1)傅里叶变换

实际工程中所遇到的信号大都是非周期信号，如二阶系统的过渡过程，爆炸产生的冲击波信号等。非周期信号又可分为准周期信号和瞬变信号，如图2.17所示。

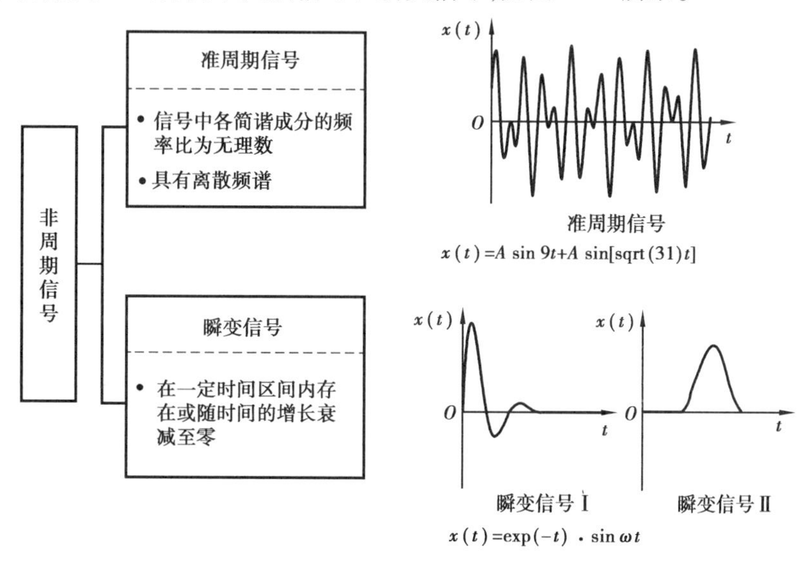

图2.17　非周期信号的频谱

对于非周期信号$x(t)$，可以假设其周期$T\to\infty$，则该非周期信号可以演变成周期信号，且在区间$(-\infty,\ \infty)$内$x(t)$只有一个周期，由式(2.52)和式(2.54)可知，对周期信号进行傅里叶级数展开，只需要了解其一个周期内的变化。因此，对于定义于区间$(-\infty,+\infty)$上的非周期信号$x(t)$，在满足狄里赫利条件下也能分解成许多谐波分量的叠加。

在前面研究周期信号的频谱时，发现若信号的周期越大，则相邻谱线间的间隔越小，极限情况下，当周期$T\to\infty$，式(2.54)中的ω_0趋于无穷小量$\mathrm{d}\omega$，离散频率$n\omega_0$变成连续频率ω，展开式的叠加关系变成积分关系，而频谱图中离散的谱线变成一条连续的频谱，此时傅里叶级数

的式(2.54)变为

$$x(t)=\frac{1}{2\pi}\int_{-\infty}^{+\infty}\left[\int_{-\infty}^{+\infty}x(t)\mathrm{e}^{-\mathrm{j}\omega t}\mathrm{d}t\right]\mathrm{e}^{\mathrm{j}\omega t}\mathrm{d}\omega \tag{2.57}$$

式(2.57)中方括号内对时间进行积分后,仅仅是角频率 ω 的函数,记为 $X(\omega)$,则有

$$X(\omega)=\int_{-\infty}^{+\infty}x(t)\mathrm{e}^{-\mathrm{j}\omega t}\mathrm{d}t \tag{2.58}$$

$$x(t)=\frac{1}{2\pi}\int_{-\infty}^{+\infty}X(\omega)\mathrm{e}^{\mathrm{j}\omega t}\mathrm{d}\omega \tag{2.59}$$

式(2.58)中的 $X(\omega)$ 称为非周期信号 $x(t)$ 的傅里叶变换,而式(2.59)中的 $x(t)$ 称为 $X(\omega)$ 的傅里叶逆变换,两者互为傅里叶变换对。

(2)非周期信号与周期信号频谱分析的比较

其相同点在于两者都可以分解为许多不同频率的谐波分量之和。不同点在于周期信号的频谱为离散谱,而非周期信号由于其周期 $T\to\infty$,基频 $\omega_0\to\mathrm{d}\omega$,它包含了从零到无穷大的所有频率分量(连续谱),各频率分量的幅值为 $X(\omega)\mathrm{d}\omega$—是无穷小量,故非周期信号的频谱不能再用幅值表示,而必须用频谱密度函数 $X(\omega)$ 描述,$X(\omega)$ 表示角频率 ω 处单位频带宽度内频率分量的幅值与相位,即

$$X(\omega)=|X(\omega)|\mathrm{e}^{\mathrm{j}\varphi(\omega)} \tag{2.60}$$

其中

$$|X(\omega)|=\sqrt{[\mathrm{Re}\,X(\omega)]^2+[\mathrm{Im}\,X(\omega)]^2}$$

$$\varphi(\omega)=\arctan\frac{\mathrm{Im}\,X(\omega)}{\mathrm{Re}\,X(\omega)}$$

(3)非周期信号频谱的特点

如前所述,非周期信号的频谱是连续的,它包含了从 $0\to\infty$ 的所有频率分量。如图 2.18 所示为时域脉冲信号及其频谱图。

由图 2.18 可知:

①脉冲宽度 τ 增大时,信号的能量将大部分集中在低频区;$\tau\to\infty$ 时,脉冲信号变成直流信号,频谱函数只集中在 $\omega=0$ 处。

②脉冲宽度 τ 减小时,频谱的高频成分增加(频带宽度增大);$\tau\to 0$ 时,脉冲信号变成单位冲击信号,频谱函数扩展为均匀谱,频带宽度无限大。

③对于一个矩形脉冲信号,其能量主要集中在频谱中零频率到第一个过零点之间,其所含能量达到信号全部能量的 90% 以上,故可将频谱中第一个过零点对应的频率定义为矩形脉冲信号的有效带宽。

(4)频谱分析的应用

频谱分析主要用于识别信号中的周期分量,是信号分析中最常用的一种手段。例如,在齿轮箱故障诊断中,通过对齿轮箱振动信号进行频谱分析以确定最大频率分量,然后根据机床和传动链的转速,即可找出故障齿轮。又如,在进行螺旋桨设计时,可以通过频谱分析确定螺旋桨的固有频率和临界转速,从而确定螺旋桨转速的工作范围。

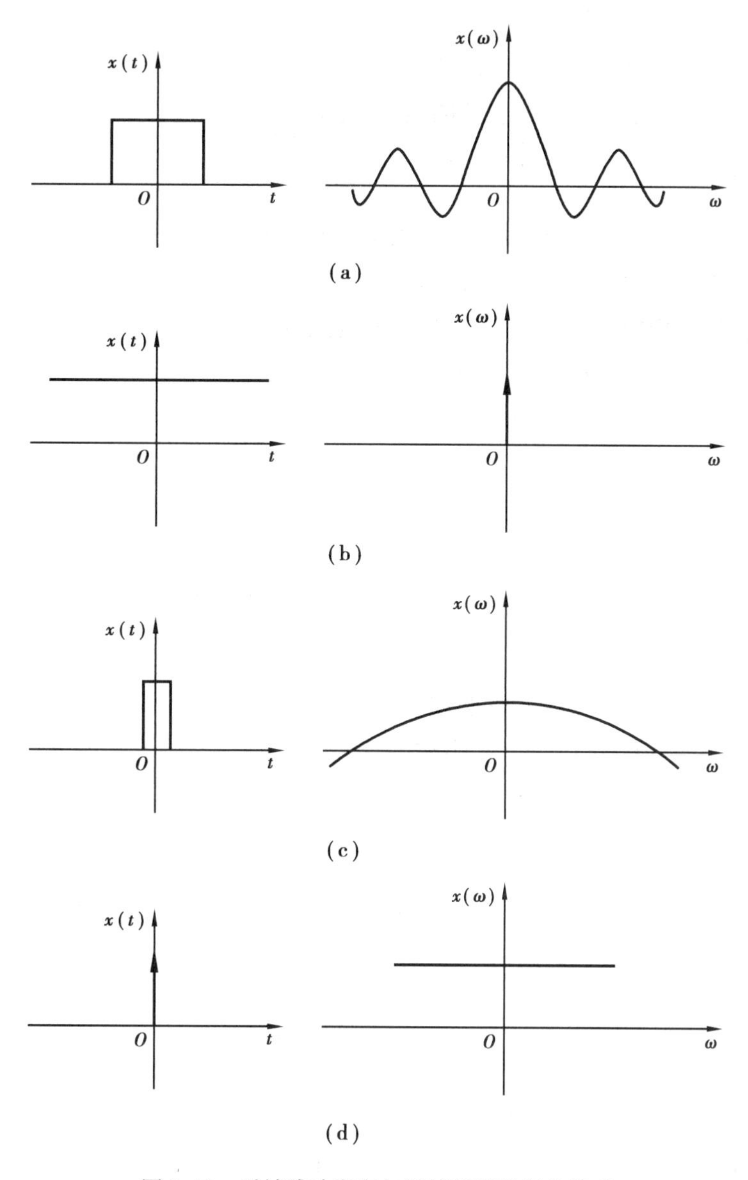

图 2.18　时域脉冲宽度与频域频带宽度的关系

2.6.6　随机信号的描述

对随机信号按时间历程所作的各次长时间观测记录称为样本函数，记作 $x_i(t)$。如果随机信号的统计参数不随时间变化，则称平稳随机过程；反之，称非平稳随机过程。在平稳随机过程中，若任一单个样本函数的时间平均统计特征等于该过程的集合平均统计特征，这样的平稳随机过程称为各态历经随机过程。

$$\text{随机信号}\begin{cases}\text{平稳随机信号}\begin{cases}\text{各态历经随机信号}\\\text{非各态历经随机信号}\end{cases}\\\text{非平稳随机信号}\end{cases}$$

工程上遇到的随机过程大都可以近似地当作各态历经随机过程来处理，只要能够获得足够多和足够长的样本函数,便可求得其概率意义上的统计规律,如均值、均方值、方差、概率密度函数、相关函数及功率谱密度函数等,从而可以凭借对有限长度样本记录的分析来判断、估计被测对象的整个随机过程。需要注意的是,只有证明了随机过程是各态历经的,才能用样本函数的统计量代替随机过程的总体统计量。

(1)随机信号的数学描述

要完整地描述一个各态历经随机过程,理论上要有无限长时间记录,但实际上这是不可能的。通常用统计方法对以下3个方面进行数学描述:

①幅值域描述。均值、均方值、方差、概率密度函数等。

②时域描述。自相关函数、互相关函数。

③频域描述。自功率谱密度函数、互功率谱密度函数。

(2)信号的幅值域分析

1)均值

对于一个各态历经过程 $x(t)$,其均值定义为

$$\mu_x = E[x(t)] = \lim_{T\to\infty}\frac{1}{T}\int_0^T x(t)\,\mathrm{d}t \tag{2.61}$$

式中 T——观测时间;

$E[x(t)]$——变量 $x(t)$ 的数学期望值。

均值反映了信号变化的中心趋势,也称为直流分量。

2)均方值

$$\psi_x^2 = E[x^2(t)] = \lim_{T\to\infty}\frac{1}{T}\int_0^T x^2(t)\,\mathrm{d}t \tag{2.62}$$

均方值表达了信号的强度;其正平方根值称为有效值(RMS),是信号平均能量的一种表达。

3)方差

$$\begin{aligned}\sigma_x^2 &= E[(x(t)-E[x(t)])^2]\\ &= \lim_{T\to\infty}\frac{1}{T}\int_0^T (x(t)-\mu_x)^2\mathrm{d}t = \psi_x^2-\mu_x^2\end{aligned} \tag{2.63}$$

方差表达了信号的波动大小,反映了 $x(t)$ 偏离均值的波动情况。

图2.19(a)、(b)为两个频率相同的正弦信号,两者的均值都为零,表明信号的幅值都是围绕零变化的;图2.19(a)的均方值大于图2.19(b),说明图2.19(a)的信号强度大于图2.19(b),但是,图2.19(a)信号的方差也大于图2.19(b)信号的方差,说明图2.19(a)的信号波动较大。

均值、均方值和方差都是随机过程在各个孤立时刻的统计特性的描述。

4)概率密度函数 $p(x)$

概率密度函数是指一个随机信号的瞬时值落在指定区间$(x,x+\Delta x)$内的概率对 Δx 比值的极限值,换句话说,它表示信号幅值落在某指定范围内的概率,它是以幅值大小为横坐标,以每个幅值间隔内出现的概率为纵坐标进行统计分析的方法。不同的随机信号,其概率密度函数的图形不同,借此可以认识和区分各种不同的信号。例如,如图2.20所示为正弦信号与正弦信号叠加随机噪声、窄带随机信号、宽带随机信号的概率密度函数的对比。

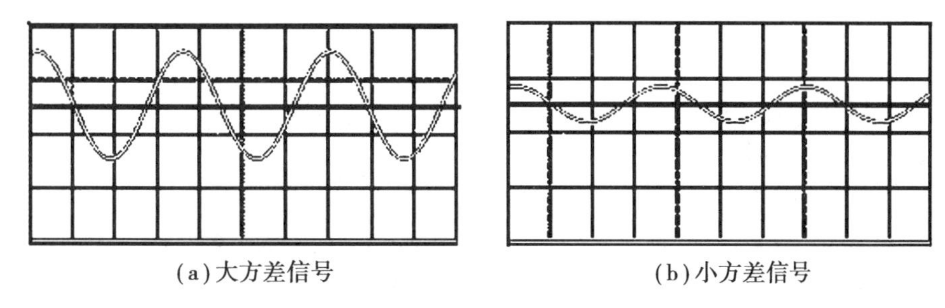

(a)大方差信号　　(b)小方差信号

图 2.19　两个频率相同的正弦信号

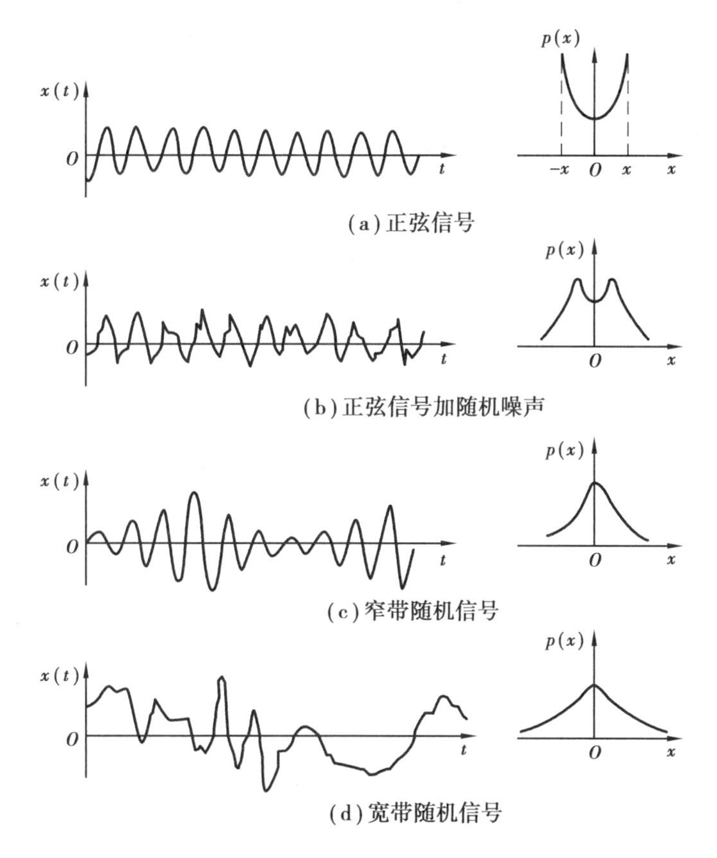

(a)正弦信号

(b)正弦信号加随机噪声

(c)窄带随机信号

(d)宽带随机信号

图 2.20　各类随机信号及其概率密度函数

(3)随机信号的时域分析法——相关分析

相关性是指信号的相似和关联程度,相关分析不仅可用于确定性信号,也可用于随机信号的检测、识别和提取等。例如,动态测试中,输入信号的有用分量往往受到噪声干扰,此时可通过相关运算检测出有用的信号,有效提高信噪比,因此,相关分析在微弱信号检测、机械振动分析中得到了广泛应用。

由概率统计理论可知,相关是用来描述随机过程自身在不同时刻的状态间,或者两个随机过程在某个时刻状态间线性依从关系的数字特征。对于随机变量 x 和 y 之间的相关程度常用相关系数 ρ_{xy} 表示,即

$$\rho_{xy}=\frac{\sigma_{xy}}{\sigma_x\sigma_y}=\frac{E[(x-\mu_x)(y-\mu_y)]}{\{E[(x-\mu_x)^2]E[(y-\mu_y)^2]\}^{\frac{1}{2}}} \tag{2.64}$$

式中　σ_{xy}——变量 x、y 的协方差；

μ_x、μ_y——x、y 的均值；

σ_x、σ_y——x、y 的标准差。

若 $\rho_{xy}=1$，表示 x 和 y 线性相关（精确相关）；若 $0<\rho_{xy}<1$，表面 x 和 y 部分相关；若 $\rho_{xy}=0$ 表示 x 和 y 线性不相关，即 x 和 y 之间不存在确定性的关系。

除相关系数外，相关分析还常用相关函数（自相关函数和互相关函数）进行。在通信、信号处理、目标识别和生物医学中常用相关函数来度量两个信号之间的相似程度。

(4) 自相关函数

1) 自相关函数的概念和性质

自相关函数反映了信号在时移中的相关性（相似程度）。若 $x(t)$ 时移 τ 后的样本用 $x(t+\tau)$ 表示，则自相关函数 $R_x(\tau)$ 表示 $x(t)$ 时移 τ 后得到的信号 $x(t+\tau)$ 与原信号 $x(t)$ 的相似程度，下标 x 表示其为信号 $x(t)$ 的自相关函数，对于各态历经随机信号 $x(t)$，$R_x(\tau)$ 定义为

$$R_x(\tau)=\lim_{T\to\infty}\frac{1}{T}\int_0^T x(t)x(t+\tau)\mathrm{d}t \tag{2.65}$$

需要指出的是，对不同性质的信号，$R_x(\tau)$ 定义不同。

周期信号（功率信号）为

$$R_x(\tau)=\frac{1}{T}\int_0^T x(t)x(t+\tau)\mathrm{d}t \tag{2.66}$$

非周期信号（能量信号）为

$$R_x(\tau)=\int_{-\infty}^{+\infty} x(t)x(t+\tau)\mathrm{d}t \tag{2.67}$$

由式(2.66)和式(2.67)可知，自相关函数 $R_x(\tau)$ 是时移 τ 的函数，$R_x(\tau)$ 的值越大，表明 $x(t+\tau)$ 与原信号 $x(t)$ 越相似（重合）。

自相关函数具有如下性质：

①自相关函数为实偶函数，即

$$R_x(\tau)=R_x(-\tau)$$

②τ 值不同，$R_x(\tau)$ 不同，当 $\tau=0$ 时，$R_x(\tau)$ 的值最大。此性质的物理意义很明显，若 $\tau=0$，时移信号 $x(t+\tau)$ 与原信号 $x(t)$ 为同一信号，两者之间的相似程度肯定最大，并且由式(2.62)可知，此时 $R_x(\tau)$ 等于信号的均方值 $\psi_x^2=\mu_x^2+\sigma_x^2$，即

$$R_x(0)=R_x(\tau)|_{\max}=\psi_x^2=\mu_x^2+\sigma_x^2 \tag{2.68}$$

③$R_x(\tau)$ 值的限制范围为

$$\mu_x^2-\sigma_x^2\leqslant R_x(\tau)\leqslant\mu_x^2+\sigma_x^2$$

④对于一个非周期平稳随机信号 $x(t)$，当 τ 增大时其自相关性减弱，当 $\tau\to\infty$ 时，$x(t+\tau)$ 与原信号 $x(t)$ 不存在内在联系，彼此无关，即

$$R_x(\infty)=\mu_x^2 \tag{2.69}$$

若 $\mu_x=0$，则 $R_x(\infty)=0$。

自相关函数的性质①～④如图 2.21 所示。

⑤周期函数的自相关函数仍为同频率的周期函数，但是原信号的相角信息会改变。

自相关函数的性质在实际工程中具有重要作用。例如，在实际测试工作中，经常会遇到噪声干扰问题，通常噪声是一个均值为零的随机信号，由自相关函数的性质④可知，噪声信号的自相关函数在时间位移 $\tau=0$ 时存在最大值，但是随着 τ 的增大，噪声信号的自相关函数很快由最大值衰减到零，如图 2.22 所示。因此，对包含随机信号和周期分量的复杂信号进行自相关处理，当时间位移 τ 足够大时，它的自相关函数中就只留下了周期信号的信息，故利用自相关函数可以提取混淆在噪声中的周期信号。例如，一个含有白噪声的正弦信号及其自相关函数如图 2.23 所示。

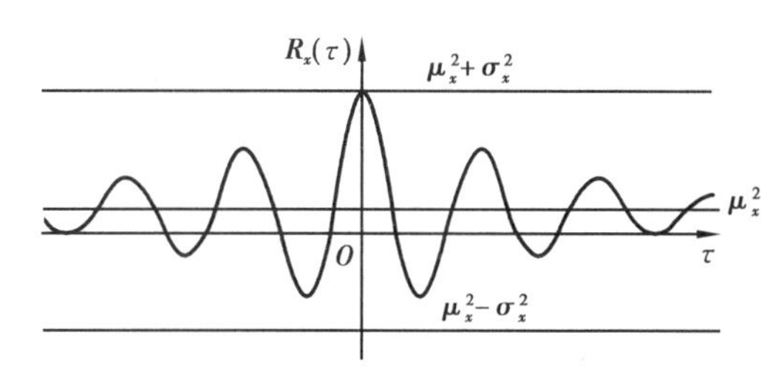

图 2.21　自相关函数的性质

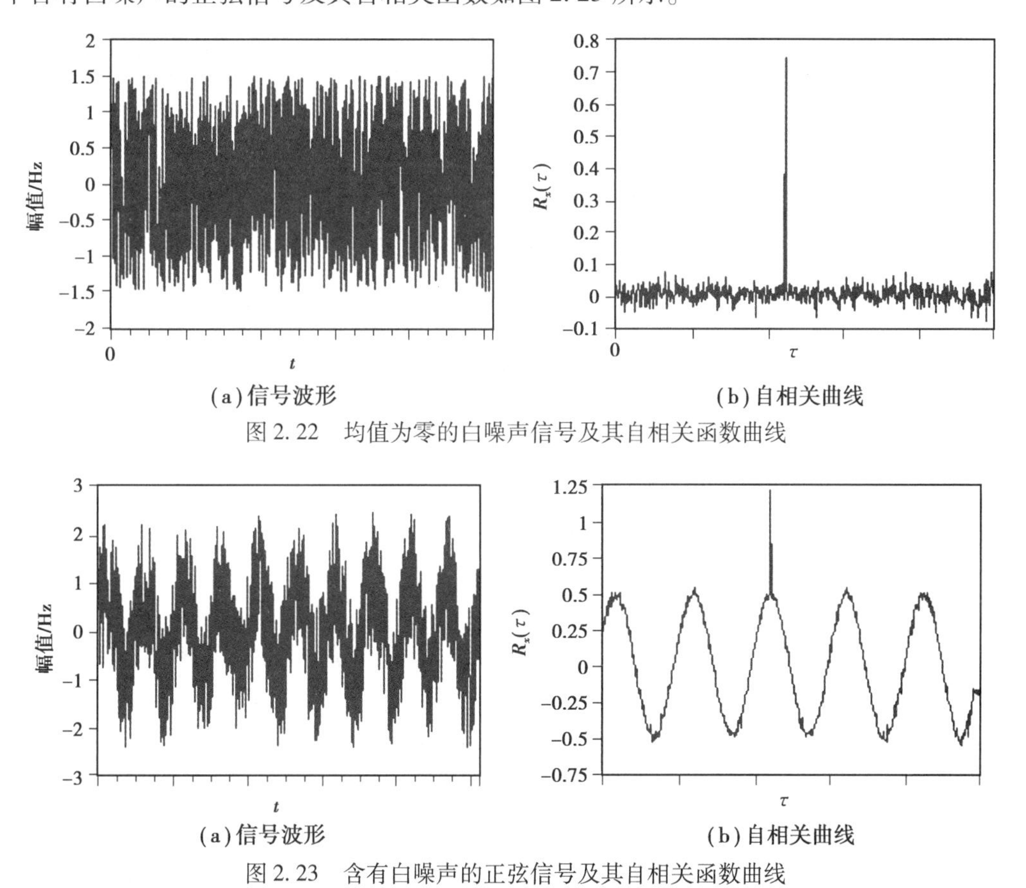

图 2.22　均值为零的白噪声信号及其自相关函数曲线

图 2.23　含有白噪声的正弦信号及其自相关函数曲线

2）自相关分析的工程应用实例——机械加工中的周期性回转误差提取

如图 2.24 所示，加工钻头在被测工件的表面移动，通过连杆机构带动差动变压器的铁芯位置发生相应变化，使得差动变压器的输出信号曲线 $x(t)$ 反映了工件的表面粗糙度，从图 2.24 中可知，直接从表面粗糙度曲线中分析加工过程中是否存在回转误差等周期性故障是

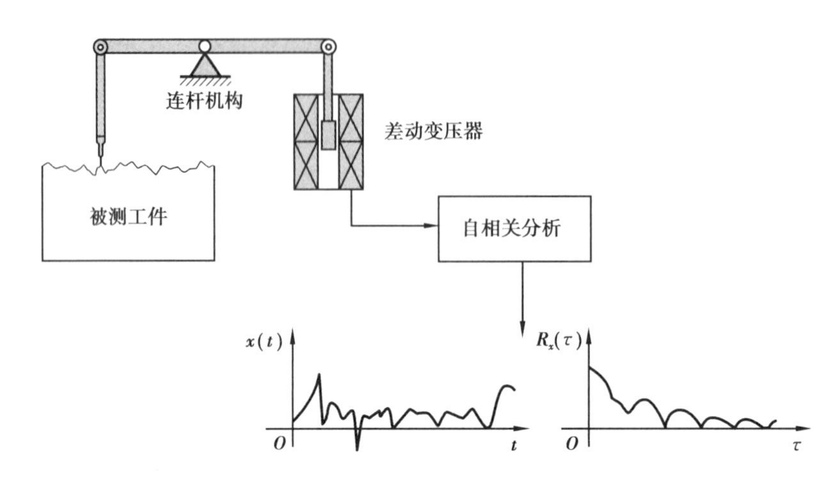

图 2.24　机械加工表面粗糙度自相关分析原理

非常困难的，这时可对粗糙度曲线 $x(t)$ 进行自相关运算，当时间位移 τ 足够大时，自相关函数中的噪声等非周期干扰信息迅速衰减到零，根据自相关函数的性质⑤可知，若测工件表面是否存在周期性回转误差，则自相关函数曲线 $R_x(\tau)$ 将包含相应的周期信息，从而可以判断是否存在回转误差，以及回转误差的周期及幅值。

(5)互相关函数

1)互相关函数的概念和性质

互相关函数 $R_{xy}(\tau)$ 反映了两个信号在时移中的相关性。两个各态历经随机信号 $x(t)$ 和 $y(t)$ 的互相关函数定义为

$$R_{xy}(\tau)=\lim_{T\to\infty}\frac{1}{T}\int_0^T x(t)y(t+\tau)\,\mathrm{d}t \tag{2.70}$$

互相关函数具有如下性质：

①互相关函数是可正、可负的实函数。

②互相关函数非偶函数、也非奇函数，而是镜像对称的，即

$$R_{xy}(\tau)=R_{yx}(-\tau) \tag{2.71}$$

即 $x(t)$ 与 $y(t)$ 互换后，其互相关函数对称于纵轴，如图 2.25 所示。

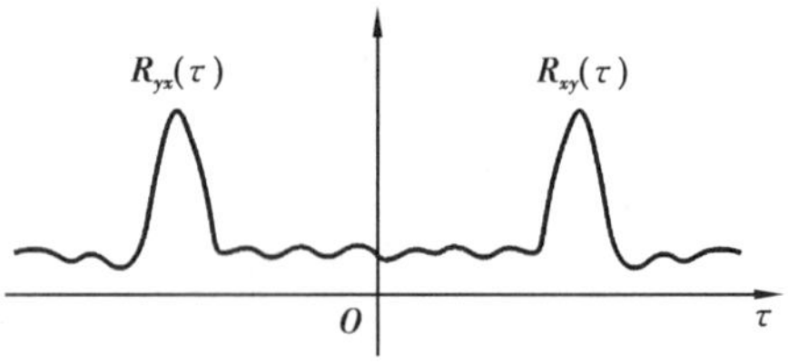

③$R_{xy}(\tau)$ 的峰值不在 $\tau=0$ 处，若信号 $y(t)$ 时移 τ_d 后与信号 $x(t)$ 相似程度最大，则 $R_{xy}(\tau)$ 的峰值为偏离原点 τ_d 处，如图 2.26 所示。

④均值为零的两个统计独立的随机信号 $x(t)$ 和 $y(t)$，对所有的 τ 值有 $R_{xy}(\tau)=0$。

图 2.25　互相关函数镜像对称

⑤频率相同的两个周期信号的互相关函数仍是周期信号，其周期与原信号相同，且保留了原信号频率、幅值和相位差的信息；而两个不同频率的周期信号，其互相关函数为零。即同频相关，不同频不相关。

2)互相关函数的工程运用

①地下输油管道漏损位置的探测，其原理如图 2.27 所示。输油管的泄漏处会产生噪声，

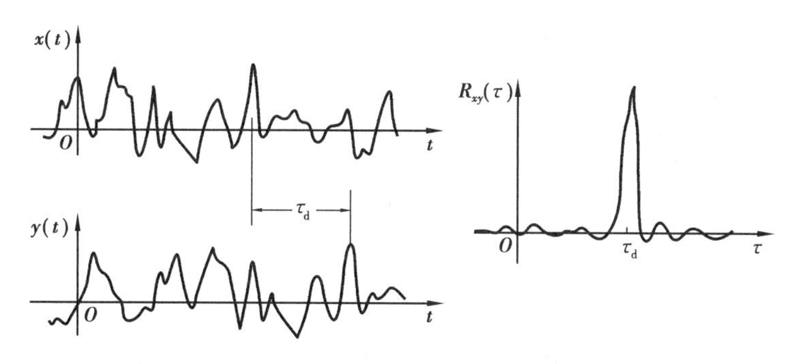

图 2.26　互相关函数波形图

在油料流动速度远远小于声音在油料中传播速度的情况下，可认为噪声向泄漏处两侧传播的速度相等，该传播速度设为 v。假设泄漏处上刚好处于声音传感器 1 和 2 之间，且离两个声音传感器的距离不等，则漏油的声响传至两传感器的时间就会有差异，假设时差为 t，记录下两个传感器测量到的声音信号 $x_1(t)$ 和 $x_2(t)$，明显的，$x_1(t)$ 时移 t 后与 $x_2(t)$ 相似程度最大，因此，做出 $x_1(t)$ 与 $x_2(t)$ 互相关函数曲线，在互相关函数图上的 $\tau=\tau_d$ 处必存在最大值，这个 τ_d 就是时差 t。设 S 为两传感器的安装中心线至漏损处的距离，v 为声音在管道中的传播速度，则

$$S=\frac{1}{2}v\tau_d \tag{2.72}$$

由式(2.72)可知，S 与互相关函数曲线上的峰值距原点的距离 τ_d 呈线性关系，此应用属于线性定位问题，其定位误差通常为几十厘米，且该方法也可用于弯曲的管道。

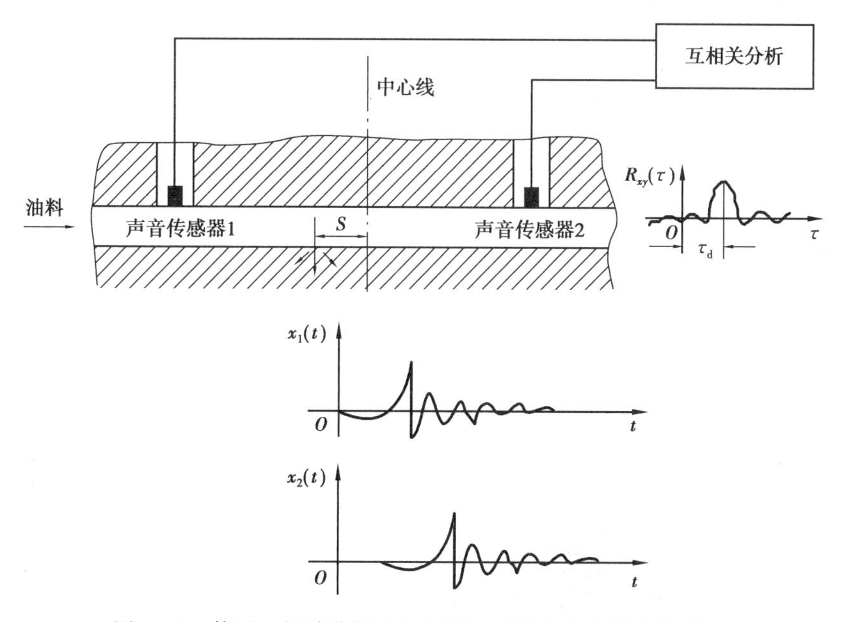

图 2.27　使用互相关分析方法探测地下管道的泄漏位置原理

②相关测速。图 2.28 为利用互相关分析法在线测量子弹飞行速度的实例。在沿子弹运动的方向上相距 L 处的下方，安装两个光探测器 A 和 B。当子弹以速度 v 移动时，在经过光探测器 A 和 B 时，分别产生两个脉冲电信号 $x(t)$ 和 $y(t)$，这两个电信号的波形基本一致(非常相似)，只是存在时间差，若把这两个电信号进行互相关分析得出互相关函数，则互相关函数曲

线上的峰值距离原点的距离τ_d即为$x(t)$和$y(t)$之间的时间差,因此,子弹的飞行速度$v=L/\tau_d$。

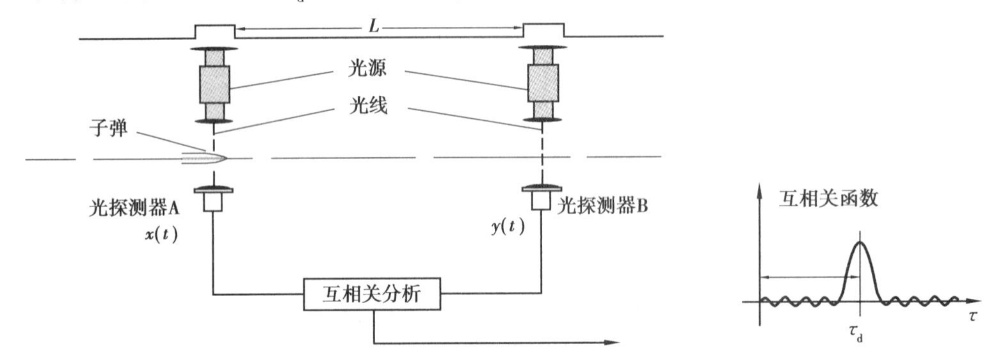

图2.28　使用互相关分析方法进行测速

③利用互相关函数进行设备的不解体故障诊断。在发动机、司机座位、后桥上布置加速度传感器(图2.29),然后将输出信号放大并进行相关分析。由图2.29可知,发动机与司机座位的相关性较差,而后桥与司机座位的互相关较大,因此,可以认为司机座位的振动主要由汽车后桥的震动引起的。

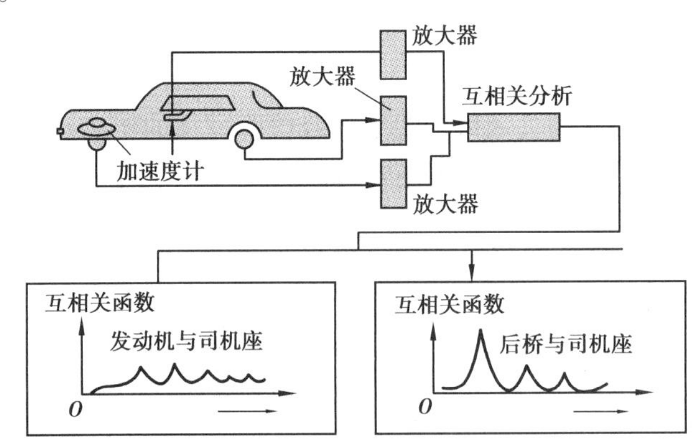

图2.29　使用互相关分析车辆震动的传递途径

本章小结

通过科学实验定量研究自然现象所遵从的规律时,必须进行大量的实验观测,获得大量的实验数据,然后将所得的实验数据进行误差分析与消除、数据处理和信号分析处理,找出实验数据之间的相互关系,并从测量信号中找出反映被测量特性的信息。误差分析、数据处理和信号分析是科学实验的重要组成部分,是从事科学研究必须掌握的基本知识和技能。

本章介绍了测量的概念和方法,误差的来源以及数据的处理方法(基于最小二乘法的一元线性回归),以及确定性信号的频域分析方法(傅里叶变换)和随机信号的时域分析方法(相关分析法),为以后学习检测方面的知识和进行科学研究打下了基础。

习　题

2.1　测量误差的表示方法有哪些？

2.2　测量误差的来源及分类有哪些？

2.3　消除系统误差的方法有哪些？

2.4　用测量范围为-50～150 kPa的压力传感器测量140 kPa压力时，传感器测得示值为142 kPa，求该示值的绝对误差、实际相对误差和引用误差。

2.5　压力传感器测量砝码数据见表2.6，试分析该组测量中是否存在系统误差。

表2.6

M/g	0	1	2	3	4	5
正向测量值/mV	0	1.5	2	2.5	3	3.5
反向测量值/mV	0	0.5	1	2	2.5	3.5

2.6　用卡尺等精度测量某工件的厚度10次（卡尺测量的标准偏差未知），并确认测量已排除系统误差，测得值为1.33、1.36、1.41、1.40、1.38、1.39、1.35、1.34、1.49、1.37 mm。若取定置信概率P=0.99，试用格罗布斯准则判断测量结果中是否存在坏值；若有坏值，则将坏值剔除后写出测量结果。

2.7　用量程为150 mm的游标卡尺测量一个钢球的直径10次，已知仪器最小分度值为0.02 mm，仪器的最大允差$\Delta_{仪}$=0.02 mm，测量数据见表2.7。

表2.7

次　数	1	2	3	4	5	6	7	8	9	10
D/mm	3.32	3.34	3.36	3.30	3.34	3.38	3.30	3.32	3.34	3.36

求测量列的平均值、标准差σ、测量列的A类、B类及合成标准不确定度。

2.8　在对量程为10 MPa的压力传感器进行标定时，传感器输出电压值与压力值之间的关系见表2.8，请简述最小二乘法准则的几何意义，并分析下列电压-压力直线中哪一条最符合最小二乘法准则（可使用计算机辅助进行计算）。

表2.8

测量次数I	1	2	3	4	5
压力x_i/MPa	2	4	6	8	10
电压y_i/V	10.046	20.090	30.155	40.125	50.074

①$y=5.00x-1.05$；②$y=7.00x+0.07$；③$y=50.00x-10.30$；④$y=-5.00x-1.00$；⑤$y=5.00x+0.08$。

2.9 信号分析与处理的根本目的是什么？

2.10 信号的分类有哪几种？

2.11 周期信号频谱的特点有哪些？与非周期信号的频谱有何区别？

2.12 随机信号的数学描述方法有哪些？

2.13 相关函数在工程中有哪些应用？请举例进行说明。

第3章 检测系统的特性

测试是具有试验性质的测量,是从客观事物取得有关信息的过程。在此过程中须借助测试装置。为实现某种量的测量而选择或设计测量装置时,就必须考虑这些测量装置能否准确获取被测量的量值及其变化,即实现准确测量,而能否实现准确测量,则取决于测量装置的特性。这些特性包括动态特性、静态特性、负载特性及抗干扰性等。测量装置的特性是统一的,各种特性之间是相互关联的。

3.1 检测系统的基本要求

由于检测的目的和要求不同,测量对象又千变万化,因此,测试系统的组成和复杂程度都有很大差别。最简单的温度测试系统只是一个液柱式温度计,而较完整的机床动态特性测试系统则非常复杂。测试系统的概念是广义的,在测试信号的流通过程中,任意连接输入、输出并有特定功能的部分,均可视为测试系统。

对测试系统的基本要求就是使测试系统的输出信号能够真实地反映被测物理量的变化过程,不使信号发生畸变,即实现不失真测试。任何测试系统都有自己的传输特性,当输入信号用$x(t)$表示,测试系统的传输特性用$h(t)$表示,输出信号用$y(t)$表示,则通常的工程测试问题总是处理$x(t)$、$h(t)$和$y(t)$三者之间的关系。图3.1为测试系统的组成框图。

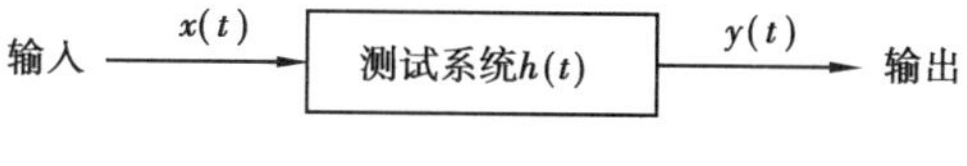

输入 —$x(t)$→ [测试系统$h(t)$] —$y(t)$→ 输出

图3.1 测试系统框图

①若输入$x(t)$和输出$y(t)$是已知量,则通过输入、输出就可以判断系统的传输特性。

②若测试系统的传输特性$h(t)$已知,输出$y(t)$可测,则通过$h(t)$和$y(t)$可推断出对应于该输出的输入信号$x(t)$。

③若输入信号$x(t)$和测试系统的传输特性$h(t)$已知,则可推断和估计出测试系统的输出信号$y(t)$。

从输入到输出，系统对输入信号进行传输和变换，系统的传输特性将对输入信号产生影响。因此，要使输出信号真实地反映输入的状态，测试系统必须满足一定的性能要求。一个理想的测试系统应该具有单一的、确定的输入与输出关系，即对应于每个确定的输入量都应有唯一的输出量与之对应，并且以输入与输出呈线性关系为最佳。而且系统的特性不应随时间的推移发生改变，满足上述要求的系统是线性时不变系统。因此，具有线性时不变特性的测试系统为最佳测试系统。

一般在工程中使用的测试装置都看作线性时不变系统。

3.2 检测系统的数学模型

测试系统所测量的物理量基本上有两种形式：一种是静态（静态或准静态）的形式，这种信号不随时间变化（或变化很缓慢）；另一种是动态（周期变化或瞬态）的形式，这种信号是随时间变化而变化的。由于输入物理量状态不同，测试系统所表现出的输入-输出特性也不同，因此存在所谓静态特性和动态特性。一个高精度测试系统，必须有良好的静态特性和动态特性，这样它才能完成信号的不失真转换。相应的，测试系统的数学模型可分为动态模型和静态模型。

3.2.1 静态数学模型

在静态测试时，输入信号 $x(t)$ 和输出信号 $y(t)$ 不随时间变化，或者随时间变化但变化缓慢以致可以忽略时，测试系统输入与输出之间呈现的关系就是测试系统的静态特性。

一般情况下，检测装置的静态数学模型可以用多项式代数方程式（静态特性方程）来表示，即

$$y = a_0 + a_1 x + a_2 x^2 + \cdots + a_{n-1} x^{n-1} \tag{3.1}$$

3.2.2 动态数学模型

对于大多数检测装置，可近似为一个线性时不变系统，它的动态数学模型可以用一个线性常微分方程来表征，即

$$a_n \frac{\mathrm{d}^n y(t)}{\mathrm{d}t^n} + a_{n-1} \frac{\mathrm{d}^{n-1} y(t)}{\mathrm{d}t^{n-1}} + \cdots + a_1 \frac{\mathrm{d}y(t)}{\mathrm{d}t} + a_0 y(t) = b_m \frac{\mathrm{d}^m x(t)}{\mathrm{d}t^m} + b_{m-1} \frac{\mathrm{d}^{m-1} x(t)}{\mathrm{d}t^{m-1}} + \cdots + b_1 \frac{\mathrm{d}x(t)}{\mathrm{d}t} + b_0 x(t) \tag{3.2}$$

式中，$a_n, a_{n-1}, \cdots, a_0$ 和 $b_m, b_{m-1}, \cdots, b_0$ 均为与系统结构有关的常数。只要对微分方程求解，就可得到动态性能指标。

对于一个复杂的测试系统和复杂的测试信号，求解微分方程比较困难，而应用拉普拉斯变换求出传递函数、频率响应函数和典型信号的瞬态响应等来描述动态特性。

(1)传递函数

在工程上，为了计算方便，通常采用拉普拉斯变换来研究线性微分方程。若 $Y(s)$ 为时间变量 t 的函数，且当 $t \leqslant 0$ 时，有 $y(t)=0$，则 $y(t)$ 的拉普拉斯变换定义为

$$Y(s)=\int_0^{\infty}y(t)\mathrm{e}^{-st}\mathrm{d}t \tag{3.3}$$

式中 s——复变量,$s=a+\mathrm{j}b$,$a>0$。

拉普拉斯变换记为 $Y(s)=L[y(t)]$,拉普拉斯逆变换记为 $y(t)=L^{-1}[Y(s)]$。

如果系统初始条件为零,即认为输入量 $x(t)$、输出量 $y(t)$ 及它们的各阶时间层数的初始值($t=0$)为零,对式(3.2)作拉普拉斯变换,得

$$\begin{gathered}Y(s)(a_ns^n+a_{n-1}s^{n-1}+\cdots+a_1s+a_0)=\\X(s)(b_ms^m+b_{m-1}s^{m-1}+\cdots+b_1s+b_0)\end{gathered} \tag{3.4}$$

式中 $Y(s)$——系统输出量 $y(t)$ 的拉普拉斯变换;

$X(s)$——系统输入量 $x(t)$ 的拉普拉斯变换。

将输入量和输出量两者的拉普拉斯变换之比定义为传递函数 $H(s)$,则

$$H(s)=\frac{Y(s)}{X(s)}=\frac{b_ms^m+b_{m-1}s^{m-1}+\cdots+b_1s+b_0}{a_ns^n+a_{n-1}s^{n-1}+\cdots+a_1s+a_0} \tag{3.5}$$

式中,传递函数 $H(s)$ 表征了系统的传递特性。式(3.5)分母中的 s 幂次 n 代表了微分方程的阶次,也称为传递函数的阶次。从式(3.5)可得到以下3条传递函数的特性:

①传递函数是在复频域上对动态特性的描述,它与输入及系统的初始条件无关。

②传递函数不表明系统的物理结构。不同的系统,只要动态特性相似,就可以有相同的传递函数。

③传递函数与微分方程完全等价,可以相互转化。

$H(s)$ 是在复频域中表达系统的动态特性,而微分方程则是在时域表达系统的动态特性,而且这两种动态特性的表达形式对于任何输入信号形式都适用。

当 $n=0$ 时,零阶系统的传递函数:

$$H(s)=\frac{Y(s)}{X(s)}=\frac{b_0}{a_0} \tag{3.6}$$

当 $n=1$ 时,一阶系统的传递函数:

$$H(s)=\frac{Y(s)}{X(s)}=\frac{b_0}{a_1s+a_0} \tag{3.7}$$

当 $n=2$ 时,二阶系统的传递函数:

$$H(s)=\frac{Y(s)}{X(s)}=\frac{b_0}{a_2s^2+a_1s+a_0} \tag{3.8}$$

当 $n\geqslant 3$ 时,高阶系统的传递函数:

$$H(s)=\frac{Y(s)}{X(s)}=\frac{b_0}{a_ns^n+\cdots+a_2s^2+a_1s+a_0} \tag{3.9}$$

(2)频率响应函数

因为正弦信号是最基本的典型信号,为便于研究测量系统的动态特性,经常以正弦信号作为输入求出测试系统的稳态特性。设输入量为正弦信号,并用指数形式表示为

$$x(t)=A_0\mathrm{e}^{\mathrm{j}\omega t} \tag{3.10}$$

根据线性系统的频率保持特性、输出信号的频率不变,但幅值和相位可能发生变化,故输出量为

$$y(t)=A\mathrm{e}^{\mathrm{j}(\omega t+\varphi)} \tag{3.11}$$

将它们代入式(3.5),得

$$H(j\omega)=\frac{Y(\omega)}{X(\omega)}=\frac{b_m(j\omega)^m+b_{m-1}(j\omega)^{m-1}+\cdots+b_1(j\omega)+b_0}{a_n(j\omega)^n+a_{n-1}(j\omega)^{n-1}+\cdots+a_1(j\omega)+a_0}=$$

$$\left|\frac{Y}{X}\right|e^{j\varphi(\omega)}=|H(\omega)|\phi(\omega) \tag{3.12}$$

即称为测试系统的频率响应函数。

通常,频率响应函数 $H(j\omega)$ 是一个复数函数,它可以用指数形式表示,即

$$H(j\omega)=A(\omega)e^{j\varphi(\omega)} \tag{3.13}$$

式中 $A(\omega)$——$H(j\omega)$ 的模;

$\varphi(\omega)$——$H(j\omega)$ 的相角。

幅频特性和相频特性,具有明确的物理意义和重要的实际意义,利用它们可以从频域形象、直观、定量地表示测试系统的动态特性。以自变量分别画出 $A(\omega)$ 和 $\varphi(\omega)$ 的图形,所得的曲线分别称为幅频特性曲线和相频特性曲线。

(3)典型信号的瞬态响应

1)阶跃响应函数

若系统输入信号为单位阶跃信号,则 $X(s)=L[x(t)]=1/s$,于是测试系统相应输出的拉氏变换为 $Y(s)=H(s)\cdot X(s)=H(s)/s$,对 $Y(s)$ 进行拉氏反变换,即可得到输出 $y(t)$,$y(t)$ 即称为阶跃响应函数。

2)冲激响应

若系统的输入为单位脉冲信号,即 $x(t)=\delta(t)$,则 $X(s)=L[\delta(t)]=1$,于是测试系统相应输出的拉氏变换将为 $Y(s)=H(s)\cdot X(s)=H(s)$,对 $Y(s)$ 进行拉氏反变换,可得

$$y(t)=L^{-1}[Y(s)]=L^{-1}[H(s)]=h(t)$$

式中,$h(t)$ 常被称为单位脉冲响应函数。

测试系统的动态特性在复频域可用传递函数来描述,在频域可用频率响应函数描述,在时域可用脉冲响应函数、阶跃响应函数等来描述,它们之间的关系是一一对应的。

3.3 检测系统的静态特性

3.3.1 检测系统的传输特性

测试系统的传输特性表示系统的输入与输出之间的对应关系。了解测试系统的传输特性对于提高测试系统的精确性和正确地选用系统或校准测试系统的特性是十分重要的。

根据输入信号 $x(t)$ 是否随时间变化,测试系统的传输特性分为静态特性和动态特性。对于那些用于静态测量的测试系统,只需要考虑静态特性;而用于动态测试的系统,既要考虑静态特性,又要考虑动态特性,因为两方面的特性都将影响测量结果,两者之间也有一定的联系但是它们的分析和测试方法却有明显的差异。

3.3.2　检测系统的静态性能指标

(1)精度

精度即精确度,也称准确度,表征测试系统的测量结果与被测量真值的符合程度,反映了测试系统中系统误差和随机误差的综合影响。作为技术指标,其定量描述通常有下列 3 种方式:

1)用测量误差来表征

通常测量误差越小,精度越高。如测试仪表的精度等级指数 α 的百分数($\alpha\%$)表示了允许测量误差的大小,α 值越小,精度越高。因此,凡是国家标准规定有精度等级指数的正式产品都应有精度等级指数的标志。

引用误差就是为了评价测试仪表的精度等级而引入的,引用误差定义为绝对误差 Δ 与测试仪表满量程 A 之比的百分数,即

$$\delta = \frac{\Delta}{A} \times 100\% \tag{3.14}$$

电工及热工仪表确定精度等级常采用最大引用误差,即绝对误差的最大绝对值 $|\Delta_m|$ 与满量程之比,用公式表示为

$$\delta_m = \frac{|\Delta_m|}{A} \times 100\% \tag{3.15}$$

测试仪表精度等级指数 α 规定取一系列标准值,如电工仪表的精度等级指数 α 分为 0.1、0.2、0.5、1.0、1.5、2.5、5.0,表示这些测试仪表的最大引用误差不能超过仪表精度等级指数 α 的百分数,即

$$\delta_m \leqslant \alpha\% \tag{3.16}$$

不难看出,电工仪表在使用时所产生的最大可能误差为

$$\Delta = \pm A \cdot \alpha\% \tag{3.17}$$

由此可知,电工仪表产生的示值测量误差不仅与仪表的精度等级指数 α 有关,而且与仪表的量程有关。因此,在使用以“最大引用误差”表示精度的测试仪表时,量程选择应使测量值尽可能接近仪表的满刻度值,通常应尽量避免让测试仪表在小于 1/3 的量程范围内工作。

2)用不确定度来表征

测量不确定度即在规定的条件下测试系统或装置用于测量时所得测量结果的不确定度,是测量误差极限估计值的评价。不确定度越小,测量结果可信度越高,即精度越高。

3)简化表示

一些国家标准未规定精度等级指数的产品,通常精度由线性度 δ_L、迟滞 δ_H 与重复性 δ_R 之和得出,即

$$\delta_A = \delta_L + \delta_H + \delta_R \tag{3.18}$$

用上式来表征精度是不完善的,只是一种粗略的简化表示。

例 3.1　某台测温仪表的量程是 600 ~ 1 100 ℃,其最大绝对误差为±4 ℃,试确定该仪表的精度等级。

解　仪表的最大允许误差为

$$\delta_{max} = \frac{\pm 4}{1\ 100 - 600} \times 100\% = 0.8\%$$

由于国家规定的精度等级中没有0.8级仪表,而该仪表的最大引用误差超过了0.5级仪表的允许误差,因此这台仪表的精度等级应定为1.0级。

例3.2 某台测温仪表的量程是600～1 100 ℃,工艺要求该仪表指示值的误差不得超过±4 ℃,应选精度等级为多少的仪表才能满足工艺要求。

解 根据工艺要求,仪表的最大允许误差为

$$\delta_{max}=\frac{\pm 4}{1\ 100-600}\times 100\%=\pm 0.8\%$$

由于±0.8%介于允许误差±0.5%与±1.0%之间,如果选择允许误差为±1.0%,则其精度等级应为1.0级。量程为600～1 100 ℃,精确度为1.0级的仪表,可能产生的最大绝对误差为±5 ℃,超过了工艺的要求。因此,只能选择一台允许误差为±0.5%,即精确度等级为0.5级的仪表,才能满足工艺要求。

仪表精度与量程有关,量程是根据所要测量的工艺变量来确定的。在仪表精度等级一定的前提下适当缩小量程,可以减小测量误差,提高测量准确性。

例3.3 现有0.5级2～20 m^3/h和1.0级2～5 m^3/h的两个流量计,要测量的流量在3 m^3/h左右,试问采用哪一个流量计好?

解 若采用0.5级流量计,则

$$\Delta_m=\pm 18\times 0.5\%\ m^3/h=\pm 0.09\ m^3/h$$

$$\delta_x=\frac{|\Delta_m|}{x}\times 100\%=\frac{0.09}{3}\times 100\%=3\%$$

若采用1.0级流量计,则

$$\Delta_m=\pm 3\times 1.0\%\ m^3/h=\pm 0.03\ m^3/h$$

$$\delta_x=\frac{|\Delta_m|}{x}\times 100\%=\frac{0.03}{3}\times 100\%=1\%$$

结果表明,使用工作在量程下限时相对误差较大。用1.0级仪表比用0.5级仪表的示值相对误差反而小,故更合适。

(2)非线性度

非线性度是指测试系统的实际输入-输出关系对于理想的线性关系的偏离程度。在静态测量中,通常采用实验的办法求取系统的输入-输出关系曲线,称为标定曲线。实际上遇到的测试系统大多为非线性的。在测试系统非线性项的方次不高、输入量变化范围不大的条件下,可以用一条参考直线来近似地代表实际曲线的一段,所采用的直线称为拟合直线。标定曲线偏离其拟合直线的程度即为非线性度,如图3.2所示。

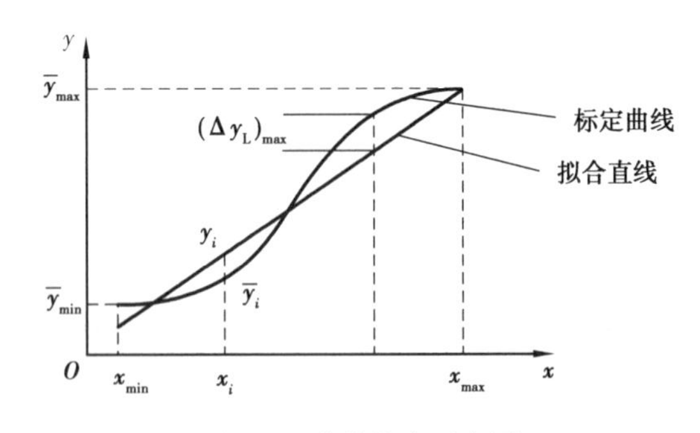

图3.2 非线性度示意图

标定曲线与拟合直线偏差的最大值与系统的标称输出范围(全量程)的百分比为

$$\delta_L=\frac{(\Delta y_L)_{max}}{y_{FS}}\times 100\% \tag{3.19}$$

$$(\Delta y_L)_{max} = \max|\Delta y_{iL}| \qquad (i = 1,2,\cdots,n) \tag{3.20}$$

$$\Delta y_{iL} = \bar{y} - y_i \tag{3.21}$$

式中　y_{FS}——满量程输出，$y_{FS}=|B(x_{max}-x_{min})|$，$B$ 为拟合直线的斜率；

Δy_{iL}——第 i 个标定点平均输出值与拟合直线上相应点的偏差；

$(\Delta y_L)_{max}$——n 个测点中的最大偏差。

确定非线性度的主要问题是拟合直线的确定，拟合直线确定的方法不同会得到不同的非线性度。拟合直线的确定目前尚无统一标准，常用的方法有两种，即端基直线和最小二乘直线。端基直线是一条通过测量范围上的上下极限点的直线，这种拟合直线方法简单易行，但因未考虑数据的分布情况，其拟合精度较低；最小二乘拟合直线是在以测试系统实际特性曲线与拟合直线的偏差的平方和为最小的条件下所确定的直线，它是保证所有测量值最接近拟合直线、拟合精度很高的方法。图3.3为确定拟合直线的两种方法示意图。

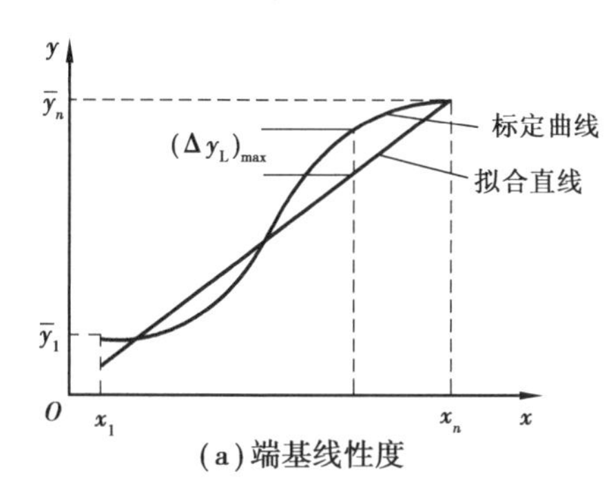

(a)端基线性度

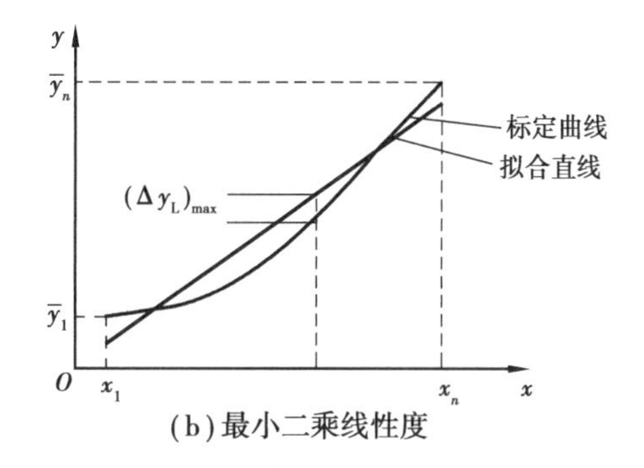

(b)最小二乘线性度

图3.3　线性度

任何测试系统都有一定的线性范围，线性范围越宽，表明测试系统的有效量程越大，因此在设计测试系统时，尽可能保证其在近似线性的区间内工作，必要时，也可以对特性曲线实行线性补偿(采用电路或软件补偿均可)。

(3)回程误差

回程误差也称为迟滞或滞后。由于仪器仪表中磁性材料的磁滞以及机械结构中的摩擦和游隙等原因，反映在测试过程中输入量在递增过程中(正行程)与递减过程中(反行程)的标定曲线不重合，如图3.4所示。

图3.4　回程误差

对于第 i 个测点，其正、反行程输出的平均标定点分别为$(x_i,\bar{y}_{ui})$和$(x_i,\bar{y}_{di})$，且有

$$\bar{y}_{ui} = \frac{1}{m}\sum_{j=1}^{m} y_{uij} \tag{3.22}$$

$$\bar{y}_{di} = \frac{1}{m}\sum_{j=1}^{m} y_{dij} \tag{3.23}$$

第 i 个测点的正、反行程的偏差为

$$\Delta y_{iH} = |\bar{y}_{ui} - \bar{y}_{di}| \tag{3.24}$$

则回程误差为

$$\delta_H = \frac{\max|\Delta y_{iH}|}{y_{FS}} \times 100\% \tag{3.25}$$

(4)灵敏度

在稳定状态下,输出的变化量与输入变化量之比的极限,用以反映检测装置对被测量的变化响应的灵敏程度,图 3.5 为灵敏度示意图。灵敏度用 K 表示,即

$$K = \lim_{\Delta x \to 0} \frac{\Delta y}{\Delta x} = \frac{dy}{dx} \tag{3.26}$$

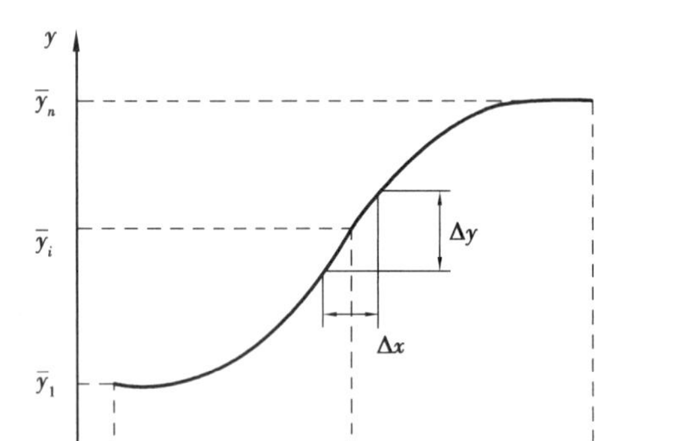

图 3.5　灵敏度示意图

灵敏度通常有以下 4 种性质:

①灵敏度的单位为输出量的单位与输入量的单位的比。

②若输出量与输入量的单位相同时,常用放大倍数或增益来代替灵敏度。

③通常希望检测装置的灵敏度在整个测量范围内保持为常数。

④灵敏度反映了测试系统对输入量变化反应的能力,灵敏度越高,测量范围往往越小,稳定性越差(对噪声越敏感)。

但对于不同的系统,灵敏度的性质和求法又不同,对于线性系统,它的静态特性为线性的,灵敏度 K 为常数,可由静态特性曲线(直线)的斜率求出,斜率越大,其灵敏度越高;而对于非线性系统,其灵敏度是变化的,各点的灵敏度可由静态特性曲线上该点的斜率求出(求导运算)。检测装置标定时,常用最小二乘拟合直线的斜率作为检测装置的灵敏度。

(5)分辨率与灵敏限

1)分辨率

分辨率是指能引起输出量发生变化时输入量的最小变化量 Δx,它反映了检测装置响应和分辨输入量微小变化的能力。

2)灵敏限

灵敏限又称灵敏阈、死区,是指在测量下限能引起输出量发生可察觉变化时输入量的最小变化量,也即是在测量下限的分辨力。

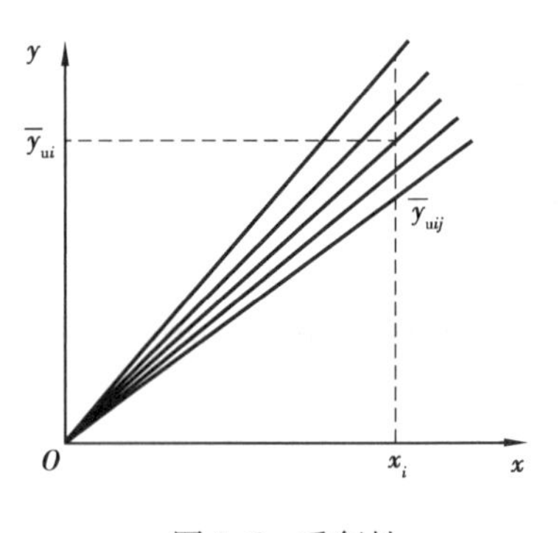

图 3.6　重复性

(6)重复性

同一个测点,测试系统按同一方向作全量程的多次重复测量时,每一次的输出值都不一样,是随机的。为了反映这一现象,引入重复性指标,如图 3.6 所示。

重复性反映的是标定值的分散性,属于随机性误差,可根据标准偏差来计算,即

$$\delta_R = \frac{t\sigma}{y_{FS}} \times 100\% \tag{3.27}$$

式中　t——置信系数,通常取 2 或 3($t=2$ 时,置信概率为 95.4%;$t=3$ 时,置信概率为 99.73%);

σ——子样标准偏差。

误差服从正态分布，标准偏差可以根据贝塞尔公式来计算。先计算各标定点的标准偏差，即

$$\sigma_{ui} = \sqrt{\frac{\sum_{j=1}^{m}(y_{uij} - \bar{y}_{ui})^2}{m-1}} \tag{3.28}$$

$$\sigma_{di} = \sqrt{\frac{\sum_{j=1}^{m}(y_{dij} - \bar{y}_{di})^2}{m-1}} \tag{3.29}$$

式中　σ_{ui}、σ_{di}——正、反行程各标定点响应量的标准偏差；

$\bar{y}_{ui}$、$\bar{y}_{di}$——正、反行程各标定点响应量的平均值；

i——标定点序号，$i=1,2,3,\cdots,n$；

j——标定时重复测量次数，$j=1,2,3,\cdots,m$；

y_{uij}、y_{dij}——正、反行程各标定点的输出值。

对于全部 n 个测点，当认为是等精度测量时，可用下式来计算整个测试过程中的标准偏差 σ，即

$$\sigma = \sqrt{\frac{1}{n}\sum_{i=1}^{n}(\sigma_{ui}^2 + \sigma_{di}^2)} \tag{3.30}$$

也可利用 n 个测点的正、反行程子样标准偏差中的最大值来计算 σ，即

$$\sigma = \max(\sigma_{ui}, \sigma_{di}) \tag{3.31}$$

3.3.3　静态特性的标定与校准

对于一个测试系统，在出厂前必须进行标定，或者使用一段时间后定期进行校验，即在规定的标准工作条件下（规定的温度范围、大气压、温度等）用实验方法测定测试系统的静态特性曲线的过程称为静态标定。

标定时，由高精度输入量发生器给出一组数值准确已知的、不随时间变化的输入量 $x_i(i=1,2,3,\cdots,n)$，并测量测试系统相应的输出量 $y_i(i=1,2,3,\cdots,n)$，从而由 (x_i, y_i) 数值列表绘制曲线或得到经验公式，即静态特性曲线（方程），根据此曲线便可确定其静态特性指标。

如果测试系统本身存在某些随机因素，对于某一确定的输入量，得到的输出量是随机的，这时可在相同的条件下进行多次重复测量，求出同一输入条件下输出的平均值，并以此画出静态特性曲线。

有回差的测试系统，正行程和反行程组成一个循环，在相同的条件下进行多次测量，求出平均值，便可得到其静态特性曲线。

3.4　检测系统的动态特性

在工程测试中，大量的被测信号都是随时间变化的动态信号，测试系统的动态特性反映其测量动态信号的能力。对于测量动态信号的测试系统，要求能迅速而准确地测量出信号的大

小并真实地再现信号的波形变化，即要求测试系统在输入量改变时，其输出量也能立即随之不失真地改变。但是，在实际测试系统中，由于总是存在着诸如弹簧、质量（惯性）和阻尼等元件，因此，输出量 $y(t)$ 不仅与输入量 $x(t)$、输入量的变化速度$\frac{dx(t)}{dt}$和加速度$\frac{d^2x(t)}{dt^2}$有关，而且还受到测试系统的阻尼和质量等影响。例如，水银体温计测温时必须与人体有足够的接触时间，它的读数才能反映人体的体温，其原因就是体温计的输出总是滞后于输入，这种现象称为测试系统对输入的时间响应；又如，当用千分表测量扰动物体的振幅时，当扰动的频率很低时，千分表的指针将随其摆动，指示出各个时间的振幅值，但随着振动频率的增加，指针摆动的幅度逐渐减小，以致趋于不动，表明指针的示值随着扰动频率的变化而改变，这种现象称为测试系统对输入的频率响应。时间响应和频率响应都是测试过程中表现出的重要特性，也是研究测试系统动态特性的主要内容。

3.4.1　检测系统的动态误差

研究测试系统的动态特性实质就是建立输入信号、输出信号和系统结构参数三者之间的关系——数学建模。检测系统的动态误差就是指在静态灵敏度 $K=1$ 的情况下，系统的输出信号 $y(t)$ 与其相应的输入信号 $x(t)$ 之差。

3.4.2　典型检测系统的动态特性

(1) 一阶系统的动态特性

1) 一阶系统的描述

常见的一阶系统有质量为零的弹簧-阻尼机械系统、RC 电路、RL 电路、液柱式温度计、热电偶测温系统等，如图 3.7 所示。

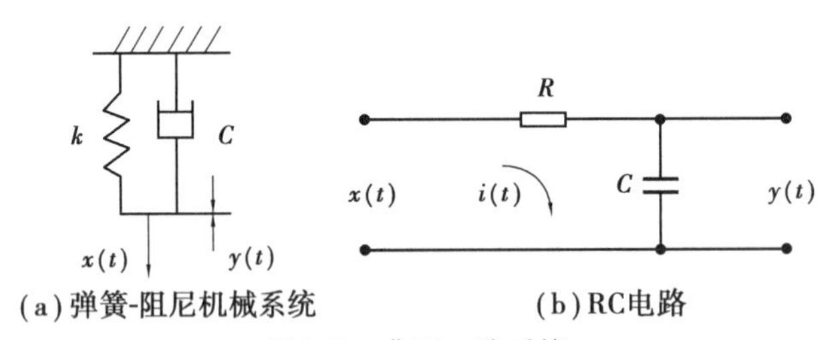

图 3.7　典型一阶系统

一阶系统可用如下微分方程描述：

$$a_1\frac{dy(t)}{dt}+a_0y(t)=b_0x(t) \tag{3.32}$$

令 $\tau=\frac{a_1}{a_0}, K=\frac{b_0}{a_0}$，则

$$\tau\frac{dy(t)}{dx}+y(t)=Kx(t) \tag{3.33}$$

解得

$$H(s)=\frac{K}{1+\tau s} \tag{3.34}$$

$$H(j\omega)=\frac{K}{1+j\omega\tau} \tag{3.35}$$

$$|H(j\omega)|=\frac{K}{\sqrt{1+(\omega\tau)^2}} \tag{3.36}$$

$$\varphi(\omega)=-\arctan(\omega\tau) \tag{3.37}$$

式中 τ——时间常数；

K——静态灵敏度。

图3.8为一阶系统的幅频特性曲线和相频特性曲线。

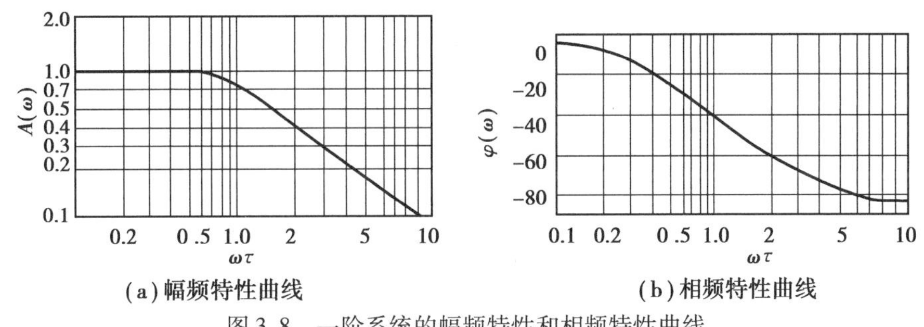

图3.8 一阶系统的幅频特性和相频特性曲线

2)一阶系统的特性

①一阶系统是一个低通环节，当 $\omega=0$ 时，幅值比 $A(\omega)=1$ 为最大，相位差 $\varphi(\omega)=0$，其幅值误差与相位误差为零，即输出信号与输入信号的幅值、相位相同，测试系统输出信号并不衰减。随着 ω 增大，$A(\omega)$ 逐渐减小，相位差逐渐增大，当 $\omega\to\infty$ 时，$A(\omega)$ 几乎与频率成反比，$\varphi(\omega)=-\dfrac{\pi}{2}$，这表明测试系统输出信号的幅值衰减加大，相位误差增大，因此一阶系统适用于测量缓变或低频信号。

②时间常数τ决定着一阶系统适用的频率范围。当 $\omega\tau$ 较小时，幅值和相位的失真都较小；当 $\omega\tau=1$ 时，$A(\omega)=1/\sqrt{2}\approx0.707$，即 $20\lg A(\omega)=-3$ dB。通常把 $\omega\tau=1$ 处的频率（即输出幅值下降至输入幅值的0.707倍处的频率）称为系统的“转折频率”（对滤波器来讲，就是截止频率），在该处相位滞后45°。

可知，τ越小转折频率就越大，测试系统的动态范围越宽；反之，τ越大则系统的动态范围就越小。因此，τ是反映一阶系统动态特性的重要参数。

因此，为了减小一阶系统的稳态响应动态误差，增大工作频率范围，应尽可能采用时间常数τ小的测试系统。

例3.4 用一个一阶检测装置测量频率 $f_n=100$ Hz 的正弦信号，若要求其幅值相对误差限制在5%以内，则该检测装置的时间常数τ应取多少？

解

$$|H(j\omega)|=\frac{K}{\sqrt{1+(\omega\tau)^2}}$$

$$|H(j\omega)|=\frac{Y}{X}=\frac{K}{\sqrt{1+(\omega\tau)^2}}$$

$$\varepsilon = \left|\frac{Y_u}{X} - 1\right| \times 100\% = \left(1 - \frac{1}{\sqrt{1 + (\omega\tau)^2}}\right) \times 100\% \leqslant 5\%$$

$$\omega\tau \leqslant \sqrt{\left(\frac{1}{0.95}\right)^2 - 1} = 0.328\ 7$$

$$\tau \leqslant \frac{0.328\ 7}{\omega} = \frac{0.328\ 7}{2\pi f} = \frac{0.328\ 7}{2\pi \times 100}\ \mathrm{s} = 0.000\ 523\ \mathrm{s}$$

例 3.5 设一阶系统的时间常数τ=0.1 s,问输入信号频率ω为多大时其输出信号的幅值误差不超过6%？

解

$$A(\omega) = \frac{1}{\sqrt{1 + (\omega\tau)^2}}$$

$$\varepsilon = |A(\omega) - 1| \times 100\% \leqslant 6\%$$

$$A(\omega) \geqslant 0.94$$

将τ=0.1 代入$A(\omega)$中得到

$$\omega \leqslant 3.63\ \mathrm{rad/s}$$

结论:一阶系统τ确定后,若规定一个允许的幅值误差ε,则可确定其测试的最高信号频率ωh,该系统的可用频率范围为 0 ~ ωh。

反之,若要选择一阶系统,必须了解被测信号的幅值变化范围和频率范围,根据其最高频率ωh和允许的幅值误差去选择或设计一阶系统。

(2)二阶系统的动态特性

1)二阶系统的描述

图 3.9 的弹簧-质量-阻尼系统和 RLC 电路均为典型的二阶系统。

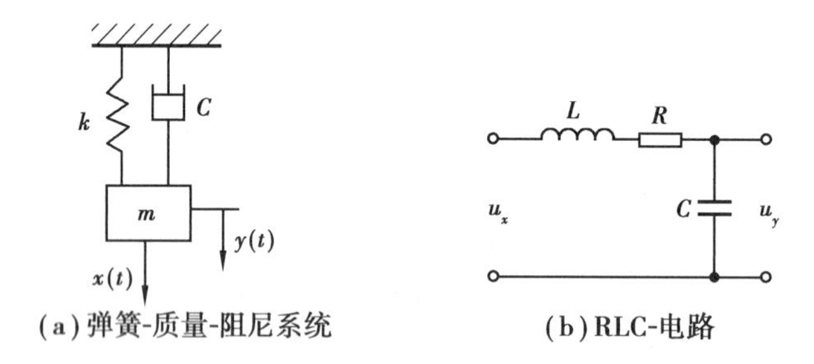

图 3.9 典型二阶系统

不论热力学、电学、力学等二阶系统,均可用二阶微分方程的通式描述,即

$$a_2\frac{\mathrm{d}^2y(t)}{\mathrm{d}t^2} + a_1\frac{\mathrm{d}y(t)}{\mathrm{d}t} + a_0y(t) = b_0x(t) \tag{3.38}$$

$$\frac{1}{\omega_\mathrm{n}^2}\frac{\mathrm{d}^2y(t)}{\mathrm{d}t^2} + \frac{2\zeta}{\omega_\mathrm{n}}\frac{\mathrm{d}y(t)}{\mathrm{d}t} + y(t) = Kx(t) \tag{3.39}$$

$$H(\mathrm{j}\omega) = \frac{K}{1 - \left(\frac{\omega}{\omega_\mathrm{n}}\right)^2 + 2\mathrm{j}\zeta\left(\frac{\omega}{\omega_\mathrm{n}}\right)} \tag{3.40}$$

其中　$K=\frac{b_0}{a_0},\omega_n=\sqrt{\frac{a_0}{a_2}},\xi=\frac{a_1}{2\sqrt{a_0a_2}}$

$$|H(j\omega)|=\frac{Y}{X}(j\omega)=\frac{K}{\sqrt{\left[1-\left(\frac{\omega}{\omega_n}\right)^2\right]^2+4\xi^2\left(\frac{\omega}{\omega_n}\right)^2}} \tag{3.41}$$

$$\varphi(\omega)=-\arctan\left[\frac{2\xi\left(\frac{\omega}{\omega_n}\right)}{1-\left(\frac{\omega}{\omega_n}\right)^2}\right] \tag{3.42}$$

式中　K——静态灵敏度；

ω_n——固有频率；

ξ——阻尼比。

相应的幅频、相频特性曲线如图3.10所示。

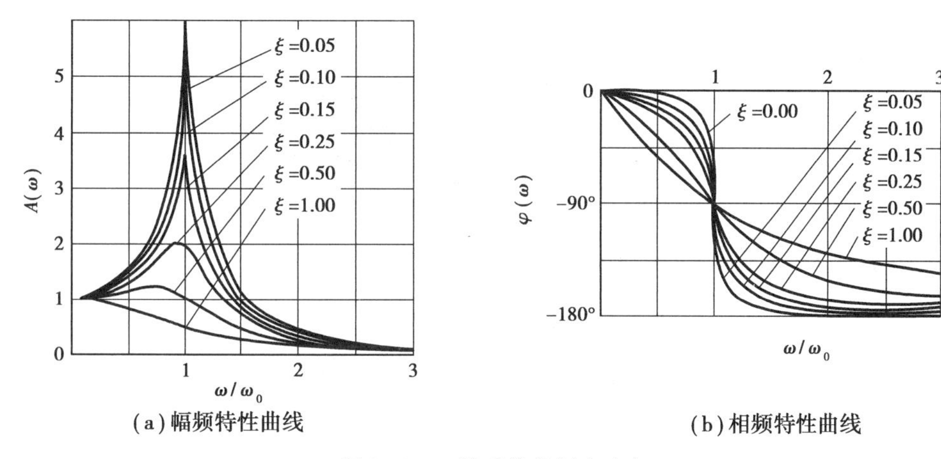

图3.10　二阶系统的频率响应

2)二阶系统的特性

①二阶系统也是一个低通环节。当$\frac{\omega}{\omega_n}\ll 1$时，$A(\omega)\approx 1$，$\varphi(\omega)\approx 0$，表明该频率段的输出信号幅值误差和相位误差都很小；当$\frac{\omega}{\omega_n}\gg 1$时，$A(\omega)\approx 0$，$\varphi(\omega)\to 180°$，即输出信号几乎与输入信号反相，表明测试系统有较大的幅值衰减和相位误差。因此，二阶系统也是一个低通环节。

②二阶系统频率响应特性的好坏主要取决于测试系统的固有频率ω_n和阻尼比ξ。阻尼比ξ不同，系统的频率响应也不同。$0<\xi<1$，为欠阻尼；$\xi=1$，为临界阻尼；$\xi>1$，为过阻尼。一般系统都工作于欠阻尼状态。当$\xi<1$，$\omega\ll\omega_n$时，$A(\omega)$约等于1，即幅频特性曲线平直，输入输出为线性关系；$\varphi(\omega)$很小，$\varphi(\omega)$与频率ω呈线性关系。此时，系统的输出$y(t)$能真实准确地复现输入$x(t)$的波形。当$\xi\geqslant 1$时，$A(\omega)<1$；当阻尼比ξ趋于零时，在$\omega/\omega_n=1$附近，系统将出现谐振，此时，输出与输入信号的相位差$\varphi(\omega)$由0°突变为180°。为了避免这种情况，可增大ξ值，当$\xi>0$，而$\omega/\omega_n=1$时，输出与输入信号的相位差$\varphi(\omega)$均为90°，利用这一特点可测定系统的固有频率ω_n。

显然,系统的频率响应随固有频率 ω_n 的大小而不同。ω_n 越大,保持动态误差在一定范围内的工作频率范围越宽;反之,工作频率范围越窄。

综上所述,对二阶测试系统推荐采用 ξ 值为 0.7 左右,$\omega \leqslant 0.4\omega_n$,这样可使测试系统的频率特性工作在平直段、相频特性工作在直线段,从而使测量的失真最小。

例 3.6 有两个结构相同的二阶系统,如图 3.11 所示。其固有频率相同,但两者阻尼比不同,一个是 0.1,另一个是 0.65,若允许的幅值误差 10%,问它们的可用频率范围是多少?

解 求二阶系统的可用频率范围,实际上就是求幅频特性曲线与 $A(\omega)=1\pm\varepsilon$ 两根直线的交点的横坐标。

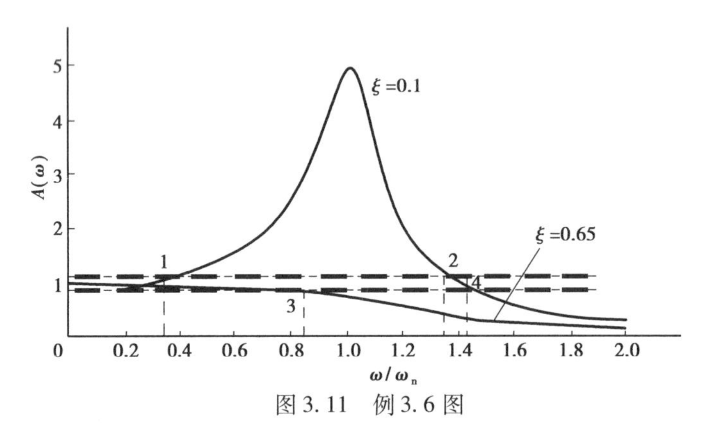

图 3.11 例 3.6 图

①将 $A(\omega)=1.1$ 和 $\xi=0.1$ 代入幅频特性公式,可得

$$\left(\frac{\omega}{\omega_n}\right)_1 = 0.304, \left(\frac{\omega}{\omega_n}\right)_2 = 1.366$$

②将 $A(\omega)=1.1$ 和 $\xi=0.65$ 代入幅频特性公式,方程无实数解,即两者无交点。

③将 $A(\omega)=0.9$ 和 $\xi=0.1$ 代入公式,得

$$\left(\frac{\omega}{\omega_n}\right)_4 = 1.44$$

④将 $A(\omega)=0.9$ 和 $\xi=0.65$ 代入公式,得

$$\left(\frac{\omega}{\omega_n}\right)_3 = 0.815$$

对 $\xi=0.1$ 的二阶系统,其可用频率范围为 $0\sim0.304\omega_n$ 和 $1.366\sim1.44\omega_n$;对 $\xi=0.65$ 的二阶系统,可用频率范围为 $0\sim0.815\omega_n$;可见阻尼比 ξ 影响二阶系统的可用频率范围。

例 3.7 一测力系统具有二阶动态特性,其传递函数为

$$H(s)=\left|\frac{Y}{X}\right|=\frac{\omega_n^2}{s^2+2\xi\omega_n s+\omega_n^2}$$

已知该系统的固有频率 $f_n=1\ 200$ Hz,阻尼比 $\xi=0.5$。试问用该系统测量频率为 600 Hz 的正弦交变力时,相对幅值误差和相位差是多少?

解 相对幅值误差为

$$\varepsilon=\left(\frac{Y}{X}-1\right)\times100\%=\left\{\frac{1}{\sqrt{\left[1-\left(\frac{\omega}{\omega_n}\right)^2\right]^2+4\xi^2\left(\frac{\omega}{\omega_n}\right)^2}}\right\}\times100\%=-18.75\%$$

相对相位误差为

$$\varphi(\omega) = -\arctan\left[\frac{2\xi\left(\frac{\omega}{\omega_n}\right)}{1-\left(\frac{\omega}{\omega_n}\right)^2}\right]$$

$$\varphi = -\arctan\left[\frac{2\xi\left(\frac{\omega}{\omega_n}\right)}{1-\left(\frac{\omega}{\omega_n}\right)^2}\right] = -33.7^\circ$$

3.4.3　检测系统的动态性能指标

(1) 时间域动态性能指标

检测系统的时间域动态性能指标一般用单位阶跃响应曲线的特征参数来表示。图 3.12 为二阶装置典型的单位阶跃响应曲线，对于系统实际的单位阶跃响应曲线，可以用以下 6 个特性参数作为其时域性能指标：

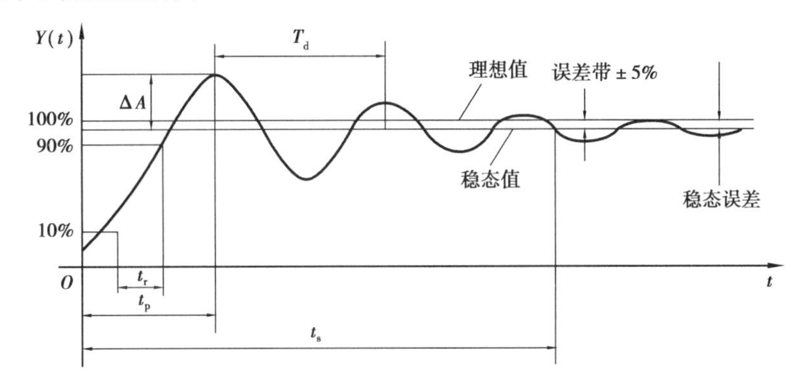

图 3.12　二阶装置典型的单位阶跃响应曲线

①时间常数 τ：输出量上升到稳态值的 63.2% 所需的时间。

②响应时间 t_s：输出达到并保持在稳态值允许的误差范围内所需的时间，该误差范围通常规定为稳态值的±5% 或±2%。

③上升时间 t_r：输出由它的稳态值的 10% 上升到稳态值的 90% 所需的时间。

④峰值时间 t_p：输出由零上升超过其稳态值而达到第一个峰值所需的时间。

⑤超调量 ΔA：输出的峰值与稳态值之差对稳态值之比的百分数；超调量 ΔA 与阻尼比 ξ 有关，ξ 越大，σ 越小。

⑥衰减率 d：响应曲线上相差一个周期 T 的两个峰值之比。

(2) 频率域动态性能指标

检测系统的频率域动态性能指标一般用幅频特性和相频特性的特征参数表示。

典型的幅频特性和相频特性，如图 3.13 所示。

频率域动态性能指标主要有以下 4 个方面：

①带宽圆频率 $\omega_{0.707}$ dB 值下降到频率为零的对数幅频特性以下 -3 dB 时，所对应的圆频率。

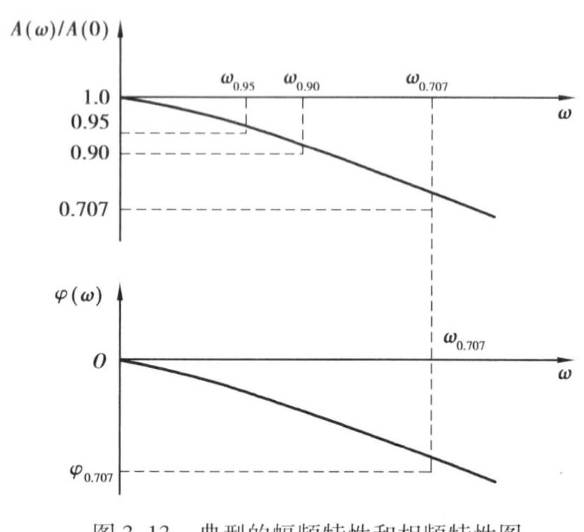

图 3.13　典型的幅频特性和相频特性图

②截止圆频率 ω_g：给定幅值误差为±1%、±2%、±5%或±10%时，所对应的圆频率。

③谐振圆频率 ω_r：当幅频特性曲线出现峰值时所对应的圆频率。

④跟随角 $\varphi_{0.707}$：当 $\omega=\omega_{0.707}$ 时，对应于相频特性上的相角。

3.4.4　检测系统动态特性的标定

合理的测试系统动态参数是保证测量结果精确可靠的前提。因此，一方面要求对新的测试系统进行标定，另一方面还要对使用中的测试系统定期校准。标定和校准就其试验内容来说，就是对测试系统特性参数的测定。

测试系统的动态特性参数的测定，通常是采用试验的方法实现。最常用的方法有两种：频率响应法和阶跃响应法，即用正弦信号或阶跃信号作为标准激励源，分别绘出频率响应曲线或阶跃响应曲线，从而确定测试系统的时间常数 τ、阻尼比 ξ 和固有频率 ω_n 等动态特性参数。

(1)频率响应法

对测试系统施加正弦激励 $x(t)=A_0\sin(\omega t)$，当输出达到稳态后，测量输入与输出的幅值比和相位差，并逐点改变激励频率 ω，即可得到该系统的幅频和相频特性曲线。

1)一阶系统动态特性参数的测定

对于一阶系统，其主要的动态特性参数是时间常数 τ，将正弦信号在一个很宽的频率范围内输入被测定的系统，记录系统的输入值与输出值，然后用对数坐标画出系统的幅值比和相位，如图 3.14 所示。若系统为一阶系统，则所得曲线在低频段为一水平线(斜率为零)，在高频段曲线斜率为 -20 dB/10oct，相角逐渐接近 -90°。于是，由曲线的转折点(转折频率)处可求得时间常数 $\tau=\dfrac{1}{\omega_{break}}$。同样，也可从测得的曲线形状偏离理想曲线的程度来判断系统是否是一阶系统。

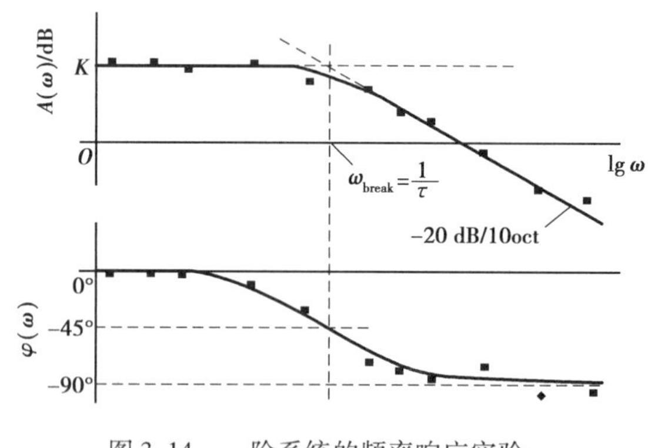

图 3.14　一阶系统的频率响应实验

2)二阶系统动态特性参数的测定

对于二阶系统，理论上根据试验所获得的相频特性曲线，可直接估计其动态特性参数 ω_0 和 ξ，即在 $\omega=\omega_n$ 处，输入与输出的相位角滞后为 90°，曲线上该点的斜率为阻尼比 ξ。但是，准确的相位角测试比较困难，因此通常利用幅频特性曲线来估计系统的动态特性参数。对于 $\xi<1$ 的欠阻尼二阶系统，其幅频特性曲线的峰值在 ω_n 处，ω_r 稍微偏离 ω_n，且 $\omega_r<\omega_0$，两者之间的关系为 $\omega_r=\omega_n\sqrt{1-2\xi^2}$。欠阻尼二阶系统在 ω_r 处的幅频特性 $A(\omega_r)$ 与静态幅频特性 $A(0)$ 之

比为

$$\frac{A(\omega_r)}{A(0)}=\frac{1}{2\xi\sqrt{1-\xi^2}} \tag{3.43}$$

(2)阶跃响应法

用阶跃信号作为激励源,测定系统的阶跃响应曲线,根据阶跃响应曲线的特征量来确定系统的动态特性参数。

1)一阶系统动态特性参数的测定

一阶系统的单位阶跃响应为

$$y_u(t)=K(1-e^{-\frac{t}{\tau}}) \tag{3.44}$$

由式(3.44)可知,静态灵敏度K决定了稳态输出值;时间常数τ等于输出按指数规律上升至稳态输出的63.2%所需的时间,它决定了响应速度,时间常数越小,达到稳态所需的时间越短。

一阶检测装置的动态特性测定主要是确定时间常数τ。

2)二阶系统特性参数的测定

二阶系统的单位阶跃响应为

$$y(t)=1-\frac{e^{-\xi\omega_0 t}}{\sqrt{1-\xi^2}}\sin(\omega_d t+\varphi) \tag{3.45}$$

当$\xi>1$时,呈过阻尼状态;当$\xi=1$时,处于临界阻尼状态,输出没有发生振荡;当$0<\xi<1$时,呈欠阻尼状,输出在稳态值附近作衰减振荡,其衰减频率$\omega_d=\omega_n\sqrt{1-\xi^2}$,典型的欠阻尼二阶系统的阶跃响应曲线如图3.15所示。

二阶系统单位阶跃响应的特性:

①ξ值过大或过小,趋于最终稳态值的时间都过长。通常取$\xi=0.6\sim0.8$,响应速度快,动态误差小,系统的输出才能以较快的速度达到给定的误差范围。

②响应速度与固有频率有关。阻尼比ξ一定时,固有频率ω_n越高,响应速度越快,反之越慢。

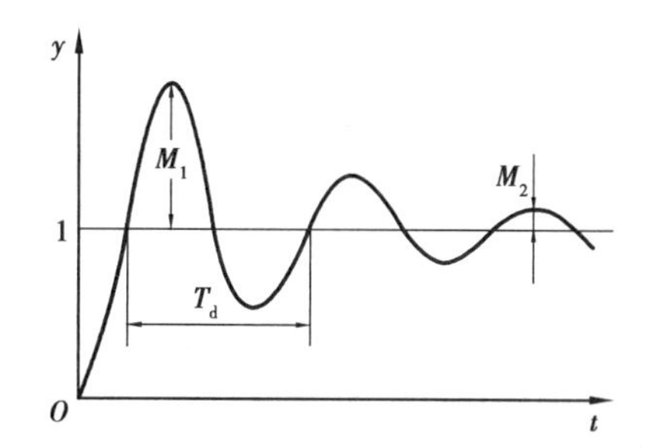

图3.15　欠阻尼二阶系统的阶跃响应

二阶检测装置的动态特性测定主要是确定阻尼比ξ和固有频率ω_n。根据阶跃响应曲线确定阻尼比ξ和固有频率ω_n的方法也有多种。其中一种方法是,测取阶跃响应曲线的最大超调量M_1和有阻尼自然振荡周期T,然后代入下面式子便可求出阻尼比ξ和固有频率ω_n,即

$$\xi=\frac{1}{\sqrt{\left[\frac{\pi}{\ln\left(\frac{M_1}{k}\right)}\right]^2+1}} \tag{3.46}$$

$$\omega_n=\frac{2\pi}{T\sqrt{1-\xi^2}} \tag{3.47}$$

3.5 检测系统不失真测量的条件

所谓不失真测试,是指系统输出信号的波形与输入信号的波形完全相似的测试,如图3.16所示。

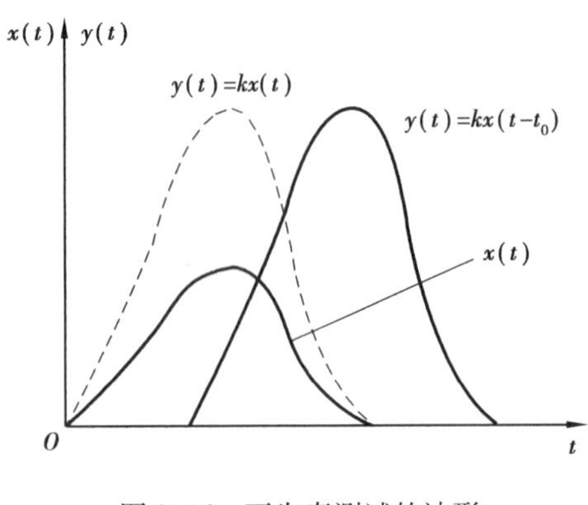

图3.16 不失真测试的波形

如果输出 $y(t)$ 与输入 $x(t)$ 满足

$$y(t)=kx(t) \tag{3.48}$$

表明输出信号仅仅是幅值上放大了 k 倍,输出无滞后,波形相似。

如果输出 $y(t)$ 与输入 $x(t)$ 满足

$$y(t)=kx(t-t_0) \tag{3.49}$$

表明输出信号除幅值放大 k 倍外,时间上有一定的滞后,波形仍然相似。

式(3.48)在式(3.49)中,当 $t_0=0$ 时的特例,式(3.49)表示了测试系统时域描述的不失真测试条件,下面讨论上述不失真测试系统的频率响应特性。

对式(3.49)两边取傅里叶变换,并根据傅里叶变换的时延特性,得

$$Y(\mathrm{j}\omega)=kX(\mathrm{j}\omega)\mathrm{e}^{-\mathrm{j}\omega t_0} \tag{3.50}$$

系统的频率响应函数为

$$H(\mathrm{j}\omega)=\frac{Y(\mathrm{j}\omega)}{X(\mathrm{j}\omega)}=k\mathrm{e}^{-\mathrm{j}\omega t_0} \tag{3.51}$$

由上式可得其幅频特性及相频特性,即

$$\begin{cases}A(\omega)=k\\ \varphi(\omega)=-\omega t\end{cases} \tag{3.52}$$

式(3.52)表示了测试系统频域描述的不失真测试条件,即系统的幅频特性为常数,具有无限宽的通频带,如图3.17(a)所示;系统的相频特性是过原点向负方向延伸的直线,如图3.17(b)所示。

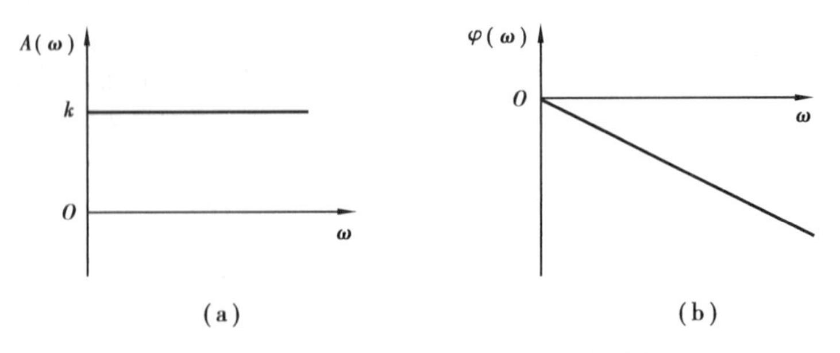

图3.17 不失真测试系统的幅频、相频特性

实际的测试系统不可能在很宽的频率范围内都满足上述两个条件。通常测试系统既有幅值失真($A(\omega)\neq k$ 常数),又有相位失真($\varphi(\omega)$ 非线性),即使只在某一频率范围内工作,也难以完

全理想地实现不失真测试,只能将波形失真限制在一定的误差范围内。为此,在实际测试时应首先根据被测对象的特征,选择适当特性的测试系统,在测量频率范围内使其幅频、相频特性尽可能接近不失真测试的条件;其次对输入信号做必要的前置处理,及时滤除非信号频带噪声。

从实现不失真测试的条件和其他工作性能综合来看,对于一阶系统而言,时间常数τ越小,则时域中系统的响应速度越快,频域中近于满足不失真测试条件的频带也越宽,因此一阶系统的时间常数τ原则上越小越好。

对于二阶系统,当$\xi=0.7$左右时,在特性曲线中$\omega<0.6\omega_n$范围内,$\varphi(\omega)$的数值较小,且相频特性曲线接近直线,$A(\omega)$在该频率范围内的变化不超过5%,因此,该频率范围内波形失真较小,此时系统可获得最佳的综合特性,这也是设计或选择二阶测试系统的依据。

一个实际的测试系统,通过作其幅频特性和相频特性图,并根据不失真测试条件,可得到其低端截止频率和高端截止频率,从低端到高端这一频率范围称为测试系统的通频带。在进行测试时,要求被测信号的占有频带要小于测试系统的通频带,且处于工作频率范围之内,这一点在选择测试仪器时尤为重要。

要设计一个不失真测试系统,一般要注意组成环节应尽可能少。因为任何一个环节的失真,必然导致整个测试系统最终输出的波形失真,虽然各环节失真程度不一样,但是原则上在信号频带内都应使每个环节基本满足不失真测试的要求。

实际测试工作中,测试系统和被测对象会产生相互作用。测试装置构成被测对象的负载。彼此间存在能量交换和相互影响,以致系统的传递函数不再是各组成环节传递函数的叠加或连乘。这就是所谓的负载效应。

负载效应对测量结果的影响是很大的,减小负载效应的措施主要有以下3种方法:

①提高后续环节(负载)的输入阻抗。

②在原来两个相连接的环节中,插入高输入阻抗,低输出阻抗的放大器,以便一方面减小从前一环节吸取的能量,另一方面在承受后一环节(负载)后有能减小电压输出的变化,从而减轻总的负载效应。

③使用反馈等测量原理,使后面环节几乎不从前面环节吸取能量。

总之,在组成测量系统时,要充分考虑各组成环节之间连接时的负载效应,尽可能地减小负载效应的影响。

除了负载效应外,在测试过程中,除待测量信号外,各种不可预见的、随机的信号可能出现在测试系统中。这些信号与有用信号叠加在一起,严重扭曲测量结果,即造成对测试系统的干扰。

测试系统的干扰来源主要包括以下4个方面:

①机械振动或冲击会对测试系统(尤其是传感器)产生严重的干扰。

②光线会对测量装置中的半导体元件产生干扰。

③温度的变化会导致电路参数和工作点的变化,产生干扰。

④电磁的干扰等。

对此,可以采用一些抗干扰的措施,主要包括以下3个方面:

①良好的屏蔽、正确的接地——去除大部分的电磁波干扰。

②使用交流稳压器、隔离稳压器——减小供电电源波动的影响。

③信道干扰是测试装置内部的干扰,可以在设计时选用低噪声的元器件、印刷电路板设计时元件合理排放等方式来增强信道的抗干扰性。

本章小结

测试的目的是为了准确地了解被测物理量,经过测试系统的各个变换环节对被测物理量传递后的观测到输出量是否真实地反映了被测物理量与测试系统的特性密切相关。对测试系统真实反映被测物理量的能力的了解是至关重要的。

本章介绍了测试系统的基本要求和数学模型,分析了静态系统和动态系统的数学模型,以及它们的性能指标,也分别对一阶系统和二阶系统进行了描述和分析,为检测系统的设计打下基础。

习　题

3.1　某压力传感器的静态校准数据见表3.1,试确定该传感器的端基线性度、最小二乘线性度、灵敏度、迟滞及重复性误差。

表 3.1

标准压力/MPa			0	0.02	0.04	0.06	0.08	0.10
校准数据/mV	1	正行程	-2.74	0.56	3.93	7.39	10.88	14.42
		反行程	-2.72	0.66	4.05	7.49	10.94	14.42
	2	正行程	-2.71	0.61	3.99	7.42	10.92	14.47
		反行程	-2.68	0.68	4.09	7.52	10.88	14.47
	3	正行程	-2.68	0.64	4.02	7.45	10.94	14.46
		反行程	-2.67	0.69	4.11	7.52	10.99	14.46

3.2　某温度计可视作一阶装置,已知其放大系数 $k=1$,时间常数 $\tau=10$ s。若在 $t=0$ 时刻将该温度计从20 ℃的环境中迅速插入沸水(100 ℃)中,1 min后又迅速将其从沸水中取出。试计算该温度计在 $t=10$、20、50、120、180 s时的指示值。

3.3　用一个一阶检测装置测量频率 $f=100$ Hz的正弦信号,若要求其幅值误差限制在5%以内,则该检测装置的时间常数 τ 应取多少?在选定时间常数后,用该装置测量频率为50 Hz的正弦信号,这时的幅值误差和相位差各是多少?

3.4　一测力系统具有二阶动态特性,其传递函数为

$$H(s)=\left|\frac{Y}{X}\right|=\frac{\omega_{\mathrm{n}}^{2}}{s^{2}+2\xi\omega_{\mathrm{n}}s+\omega_{\mathrm{n}}^{2}}$$

已知该系统的固有频率 $f_{\mathrm{n}}=1\ 000$ Hz,阻尼比 $\xi=0.7$。试问用该系统测量频率分别为600 Hz和400 Hz的正弦交变力时,对上述频率的信号,输出相对于输入的滞后时间是多少?

第 4 章 电气参数测量技术

在现代检测技术中，对于各种类型电气参数的测量，大多数都是直接或通过各种传感器、电路等转换为与被测量相关的电压、电流、频率、相角等电学基本参数后进行检测和处理的，这样既便于对被测量的检测、处理、记录和控制，又能提高测量的精度。因此，了解和掌握这些基本电气参数的测量方法是十分重要的。

4.1 电压和电流的测量

电气参数测量中的很多电参数，包括电流、功率、信号的调幅度、设备的灵敏度等都可以视作电压的派生量，可通过电压测量获得其量值。

三相电压、电流的测量可以通过以下方式获得：通过 3 个电压传感器将三相电压信号送入精密整流电路整流，整流后的电压信号经电容滤波后，便可以通过模数转换芯片（如 ADS1216）送入单片机，再经过程序运算，就可以得到电压、电流的测量值。本小节主要讲述运用 AVR 单片机进行的电压和电流测量。

4.1.1 电压的测量

(1) 电压互感器

1) JDZ-10 型电压互感器

JDZ-10 型电压互感器是用环氧树脂浇注的半封闭式电压互感器，供频率为 50 Hz、10 kV 电力系统作电压、电能测量及继电保护用。

本型号互感器为环氧树脂浇注式绝缘结构，铁芯为叠片式，芯柱上套装一、二次绕组、一次绕组与二次绕组为同心式，绕在同一个骨架上，整个线圈外部用环氧树脂浇注成型，二次绕组的引线过浇注体上的两个嵌装螺母引出为 a. x。一次绕组的引线通过浇注体上的两个高压接线端子引出为 A. X。

①产品型号及意义如图 4.1 所示。

②其基本技术参数见表 4.1。

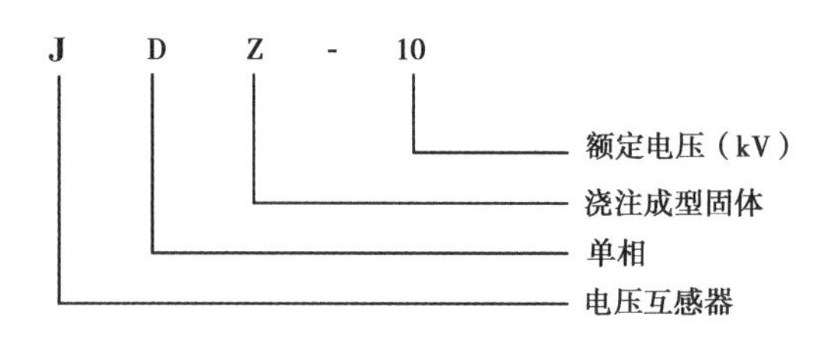

图 4.1　型号意义

表 4.1　JDZ-10 型互感器技术参数

型　号	额定电压比/V	额定频率/Hz	额定输出/VA		极限输出/VA	额定绝缘水平/kV
			0.2 级	0.5 级		
JDZ-10	10 000/100	50	30	80	500	12/42/75

③工作环境及安装：

a. 额定二次电流 5 A 或 1 A。

b. 环境温度。最高温度+40 ℃，最低温度−5 ℃，日平均不超过 30 ℃。

c. 环境湿度。空气相对湿度不大于 85%（20 ℃）。

2）JDG4-0.5 型电压互感器

JDG4-0.5 型电压互感器是用热固性酚醛塑料作为绝缘骨架的干式电压互感器，适用户内 500 V 及以下、额定频率为 50 Hz 的交流电路中作电压、电能测量或继电保护用。基本技术参数见表 4.2。

表 4.2　JDG4-0.5 型互感器技术参数

型　号	额定电压比/V	额定频率/Hz	额定输出/VA	准确级	极限输出/VA
JDG4-0.5	200/100	50	30	0.5 级	500

3）TV1013-1 型微型精密交流电压互感器

①特点：

a. 体积小，精度高。

b. 全封闭，机械和耐环境性能好，电压隔离能力强，安全可靠。

②使用环境条件：

a. 环境温度：−55 ~ +85 ℃。

b. 相对湿度：温度为 40 ℃时不大于 90%。

③工作频率范围：20 Hz ~ 20 kHz。

④绝缘耐热等级：B 级（130 ℃）。

⑤安全特性：

a. 绝缘电阻：常态时大于 1 000 MΩ。

b. 抗电强度：可承受工频 2 000 V/min。

c. 阻燃性：符合 UL94-V_0 级。

⑥外形图、安装尺寸和线圈图如图4.2所示。

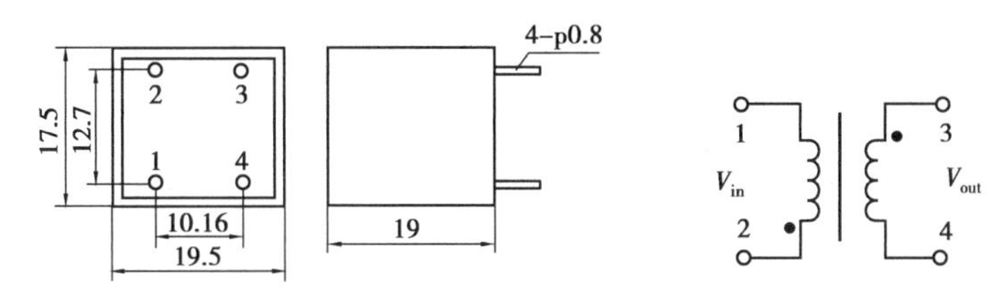

图4.2　外形图、安装尺寸和线圈图

⑦性能参数：TV1013-1是一种电流型电压互感器，典型应用如图4.3所示，其性能参数见表4.3。

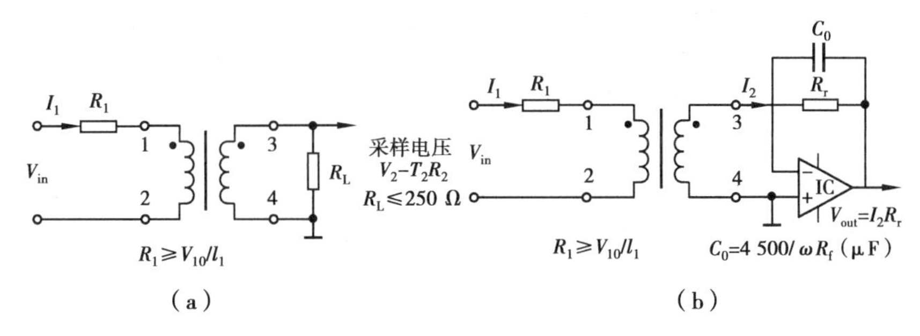

图4.3　TV1013-1电流型电压互感器典型应用电路图

表4.3　TV1013-1典型应用的性能参数

使用方法	输入电压/V	输出电压/V	额定电流/mA	相移	非线性度/%	线性范围	隔离耐压/kV
图4.3(a)法	1 000	0.5	2/2	≤30°	≤0.2	1.5倍额定	≥6
图4.3(b)法	1 000	≤1/2倍IC电源电压	2/2	≤5°	≤0.1	2倍额定	≥6

⑧注意事项：因为本型电压互感器其原理是电流型电压互感器，所以次级电路不允许开路使用，也因于此，请不要在次级回路安装熔断器。

(2)电压转换电路

由于现场工况的范围和性质不适合单片机的正电压采样要求，因此对其信号首先进行缩小处理。图4.4为交流电压预处理电路原理图。

被测的输入电压通过限流电阻R_1限流，产生的-2～+2 mA电流通过微型电压互感器，互感器感应出相同电流，通过运算放大器，可以调节反馈电阻值在输出端得到所要求的电压输出。

AVR单片机中ATmega8L型号的芯片有一个10位的逐次逼近型ADC，ADC与一个6通道的模拟多路复用器连接，通过分时复用的方式，对来自端口A的6路单端输入电压逐个进行采样。其转换结果为

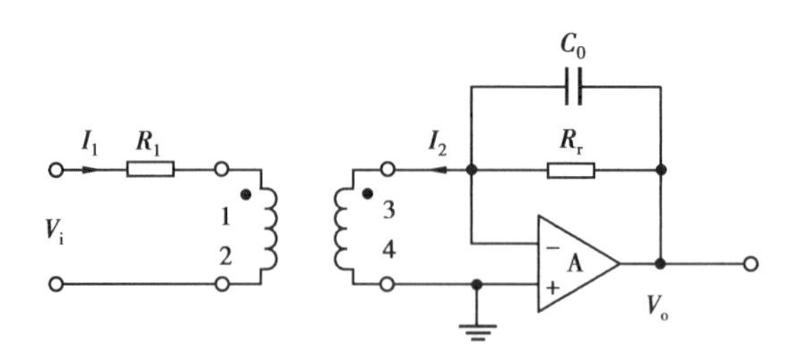

图 4.4 交流电压预处理电路

$$\mathrm{ADC}=\frac{V_{\mathrm{in}}\times 1\ 024}{V_{\mathrm{REF}}} \tag{4.1}$$

式中 V_{in}——被选中引脚的输入电压。

AVR 单片机的 ADC 的分辨范围在以 GND 为基准的 0 V 到参考电压的范围内。以使用片内的 2.56 V 参考电压为例,ADC 的分辨范围在 0 ~ 2.56 V。小于 0 V 的按 0 V 处理,而大于 2.56 V 的输入电压转换结果为 2.56 V。因此,进行交流采集之前,必须要对电网交流信号加以处理。可用下面的方法,将具有正负半波的交流信号整形为符合 A/D 转换要求的信号。

①用图 4.5 的电路将测量电压转化为 0 ~ 12 V 的范围内。其基本原理是用运算放大器组成加法器,在原信号上直接添加直流分量。输入信号经过两个运放,经过第一个运放构成的反相加法器与直流分量相加,再经过第二个运放反相,之后再通过滑动变阻器调节得到所需要的范围内电压值,得到可以被单片机接收的信号。波形转换示意图如图 4.6 所示。

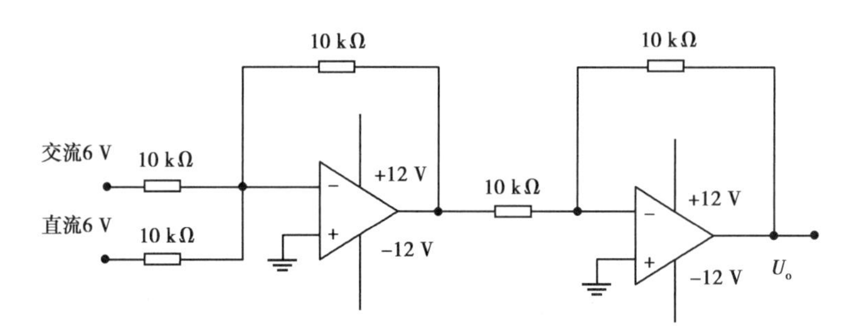

图 4.5 电压调整电路

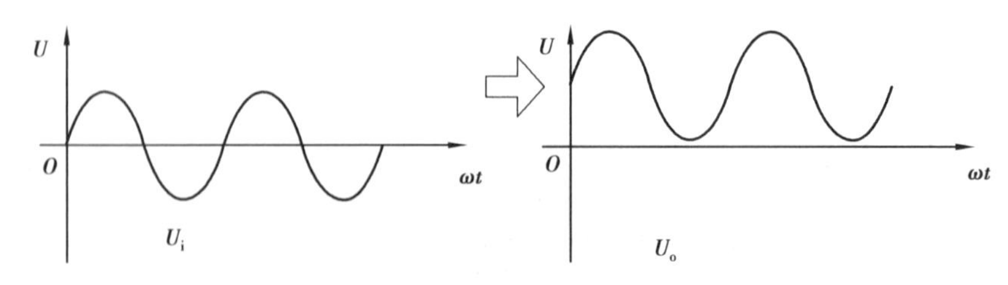

图 4.6 电压波形转换图

这种方法的优点:电路简单,可以直观地体现原始交流信号的波形,但是加入的直流分量将影响到交流电压的有效值采集;并且由于将原信号的正最大值提高了 2 倍以上,扩大了转换范围,A/D 转换精度会有所降低。

②通过全波精密整流电路将负半周翻转。进行交流采集还可以将正弦波的负半波翻转,以获得单片机能接收的信号。其原理图如图 4.7 所示。

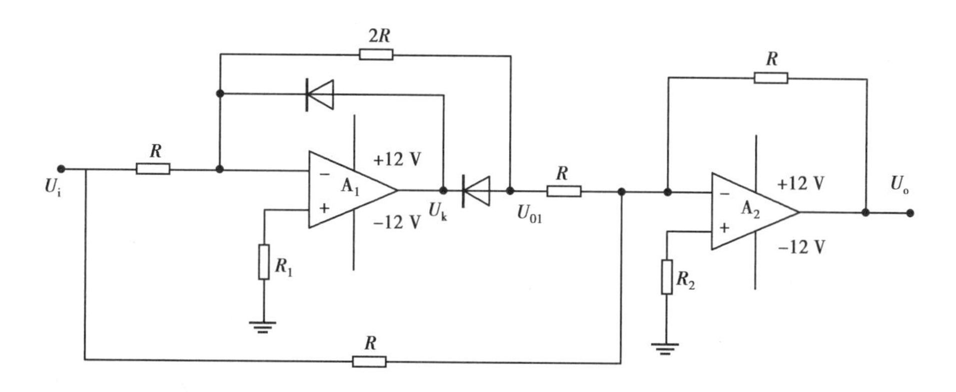

图4.7　电压转换电路

图4.7中，A_1 为半波精密整流电路，A_2 为反相加法器电路。

同时，需将输入信号经过零比较器来判断交流电参数的相位，当比较器输出为“1”时，为正；当比较器输出为“0”时，为负，这样可以保证经过采样后的参数计算不失真。

经过对图4.7的电路分析，可以得

$$\left.\begin{array}{ll} U_i > 0 & U_{01} = -(U_i - 2U_i) = U_i \\ U_i < 0 & U_{01} = -(U_i + 0) = -U_i \end{array}\right\} U_0 = |U_i| \tag{4.2}$$

由此可以看到经过精密整流电路后，经过调整的交流电压、电流变成A/D转换可以接受的单向脉动电，且幅值为正。这种方法的电压波形转换过程如图4.8所示。

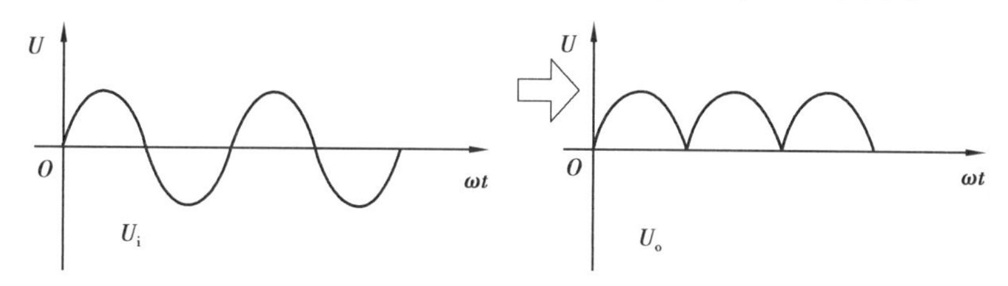

图4.8　电压波形调整图

这样避免了由于增加直流分量而引起的对AD转换精度的影响，提高测量精度，但是从波形上无法分辨哪个半波为原波形的正半周，要加上判断电压方向的电路结合起来测量。

(3)电压采集的软件设计

1)交流采样

①交流采样基本公式

如果将电压有效值公式 $U = \sqrt{\frac{1}{T}\int_0^T u^2 \mathrm{d}t}$ 离散化，以一个周期内有限个采样电压数字量来代替一个周期内连续变化的电压函数值，则

$$U \approx \sqrt{\frac{1}{T}\sum_{m=0}^{N-1} u_m^2 \Delta T_m} \tag{4.3}$$

式中　ΔT_m——相邻两次采样的时间间隔；

u_m——第 $m-1$ 个时间间隔的电压采样瞬时值；

N——一个周期的采样点数。

若相邻两次采样的时间间隔都相等，ΔT_m 为常数 ΔT，又 $N=\frac{T}{\Delta T}+1$，则

$$U \approx \sqrt{\frac{1}{N-1}\sum_{m=0}^{N-1} u_m^2} \tag{4.4}$$

②半周积分交流采样算法

对电压进行采样的方法有多种，这里介绍半周积分交流采样算法。

算法的高精度与快速反应总是存在着矛盾，半周积分算法是一种运算速度很快的算法。其依据是一个正弦函数在任意半个周期内绝对值的积分为常数 S，即。

$$S=\int_0^{\frac{T}{2}}\sqrt{2}U\,|\sin(\omega t+\varphi)|\,\mathrm{d}t=\int_0^{\frac{T}{2}}\frac{\sqrt{2}U}{\omega}|\sin(\omega t+\varphi)|\,\mathrm{d}(\omega t+\varphi)=\frac{2\sqrt{2}}{\omega}U \tag{4.5}$$

由式(4.5)得出重要结论：积分值 S 与积分起始点初始相位角 φ 无关，示意图如图4.9所示。

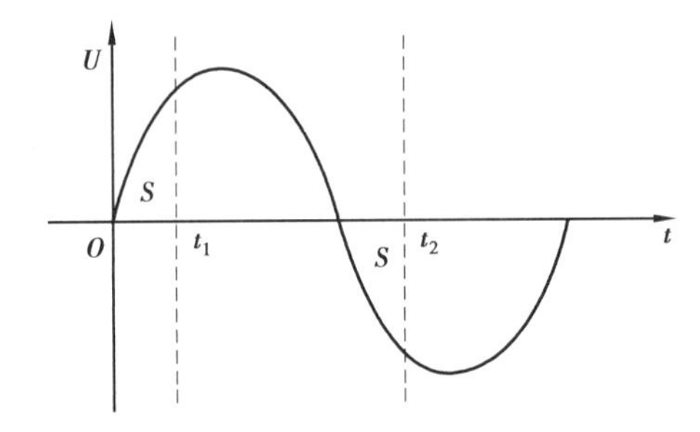

图4.9　半周积分原理示意图

由积分性质可知，坐标轴、正弦信号、t_1 和 t_2 的纵切线围成两个区域面积是相等的。对于离散的正弦数字序列，通常积分面积 S 可由采样点划分出的梯形面积叠加之和近似求出。设 S_1 是采样点划分出的梯形面积叠加得的，$S\approx S_1$，计算式为

$$S_1=\frac{1}{2}\left[\,|u_0|+2\sum_{k=1}^{\frac{N}{2}-1}|u_k|+|u_{\frac{N}{2}}|\,\right]T_S \tag{4.6}$$

式中　u_k——第 k 次的电压采样值；

N——一个周期内的采样点数；

u_0——$k=0$ 时的电压采样值；

$u_{\frac{N}{2}}$——$k=\frac{N}{2}$时的电压采样值；

T_S——两采样点的间隔时间，T 指信号周期。

根据正弦信号的性质 $T_S=\frac{T}{N}=\frac{2\pi}{\omega}\times\frac{1}{N}$，求出的有效值 U 为

$$U=\frac{\omega S}{2\sqrt{2}}=\frac{\pi}{\sqrt{2}N}\left[\frac{1}{2}|u_0|+\sum_{k=1}^{\frac{N}{2}-1}|u_k|+\frac{1}{2}|u_{\frac{N}{2}}|\right] \tag{4.7}$$

因为叠加在基频分量上的高频分量在半周积分中将其对称的正、负半周互相抵消，剩余的部分占的比重较少，所以该算法能滤除大部分的高频分量，但是，不能滤除衰减的直流分量。该算法的数据窗为半个周期，且运算过程中大部分为简单的加法运算，速度较快。

任何一种算法都采用了近似的思想，所以不可避免地会存在误差。半周积分算法的误差

分析主要可以从方法和计算两方面进行。

A. 方法的分析

半周积分算法是用绝对值求和来代替绝对值积分，不可避免带来误差，其原因有以下4点：

a. 在计算积分面积 S 的过程中，通常有矩形法和梯形法两种方法。矩形法比梯形法公式较简洁，更适合于计算机的大规模迭代算法，但是，在相同采样频率下，精度显然比梯形法低。采用梯形法求和，用梯形替代曲边梯形，引入了误差。

b. 用采样点划分出的梯形面积叠加得的 S_1 不完全等于用积分求出的 S 值，采样频率越高，算法精度越高。

c. 采样时，均匀分配每周期内的各采样点是非常重要的。但是，由于电网频率的波动无法避免，造成采样点的波动，增加了测量误差。

设：

$$u(t) = u\cos(\omega t + \alpha) \tag{4.8}$$

又有 $\sigma_f = \dfrac{f-f_0}{f_0}, U_0 = \dfrac{u_0}{\sqrt{2}}$

$$\begin{aligned} U^2 &= \frac{1}{N}\sum_{n=1}^{N}\left[U_0\cos\left(\frac{\omega_t t}{N}n + \alpha\right)\right]^2 \\ &= \frac{u_0^2}{2}\left\{1 + \frac{\cos\left[\frac{\omega T}{N}(N+1) + 2\alpha\right]\sin\omega T}{N\sin\frac{\omega T}{N}}\right\}^2 \end{aligned} \tag{4.9}$$

其中

$$\frac{\cos\left[\frac{\omega T}{N}(N+1)+2\alpha\right]\sin\omega T}{N\sin\frac{\omega T}{N}} \approx \sigma_f$$

则

$$\sigma_u = \frac{U - U_0}{U_0} = \sqrt{1 + \sigma_f} - 1 \approx \frac{\sigma_f}{2} \tag{4.10}$$

可见，频率误差引起的传递误差为 $\sigma_u = \dfrac{\sigma_f}{2}$。如果设定信号频率固定为50 Hz来进行交流采样是不可取的，解决的办法是对频率进行跟踪，根据电网频率的变化而自适应调整采样点间隔。

d. 如果用叠加法求 S，第一个采样数据对应的正弦量的相角 α 不同，误差也不同，即采样的起始点的偏离对离散后的半周积分算法的误差有影响。

B. 计算式的分析

对半周积分有效值的计算式(4.7)进行分析，其误差包括量化误差和舍入误差两方面。

a. 量化误差。量化误差取决于A/D的精度和采样的频率。不同的A/D转换芯片具有不同的精度。

b. 舍入误差。是指由于处理器字长限制，在数值计算的过程中，对计算得到的中间结果数据要使用“四舍五入”而导致的误差。

这些因素中,除了硬件设计之外,能缩小的唯有软件设计产生的误差。由半周积分算法的原理,采样的频率不同造成的误差是最显著的。因此,软件误差的大小取决于对正弦信号一周期中的采样点数。要使误差减小,就要尽量多地设置采样点,则应用梯形面积之和算出的值越接近于 S 的值,进而运算出的有效值越准确。

2)采样点数的确定

要获得精确的测量结果,采样频率的选择很重要:采样频率选择得过高,即采样间隔小,则每个周期里采样点数过多,造成数据存储量过大和计算时间太长;但采样频率过低,有可能丢失有效数据,给有效值的近似计算带来误差。因此,对连续信号的采样频率需满足奈奎斯特采样定律,即采样频率至少应等于或大于信号所含有的最高频率 f_h 的 2 倍,即

$$f_s \geqslant 2f_h \tag{4.11}$$

而实际应用时,f_s 常取为$(4\sim10)f_h$。

在有畸变的正弦信号交流采集中,增加采样点数可以提高采样精度。为了能使单片机的处理速度和对电力参数的采集的精度要求之间达到最优平衡,对工频为 50 Hz 的信号每周期等间隔采集 $N=32$ 个采样点,每次采样的时间间隔为 625 μs,在此间隔内可以完成对信号的一次抽样。

3)软件流程图

电压采集的主程序流程如图 4.10 所示。

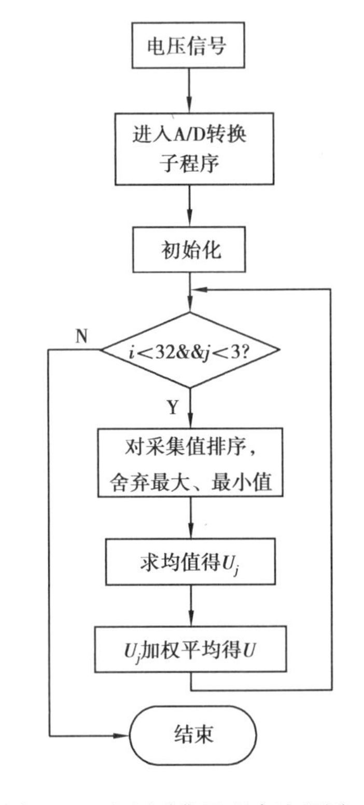

图 4.10　电压采集子程序流程图

与直流采样相比较,影响交流采样精度的因素除了滤除杂波、A/D 转换的精度之外,还应考虑到在一个周期内等间隔采样。如果不是等间隔采样会造成频谱泄漏,严重影响采集精度。

由于在正常工作环境中,电网的频率并不是固定在 50 Hz,而是在 50 Hz 附近不停地变动。为了实现一周期内等间隔的采样,每次 A/D 转换必须在定时器溢出中断中进行,而定时器溢出中断的时间,取决于周期的采集。在获得了周期参数之后,打开定时器溢出中断屏蔽。当比较器输出的方波上升沿送到外部中断 0 时,启动定时器 1 溢出中断。这里,定时器 1 溢出中断的时间间隔为 $t=\frac{T}{32}$。单片机工作于 16 MHz 的频率,使用 16 位的定时器/计数器 1 的溢出中断对信号进行 A/D 转换。为了实现每次溢出中断时间在 625 μs 左右,定时器/计数器 1 的分频器应对主时钟进行 32 分频。此时,定时器的精度为

$$\frac{32}{16M\times10^6}=2 \tag{4.12}$$

16 位的定时器/计数器 1 的初值设置为

$$TCNT1=1\ 024-t\times\frac{16\times10^6}{32} \tag{4.13}$$

A/D 转换全部完成后,将 A/D 转换标志位 ad_flag 清零,屏蔽 A/D 转换,对本次转换结果进行处理,直至 A/D 转换标志位 ad_flag 被置位后,才开始下一轮的 A/D 转换。

4)电压采集的滤波方法

采用全波精密整流电路实现将电压波形整形到单片机可以接收的范围。全波精密整流电路可以达到预期的整形目的。进行 A/D 转换时,造成测量误差的原因除了外部干扰,ADC 的温漂、时漂及基准电压也会给测量的精度带来影响。

因此,除了硬件滤波外,还应从软件上对 A/D 转换的结果加以处理,即软件滤波。通常用的软件滤波有:中值滤波法、平均值滤波法、加权平均滤波法、限幅滤波法、递推平均滤波法和各种基于最小二乘法的滤波方法等。

均值滤波、限幅滤波与加权平均相结合的滤波方法的实现原理是:对波形进行 N 个周期采集(由于解列装置对电力参数的实时性要求较高,故电压采集中 N 取 3,每次计算对电压信号采样 3 个周期),对每个周期的采样值取均值,得到 3 个电压值,这 3 个值再按照一定的权重进行加权平均,求得的值作为 A/D 转换的最终结果。该方法能更有效地滤除突发的脉冲干扰,并且,在实时性上要优于单一的滤波方法。

(4)高电压的测量

在有些电子设备测试中,有高达万伏的电压;在电力系统中则常遇到需测量数十万伏甚至更高电压的问题。在电力系统中,广泛应用电压互感器配上低压电压表来测量高电压,在试验室条件下则用高压静电电压表、峰值电压表、球隙测压器、高压分压器等仪器、装置来测量高电压。

1)高压静电电压表

在两个特制的电极间加上电压 u,电极间就会受到静电力 f 的作用,而且 f 的大小与 u 的数值有固定的关系,因而设法测量 f 的大小或它所引起的可动极板的位移或偏转就能确定所加电压 u 的大小。利用这一原理制成的仪表即为静电电压表,它可以用来测量低电压,也可以在高电压测量中得到应用。

如果采用的是消除了边缘效应的平板电极,那么应用静电场理论,很容易求得 f 与 u 的关系式,并可得知 $f \propto u^2$,但仪表不可能反映力的瞬时值 f,而只能反映其平均值 F。

如果 U 是按正弦函数作周期性变化的交流电压,则电极在一个周期 T 内所受到的作用力平均值 F 与交流电压的有效值 U 的平方成正比,或者反过来有

$$U \propto \sqrt{F} \tag{4.14}$$

即静电电压表用于测量交流电压时,测得的是它的有效值。

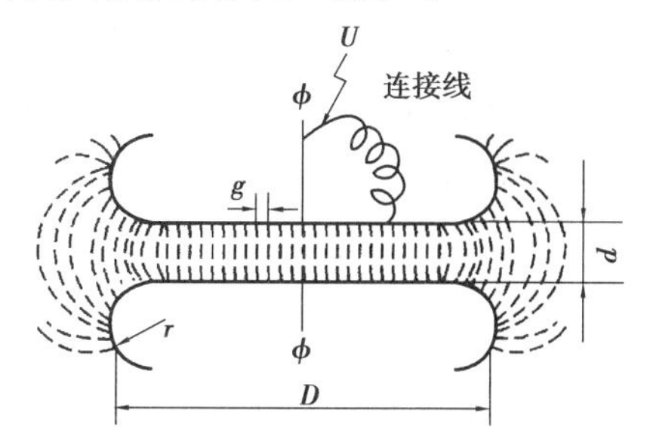

图 4.11　静电电压表极板结构示意图

为了减小板间距离 d 和仪表体积,极间应采用均匀电场,因此高压静电电压表的电极均采用消除了边缘效应的平板电极,如图 4.11 所示,圆形的可动电极 3 位于保护电极 2 的中心部位,二者之间只隔着很小的空隙 g,连接线使电极 1 和 2 具有相同的电位。为保证边缘电场不会影响到电极 2 和 3 工作面之间电场的均匀性,固定电极 3 和保护电极 2 的外直径 D 相对于它们之间的距离 d 来说要取得比较大,而它们的边缘也应具有足够大的曲率半径 r 以避免出现电晕

放电。

静电电压表的内阻抗特别大，能直接测量相当高的交流和直流电压。在大气中工作的高压静电电压表的量程上限在 50～250 kV 的范围内；电极处于压缩 SF_6 气体中的高压静电电压表的量程上限可提高到 55～600 kV。

2）峰值电压表

在不少场合，只需要测量高电压的峰值，如绝缘的击穿就仅仅取决于电压的峰值。现已制成的产品有交流峰值电压表和冲击峰值电压表，它们通常均与分压器配合起来使用。

交流峰值电压表的工作原理可分为两类：

①利用整流电容电流来测量交流高压。

如图 4.12(a)所示，当被测电压 u 随时间而变化时，流过电容 C 的电流 $i_C = C\dfrac{du}{dt}$。在 u 的正半波，电流经整流元件 V_{D1} 及检流计 G 流回电源。如果流过检流计 G 的 d 电流平均值为 I_{av}，那么它与被测电压的峰值 U_m 之间存在下面的关系，即

$$U_m = \frac{I_{av}}{2Cf} \tag{4.15}$$

式中　C——电容器的电容量；

f——被测电压的频率。

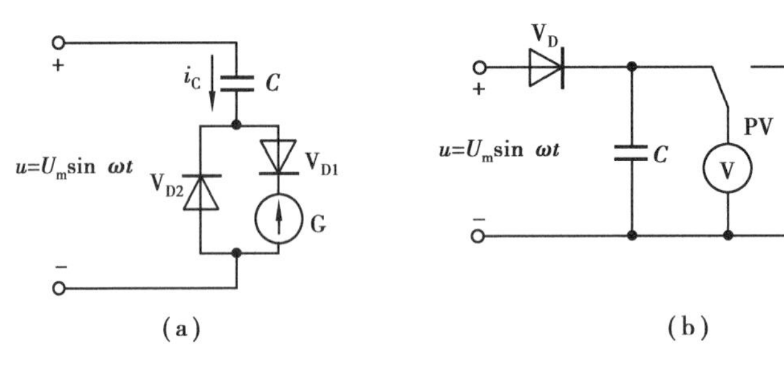

图 4.12　峰值电压表接线原理图

②利用电容器充电电压来测量交流高压。

如图 4.12(b)所示，幅值为 U_m 的被测交流电压经整流器 V_D 使电容 C 充电到某一电压 U_d，它可以用静电电压表 PV 或用电阻 R 串联微安表 PA 测得。如用后一种测量方法，则被测电压的峰值为

$$U_m = \frac{U_d}{1 - \dfrac{T}{2RC}} \tag{4.16}$$

式中　T——交流电压的周期；

C——电容器的电容量；

R——串联电阻的阻值。

在 $RC \geqslant 20T$ 的情况下，式(4.16)的误差 $\leqslant 2.5\%$。

3）球隙测压器

球隙测压器是唯一能直接测量高达数兆伏的各类高电压峰值的测量装置。它由一对直径相同的金属球构成，测量误差 2%～3%，能满足大多数工程测试的要求。

它的工作原理基于一定直径 D 的球隙在一定极间距离 d 时的放电(击穿)电压为一定值。若已知直径 D 和极间距离 d,球隙的放电电压可从理论上推得计算公式,但因存在某些难以准确估计的影响因素,所得结果往往不能满足测量精度的要求。在实用上,通常均通过实验的方法得出不同球隙的放电电压数据,为了使用的方便,它们被制成表格或曲线备用。

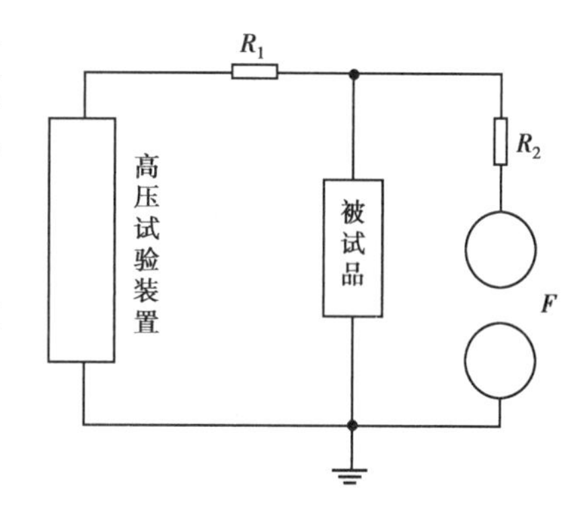

图4.13　球隙测压器接入示意图

球隙在高压试验时的接入方式如图4.13所示。图4.13中 R_1 为限流电阻,当被试品或球隙击穿时,它既限制流过试验装置的电流,也限制流过球隙 F 的电流;R_2 为球隙测压器的专用保护电阻,主要防止球隙在持续作用电压下放电时,虽然已有 R_1 的限流作用,但流过球隙的电流仍过大,又未能及时切断,从而使两球的工作面被放电火花所灼伤。不过在测量冲击电压时,一般不希望接有 R_2,因为这时电压的变化速率 $\mathrm{d}u/\mathrm{d}t$ 很大,流过球隙的电容电流 $C_F\mathrm{d}u/\mathrm{d}t$ 也较大(C_F 为两球间的电容),就会在 R_2 上造成一定压降,使作用在球隙上的电压与被试品上的电压不一致,引起较大的误差。

4)高压分压器

当被测电压很高时,不但高压静电电压表无法直接测量,就是球隙测压器亦将无能为力,因为球极的直径不能无限增大(一般不超过2 m)。当需要用示波器测量电压的波形时,也不能直接将很高的被测电压引到示波器的偏转极板上去。在这些场合,采用高压分压器来分出一小部分电压,然后利用静电电压表、峰值电压表、高压脉冲示波器等测量仪器进行测量,是最合理的解决方案。

对分压器最重要的技术要求有:分压比的准确度和稳定性(幅值误差要小);分出的电压与被测高电压波形的相似性(波形畸变要小)。

按照用途的不同,分压器可分为交流高压分压器、直流高压分压器和冲击高压分压器等;按照分压元件的不同,它又可分为电阻分压器、电容分压器、阻容分压器等3种类型。每一分压器均由高压臂和低压臂组成。在低压臂上得到的就是分给测量仪器的低电压。这里对各种分压器不再作具体介绍,读者可以参考有关资料。

5)光学传感方法

光纤电压互感器体积小、重量轻、动态范围宽、测量精度高、绝缘性能好,具有极其光明的发展和应用前景。光纤电压互感器的核心是光纤电压传感器(OVT-Optical Voltage Transducer),根据传感原理,光纤电压传感器主要有传光型无源OVT、有源型OVT、全光纤OVT、集成光学Pockels元件高压OVT、基于电致伸缩原理的OVT以及基于其他效应的OVT共6类。这些传感器的传感原理不同,结构不一样,各有其特点。

①传光型无源OVT

传光型无源OVT主要是指基于线性电光效应原理的OVT。所谓线性电光效应,即Pockels效应,是指在电场(或电压)的作用下,透过某些物质的光发生双折射,双折射两光波之间的相位差与外加电压或电场强度成正比,检测出相位差,即可检测出电压或电场强度的大小。由于相位较难测量,故一般利用偏光干涉原理将相位调制转化为强度调制,传感器输出光强的大小即能反映被测电压。图 4.14 为典型的传感器结构，其工作过程为：LED 发出的光由光纤传入起偏器，将光变成线偏振光，经 1/4 波片后又变成圆偏振光，当光透过电光晶体时，在电场或电压的作用下发生双折射，双折射两光波之间的相位差与被测电压成正比。经检偏器后，输出光强与被测电压之间具有线性关系。经光电转化和信号处理之后即可测量出电压。该传感器由电光晶体、起偏器、检偏器、波片和一些其他光学元件构成，它们是无源器件，工作不需要电源，且光纤在系统中仅起传光作用，因此属于传光型无源光纤电压传感器。无源型光纤电压传感器测量精度高、损耗小、抗电磁干扰能力强、电气安全性好。

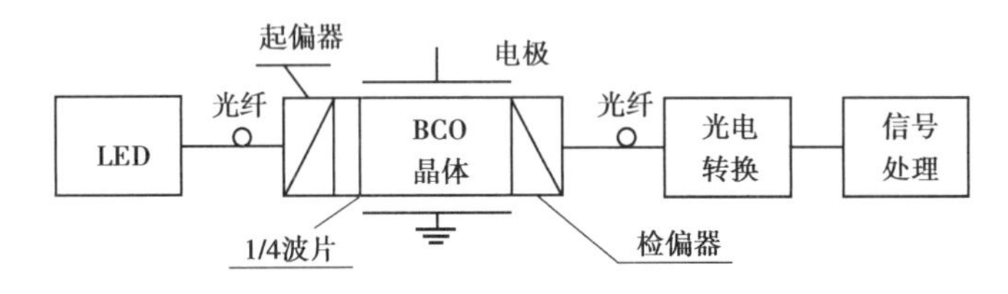

图 4.14　传光型无源光纤电压传感器结构

②有源型 OVT

传感器需要工作电源的 OVT 为有源型 OVT。其工作电源可来自两个途径：一是通过互感器或分压器取自电网；二是把控制室发光器件发出的光，由光纤传至传感头，再由光致电器件将光能转换成电能。被测电压信号由互感器或分压器从电网取出，然后由滤波器滤波，再由 DOIT(Digital Output Input Transformer)电路转换成数字信号。该信号由 PLD(光致发光二极管)器件转换成一定频率的光波沿光纤传至信号处理电路，还原成电压信号。美国 ABB 公司研制出有源型数字光纤电压互感器 DOVT(Digital Optical Voltage Transformers)，测量电压范围 72.5 ~76.5 kV，精度达 0.2 级。

有源型 OVT 的最大优点是采用数字光学信号传输，信号与衰减无关。但是，它也有明显的缺点：

a. 若信号由电磁式互感器取出，则由于互感器存在比差和角差，使系统测量误差增大；若信号由电容分压器提供，则由于分压比不稳定，会导致输出不稳定，测量误差增大。

b. 传感器是有源的，而且能量取自高压电网，使高低压之间隔离困难，电气安全性差。

c. 有源传感器处于强电磁场环境之中，信号易受到干扰。

d. 特殊的 PLD 器件属高科技保密产品，尚处于开发和完善阶段，市面上不易买到，这给研究带来了实际困难和障碍。

③全光纤 OVT

全光纤 OVT 也称为功能型或传感型 OVT，它是由特殊光纤构成，光纤既起传光作用，又起传感作用。这种特殊光纤材料中掺杂了特殊元素，截面形状和折射率分布有特殊要求，据有关文献报道，美国 3M 公司已推出全光纤 OCT(Optical Current Transducer)产品，而全光纤 OVT 尚处于研究阶段。

全光纤 OVT 的优点是结构简单，传感器两端光纤连续，所需光学元件和接头较少。但是，特殊光纤制造难度大，要求高，且尚不成熟，因此，全光纤 OVT 离实用化还有相当远的距离。

④集成光学 Pockels 元件高压 OVT

这是一种固定在某一电场环境、用来测量固定点电场强度的传感器，它体积小，只有 7 mm 长，非常易于安装。这种传感器以 $LiNbO_3$ 电光晶体作基片，在其上散布有钛条。钛条平行于

晶体的 z 轴放置，其尺寸选择原则是能支持两个基模 TE（偏振方向平行于 x 轴）和 TM（偏振方向平行于 y 轴）传播，形成波导。输入光纤和输出光纤均为保偏光纤。在传感器输出端波导的两个模之间的本征相位差取决于波导的长度以及两个模的传播常数差，即

$$\varphi_i = (\beta_{TE} - \beta_{TM})L \tag{4.17}$$

电光晶体 $LiNbO_3$ 在电场的作用下发生双折射，光率体发生变化。传感器输入光强与输出光强之间具有如下关系，即

$$S = \frac{I_{out}}{I_{in}} = \frac{1}{2}[1 + \alpha\cos(\varphi_{\infty} + \varphi_i)] \tag{4.18}$$

式中　$\varphi_{\infty} = 2\pi n_0^3\gamma_{22}LE/\lambda$——电光晶体双折射两光波之间的相位差；

α——考虑到传感器制造不完善引入的系数，一般 $\alpha \leqslant 1$；

φ_i——由式（4.17）确定的本征相位差；

n_0——晶体的折射率；

λ——光波长；

L——波导长度；

γ_{22}——电光系数；

E——电场强度。

选择合适的尺寸 L，使 $\varphi_i = \frac{\pi}{2}$，则传感器能获得线性响应。该传感器样品试验获得了 1 MHz 的带宽，能测量波头时间为 0.5 μs 的闪电脉冲。

⑤基于电致伸缩原理的 OVT

这种光纤电压传感器的原理是基于电致伸缩效应。光纤缠绕在压电材料（石英晶体或陶瓷等）上，电场引起晶体或陶瓷变形，从而引起光纤的光学性质的变化，由 Mach-Zehnder 干涉仪或双模光纤干涉仪探测出这种变化即可测得电压（或电场）的大小。

4.1.2　电流的测量

进行电流测量时所选用的采样方法与软件设计与测量电压所用方法相同，下面只介绍用仪表和电路对电流值进行的直接或间接测量。

（1）电流互感器

1）LZZB1-10（HAT）型高精度电流互感器

LZZB1-10（HAT）型电流互感器为支柱式结构，采用环氧树脂全封闭浇注成型。耐污秽、耐潮湿性能好。有两个二次绕组，第 1 个二次绕组的准确限值系数达 5P20，精确度为 0.2（或 0.5）级，可以供保护用或保护、测量共用。第 2 个二次绕组的精确度为 0.1 级，并同时满足 0.2 级要求，可以供计量用或计量、测量共用。

LZZB1-10（HAT）型互感器的型号及其含义如图 4.15 所示。

LZZB1-10（HAT）型互感器的结构与规格有：

本型电流互感器有多种变比：30/5 A（1 A）、40/5 A（1 A）、50/5 A（1 A）、75/5 A（1 A）、100/5 A（1 A）、150/5 A（1 A）、200/5 A（1 A）、300/5 A（1 A）、400/5 A（1 A）、600/5 A（1 A）、750/5 A（1 A）、800/5 A（1 A）、1 000/5 A（1 A）、1 200/5 A（1 A）、1 500/5 A（1 A）、1 600/5 A（1 A）、2 000/5 A（1 A）多种。

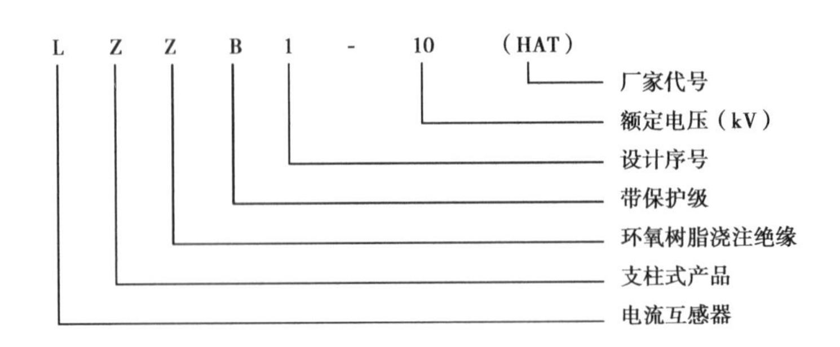

图 4.15　型号含义

2)LMZJ1-0.5 型(500～800/5 A)电流互感器

LMZJ1-0.5 系列电流互感器适用于额定频率 50 Hz、额定工作电压为 0.5 kV 及以下的交流线路中作电流、电能测量或继电保护用。

正常工作条件:

a. 周围空气温度为-5～+40 ℃,且其 24 h 内的平均温度值不超过+35 ℃。

b. 40 ℃环境下空气的相对湿度不超过 50%;在较低的温度下可以允许有较高的相对湿度,最高不超过 80%。

3)TA1016-2 微型精密交流电流互感器

①特点:

a. 立式穿芯印刷线路板直接焊接安装、外形美观。

b. 体积小,精度高;全封闭,机械和耐环境性能好,电压隔离能力强,安全可靠。

②使用环境条件:

a. 环境温度:-55～+85 ℃。

b. 相对湿度:温度为 40 ℃时不大于 90%。

③工作频率范围:20 Hz～20 kHz。

④绝缘耐热等级:F 级(155 ℃)。

⑤安全特性:

a. 绝缘电阻:常态时大于 1 000 MΩ。

b. 抗电强度:可承受工频 6 000 V50 Hz /1 min。

c. 阻燃性:符合 UL94-V_0 级。

⑥外形图、安装尺寸和线圈图如图 4.16 所示。

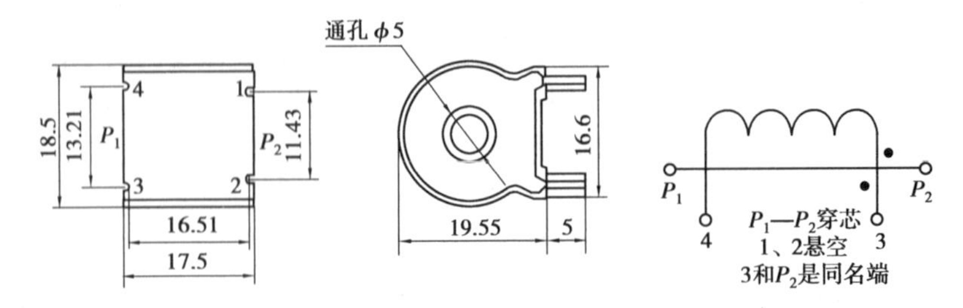

图 4.16

⑦典型应用如图 4.17 所示,其性能参数见表 4.4。

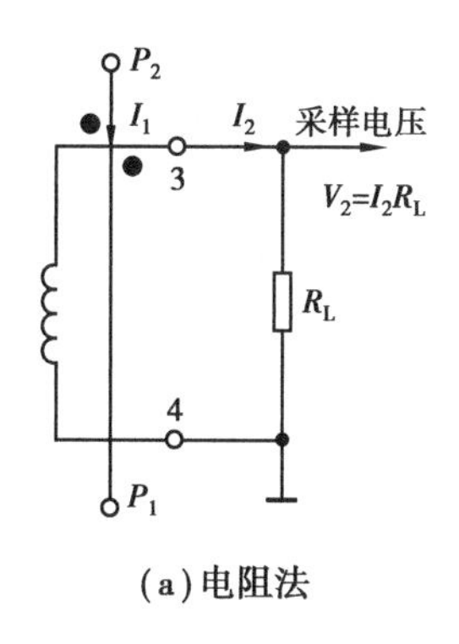

(a)电阻法

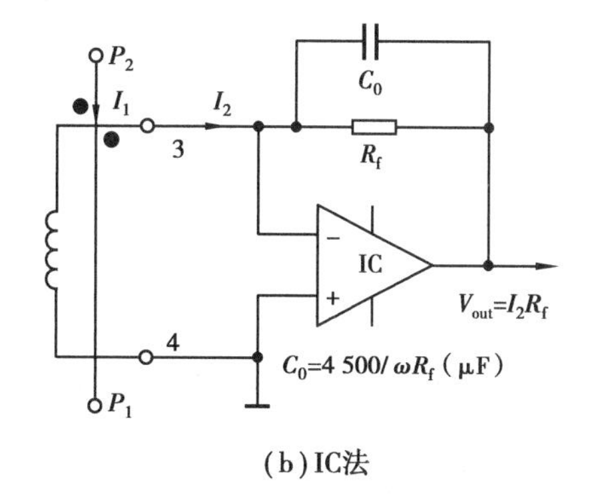

(b)IC法

图4.17

表4.4　TA1016-2典型应用的性能参数

产品型号 TA1016-2	额定输入电流	额定输出电流	额定采样电阻 R_L	额定采样电压	相移	非线性度	线性范围	耐压
电阻法	5 A	2.5 mA	400 Ω	1 V	≤20°	≤0.2%	≥2倍额定	≥6 kV
IC法	5 A	2.5 mA	400 Ω	≤1/2 V IC电源电压	≤5°	≤0.1%	≥2倍额定	≥6 kV

⑧注意事项：

a. 电流互感器初级应串联于被测电流回路中，次级应近似工作于短路状态。

b. 电流互感器次级电路不允许开路，因此，不应装熔断器。

(2)电流表直接测量法

直接测量电流的方法通常是在被测电流的通路中串入适当量程的电流表，让被测电流的全部或一部分流过电流表。从电流表上直接读取被测电流值或被测电流分流值。

对于如图4.18(a)所示电路，被测电流实际值为

$$I_x = \frac{U}{R_0 + R_L} = \frac{U}{R} \tag{4.19}$$

式中　R_0、R_L——信号源内阻和负载电阻。$R=R_0+R_L$ 为电流回路电阻。

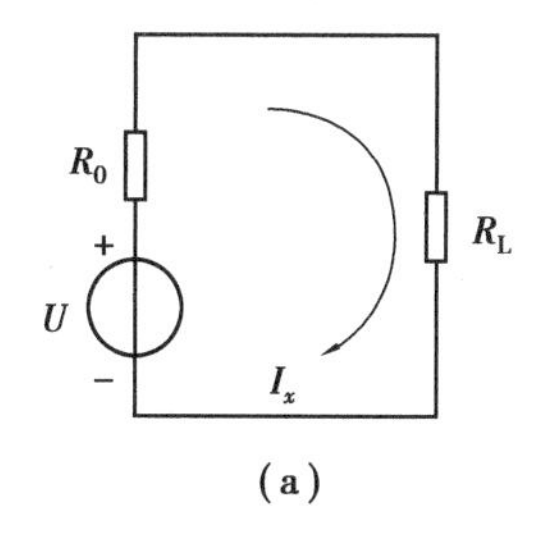

(a)

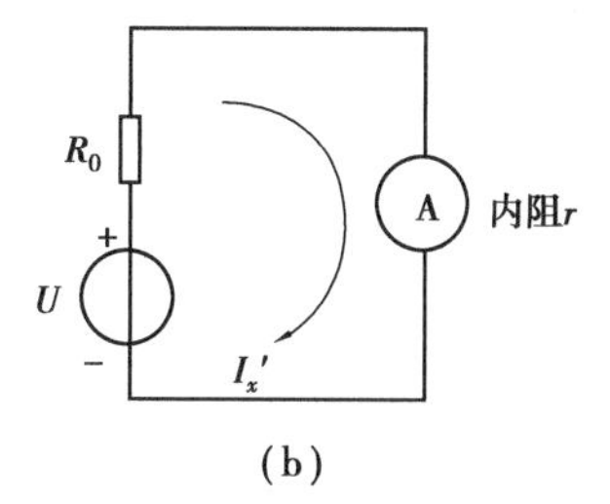

(b)

图4.18　用电流表测量电流

在电路中串接一个内阻为 r 的电流表，如图4.18(b)所示，则流过电流表的电流即电流表读数值为

$$I'_x = \frac{U}{R + r} = \frac{\frac{U}{R}}{1 + \frac{r}{R}} \tag{4.20}$$

相对测量误差为

$$\frac{U}{R} - \frac{\frac{U}{R}}{1 + \frac{r}{R}} = \frac{\frac{U}{R}}{1 + \frac{R}{r}} \tag{4.21}$$

由式(4.21)可知，为使电流表读数值 I'_x 尽可能接近被测电流实际值 I_x，就要求电流表的内阻 r 尽可能接近于零，也就是说，电流表内阻越小越好。

在串入电流表不方便或没有适当量程的电流表时，可以采取间接测量的方法，即把电流转换成电压、频率、磁场强度等物理量，直接测量转换量后根据该转换量与被测电流的对应关系求得电流值。下面介绍几种间接测量电流的转换方法。

(3)电流-电压转换法

可以采用在被测电流回路中串入很小的标准电阻 r(称为取样电阻)，将被测电流转换为被测电压 U_x，则

$$U_x = I'_x \cdot r \tag{4.22}$$

当满足条件 $r \ll R$ 时，由式(4.20)、式(4.22)可得

$$U_x = I_x \cdot r \text{ 或 } I_x = U_x / r \tag{4.23}$$

若被测电流 I_x 很大，可以直接用高阻抗电压表测量标准电阻两端电压 U_x；若被测电流 I_x 较小，应将 U_x 放大到接近电压表量程的适当值后再由电压表进行测量，为了减小 U_x 的测量误差，要求该放大电路应具有极高的输入阻抗和极低的输出阻抗，为此，一般采用电压串联负反馈放大电路。

(4)电流-磁场转换法

无论用电流表直接测量电流还是用上述转换法间接测量电流，都需要切断电路接入测量装置。在不允许切断电路或被测电流太大的情况下，可采取通过测量电流所产生的磁场的方法来间接测得该电流的值。

如图4.19所示为采用霍尔传感器的钳形电流表结构示意图。冷轧硅钢片圆环的作用是将被测电流 I_x 产生的磁场集中到霍尔元件上，以提高灵敏度，作用于霍尔片的磁感应强度 B 为

$$B = K_B \cdot I_x \tag{4.24}$$

式中　K_B——电磁转换灵敏度。

线性集成霍尔片的输出电压 U_0 为

$$U_0 = K_H \cdot I \cdot B = K_H K_B \cdot I \cdot I_x = K \cdot I_x \tag{4.25}$$

式中　I——霍尔片控制电流；

　　　K_H——霍尔片灵敏度；

　　　K——电流表灵敏度。

$$K = K_H K_B \cdot I$$

若 I_x 为直流，则 U_0 也为直流；若 I_x 为交流，则 U_0 也为交流。霍尔式钳形电流表可测得最大电流达 100 kA 以上，可用来测量输电线上的电流，也可用来测量电子束、离子束等无法用普

通电流表直接进行测量的电流。图4.19中被测电流导线如果在硅钢片圆环上绕几圈,电流表灵敏度便会减小几倍。用这种办法可调整霍尔式钳形电流表的灵敏度和量程。

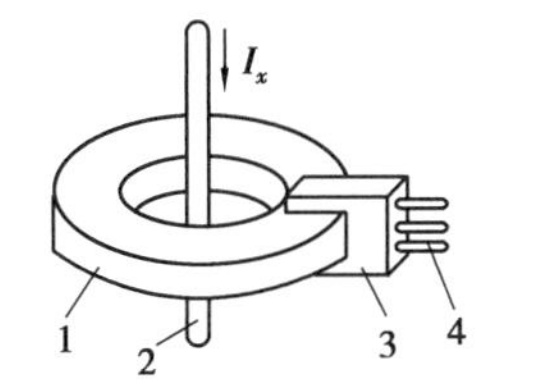

图4.19 霍尔式钳形电流表

1—冷轧硅钢片圆环;2—被测电流导线;
3—霍尔元件;4—霍尔元件引脚

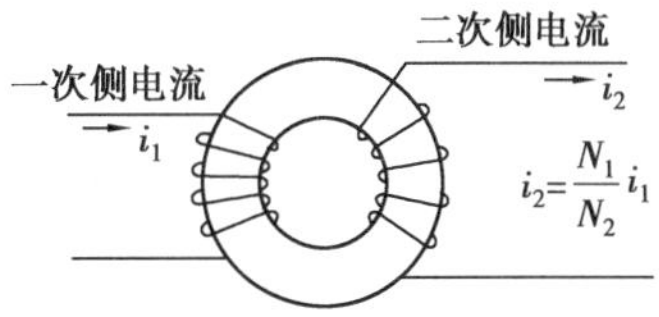

图4.20 电流互感器

(5)电流互感器法

除上述方法外,采用电流互感器法也可以在不切断电路的情况下,测得电路中的电流。电流互感器的结构如图4.20所示。它是在磁环上(或铁芯)上绕一些线圈而构成的,假设被测电流(一次侧电流)为i_1,一次绕组匝数为N_1,二次绕组匝数为N_2,则二次侧电流为

$$i_2 = i_1\left(\frac{N_1}{N_2}\right) \tag{4.26}$$

由此可知,只要测得二次侧电流i_2,就可得知被测电流(一次侧电流)的大小。

由于电流互感器二次绕组匝数远大于一次绕组匝数,在使用时二次侧绝对不允许开路,否则会使一次侧电流完全变成励磁电流,铁芯达到高度饱和状态,使铁芯严重发热并在二次侧产生很高的电压,引起互感器的热破坏和电击穿,对人身造成伤害。此外,为了人身安全,互感器二次绕组一端必须可靠地接地(安全接地)。

电流互感器输出的是电流,测量时,互感器二次绕组接一电阻R,从R上取得电压接到放大器或交直流变换器上,R的大小由互感器的容量决定(一般常用电流互感器为10 VA或5 VA),R上输出电压U_0为

$$U_0 = i_2 \cdot R = i_1 R\left(\frac{N_1}{N_2}\right) \tag{4.27}$$

4.2 阻抗的测量

电阻R、电感L和电容C是电路的3种基本元件,在测量技术中,许多传感器如电阻式、电感式和电容式传感器是将被测量转换为电阻、电感或电容输出的。本节研究和介绍R、L、C元件的阻抗及这3种元件参数的测量方法。

4.2.1 概述

(1)阻抗定义

阻抗是描述一个元器件或电路网络中电压、电流关系的特征参量,其定义为

$$Z = \frac{\dot{U}}{\dot{I}} = R + jX = |Z|e^{j\theta} = |Z|(\cos\theta + j\sin\theta) \tag{4.28}$$

式中　$\dot{U}$、$\dot{I}$——电压和电流相量；

R、X——阻抗的电阻分量和电抗分量；

$|Z|$——阻抗的模，$|Z|=\sqrt{R^2+X^2}$；

θ——相角，即电压 $\dot{U}$ 和电流 $\dot{I}$ 之间的相位差，即

$$\theta = \arctan \frac{X}{R} \tag{4.29}$$

理想的电阻只有电阻分量，没有电抗分量；而理想电感和理想电容则只有电抗分量。电感电抗和电容电抗分别简称为感抗 X_L 和容抗 X_C，表示为

$$\begin{cases} X_L = \omega L = 2\pi f L \\ X_C = \dfrac{1}{\omega C} = \dfrac{1}{2\pi f C} \end{cases} \tag{4.30}$$

式中　ω、f——信号的角频率和频率。

(2)电阻、电感和电容的等效电路

实际的电阻、电感和电容元件不可能是理想的，存在着寄生电容、寄生电感和损耗。图 4.21 为考虑了各种因素后实际电阻 R、电感 L、电容 C 元件的等效电路。

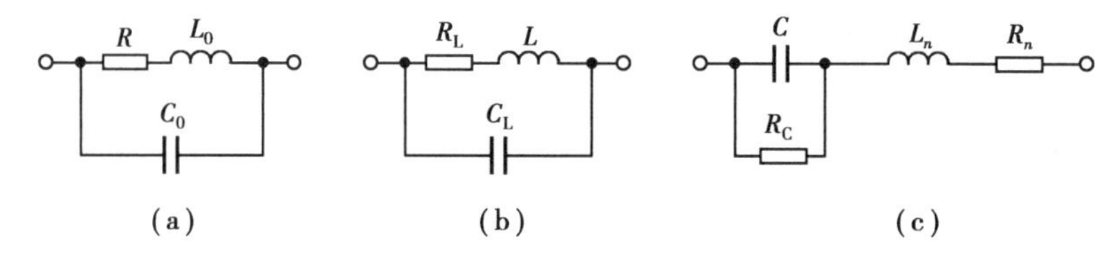

图 4.21　电阻 R、电感 L、电容 C 元件的等效电路

1)电阻

同一个电阻元件在通以直流电和交流电时测得的电阻值是不相同的。在高频交流下，须考虑电阻元件的引线电感 L_0 和分布电容 C_0 的影响，其等效电路如图 4.21(a)所示，图中 R 为理想电阻。由图可知此元件在频率 f 下的等效阻抗为

$$\begin{aligned} Z_e &= \frac{(R + j\omega L_0)\dfrac{1}{j\omega C_0}}{R + j\omega L_0 + \dfrac{1}{j\omega C_0}} \\ &= \frac{R}{(1 - \omega^2 L_0 C_0)^2 + (\omega C_0 R)^2} + j\omega \frac{L_0(1 - \omega^2 L_0 C_0) - R^2 C_0}{(1 - \omega^2 L_0 C_0)^2 + (\omega C_0 R)^2} \\ &= R_0 + jX_0 \end{aligned} \tag{4.31}$$

式中，$\omega=2\pi f$，R_0 和 X_0 分别为等效电阻分量和电抗分量，且

$$R_0 = \frac{R}{(1 - \omega^2 L_0 C_0)^2 + (\omega C_0 R)^2} \tag{4.32}$$

由式(4.32)可知，Z_e 除与 f 有关外，还与 L_0、C_0 有关。这表明当 L_0、C_0 不可忽略时，在交流下测此电阻元件的电阻值，得到的将是 Z_e 而非 R 值。

2)电感

电感元件除电感 L 外，也总是有损耗电阻 R_L 和分布电容 C_L。一般情况下 R_L 和 C_L 的影

响很小。电感元件接于直流并达到稳态时,可视为电阻;若接于低频交流电路则可视为理想电感 L 和损耗电阻 R_L 的串联;在高频时其等效电路如图4.21(b)所示。比较图4.21(a)和图4.21(b)可知两者实际上是相同的,电感元件的高频等效阻抗可参照式(4.31)来确定,即

$$Z_e = \frac{R_L}{(1-\omega^2 LC_L)^2 + (\omega C_L R_L)^2} + j\omega \frac{L(1-\omega^2 LC_L) - R_L{}^2 C_L}{(1-\omega^2 LC_L)^2 + (\omega C_L R_L)^2} = R_e + j\omega L_e \tag{4.33}$$

式中 R_e、L_e——电感元件的等效电阻和等效电感,即

$$L_e = \frac{L(1-\omega^2 LC_L) - R_L^2 C_L}{(1-\omega^2 LC_L)^2 + (\omega C_L R_L)^2} \tag{4.34}$$

由式(4.34)可知,当 C_L 甚小时或 R_L、C_L 和 ω 都不大时,L_e 才会等于 L 或接近等于 L。

3)电容

在交流下电容元件总有一定介质损耗,此外其引线也有一定电阻 R_n 和分布电感 L_n,因此,电容元件等效电路如图4.21(c)所示。图中 C 是元件的固有电容,R_C 是介质损耗的等效电阻。等效阻抗为

$$\begin{aligned} Z_e &= \frac{R_C}{1+j\omega R_C} + j\omega L_n + R_n \\ &= \left(\frac{R_C}{1+(j\omega R_C)^2} + R_n\right) - j\omega\left(\frac{CR_C^2}{1+(j\omega R_C)^2} - L_n\right) \\ &= R_e + j\omega\left(\frac{1}{\omega^2 C_e}\right) \end{aligned} \tag{4.35}$$

式中,R_e 和 C_e 分别为电容元件的等效电阻和等效电容,且

$$C_e = \frac{1+(\omega CR_C)^2}{\omega^2(CR_C^2 - \omega^2 C^2 R_C^2 L_n - L_n)} \tag{4.36}$$

一般介质损耗甚小,可忽略(即 $R_e \to \infty$),则式(4.36)简化后可知,若 L_n 越大,频率越高,则 C_e 与 C 相差就越大。

从上述讨论中可以看出,在交流下测量 R、L、C,实际所测的都是等效值 R_e、L_e、C_e;由于电阻、电容和电感的实际阻抗随环境以及工作频率的变化而变化,因此,在阻抗测量中应尽量按实际工作条件(尤其是工作频率)进行,否则,测得的结果将会有很大的误差,甚至是错误的结果。

4.2.2 直流电阻测量

在直流条件下测得的电阻称为直流电阻。在工程和实验应用中,所需测量的电阻范围很宽,为 $10^{-6} \sim 10^{17}$ Ω 或更宽。从测量角度出发,一般将电阻分为小电阻(1 Ω 以下,如接触电阻、导线电阻等)、中值电阻($1 \sim 10^6$ Ω)和大电阻(10^6 Ω 以上,如绝缘材料电阻)。

电阻的测量方法很多,按原理可分为直接测量法、比较测量法、间接测量法,也可分为电表法、电桥法、谐振法及利用变换器测量电阻等方法。

(1)电表法

电表法测量电阻的原理建立在欧姆定律之上,电压-电流表法(简称伏-安法)、欧姆表法及三表法是电表法的常见形式。

1)伏-安法

测量直流电阻的伏-安法是一种间接测量法,利用电流表和电压表同时测出流经被测电阻 R_x 的电流及其两端电压,根据欧姆定律,被测电阻 R_x 的阻值为

$$R_x = \frac{U_V}{I_A} \tag{4.37}$$

式中 U_V、I_A——电压表和电流表的示值。

伏-安法测量电阻有两种方案,如图 4.22 所示。图 4.22 中 R_V、R_A 分别为电压表和电流表的内阻。图 4.22(a)方案电流表示值包含了流过电压表的电流,适用于测量阻值较小的电阻;图 4.22(b)方案电压表的示值包含了电流表上的压降,适用于测量阻值较大的元件。

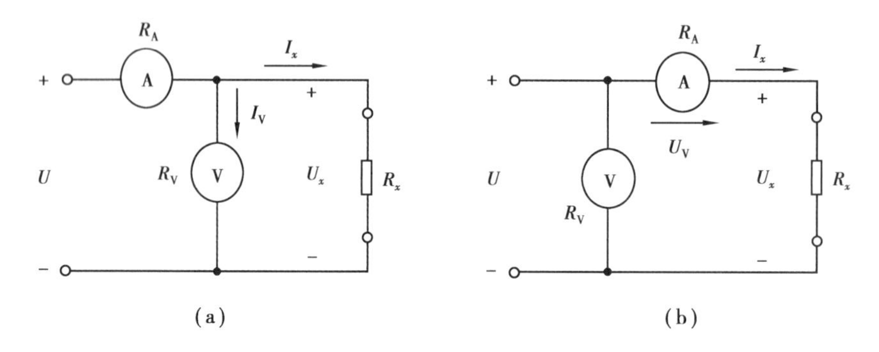

图 4.22 伏-安法测量直流电阻

伏-安法的优点是可按被测电阻的工作电流测量,因此,非常适合测量电阻值与电流有关的非线性元件(如热敏电阻等),且测量简单。但由于电表有内阻,故无论用哪种方案均存在方法误差,因此,伏-安法测量精度不高。

2)欧姆表法

从式(4.37)可知,如果 U_V 保持不变,被测电阻 R_x 将与通过电流表 A 的电流 I_A 成单值的反比关系,而磁电式电流表指针的偏转角 θ 与通过的电流 I_A 成正比,则电流表指针的偏转角能反映 R_x 值大小。因此,如将电流表按欧姆值刻度,就成为可直接测量电阻值的仪表,称为欧姆表。

欧姆表测量电阻的电路如图 4.23 所示。

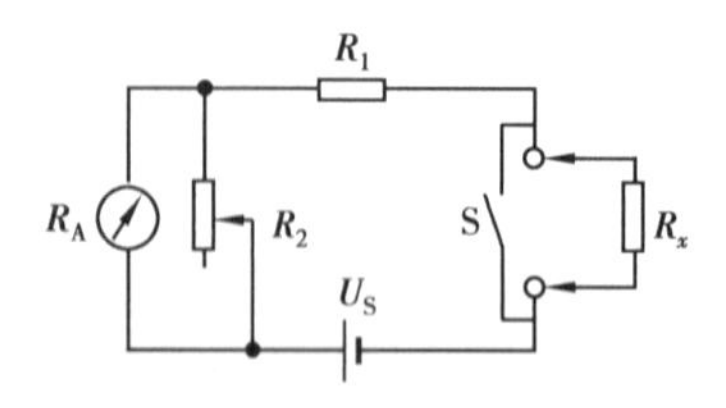

图 4.23 欧姆表测量电阻电路

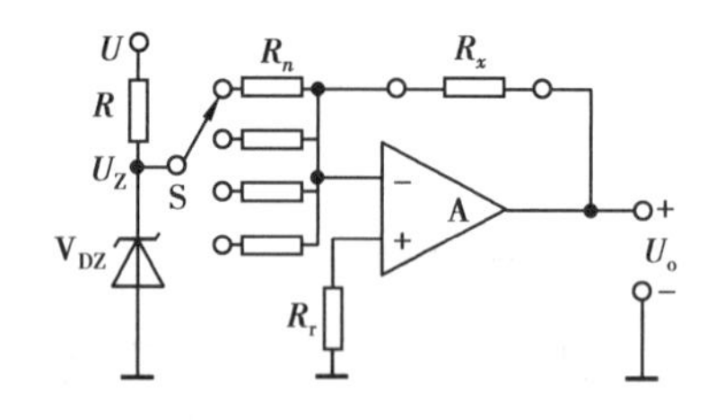

图 4.24 欧姆-电压变换器原理电路

图 4.23 中 R_A 为欧姆表内阻,这里欧姆表实际是按欧姆值刻度的磁电式微安表;R_1 为限流电阻,S 是短接开关;欧姆表中以电池的电压 U_S 作为恒定电压源,考虑到电池的电压会逐渐降低,为了消除电压变化对电阻测量的影响,设有调零电阻 R_2。被测电阻 R_x 串联接入电路中。

测量前,先将 S 闭合并调节 R_2 直至欧姆表指针正确指在零刻度,然后断开 S,接入被测电

阻 R_x 进行测量,并从欧姆表直接读出被测值。

除传统的指针式欧姆表外,数字式欧姆表也已普遍使用。数字式欧姆表一般是在数字式直流电压表的输入端加一"欧姆-电压变换器"后得到的,如图 4.24 所示为欧姆-电压变换器的电路原理图,图中外接电源 U 经 R 和稳压二极管 V_{DZ},提供稳定的基准电压 U_Z;S 为量程开关,用来切换不同的输入电阻,以改变欧姆量程范围;A 是反相接法的运算放大器,用来把被测电阻 R_x 变换为电压,故又称变换放大器。该电路的输出电压为

$$U_0 = -\frac{R_x}{R_n} \cdot U_Z \tag{4.38}$$

由式(4.38)可知,变换器的输出直流电压 U_0 与 R_x 成正比关系,故用直流数字式电压表来测量此 U_0 值并按欧姆刻度,就可得到 R_x 值。

(2)电桥法

测量直流电阻最常用的是电桥法。电桥分为直流电桥和交流电桥两大类,直流电桥主要用于测量电阻。

直流电桥由 4 个桥臂、检流计和电源组成,其原理电路图如图 4.25 所示。图 4.25 中 R_1、R_2、R_3 是标准电阻,R_x 是被测电阻;G 是灵敏度很高的微安级磁电式检流计,用来指零。测量时调节 R_1、R_2、R_3 使电桥平衡,电桥达到平衡时 U_{BD} 为零,检流计 G 中无电流,由电桥平衡条件 $R_1 \cdot R_3 = R_2 \cdot R_x$,可得被测电阻为

$$R_x = R_1 \cdot \frac{R_3}{R_2} \tag{4.39}$$

由式(4.39)可知,这种方法实质上是用标准电阻与被测电阻 R_x 相比较,用指零仪表指示被测量与标准量是否相等(平衡),从而求得被测量。因此,这种方法又称为零位式测量法或比较测量法,测量的精度几乎等于标准量的精度,这是它的优点。这种测量方法的缺点是在测量过程中,为获得平衡状态,需要进行反复调节,测试速度慢,不能适应大量、快速测量的需要,也不适合于电阻传感器的变化电阻的测量。

直流单电桥测电阻的范围在 1 Ω~1 MΩ。电阻大于 1 MΩ 时,电桥的漏电流对测量误差的影响已不能忽略;而电阻小于 1 Ω 时,接线电阻和接触电阻的影响开始增大。

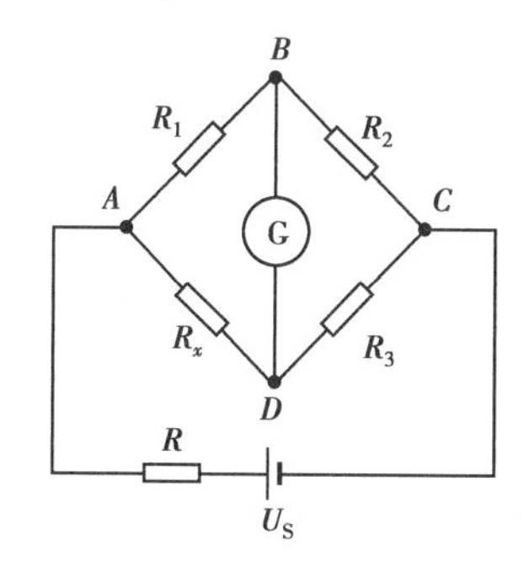

图 4.25　直流单电桥原理电路图

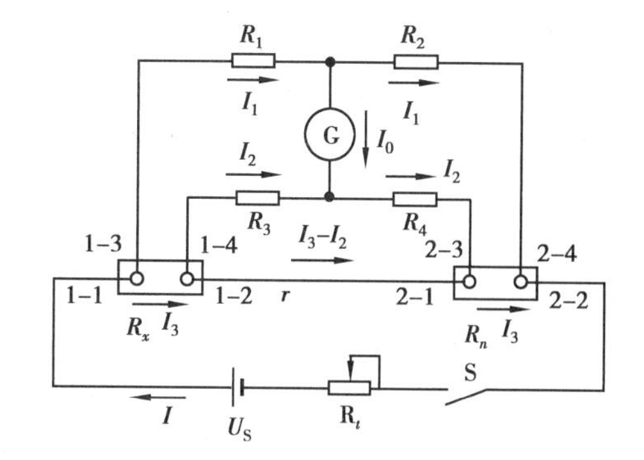

图 4.26　直流双电桥原理电路

(3)直流小电阻的测量

1)直流双电桥

直流双电桥又称开尔文电桥,它是用来测量小电阻的一种比较仪器。图 4.26 为直流双电

桥原理电路。图4.26中,R_x 是被测电阻,R_n 是阻值已知的标准电阻,R_x 和 R_n 均备有四端接头以消除接线电阻、接触电阻对测量结果的影响。R_1、R_2、R_3、R_4 是桥臂电阻,r 是引线电阻。测量时调节桥臂电阻使 $I_n=0$,即使电桥达到平衡,则

$$\begin{cases} I_1R_1 = I_2R_3 + I_3R_x \\ I_1R_2 = I_2R_4 + I_3R_n \\ (I_1 - I_2)r = I_2(R_3 + R_4) \end{cases} \tag{4.40}$$

解此方程组可得

$$R_x = \frac{R_1 \cdot R_n}{R_2} + \frac{r}{R_3 + R_4 + r}\left(\frac{R_1}{R_2} - \frac{R_3}{R_4}\right)R_4 \tag{4.41}$$

使电桥在调节平衡的过程中保持 $R_1/R_2=R_3/R_4$(结构上把 R_1、R_2 和 R_3、R_4 都做成同轴调节的电阻),则式(4.41)简化为

$$R_x = \frac{R_1}{R_2} \cdot R_n \tag{4.42}$$

式(4.42)与单电桥式(4.39)相似,但单电桥测量的是二端电阻,它包括桥臂间的引线电阻、接触电阻及被测电阻在内,当被测电阻很小(1 Ω以下),引线和接触电阻不能忽略,故测量误差很大。而双电桥中,引线和接触电阻都分别包括在相应的桥臂上,桥臂电阻 R_1、R_2、R_3 和 R_4 都选择在10 Ω以上,即远大于引线和接触电阻,这样就可以消除或大大减少引线和接触电阻对测量结果的影响。双电桥测量小电阻的范围一般在 $1 \sim 10^{-5}$ Ω。

2)数字微欧计

用直流双电桥测量小电阻有操作不方便,费时的缺点,且测量精度除与仪器有关外,还与操作人员的熟练程度有关。近些年研究发展起来的数字微欧计,是一种测量低值电阻的数字式仪表。它的基本原理是,利用直流恒流源在被测电阻 R_x 上产生直流电压降,然后通过电压放大和A/D转换器变为数字显示的电阻值。在测量过程中,采用"四端子"(电流端子、电位端子)测量法,消除引线和接触电阻带来的误差。数字微欧计具有操作简单、省时、数显、对操作人员要求不高等优点。

3)脉冲电流测量法

由于小电阻数值很小,如果采用电流-电压降法进行测量,则因压降一般很小,信噪比很低,要想获得高测量精度颇为困难。如加大测量电流,可以增加在被测电阻 R_x 上的电压降,降低对测量压降仪器的要求,但被测电阻的温度也就随之升高,阻值也相应变化,这种现象称为电阻的负载效应。

电阻的温升是通过电流和通过时间的函数,如果控制通过电流的时间很短,则可大大减少电阻的温升,从而减少阻值的改变。因此,可以用脉冲大电流来测量小电阻。这种测量方法的原理是:由控制电路控制脉冲电流源的数值和启、停时间,放大器在电流源开启时间内工作,放大小电阻两端的电压降,计算机通过A/D转换接口读入压降值并计算出小电阻值。

脉冲电流法可以提高测量小电阻的精度、分辨力和测量速度。

(4)直流大电阻的测量

常用的大电阻测量方法有冲击电流计法、高阻电桥法、兆欧表法等。大阻值电阻测量时要注意防护(安全防护和测量防护)。

1)冲击电流计法

冲击电流计法测量原理如图4.27所示。图4.27中 R_x 为被测电阻。当开关S倒向“1”时,电容 C 被充电,充电时间为 t,其上的电压和电荷分别为

$$u_C = U_S(1 - e^{-\frac{t}{R_x C}}) \tag{4.43}$$

$$Q_C = Cu_C = CU_S(1 - e^{-\frac{t}{R_x C}}) \tag{4.44}$$

式中　U_S——电源电压。

由于 t/R_xC 很小,取 $e^{-\frac{t}{R_x C}}$ 的级数展开式的前两项已经足够,故有

$$Q_C = CU_S - CU_S\left[1 - \left(-\frac{t}{R_x C}\right)\right] = \frac{U_S \cdot t}{R_x} \tag{4.45}$$

由此得

$$R_x = \frac{U_S \cdot t}{Q_C} \tag{4.46}$$

经过时间 t,开关S由“1”倒向“2”,冲击电流计测出 Q_C 为

$$Q_C = C_Q \cdot a_m \tag{4.47}$$

式中　C——冲击电流计的冲击常数;

a_m——电流计的最大偏转角。

于是有

$$R_x = \frac{U_S \cdot t}{C_Q \cdot a_m} \tag{4.48}$$

2)高阻电桥法

高阻电桥法利用如图4.28所示的6臂电桥,通过电路变换并结合4臂电桥的基本平衡条件就可推得关系式为

$$R_x = \frac{R_2R_3R_4 + R_2R_3R_5 + R_2R_4R_5 + R_2R_4R_6}{R_3R_6} \tag{4.49}$$

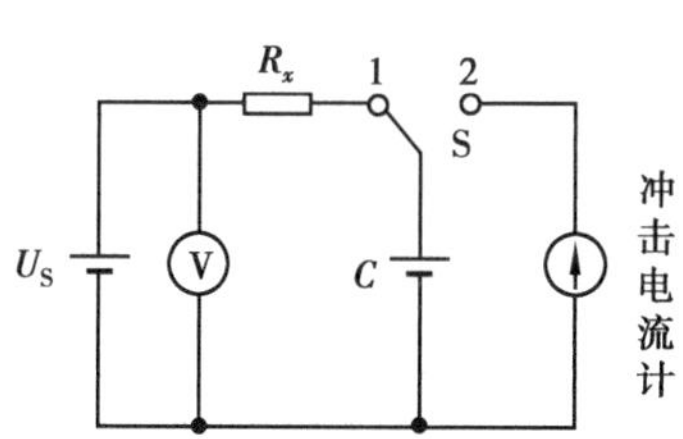

图4.27　冲击法测量大电阻原理

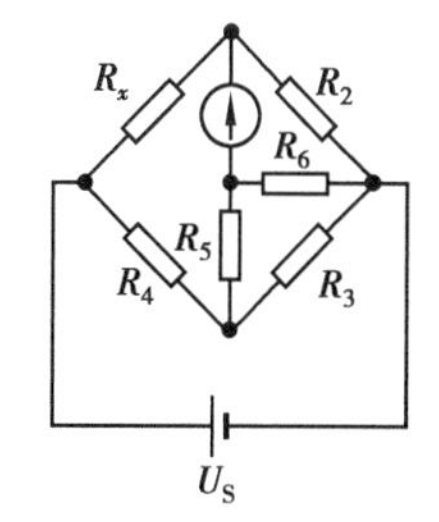

图4.28　高阻电桥测量原理

高阻电桥测量范围为 $10^8 \sim 10^{17}\ \Omega$。被测电阻值小于 $10^{12}\ \Omega$ 时,测量误差为0.03%,被测电阻值为 $10^{13}\ \Omega$ 时误差为0.1%。这种电桥的供电电压在50~1 000 V范围。

4.2.3　交流阻抗及 L、C 的测量

如4.2.1小节中分析,在交流条件下,R、L、C 元件必须考虑损耗、引线电阻、分布电感和分布电容的影响,R、L、C 元件的实际阻抗随环境以及工作频率的变化而变化。测量交流阻抗和 L、C 参数的方法可用传统的交流电桥,也可以用变量器电桥和数字式阻抗测量仪等仪器。

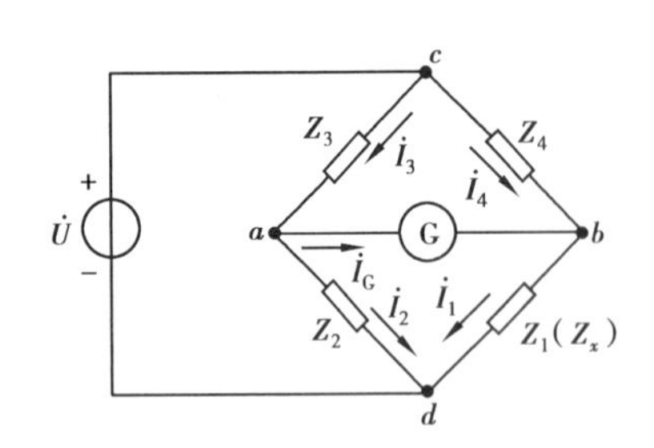

图 4.29　交流 4 臂电桥

(1)交流阻抗电桥

图 4.29 为交流阻抗电桥原理图。由 4 个桥臂阻抗 Z_1、Z_2、Z_3 和 Z_4,1 个激励源 $\dot{U}$ 和 1 个检流计 G 组成。

1)电桥平衡条件

调节各桥臂参数,使检流计读数 $I_G=0$,则电桥处于平衡,可得

$$Z_1Z_3 = Z_2Z_4 \tag{4.50}$$

设 Z_1 为被测阻抗 Z_x,则电桥平衡后又可从其他 3 个桥臂阻抗求得。

式(4.50)为交流阻抗电桥的平衡条件。若将其用指数形式表示则有

$$|Z_1|e^{j\varphi_1}|Z_3|e^{j\varphi_3} = |Z_2|e^{j\varphi_2}|Z_4|e^{j\varphi_4} \tag{4.51}$$

根据复数相等的定义,上式必须同时满足

$$\begin{cases} |Z_1|\cdot|Z_3| = |Z_2|\cdot|Z_4| \\ \varphi_1+\varphi_3=\varphi_2+\varphi_4 \end{cases} \tag{4.52}$$

式(4.52)表明,电桥平衡必须同时满足模平衡和相位平衡两个条件。因此,在交流情况下,电桥 4 个桥臂阻抗的大小和性质必须按一定条件配置,否则可能不能实现电桥平衡。在实用电桥中,为了使结构简单,调节方便,通常有两个桥臂采用纯电阻。由式(4.50)可知,若相邻两臂(如 Z_3 和 Z_4)为纯电阻,则另外两臂的阻抗性质必须相同(即同为容性或感性);若相对两臂(如 Z_2 和 Z_4)采用纯电阻,则另外两臂必须一个是电感性阻抗,另一个是电容性阻抗。

交流电桥至少应有两个可调节的标准元件,通常是用一个可变电阻和一个可变电抗,大多采用标准电容器作为标准电抗器。需反复调节可调标准元件,以使式(4.52)成立,调节交流电桥平衡要比调节直流电桥平衡麻烦得多。

2)电桥电路及元件参数的测量

交流阻抗电桥有多种配置形式,各有特点和适用范围。此处仅以串联电容电桥为例说明。

图 4.29 中,若 Z_1 和 Z_2 为串联电容,Z_3 和 Z_4 为纯电阻,则构成串联电容电桥(或称维恩电桥)。设

$$\begin{cases} Z_1 = R_x + \dfrac{1}{j\omega C_x} \\ Z_2 = R_2 + \dfrac{1}{j\omega C_2} \\ Z_3 = R_3, Z_4 = R_4 \end{cases} \tag{4.53}$$

根据电桥平衡条件,得

$$\left(R_x + \frac{1}{j\omega C_x}\right)R_3 = \left(R_2 + \frac{1}{j\omega C_2}\right)R_4 \tag{4.54}$$

式(4.54)两边必须同时满足实部相等和虚部相等条件,故可解得

$$\begin{cases} R_x = \dfrac{R_4}{R_3}R_2 \\ C_x = \dfrac{R_3}{R_4}C_2 \end{cases} \tag{4.55}$$

由式(4.55)可知,当选择 R_2 和 C_2 为可调元件时,被测量的参数 R_x 和 C_x 可以分别读数。

串联电容电桥适于测量损耗小的电容,且便于读数。其他形式电桥的特点和平衡条件请参阅相关资料。

(2)变量器电桥

交流4臂电桥适用于在低频时测量交流电阻、电感、电容等,且使用不太方便。变量器电桥可用于高频时的阻抗测量。变量器电桥有变压式、变流式和双边式3种结构,双边式是前两种结构形式的组合。

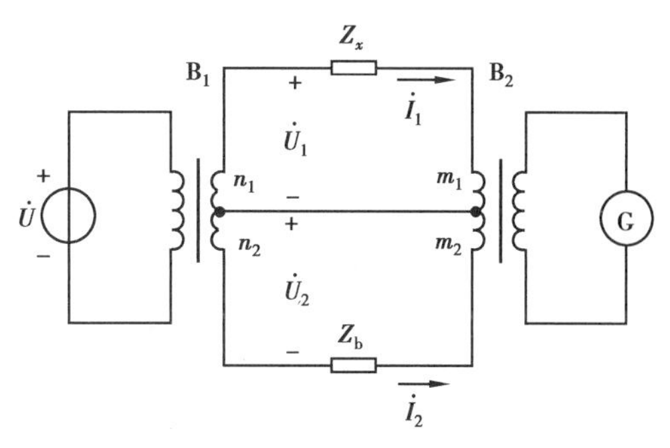

图4.30　双边式变量器电桥

图4.30为常用的双边式变量器电桥原理电路。图中 $\dot{Z}_x$ 是被测阻抗;Z_b 是标准阻抗;G是检流计;n_1 和 n_2 是变量器 B_1 二次绕组上两个绕组的匝数;$\dot{U}_1$、$\dot{U}_2$ 是 n_1、n_2 上的感应电压,m_1、m_2 是变量器 B_2 一次绕组上两个绕组的匝数。$\dot{I}_1$ 是电桥平衡时流经 Z_x 和 m_1 的电流;$\dot{I}_2$ 是流经 Z_b 的电流。若 m_1、m_2 的漏抗和内电阻都可忽略,则电桥平衡时可得

$$\begin{cases} \dot{I}_1 = \dfrac{\dot{U}_1}{Z_x} \\ \dot{I}_2 = \dfrac{\dot{U}_2}{Z_b} \\ \dfrac{\dot{U}_1}{\dot{U}_2} = \dfrac{n_1}{n_2} \end{cases} \tag{4.56}$$

对 B_2,电桥平衡时G指零,可得

$$\dot{I}_1 m_1 - \dot{I}_2 m_2 = 0 \tag{4.57}$$

由式(4.56)和式(4.57)可解得

$$Z_x = \frac{n_1 m_1}{n_2 m_2} Z_b \tag{4.58}$$

由于 n_1、n_2、m_1、m_2 和 Z_b 均为已知值,故从式(4.58)可求出 Z_x。

变量器电桥的特点是,匝数比可以做得很准确,也不受温度、老化等因素的影响;灵敏度高;收敛性好;桥路所用标准元件少。因此,变量器电桥得到广泛应用,其工作频率可达几百兆赫;电阻量程为 $10^{-4}\sim10^{9}\,\Omega$,精度可达 $\pm(0.01\sim0.001)\%$;电容量程为 $10^{-8}\sim10^{4}\,\mu F$,精度最高可达 $\pm1\times10^{-7}$,电感量程为 $10^{-2}\sim10^{5}\,\mu H$,精度 $\pm0.01\%$。

(3)数字式阻抗测量仪

传统的阻抗测量仪是模拟式的。它主要采用电桥法、谐振法和伏安法进行测量,缺点较多。测量技术的发展,要求对阻抗的测量既精确又快速,并实现自动测量和数字显示。近年来,由于高性能微处理器的使用使得现在的阻抗测量仪向数字化、智能化方向发展。

1)矢量阻抗测量原理

目前,带有微处理器的数字式阻抗测量仪多采用矢量阻抗测量法,即从阻抗的基本定义出发,根据被测阻抗元件两端的电压矢量和流过被测阻抗元件的电流矢量计算出被测阻抗元件的值。

如图 4. 31(a)所示,若已知被测阻抗的端电压和流过被测阻抗的电流矢量,则可精确求得被测阻抗

$$Z_x = \frac{\dot{U}_x}{\dot{I}_x} = R_x + jX_x \tag{4.59}$$

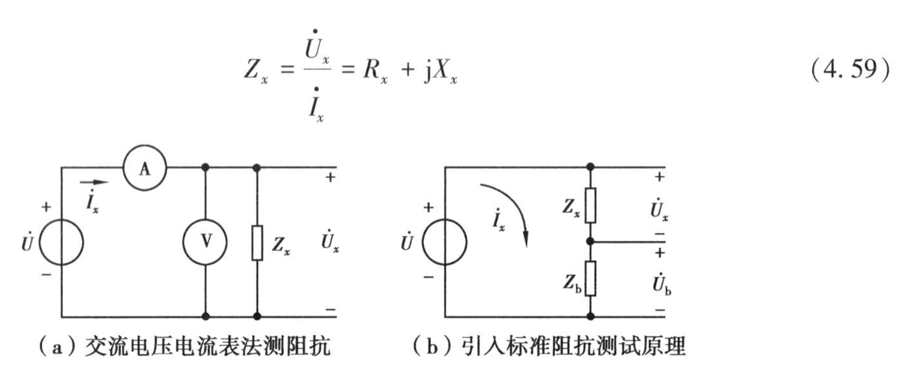

(a)交流电压电流表法测阻抗　　(b)引入标准阻抗测试原理

图 4. 31　阻抗测量原理

若在图 4. 31(a)中,将被测阻抗 Z_x 与一标准阻抗 Z_b 串联,如图 4. 31(b)所示,则可得

$$Z_x = \frac{\dot{U}_x}{\dot{U}_b} Z_b \tag{4.60}$$

由此可知,这样就将对阻抗 Z_x 的测量变成了测量两个矢量电压比。被测阻抗 Z_x 两端电压 $\dot{U}_x$与标准阻抗 Z_b 两端电压 $\dot{U}_b$ 矢量关系如图 4. 32 所示。

图 4. 32　矢量关系图

在图 4. 23 中,有

$$\begin{cases} \dot{U}_x = U_3 + jU_2 \\ \dot{U}_b = U_1 + jU_4 \end{cases} \tag{4.61}$$

若式(4. 60)中 Z_b 用标准电阻 R_b 代替,则

$$\begin{aligned} Z_x &= \frac{\dot{U}_x}{\dot{U}_b} R_b = \frac{U_3 + jU_2}{U_1 + jU_4} R_b \\ &= R_b \left(\frac{U_1 U_3 + U_2 U_4}{U_1^2 + U_4^2} + j \frac{U_1 U_2 - U_3 U_4}{U_1^2 + U_4^2} \right) \end{aligned} \tag{4.62}$$

因此,只要知道两个电压矢量在直角坐标轴上的投影,则经过标量运算,就可求出被测阻抗 Z_x。

2)数字式阻抗测量仪组成

组成数字式阻抗测量仪有多种方案,图 4. 33 为采用鉴相原理的阻抗-电压变换器,用它与数字电压表结合,可实现对阻抗的数字化测量。

图 4. 33 中,被测阻抗 $Z_x = R_x + jX_x$,$\dot{U}$ 是稳定的正弦信号源,设放大器的增益为 K,令 $R_b =$

$|R_x+\mathrm{j}X_x|$，则由图4.33可知

$$\dot{U}_1=K\cdot\frac{R_x+\mathrm{j}X_x}{R_b+R_x+\mathrm{j}X_x}\dot{U}\approx\frac{K\dot{U}}{R_b}(R_x+\mathrm{j}X_x)$$

$$=\dot{U}_{1r}+\dot{U}_{1i} \tag{4.63}$$

式中

$$\dot{U}_{1r}=\frac{KR_x}{R_b}\dot{U} \tag{4.64}$$

$$\dot{U}_{1i}=\mathrm{j}\frac{KR_x}{R_b}\dot{U} \tag{4.65}$$

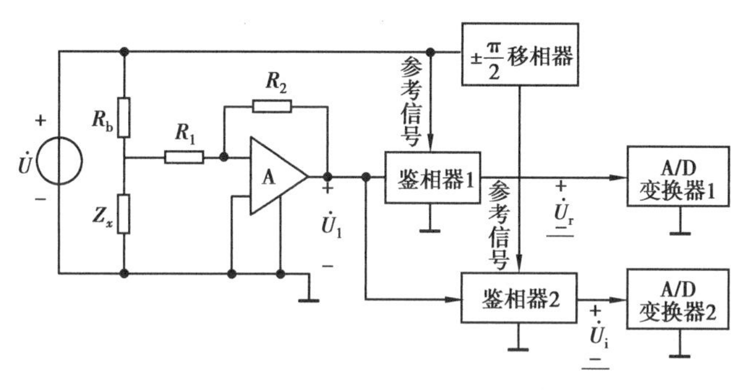

图4.33　阻抗-电压变换器

由式(4.64)、式(4.65)可知，放大器输出电压 $\dot{U}_1$ 中包含有与信号源 $\dot{U}$ 同相的分量 $\dot{U}_{1r}$ 以及与 $\dot{U}$ 正交的分量 $\dot{U}_{1i}$。因此，若能将 $\dot{U}_{1r}$ 和 $\dot{U}_{1i}$ 分离出来，则由式(4.64)可得

$$R_x=\frac{\dot{U}_{1r}}{K\dot{U}}R_b \tag{4.66}$$

若被测元件是电感，则由式(4.33)和式(4.65)得

$$L_x=\frac{\dot{U}_{1i}}{\omega K\dot{U}}R_b \tag{4.67}$$

若被测元件是电容，则由式(4.35)和式(4.65)得

$$C_x=\frac{K\dot{U}}{\omega R_b\dot{U}_{1i}} \tag{4.68}$$

图4.33中的鉴相器包含有乘法器和低通滤波器，鉴相器1的参考信号就是信号源 $\dot{U}$，而鉴相器2的参考信号比 $\dot{U}$ 有 π/2 的相移。因此，鉴相器1和鉴相器2可以分离出 R_x 和 X_x 成比例的同相电压分量 $\dot{U}_r$ 和正交电压分量 $\dot{U}_i$，经A/D转换后，即可实现被测阻抗的数字化测量。

4.3 频率的测量

4.3.1 概述

在工业生产领域中周期性现象十分普遍，如各种周而复始的旋转运动、往复运动，各种传感器和测量电路变换后的周期性脉冲等。周期性过程重复出现一次所需要的时间称为周期，用符号 T 表示，单位时间内周期性过程重复出现的次数称为频率，用符号 f 表示。其数学表达式为

$$f=\frac{N}{t} \tag{4.69}$$

周期与频率互为倒数关系

$$f=\frac{1}{T} \tag{4.70}$$

在电子测量中，频率的测量精确度是最高的。利用计数法测量频率具有精确度高、测量迅速、使用方便、容易实现测量过程自动化等一系列突出优点，已成为目前频率测量的主要方法。人们将许多参数的测量都转换为频率量来测量和处理。由于单片机内部含有稳定度较高的标准频率源、定时/计数器等硬件，能非常方便地对外部信号或标准频率信号进行计数，并且可以实现计数的逻辑控制及数据储存运算等。

4.3.2 频率的测量方法

频率是信号采集中另外一个重要的数据信息，可从电压信号来获取频率信号，因为只要取得了电压信号的周期值，再取倒数就是频率值了。获取的方法是将电压信号的正弦波转化为方波，然后通过用单片机的中断与定时器相结合就可以取得周期值，从而计算得出频率值。

通常频率测量有两种方法：一种方法是电子计数器测频法，该方法是将被测频率的信号加到计数器计数输入端，让计数器在标准信号周期 T_{C1} 内进行计数，所得的计数值 N_1 与被测信号的频率 f_{x1} 的关系为

$$f_{x1}=\frac{N_1}{T_{C1}}=N_1 f_{C1} \tag{4.71}$$

另一种方法是电子计数器测周法，该方法是将频率 f_{C2} 的标准信号送到计数器的计数输入端，而让被测信号周期控制计数器的计数时间，所得的计数值 N_2 与被测信号频率 f_{x2} 的关系为

$$f_{x2}=\frac{f_{C2}}{N_2} \tag{4.72}$$

4.3.3 频率的测量过程

(1) 频率采集的转换电路

如前电压的采集中所述，在交流采集中，影响采集精度最重要的因素就是是否为等间隔采样。为了实现电压等间隔采样，每次采样的时间间隔将直接取决于采集到的周期。因此，周期和频率的准确采集，可以提高交流采样的精度。设计时，可以使用单片机的一个外部中断及一

个定时器来实现频率的测量。

首先把从外部电网采集到的电压正弦波信号转换为方波信号,图4.34为波形转换原理图。

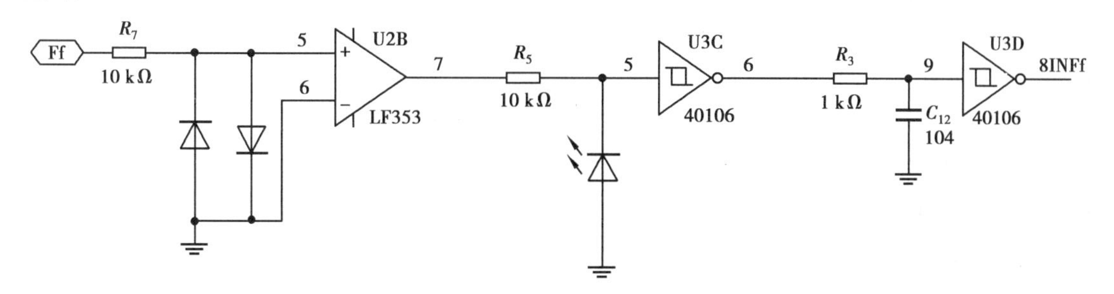

图4.34 波形转换电路图

其具体的做法为:将输入的交流电压信号整理为方波并进一步整形为TTL电平后,将其接入到单片机的一个外部中断引脚。TTL电平的上升沿触发定时器开始计时,直至下一个上升沿的到来,读定时器的值,从而计算出一个周期的时间,进而计算出电网频率。

将待测电压方波信号输入芯片的外部中断接口,采用上升沿触发,启动定时器计算出相邻两个上升沿的时间T,具体实现波形如图4.35所示,那么频率则为$f=\frac{1}{T}$。

(2)频率采集的软件设计

将上节中采集到的电压正弦波信号通过转换电路转换为方波信号,并接入单片机的中断口INT0端口。INT0中断端口具有捕获电平变化的功能,在电平下降沿、上升沿和任意电平变化都可以发生触发中断。在中断信号触发时,记录下定时器的值,同时将定时器清零,进行下一次的计数。

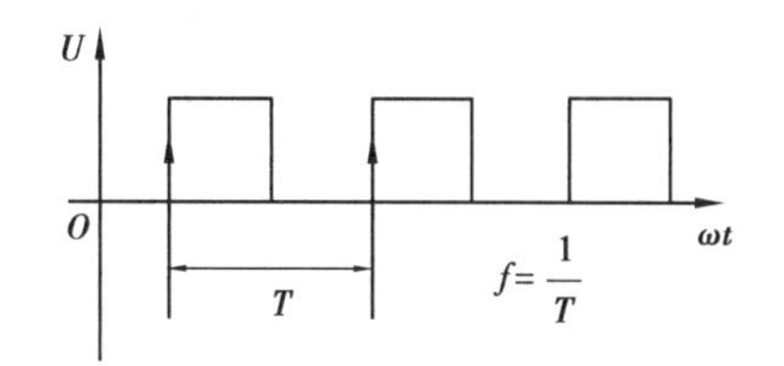

图4.35 频率的计算

其软件实现流程如图4.36所示。

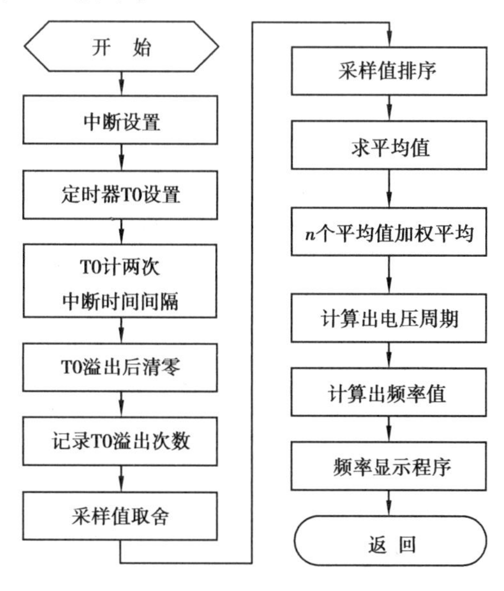

图4.36 频率测量软件流程图

4.3.4 频率计数器

频率计数器又称为频率计,是一种专门对被测信号频率进行测量的电子测量仪器。频率计主要由4个部分构成:时基(T)电路、输入电路、计数显示电路以及控制电路。它因测量精度高,操作简单,价格便宜,深受广大技术人员青睐。

频率计最基本的工作原理为:当被测信号在特定时间段 T 内的周期个数为 N 时,则被测信号的频率为 $f=N/T$。在一个测量周期过程中,被测周期信号在输入电路中经过放大、整形、微分操作之后形成特定周期的窄脉冲,送到主门的一个输入端。主门的另外一个输入端为时基电路产生的闸门脉冲。在闸门脉冲开启主门的期间,特定周期的窄脉冲才能通过主门,从而进入计数器进行计数,计数器的显示电路则用来显示被测信号的频率值,内部控制电路则用来完成各种测量功能之间的切换并实现测量设置。

用此方法可将电阻、电容等参数变量变成频率变量,由计算机测出。

4.4 相位角 θ 的测量

三相电压和电流信号的相位角差是重要的电参数,对其进行分析,可以判断系统出现了什么类型的故障,如通过相位角差计算出有功和无功功率,可以判断系统是否需要无功补偿,通过计算频率,可以判断系统是否运行在低频状态。

相位角 θ 检测电路原理如图4.37所示。交流电压和电流信号经过运放,分别整形为方波,经过光电隔离并去掉负半波后,再经过施密特触发器整形为TTL电平的波形。获得了电压和电流信号转换来的TTL信号,这样电压和电流的方波信号接入单片机就可利用中断求得相位差。

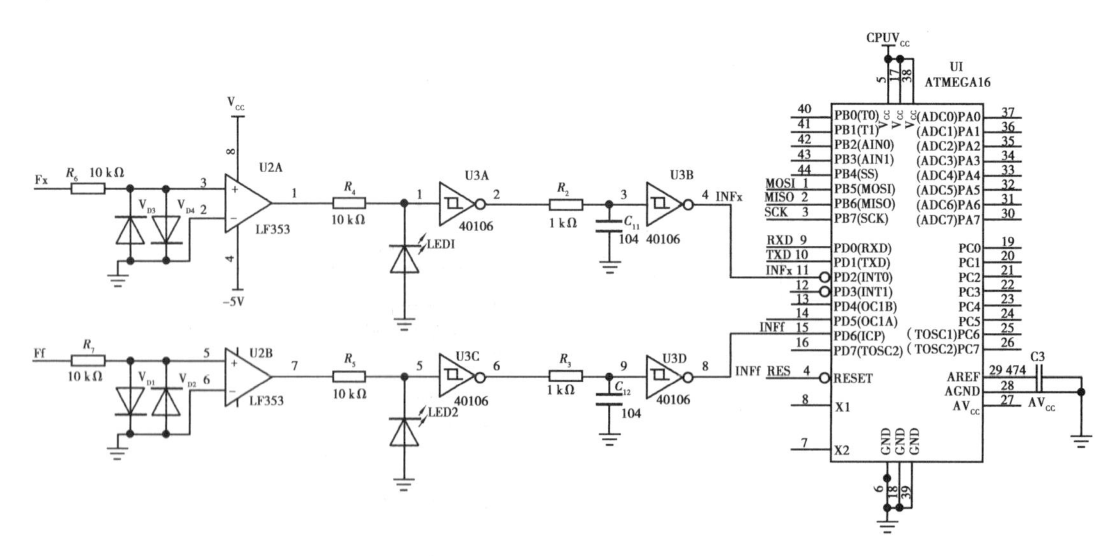

图4.37 相位角检测电路

根据图4.38可知，当$\theta<\pi$时，潮流方向正常；当$\theta>\pi$时，潮流方向为异常。

在本文中，利用单片机的硬件特性，通过一次采集获得电网频率及相位角（功率因数角），并可判断电压和电流在时间上的超前滞后关系，仅占用单片机的一个外部中断和一个定时器/计数器，实现起来较为方便。

在本采集方法中，关键部分是利用单片机的输入捕获引脚ICP。该引脚的功能是捕捉边沿信号，能记录当前定时器/计数器1的值被传到输入捕捉寄存器保存下来。当该引脚边沿触发时，可以将当时的定时器/计数器1的值放入寄存器。

整形后的电压信号输入单片机的外部中断引脚，上升沿触发中断。单片机接收到上升沿触发中断后，将定时器/计数器1清零并开始计数，直到下一个上升沿中断的到来，该时间间隔即为一个周期。其倒数即为频率。

整形后的电流信号输入单片机的输入捕获引脚ICP，通过单片机内部的ICP寄存器读取。只要测得电网电压和电流的过零时间差，即可求得相位角，并推断出电压和电流之间的时间关系。其过程可由图4.38表示。

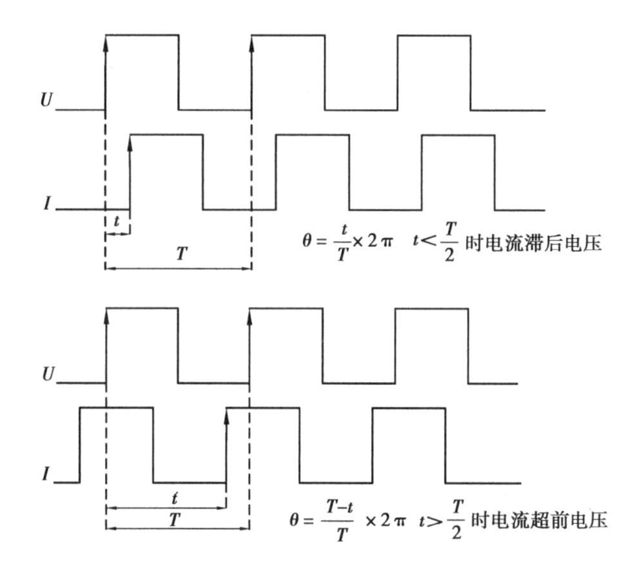

图4.38　相位角采集及判断

如图4.38所示，使用本方法可以在一个周期内采集到电网的频率、相位角，并判断出电压和电流在时间上的关系，不仅减小了硬件的开销（仅使用一个外部中断和一个ICP引脚），同时避免了对单片机引入过多中断，使程序的跳转更加清晰。

相角差的方向的鉴别可以通过判断得到。把电网电压的上升沿作为起始点，取电流的上升沿信号，通过观察这个上升沿的位置就可得出电流是超前还是滞后，如果电流的上升沿落在电压方波的范围内，则电流相角滞后；如果落在电压方波的范围之外，则电流相角超前，其软件实现流程如图4.39所示。

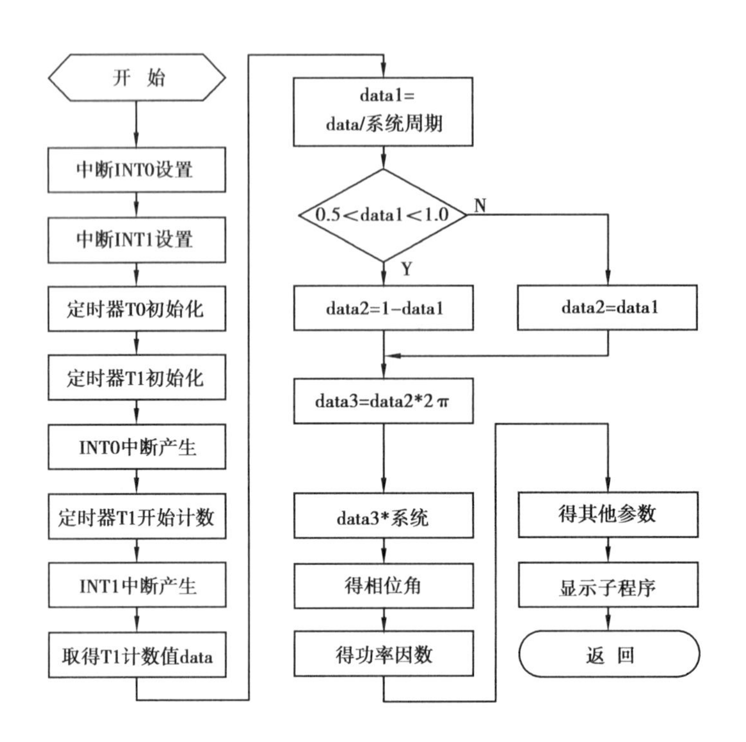

图 4.39　相位角测量软件流程图

4.5　功率因数角及功率因数的测量

4.5.1　获取功率因数角及功率因数的方法

许多用电设备均是根据电磁感应原理工作的,如配电变压器、电动机等,它们都是依靠建立交变磁场才能进行能量转换和传递。为建立交变磁场和感应磁通而需要的电功率称为无功功率,因此,在供用电系统中除了需要有功电源外,还需要无功电源。在功率三角中,有功功率 P 与视在功率 S 的比值,称为功率因数 $\cos\varphi$,其计算公式为

$$\cos\varphi = \frac{P}{S} = \frac{P}{\sqrt{P^2 + Q^2}} \tag{4.73}$$

式中　P——有功功率;

　　Q——无功功率。

功率因数恒定是具有实际意义的。发电机的功率因数由有功功率和无功功率共同决定,有功功率通过原动机调速器来调节,其平衡程度通过电压频率来反映,而无功功率可以通过励磁电流直接调节,其平衡程度决定了传输线上电压的分布情况,因此,功率因数的恒定对于发电机及电网的运行特性起着至关重要的作用。

获取功率因数角及功率因数是进行静止无功功率补偿及辅助分析必不可少的步骤。有多种途径获取功率因数角及功率因数。

可以通过计算获得功率因数角及功率因数:经过电流与电压的采样,可获得电压与电流的

有效值为

$$U \approx \sqrt{\frac{1}{32}\sum_{k=0}^{31} U_{ik}^2}, I \approx \sqrt{\frac{1}{32}\sum_{k=0}^{31} I_{ik}^2} \qquad (k = 0,1,\cdots,31) \tag{4.74}$$

从中可得到系统的视在功率 S 为

$$S = U \times I \tag{4.75}$$

系统的有功功率 P 为

$$P \approx \frac{1}{32}\sum_{k=0}^{31} U_{ik} I_{ik} \qquad (k = 0,1,\cdots,31) \tag{4.76}$$

式中　U_{ik}、I_{ik}——同一时刻的电压和电流采样值。

由有功功率和视在功率之间的关系，可以求得功率因数 k，即

$$k = \cos\varphi = \frac{P}{S} \tag{4.77}$$

于是可得到功率因数角 φ 为

$$\varphi = \arccos k \tag{4.78}$$

该方法具有较好的实时性，可以在一个周期内计算出功率因数。使用该方法时，计算有功功率时需要同时采集电压及电流相同时刻的值。由于单片机的 A/D 转换器是一个内部采样保持器与 6 路复用器相连，要实现同时采集电压及电流相同时刻的值还需在单片机外围额外加入采样保持电路。而且，计算将占用很多单片机的处理时间及程序空间。同时，该方法仅求得了功率因数的大小，无法判断电流是滞后还是超前电压。

4.5.2　功率因数角的测量

利用硬件进行功率因数角的测量在工程上多采用先将正弦信号整形为方波，再利用方波的边沿作为中断源触发中断来实现。图 4.40 为将两路正弦波整形为方波的原理图。

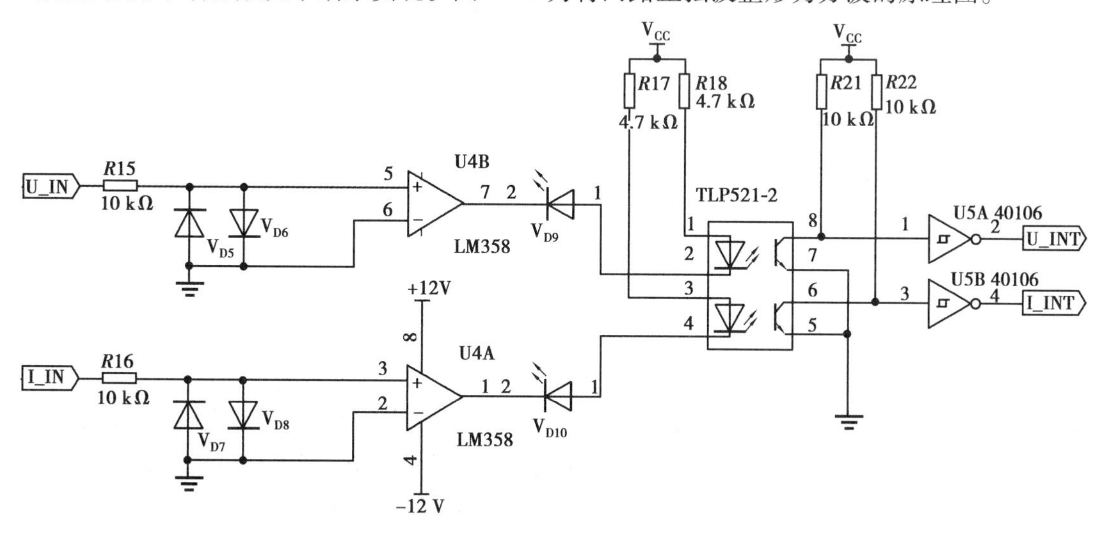

图 4.40　单片机实现相位采集的原理图

具体实现过程为：交流电压和电流信号经过运放分别整形为方波，经过光电隔离加以整理

并去掉负半波，再经过施密特触发器整形为TTL电平的波形。获得了电压和电流信号转换来的TTL信号，则可用多种方法求得功率因数角。

目前，应用较多的方法是将获得的TTL信号通过一个与非门，其输入与输出关系见表4.5。

表4.5　与非门输入与输出关系

输入TTL电压信号：U	输入TTL电流信号：I	输出TTL信号：Y
0	0	1
0	1	1
1	0	1
1	1	0

其相位测量的原理图如图4.41所示。通过输出波形Y的占空比，可求得功率因数角。当输出Y恒为高电平时，电压与电流之间的功率因数角为π；当输出波形Y的占空比为0.5时，功率因数角为零。但是，通过该方法只能判断出功率因数角的大小，不能判断出电压和电流之间超前或滞后的关系。如图4.42所示，当电流滞后或超前电压的角度相同时，与非门的输出相同。

由于相同的占空比对应电流滞后电压或超前电压两个不同的功率因数角，因此，使用该方法功率因数角与占空比的关系应由图4.42表示。

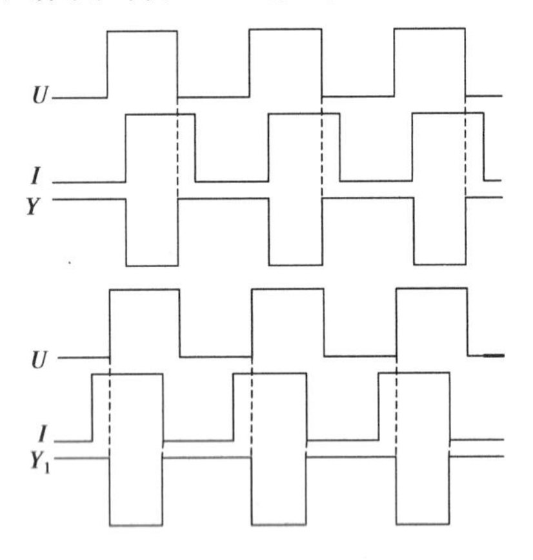

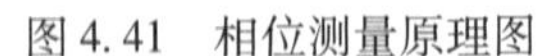
图4.41　相位测量原理图

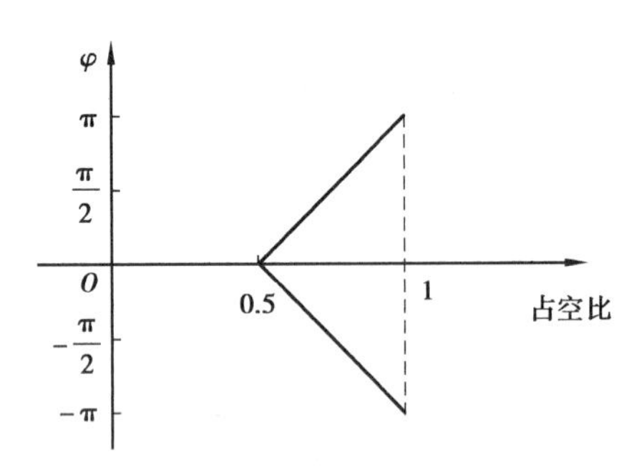

图4.42　功率因数角与占空比的关系图

在静止无功功率补偿装置中，功率因数角的方向直接关系到投切电容的判断，因此，必须获得功率因数角的方向。有多种方法可以获取功率因数角的方向。例如，可以通过单片机在电压信号的某个边沿判断电流信号电平的高低来获取功率因数角的方向。当电压信号为上升沿，而电流信号为低电平时，系统处于电流滞后电压的状态。反之，当电流信号为高电平时，系统处于相位超前的状态。或者，可以将电流TTL信号通过一个微分电路后与电压的TTL信号一起通过一个与门，通过判断其输出信号中是否有正脉冲，可以判断出电压和电流的超前滞后关系，其原理图如图4.43所示。

但无论是哪种方法，都将增加外部器件并多占用单片机的I/O资源或中断资源。增加了

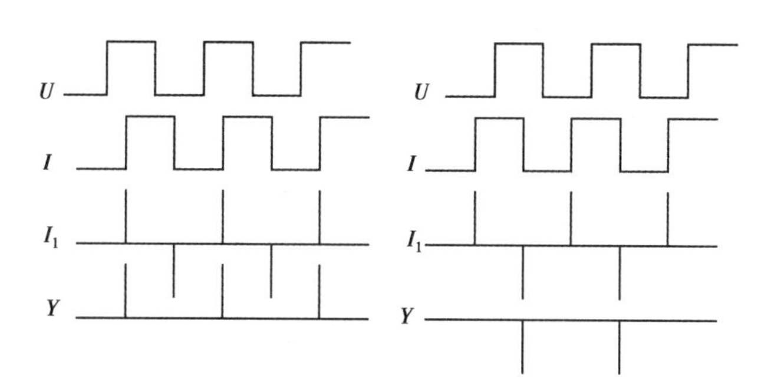

图4.43　功率因数角方向的判断

硬件的复杂性与出错概率，并且在软件的处理上也较为烦琐。因此，这里将利用单片机的硬件特性来进行功率因数角的采集。利用单片机的硬件特性，通过一次采集获得电网频率及功率因数角，并可判断电压和电流在时间上的关系，仅占用单片机的一个外部中断和一个定时器/计数器，实现起来较为方便。

在该采集方法中，关键部分是利用单片机的输入捕获引脚ICP。该引脚的功能为捕捉边沿信号。其特点为能记录当前定时器/计数器1的值。当该引脚边沿触发时，可以将当时的定时器/计数器1的值放入寄存器。

整形后的电压信号输入单片机的外部中断引脚，上升沿触发中断。单片机接收到上升沿触发中断后，将定时器/计数器1清零并开始计数，直到下一个上升沿中断的到来，该时间间隔即为一个周期。其倒数即为频率。

整形后的电流信号输入单片机的输入捕获引脚ICP，通过单片机内部的ICP寄存器读取。由其值与周期值的比值，可计算出功率因数角，并推断出电压和电流之间的时间关系，其过程可如图4.44所示。

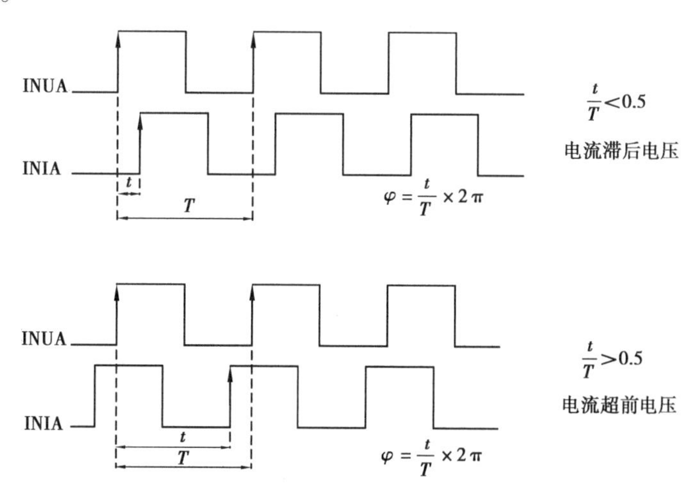

图4.44　使用AVR单片机进行功率因数角采集及判断

如图4.44所示，使用本方法可以在一个周期内采集到电网的频率、功率因数角，并判断出电压和电流在时间上的关系。较之第一种方法，不仅减小了硬件的开销（仅使用一个外部中断和一个ICP引脚），同时避免了对单片机引入过多中断，降低了第一种方法中由于引入额外中断而造成的程序设计上的难度,使程序的跳转更加清晰。

4.5.3 功率因数的计算

在4.5.2小节中利用单片机的硬件特性获取了功率因数角,可通过功率因数角计算出功率因数,即

$$k = \cos \varphi \tag{4.79}$$

在实际处理中,将电流超前电压情况下的功率因数设为负值,以与电流滞后电压的情况区别,并提醒当前状态为“过补”。

4.5.4 视在功率、有功功率及无功功率的采集

通过前面采集到的交流电压、电流的采样值和功率因数值,可以获得系统的视在功率、有功功率和无功功率。

视在功率 S 可由式(4.75)求得。

有功功率 P 为

$$P = S \cdot \cos \varphi \tag{4.80}$$

无功功率 Q 为

$$Q = S \cdot \sin \varphi \tag{4.81}$$

4.5.5 用小波变换求功率因数

非正弦周期电压 $u(t)$、电流 $i(t)$ 可以展开成傅里叶级数。其产生的有功功率 P 为

$$P = \frac{1}{T}\int_0^T u(t)i(t)\mathrm{d}t = \sum_{n=0}^{\infty} U_n I_n \cos \varphi_n \tag{4.82}$$

式中 U_0、I_0——$u(t)$、$i(t)$ 的直流分量,$\varphi_0 = 0$;

U_1、I_1——$u(t)$、$i(t)$ 的基波有效值;

φ_1——基波电压电流的相位差;

U_n、I_n——$u(t)$、$i(t)$ 第 n 次谐波有效值;

φ_n——第 n 次谐波电压电流的相位差;

T——基波周期。

视在功率为

$$S = UI\sqrt{\sum_{n=0}^{\infty} U_n^2}\sqrt{\sum_{n=0}^{\infty} I_n^2} \tag{4.83}$$

式中 U、I——电压 $u(t)$、电流 $i(t)$ 的有效值。

功率因数为

$$\lambda = \frac{P}{S} \tag{4.84}$$

电压 $u(t)$、电流 $i(t)$ 的采样信号分别为 $u(n)$、$i(n)$,一个基波周期采样 2^N 次,$u(n)$、$i(n)$

按正交小波分解得

$$u(t)=\sum_{j=-\infty}^{J}\sum_{k=-\infty}^{\infty}d_{j,k}\psi_{j,k}(t)+\sum_{k=-\infty}^{\infty}c_{j,k}\psi_{j,k}(t) \tag{4.85}$$

$$i(t)=\sum_{j=-\infty}^{J}\sum_{k=-\infty}^{\infty}d_{j,k}\psi_{j,k}(t)+\sum_{k=-\infty}^{\infty}c_{j,k}\psi_{j,k}(t) \tag{4.86}$$

电压有效值为

$$\begin{aligned}U&=\sqrt{\frac{1}{T}\int_0^T u^2(t)\,\mathrm{d}t}\cong\sqrt{\frac{1}{2^N}\sum_{n=0}^{2^{N-1}}u^2(n)}\\&=\sqrt{\frac{1}{2^N}\sum_{n=0}^{2^N}c_{j,k}^2+\frac{1}{2^N}\sum_{j=-\infty}^{J}\sum_{k=-\infty}^{\infty}d_{j,k}^2}\end{aligned} \tag{4.87}$$

电流有效值为

$$\begin{aligned}I&=\sqrt{\frac{1}{T}\int_0^T i^2(t)\,\mathrm{d}t}\cong\sqrt{\frac{1}{2^N}\sum_{n=0}^{2^{N-1}}i^2(n)}\\&=\sqrt{\frac{1}{2^N}\sum_{n=0}^{2^N}c_{j,k}'^2+\frac{1}{2^N}\sum_{j=-\infty}^{J}\sum_{k=-\infty}^{\infty}d_{j,k}'^2}\end{aligned} \tag{4.88}$$

有功功率

$$\begin{aligned}P&=\frac{1}{T}\int_0^T u(t)i(t)\,\mathrm{d}t\cong\frac{1}{2^N}\sum_{n=0}^{2^{N-1}}i(n)u(n)\\&=\frac{1}{2^N}\sum_{k=-\infty}^{\infty}c_{j,k}\,c_{j,k}'(t)+\frac{1}{2^N}\sum_{j=-\infty}^{J}\sum_{k=-\infty}^{\infty}d_{j,k}\,d_{j,k}'(t)\\&=P_J+\sum_{j=-\infty}^{J}P_j\end{aligned} \tag{4.89}$$

式中　P_J——最低频带的有功功率值；

　　P_j——最高频带的有功功率值。

4.5.6　电能计量芯片 ATT7022

(1)概述

ATT7022 是珠海炬力集成电路设计有限公司生产的一款高精度三相电能计量芯片，该芯片对有功、无功功率的测量精度分别达到 0.2 *S* 和 0.5 *S*，所能测量的电参数包括有功、无功、视在功率、双向有功和四象限无功电能；电压和电流有效值；相位、频率等。ATT7022 具有计量参数齐全、校表功能完善等优点，简化了软件设计，缩短了软件开发周期。特别是 ATT7022 可支持全数字校表，即软件校表。软件校表可提高校表精度、简化硬件设计、降低设计成本，为三相多功能计量装置提供了功能更加齐全、设计更加简单的应用方案。表 4.6 和表 4.7 分别给出了 3 大计量芯片生产商的三相电能计量芯片计量参数和校表参数的比较。

表 4.6　三相电能计量芯片的主要电能参数比较

电能参数	珠海炬力 ATT7022		ADI ADE7754		SAMEs SA9904B	
	分相	合相	分相	合相	分相	合相
电压有效值	√	—	√	—	√	—
电流有效值	√	√	√	×	×	×
视在功率	√	√	×	√	√	×
有功功率	√	√	×	√	√	×
容性无功功率	√	√	×	×	×	×
感性无功功率	√	√	×	×	×	×
功率因数	√	√	×	×	×	×
线频率	√	√	√	√	√	√
输入有功能量	√	√	×	×	×	×
输出有功能量	√	√	×	×	×	×
有功能量	√	√	×	×	×	×
容性无功能量	√	√	×	×	×	×
感性无功能量	√	√	×	×	×	×
无功能量	√	√	×	×	×	×

注:"√"表示支持,"×"表示不支持,"—"表示无此参数。

表 4.7　三相电能计量芯片的主要校表参数比较

电能参数	珠海炬力 ATT7022	ADI ADE7754	SAMEs SA9904B[2]
	分相	合相	分相
有功功率增益校正	√	√	×
视在功率增益校正	√	√	×
相位校正	√	√	×
电压有效值校正	√	√	×
电流有效值校正	√	√	×
脉冲输出参数校正	√[1]	×	×
启动电流设置	√	×	×

注:"√"表示支持,"×"表示不支持,"1"表示合相时的参数,"2"表示该芯片不支持软件校表。

(2)引脚功能

ATT7022 的引脚排列如图 4.45 所示。

它采用 44 引脚 QFP 封装,面积仅有 10 mm×10 mm 功耗仅为 100 ~ 200 mW,各引脚功能如下:

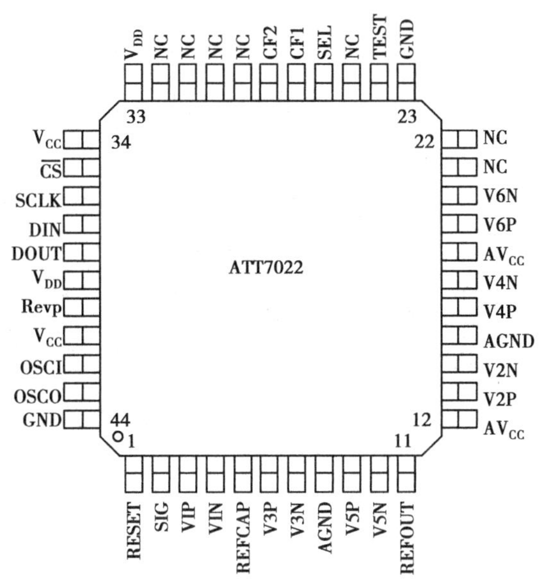

图4.45　ATT7022的引脚排列

V1P/V1N、V3P/V3N、V5P/V5N:模拟电流信号输入;

V2P/V2N、V4P/V4N、V6N/V6N:模拟电压信号输入;

REFOUT、REFCAP:基准电压输出;

RESET:复位输入端;

SIG:写操作成功握手信号输出;

SEL:接线方式选择输入端;

CF1/CF2有功/无功电能脉冲输出;

CS:SPI读/写片选信号;

SCLK:SPI串行时钟输入;

DIN/DQUT:SPI串行数据输入/输出;

Revp:当系统检测到任意相的有功功率为负时,该端输出高电平;各相有功功率均为正时,该端输出低电平;

OSCI/OSCO:系统晶振输入端/输出端;

V_{CC}/AV_{CC}:数字电源/模拟电源;

GND/AGND:数字地/模拟地。

(3)工作原理

1)ATT7022电能计量芯片的内部结构

ATT7022内部包括时钟控制电路、模拟信号采样、参考电压、DSP、脉冲生成器、SPI通信接口及电源管理7大部分,其内部原理框图如图4.46所示。

2)ATT7022的工作原理

ATT7022首先通过6通道16位 $\sum-\Delta$ 的ADC模数转换电路来对输入电流和电压信号进行采样,转换后的数字量再经过24位DSP数字信号处理以完成全部三相电能参数的运算,同时将结果保存在相应的寄存器中并通过SPI口与MCU进行数据交换,DSP模块同时还生成有

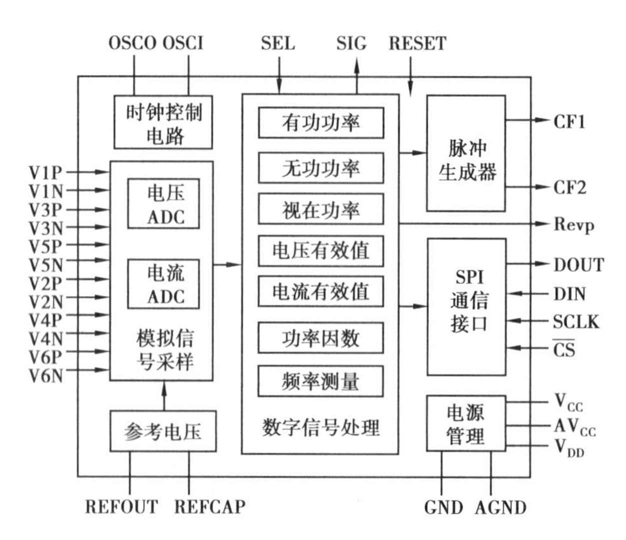

图 4.46　ATT7022 内部原理框图

功/无功电能脉冲输出 CF1/CF2,可用于现场校表。ATT7022 在设计中已考虑到校表的方便性,采用全数字校表,只需适当修改校表寄存器即可实现校表功能。

本章小结

电压、电流等是电路系统中的重要参数,它们的测量也是现代检测技术的重要内容,了解和掌握这些基本电气参数的测量方法尤为重要。

本章介绍了基于 AVR 单片机的电压与电流、时间频率与相位、功率等电气参数测量的基本原理,以及一些常用的电气测量仪器的工作原理;介绍了电阻、电感以及电容这些电路参数的基本测量原理、测量技术以及常用的电气测量仪器的组成和工作原理。

习　题

4.1　如何采集电压、电流参数?

4.2　列举一种测量高电压的传感器,并说明其工作原理。

4.3　测量电阻的方法通常有哪些?简述其测量方法。

4.4　交流阻抗及 L、C 参数如何测量?

4.5　如何测量电网频率?

4.6　功率因数角及功率因数怎样测量?

4.7　电网相位角 θ 如何测量?

4.8　简述功率因数角的测量原理。

4.9　试对功率因数的表达式进行推导,并简述其意义。

4.10　视在功率、有功功率及无功功率的定义及其关系推导。

第5章 电阻式传感器

电阻式传感器是目前应用最为广泛的传感器之一，已广泛地应用各工业领域中的力、压力、力矩、位移、加速度等参数，以及可以转换为力、压力和位移的扭矩、温度、液位等参数的测量。目前，无论在数量上还是在应用领域上，电阻式传感器都具有重要的地位。

电阻式传感器的基本原理是将被测物理量的变化转换成电阻值的变化，再使用相应的测量电路将电阻值的变化转换为电压或电流的变化，经信号调理后再用仪器显示和记录被测量值的变化。其主要优点是结构简单、使用方便、灵敏度高、性能稳定可靠等。

电阻式传感器按其工作原理可分为变阻器(电位器)式、电阻应变式、固态压阻式、热敏电阻式、气敏电阻式及磁敏电阻式等，本章主要介绍前面两种。

5.1 电位器式传感器

电位器是一种将机械位移(线位移或角位移)转换为与其成一定函数关系的电阻或电压的传感元件。电位器与弹性敏感元件一起构成电位器式传感器，除了可以用于线位移和角位移测量之外，还能用于可以转换成位移的力、压力、加速度、高度和液位等非电量的测量。

5.1.1 电位器的工作原理

不同形式的电位器结构及材料有所不同，但是其基本结构是相近的。电位器通常都是由骨架、电阻元件及活动电刷组成，常用的线绕式电位器的电阻元件由金属电阻丝绕成，电刷与电阻元件可靠接触。电刷相对于电阻元件做直线运动的为线位移式电位器，如图5.1(a)所示，电刷相对于电阻元件做旋转运动的为角位移电位器，如图5.1(b)所示。

电位器的基本工作原理如图5.2所示，当接上电源 U_{in} 后，输出电压 U_{out} 由电刷引出，且满足如下关系，即

$$U_{out} = U_{in}\frac{R_x}{R_{max}} \tag{5.1}$$

当电刷在电阻元件上滑动时，引起 R_x 变化，从而使输出电压 U_{out} 变化，从而将位移 x 的变化转换为电阻值 R_x 的变化，进而转换为电压 U_{out} 的变化，通过测量 U_{out} 就可以测量 x。

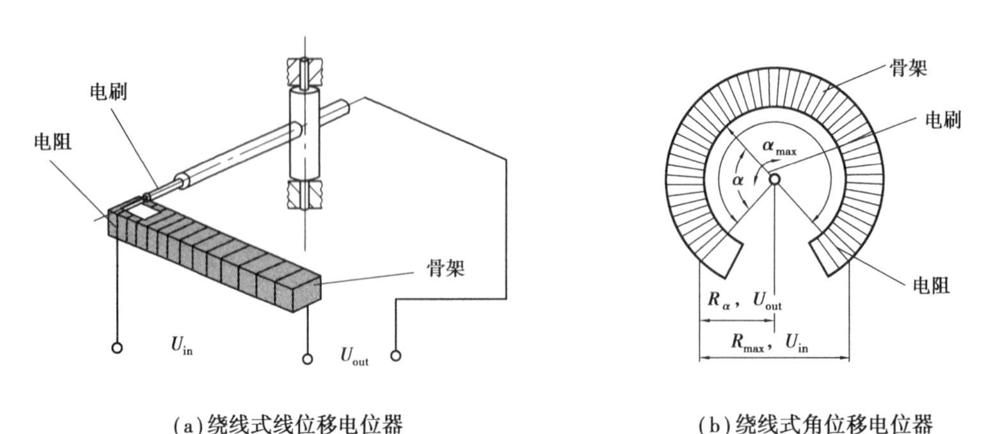

(a)绕线式线位移电位器　　(b)绕线式角位移电位器

图 5.1　绕线式位移电位器的基本结构

电位器的种类很多。按工作特性,可分为线性电位器和非线性电位器;按结构形式,可分为线绕式、薄膜式、光电式等。目前,常用的以单圈线绕式电位器居多。

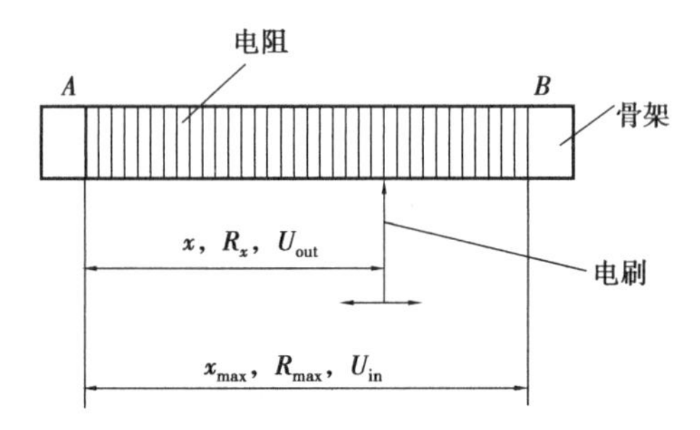

图 5.2　电位器传感器基本工作原理

5.1.2　线绕式线性电位器

(1)线性电位器的结构

线性线绕式电位器由均匀绕于骨架上的电阻丝和电刷组成,因此,骨架单位长度上的电阻值处处相等,输出电阻 R_x 或输出电压 U_{out} 与电刷位移 x 呈线性关系。其结构和工作原理分别如图 5.3 所示。

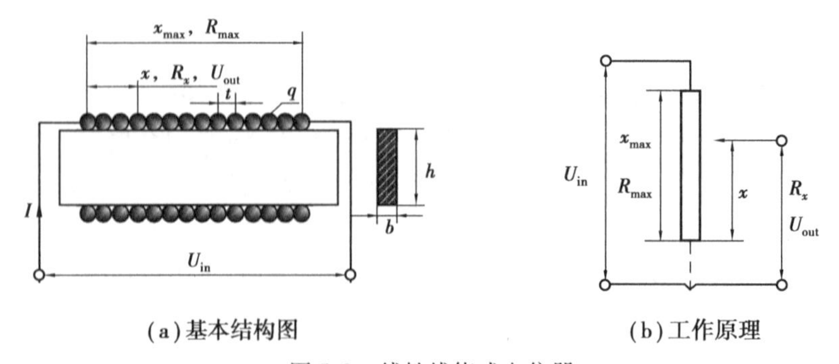

(a)基本结构图　　(b)工作原理

图 5.3　线性线绕式电位器

为了使输入和输出信号呈线性关系,电阻丝的直径应该比较均匀;为了提高灵敏度,制成电阻丝的材料应该有较大的电阻系数;为了提高抗干扰能力,电阻丝应具有较小的电阻温度系数，同时抗腐蚀和氧化、硫化性要好；为了提高传感器的寿命和便于加工，电阻丝应具有较高的韧性和机械强度，同时耐磨性要好。

因为电刷要经常在电阻元件上滑动，因此要求电刷具有较高的弹性和耐磨性，同时导电性能要良好以减少电刷与电阻丝之间的接触电阻，从而提高测量精度。

骨架应具有与电阻丝材料相同或相近的线膨胀系数，以避免温度波动时电阻丝长度变化而导致电阻值变化的情况发生，同时要求制成骨架的材料绝缘性能要好，并具有足够的机械强度和散热性。

(2)线性电位器的空载特性和负载特性

电位器的输出电压 U_{out} 与电刷位移 x 之间的关系称为电位器的特性。电位器式传感器工作时，一般在输出端都接有负载，如图5.4所示。设电位器电阻元件的总电阻值为 R_{max}，负载的等效电阻值为 R_f。当 $R_f \gg R_{max}$ 时的工作状态称为空载运行(如直接使用万用表、示波器等仪器仪表测量电位器的输出电压时，因这些仪表的输入电阻非常大，可认为 R_f 为无穷大，远大于电位器的总电阻值 R_{max})，否则称为负载运行。

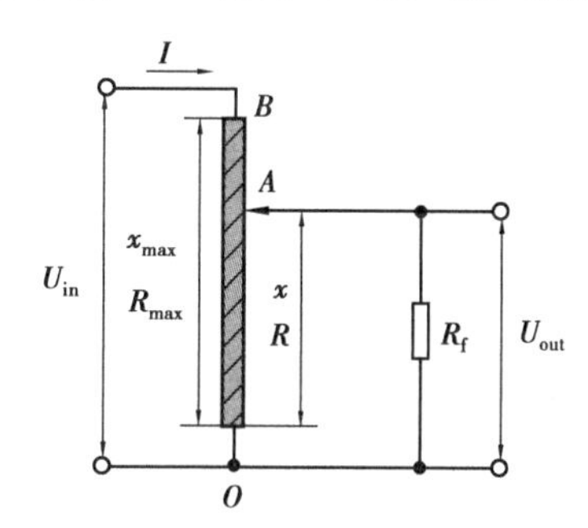

图5.4 线性线绕电位器式传感器工作原理

当空载运行时，R_f 近似为无穷大，负载电流为零，根据欧姆定律和分压定理，可得电位器的空载特性为

$$R_x = \frac{x}{x_{max}} R_{max} = K_R x \tag{5.2}$$

$$U_{out} = \frac{R_x}{R_{max}} U_{in} = \frac{x}{x_{max}} U_{in} = \frac{I \cdot R_{max}}{x_{max}} x = K_u x \tag{5.3}$$

式中 K_R——线性电位器的电阻灵敏度；

K_u——线性电位器的电压灵敏度。

当负载电阻 R_f 不可忽略时(即认为 R_f 相对于 R_{max} 不是无穷大时)，由图5.4可得负载上的输出电压为

$$U_{out} = I \cdot (R_x // R_f) = I \frac{R_x \cdot R_f}{R_x + R_f} = \frac{U_{in}}{\frac{R_x \cdot R_f}{R_x + R_f} + (R_{max} - R_x)} \cdot \frac{R_x \cdot R_f}{R_x + R_f} = \frac{U_{in} \cdot R_x \cdot R_f}{(R_f + R_x) R_{max} - R_x^2} \tag{5.4}$$

令电阻相对变化量 $r = \frac{R_x}{R_{max}}$，负载系数 $K_f = \frac{R_f}{R_{max}}$，则相对输出电压为

$$Y = \frac{U_{out}}{U_{in}} = \frac{r}{1 + \frac{r}{K_f} - \frac{r^2}{K_f}} \tag{5.5}$$

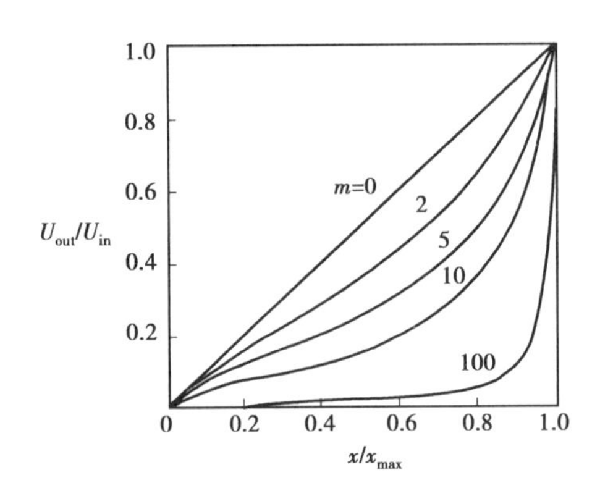

图 5.5　电位器负载特性曲线族

式(5.4)和式(5.5)称为电位器运行的一般形式，对线性电位器和非线性电位器都适用。由式(5.4)可知，当负载电阻 R_f 为无穷大时，U_{out} 与 U_{in} 之间的关系如式(5.3)所示，为线性关系，即为空载特性；而当 R_f 相对于 R_{max} 不是无穷大时，U_{out} 与 U_{in} 之间的关系为非线性关系，即负载特性为非线性，如图 5.5 所示(图中 $m=\frac{R_{max}}{R_f}$，为负载系数 K_f 的倒数)，由图 5.5 可知，负载电阻 R_f 越小，m 越大，则非线性越大；而负载电阻 R_f 越大，m 越小，则非线性越小。定义电位器的相对负载误差为

$$\delta=\frac{U_0-U_f}{U_0}\times 100\%=\frac{r(1-r)}{\frac{1}{m}+r(1-r)}\times 100\% \tag{5.6}$$

式中　U_0——电位器的空载输出电压；

U_f——电位器的负载输出电压。

负载误差曲线如图 5.6 所示，从图中可知，无论 m 为何值，电刷在起始位置和终止位置时负载误差都为零，当电刷处于中心位置时，负载误差最大；同时可以看出，m 越大(即负载系数 K_f 越小)，在相同行程下负载误差越大。因此，为了减小负载误差，应该增大负载电阻值。

(3)线绕式电位器的阶梯特性、阶梯误差和分辨率

线绕式电位器的电刷在电阻元件线圈上移动时，电位器的输出电阻值 R_x 在同一圈中是不变化的，只有电刷从上一电阻丝线圈移动到下一电阻丝线圈时，输出电阻 R_x 才会产生一个跃变。因此，电位器的输出电压 U_{out} 与位移 x 之间的关系不是连续线性的，而是一条呈阶梯形的折线，如图 5.7 所示。设电位器的线圈共有 n 匝，则电刷每经过一匝线圈，输出电压产生一个阶跃值，即

$$\Delta U=\frac{U_{in}}{n} \tag{5.7}$$

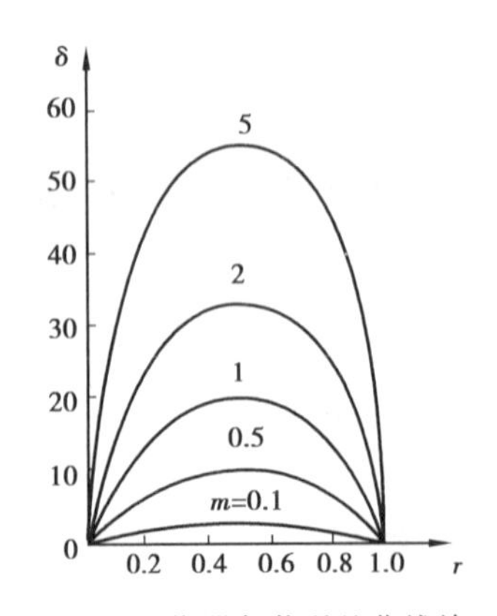

图 5.6　电位器负载误差曲线族

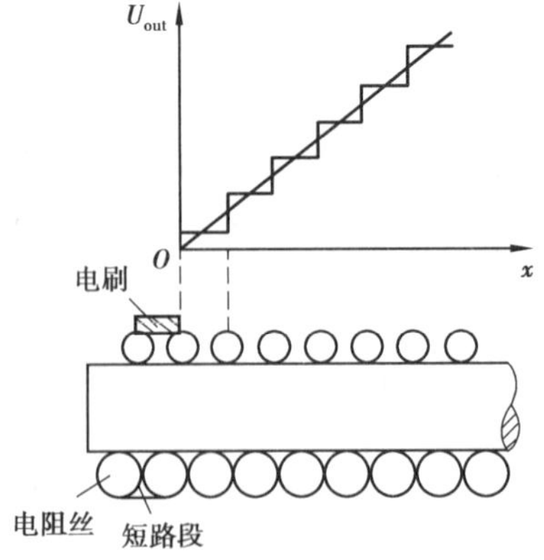

图 5.7　电位器的理想阶梯特性

该阶跃值称为主要分辨脉冲，需要注意的是，电位器的电刷长度不可能制成刚好等于两匝线

圈之间的间隙宽度,因此,电刷在从任何一个线圈移动到下一线圈时,电刷都不可避免地要与两匝线圈都发生接触,从而在两匝线圈之间形成短路段(图 5.7),于是电位器的实际匝数由 n 变为 $n-1$ 匝,这使得在每个电压阶跃中还产生一个小阶跃,称为次要分辨脉冲,该脉冲的阶跃值为

$$\Delta U_n = \frac{U_{in}}{n-1}m - \frac{U_{in}}{n}m = mU_{in}\left(\frac{1}{n-1} - \frac{1}{n}\right) \tag{5.8}$$

式中,m 为当前电刷所处的线圈匝数。因此,电位器的实际阶梯特性如图 5.8 所示。

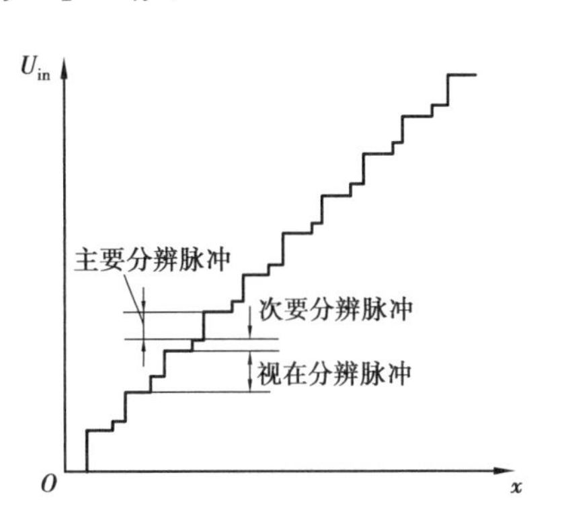

图 5.8　电位器的实际阶梯特性

从图 5.7 可知,在理想情况下,电位器阶梯特性曲线上的每个阶跃值都是相等的,因此,阶梯特性曲线中每个阶梯与电位器的理想特性曲线(见图 5.5 中 $m=0$ 的直线)之间的最大偏差也必然是相等的,这个偏差称为电位器的阶梯误差,其值为

$$\delta_n = \frac{\pm\left(\frac{1}{2}\times\frac{U_{in}}{n}\right)}{U_{out}}\times 100\% = \pm\frac{1}{2n}\times 100\% \tag{5.9}$$

电位器阶梯特性还可以用电压分辨率来描述,电压分辨率是指电位器输出电压的最大阶跃值与电位器的最大输出电压之比的百分数,对于具有理想阶梯特性的电位器,因为其每个输出电压阶跃值都是相等的,很明显,其理想电压分辨率为$(1/n)\times 100\%$,例如,若 $U_{in}=10$ V,$n=100$ 匝,则 $\Delta U=0.1$ V,这意味着输出电压以 0.1 V 的阶跃形式增加,即输出电压的最小变化为输入电压的 1%,不能给出小于 0.1 V 的电压变化。

阶梯误差和分辨率都是由线绕式电位器的工作原理所决定的,是一种原理性误差,是不可消除的,它们决定了线绕式电位器的工作精度。在实际工作中,为了减少阶梯误差和提高分辨率,通常需要采用小直径的电阻丝或增加骨架长度(即增大线圈匝数 n)。

5.1.3　线绕式非线性电位器

在检测系统中,若控制器的控制规律、控制阀特性和传动机构等部分为非线性特性时,为了使整个系统的特性呈线性特性,往往要求检测环节具有与之相反的非线性特性,此时,空载特性为非线性的电位器就可派上用场。

非线性电位器是指在空载时其输出电压(或电阻)与电刷行程之间具有非线性函数关系的一种电位器,也称函数电位器。常用的非线性线绕电位器有变骨架式、变节距式、分路电阻式及电位给定式 4 种。

变骨架式电位器具有结构简单,可以实现多种函数特性等优点,其结构及其输出电阻的 R_x 阶梯特性如图 5.9 所示,可以看出,电刷行程相同时输出电阻的阶跃值并不相同。

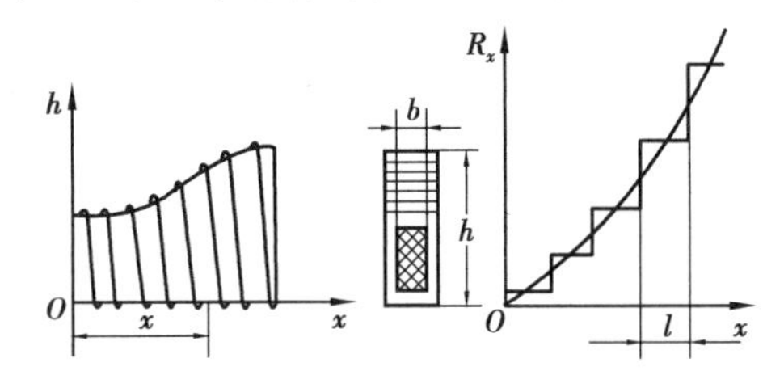

图 5.9　变骨架电位器的结构和阶梯特性

变节距式电位器的结构及其阶梯特性如图5.10所示,其特点是输出电压的各个阶跃值近似相等,与线性线绕式电位器的阶梯误差特性类似,但是其行程分辨率(使电位器产生一个电压阶跃所需的电刷行程与整个行程之比的百分数)是变化的,这点与线性电位器不同。

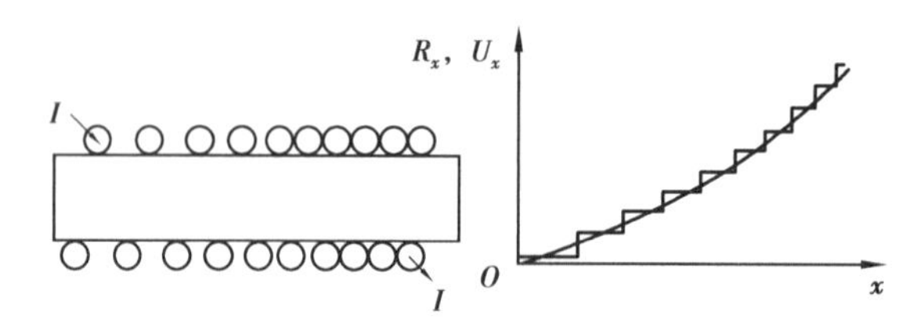

图5.10 变节距式电位器的结构和阶梯特性

5.1.4 新型电位器

为了弥补线绕式电位器存在阶梯误差、分辨率较低的不足,近年来随着材料技术和工艺的进步,出现了以下3种新型的电位器。

(1)膜式电位器

膜式电位器是将具有较大电阻系数的膜镀在骨架或基体上构成的,通常又分为碳膜式电位器、金属膜式电位器和金属玻璃釉电位器3种。

碳膜式电位器是用配置好的悬浮液(石墨、炭黑、树脂等)涂抹在胶脂板或玻璃纤维板上,烘干后制成的电阻体,能制成结构较复杂精密电位器。其优点在于阻值连续可调,精度高,阻值范围宽(几百欧~几兆欧),而且易于制作成符合需要的电阻特性规律;其缺点在于功率不大,一般在2 W左右,若要提高功率则体积必须做得很大,同时因耐高温和耐潮湿性能较差。碳膜式电位器的负载特性曲线有直线式、对数式和指数式等。

金属膜式电位器的电阻体是由特种合金或金属/金属氧化物等材料通过真空溅射、沉积等方式在瓷基体上制造而成的。其优点在于分辨力高,耐温性能好,分布电感小,可在100 MHz的高频电路工作。其缺点在于耐磨性能较差,阻值范围窄(10~100 kΩ)。金属膜式电位器的负载特性曲线也可分为直线式、对数式和指数式。

金属玻璃釉电位器是用丝网印刷的方法,将玻璃釉浆料印在陶瓷基体上,在700~800 ℃的温度下烧制而成。其优点在于分辨力高,阻值范围宽(几十欧~几十兆欧),耐高温耐潮湿和耐磨损,电阻体的分布电容和电感小,适用于在射频波段范围工作。其缺点在于接触电阻变化较大,电流噪声大。

(2)导电塑料电位器

导电塑料电位器又称为实芯电位器,其电阻体由炭黑、石墨和超细金属粉、邻苯二甲酸二烯丙酯树脂(DAP树脂)及交联剂(DAP单体)塑压而成。其优点在于电阻率比一般的电阻体大3~4个数量级。导电塑料电位器特别耐磨,寿命可达500万次以上;而且制作工艺简单,分辨力高,平滑性良好,接触可靠。阻值范围宽(10 Ω~1 MΩ),工作温度范围为-55~+125 ℃。其缺点在于阻值易受温度、湿度的影响,接触电阻较大,精度不高。导电塑料电位器的负载特性曲线通常为直线式。

(3)光电式电位器

光电式电位器是一种非接触式电位器,它使用光束代替常规的电刷,其结构如图5.11所示,在氧化铝制成的基体上沉积一层磷化镉或硒化镉的光电导层,然后在光电导层上再蒸发一条带状电阻体(镍铝合金或镍铁合金)和一条导电电极(铬合金或银)。平时无光照时,电阻体和导电电极之间由于光电导层的电阻很大而呈现绝缘状态。当光束照射在电阻体和导电电极的间隙上时,由于光电导层被照射部位的电阻很小,使电阻体被照射部位和导电电极导通,于是光电电位器的输出端就有电压输出,输出电压的大小与光束位移照射到的位置有关,从而实现了将光束位移转换为电压信号输出。

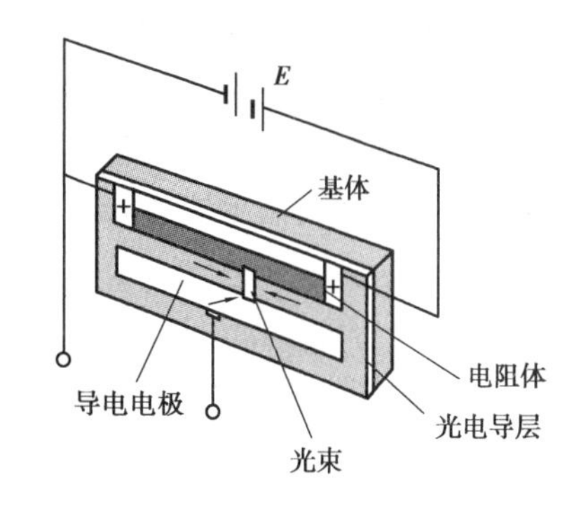

图5.11　光电电位器的结构

光电电位器最大的优点是非接触型电位器,不存在电刷磨损的问题,它不会对传感器系统带来任何有害的摩擦力矩,从而提高了传感器的精度、寿命、可靠性和分辨率,也不存在阶梯误差。其缺点在于接触电阻较大,线性度差。由于它的输出阻抗较高,需要配接高输入阻抗的放大器,同时光电材料的参数易受温度的影响,因此,其工作温度范围比较窄。尽管光电电位器有着不少的缺点,但由于它的优点是其他电位器所无法比拟的,因此在许多重要场合得到了广泛应用,也是将来电位器式传感器发展的趋势之一。

5.1.5　电位器传感器的应用

电位器式传感器优点在于:结构简单,尺寸小,重量轻;可以实现输出——输入间任意的函数关系;输出信号较大,一般不用对输出信号进行放大。

电位器可直接用来测量位移,被测位移直接作用于电位器的电刷上,引起电位器输出电阻或输出电压发生变化。电位器还可作为变换元件与弹性敏感元件一起构成电位器式传感器,用于测量力、力矩、压力等物理量。被测的力、力矩、压力等物理量作用于弹性敏感元件,使之发生变形而产生相应的位移,该位移再作用于电位器的电刷上,引起电位器输出电阻或输出电压发生变化,从而将被测量的变化变换为电阻或电压等电量的变化。

(1)电位器式位移传感器

图5.12为YHD型电位器式位移传感器结构示意图。图中的电位器为线绕式。被测位移作用于测量轴上,带动滑块在导轨上移动,同时也带动电位器电刷的移动,从而使得电位器的输出电压发生变化,测量输出电压的大小就可以知道相应位移的大小。

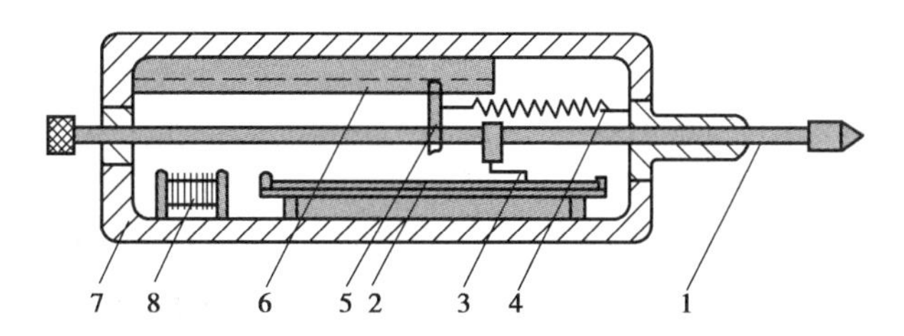

图5.12　电位器式位移传感器

1—测量轴;2—电位器;3—电刷;4—弹簧;5—滑块;
6—导轨;7—外壳;8—无感电阻

(2)电位器式压力传感器

图5.13为YCO-150型弹簧管式电位器压力传感器结构示意图。被测压力p作用于弹簧管的固定端,使得弹簧管的截面形状发生变化,从而使弹簧管的自由端产生位移,带动电位器的电刷移动,进而使输出端子的输出电压发生变化,输出电压的变化与压力p的变化成比例。

图5.14为膜盒式电位器压力传感器结构示意图。被测压力作用于膜盒中的圆形膜片,使得膜片中心产生位移,再通过杠杆作用带动电位器的电刷移动,从而使电位器的输出电压产生的变化对应于压力的变化。

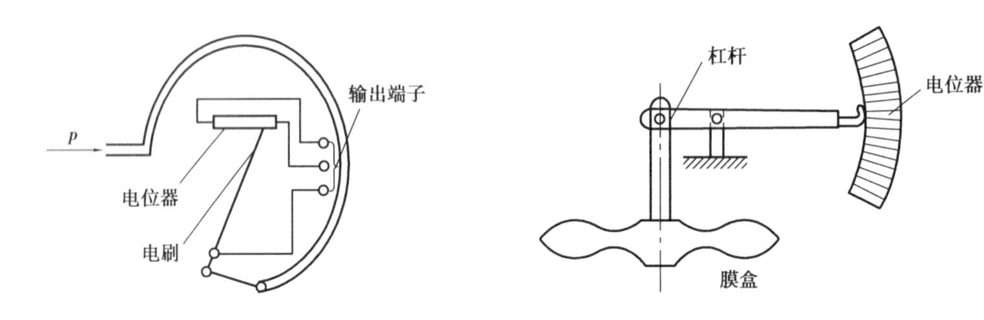

图5.13　YCO-150型弹簧管式电位器式压力传感器　　图5.14　膜盒式电位器压力传感器

(3)电位器式加速度传感器

图5.15为电位器式加速度传感器结构示意图。将电位器的电刷与对加速度敏感的活动惯性质量块相连,当有加速度作用在传感器上时,质量块上所产生的惯性力将使其产生微小的位移,从而带动电刷移动,使得电位器输出电压的大小对应于被测加速度的大小。

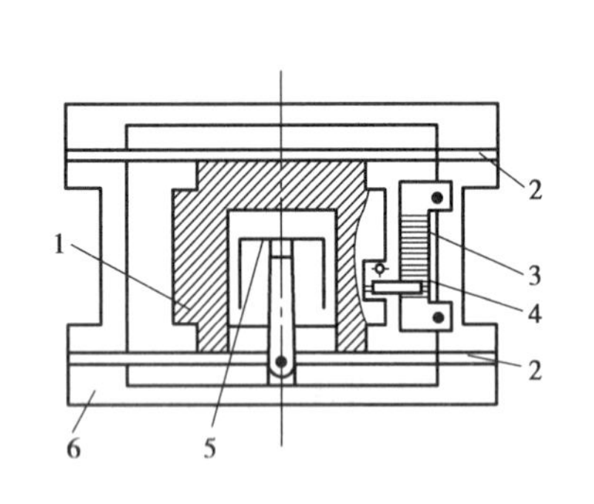

图5.15　电位器式加速度传感器

1—惯性质量;2—片弹簧;3—电位器;

4—电刷;5—阻尼器;6—壳体

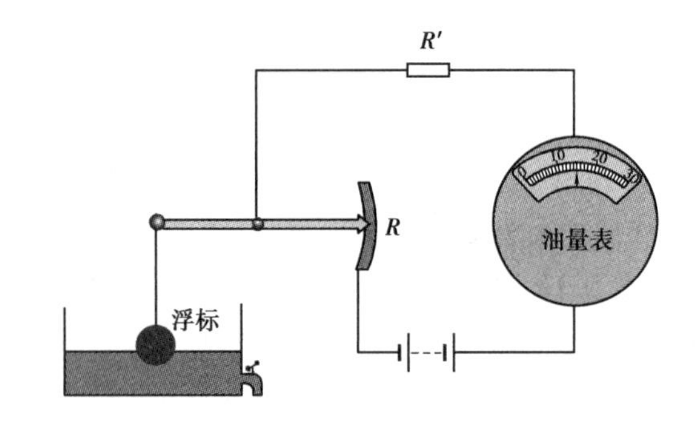

图5.16　电位器式液位传感器

(4)电位器式液位传感器

图5.16为电位器式液位传感器结构示意图。将电位器的电刷通过杠杆与浮标相连,当液位的变化引起浮标上下移动时,通过杠杆作用带动电刷移动,使得电位器的输出电压的大小对应于被测液位的大小。若机械部分的特性为非线性特性,则电位器R可选择具有相反的非线性特性的型号,使整个系统呈线性特性。

5.2　弹性敏感元件

弹性敏感元件是目前应用最广泛的测量力、压力、力矩等被测量的传感元件之一，具有重要的工程应用意义。

弹性敏感元件的主要作用之一就是感受力、压力、力矩等被测量，将其变换为弹性敏感元件本身的应变、位移等参数，在力及压力传感器中起预变换的作用，并配合电阻应变片、压阻元件、压电元件等传感元件将力、压力等物理量转换为电量。例如，电阻应变式传感器由弹性敏感元件与粘贴在其表面上的电阻应变片构成，弹性敏感元件在感受被测量时将产生变形，其表面产生应变，而粘贴在弹性敏感元件表面的电阻应变片将随着弹性敏感元件产生应变，因此电阻应变片的电阻值也产生相应的变化。这样，通过测量电阻应变片的电阻变化，就可以确定被测量的大小。弹性敏感元件质量的优劣直接影响传感器的性能和精度。在很多情况下，它甚至是传感器的核心部分。

5.2.1　弹性敏感元件的特性

(1) 弹性特性

作用在弹性敏感元件上的外力 F 与其引起的相应变形 x（应变、线位移、角位移）之间的关系称为弹性特性，它可以是线性或非线性的，弹性特性曲线如图5.17所示。弹性特性常用刚度或灵敏度来表征。刚度是对弹性敏感元件在外力作用下变形大小的定量描述，即产生单位形变所需要的力（或压力），用 K 来表示，即

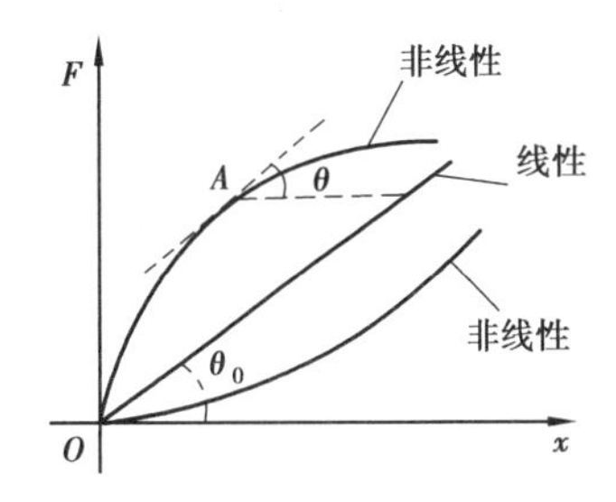

图5.17　弹性特性曲线

$$K=\frac{\mathrm{d}F}{\mathrm{d}x}$$

式中　F——作用在弹性敏感元件上的外力；

x——弹性敏感元件的形变大小。

弹性特性曲线上某点 A 的刚度，也可以用过 A 点的切线与水平轴的夹角 θ 的正切值表示，即

$$\tan\theta=\frac{\mathrm{d}F}{\mathrm{d}x} \tag{5.10}$$

很明显，若弹性特性是线性的，即弹性曲线与水平轴的夹角为常数 θ_0，则其刚度是一个常数。

灵敏度是刚度的倒数，它表示单位作用力（或压力）使弹性敏感元件产生形变的大小，用 S 表示，即

$$S=\frac{1}{K}=\frac{\mathrm{d}x}{\mathrm{d}F} \tag{5.11}$$

在实际工程中，有时需要把多个弹性敏感元件组合使用，当 n 个弹性敏感元件并联时，系统的灵敏度为

$$S = \frac{1}{\sum_{i=1}^{n} \frac{1}{S_i}} \tag{5.12}$$

当元件串联时,系统的灵敏度为

$$S = \sum_{i=1}^{n} S_i \tag{5.13}$$

(2)弹性滞后

弹性滞后是指在弹性变形范围内,弹性敏感元件材料在加载、卸载外力的正、反行程中,位移曲线是不重合的而构成一个弹性滞后环的现象,即当外力增加或减少至同一数值时位移之间存在差值 Δx,如图 5.18 所示。

弹性滞后的存在表明在卸载过程中没有完全释放外力所做的功,在一个加、卸载的循环中所消耗的能量相当于滞后环包围的面积。弹性滞后是引起测量中的回程误差的主要原因。

(3)弹性后效

弹性后效是指外力在停止变化之后,弹性元件在一段时间之内还会继续产生类似蠕动的位移的现象,又称弹性蠕变。如图 5.19 所示,正行程时,当外力由零突然增加到 F_0 时,弹性敏感元件的形变由零迅速增加到 x_1,然后在外力不变的情况下,形变由 x_1 缓慢增加到 x_0。反行程时,过程刚好相反,当外力消失后,形变先由形变 x_0 迅速减小到 x_2,再由 x_2 缓慢减少到零。

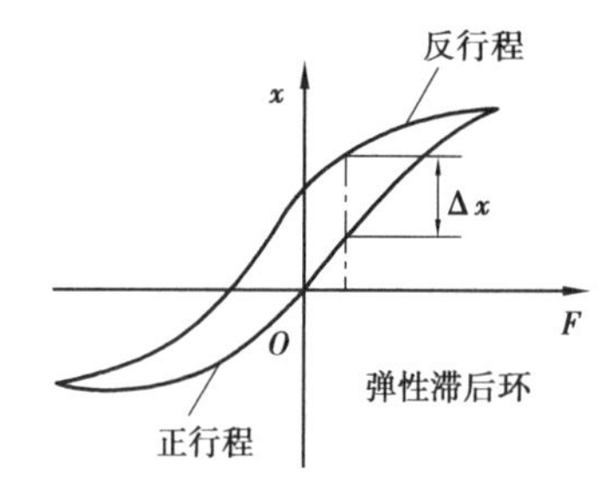

图 5.18　弹性滞后

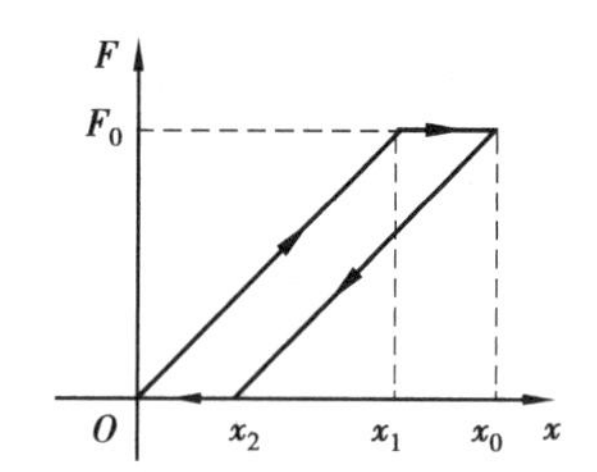

图 5.19　弹性后效

弹性滞后和弹性后效这两种现象在弹性元件的工作过程中是相伴随出现的,其后果是降低元件的品质因素并引起测量误差和零点漂移,在传感器的设计中应尽量使它们减小。

(4)固有频率

弹性敏感元件的动态特性和工作时的时滞大小,与其固有频率有关,通常希望弹性敏感元件具有较高的固有频率以提高动态性能指标。固有频率通常以实验的方式进行测定,也可以由下式进行估算:

$$f = \frac{1}{2\pi}\sqrt{\frac{1}{S \cdot m_e}} \tag{5.14}$$

式中　S——弹性敏感元件的灵敏度;

m_e——弹性敏感元件的等效振动质量。

由式 5.14 可知,提高弹性敏感元件的固有频率是与提高灵敏度相矛盾的。

(5)温度特性

温度特性是指弹性敏感元件的几何尺寸和弹性模量随温度变化的关系。

环境温度的变化会引起弹性敏感元件的热膨胀现象,通常用热膨胀系数 α_t 表示。若温度

为 t_0 ℃时弹性敏感元件的长度为 l_0，则温度为 t ℃时的长度为

$$l = l_0[1 + \alpha_t(t - t_0)] \tag{5.15}$$

温度的变化也会引起弹性敏感元件材料的弹性模量 E 的变化，一般来说，弹性模量会随温度的升高而降低，变化的大小用弹性模量温度系数 β_t（为负值）表示，若 E_0 表示温度为 t_0 时弹性敏感元件的弹性模量，则温度为 t ℃时的弹性模量为

$$E = E_0[1 + \beta_t(t - t_0)] \tag{5.16}$$

弹性敏感元件的几何尺寸和弹性模量随温度的变化，必然会引起测量误差，这在设计传感器时必须加以考虑，甚至采取补偿措施。

(6)机械品质因素

对于做周期振动的弹性敏感元件而言，由于阻尼的存在，每一个振动周期都伴有能量消耗，机械品质因素 Q 定义为每个振动周期存储的能量与由阻尼等消耗的能量之比，反映了弹性元件消耗能量的程度，即

$$Q = \frac{E_S}{E_C} \tag{5.17}$$

式中　E_S——每个振动周期存储的弹性应变能量；

E_C——每个周期由阻尼消耗的能量。

5.2.2　弹性敏感元件的分类

(1)柱式弹性敏感元件

柱式弹性敏感元件通常用于较大的力/力矩的测量，具有结构简单，有效载荷大等优点；但产生的位移很小，所以往往以应变作为输出量，用于较大的力测量。柱式弹性敏感元件的形状为等截面柱，根据截面形状可分为实心圆柱和空心圆柱等，如图5.20所示，其中实心圆柱可承受较大的载荷，而空心圆柱具有灵敏度高，抗弯性强，不易受温度变化的干扰等优点。为了使力在圆柱体上各个截面的分布比较均匀，圆柱体长度不能过短。

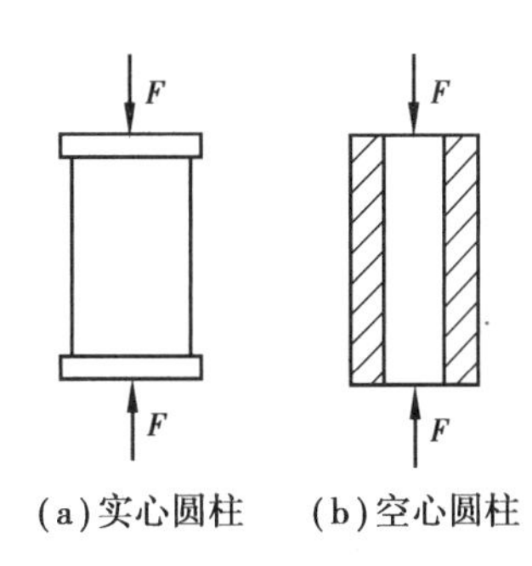

图5.20　等截面柱

当外力 F 沿轴向作用时，在弹性范围内，柱式弹性敏感元件在与轴线成 α 角的截面上产生的应变为

$$\varepsilon_\alpha = \frac{F}{AE}(\cos^2\alpha - \mu \sin^2\alpha) \tag{5.18}$$

式中　A——圆柱体的截面积；

E——弹性模量；

μ——材料的泊松比（由于外力作用引起的主应变与在该主应变垂直的方向上的应变的比值。在弹性范围内这个比值是一定的，称为泊松比）。

由式(5.18)可知，在沿轴向（纵向）方向上所产生的应变最大，即

$$\varepsilon_x = \frac{F}{AE} \tag{5.19}$$

在沿圆周向（横向或径向）方向上所产生的应变为

$$\varepsilon_y = -\mu \frac{F}{AE} \tag{5.20}$$

定义受轴向拉伸力($F>0$)时,纵向应变为正,横向应变为负,受轴向压缩力($F<0$)时,纵向应变为负,横向应变为正。

等截面柱的固有频率为

$$f_0 = \frac{1}{4L}\sqrt{\frac{E}{\rho}} \tag{5.21}$$

式中 L——柱体长度;

ρ——材料的密度。

以上公式对实心和空心圆柱都适应。

(2)梁式弹性敏感元件

梁式弹性敏感元件的特点是结构简单、容易加工、粘贴应变片方便、灵敏度较高,适用于测量较小的力。梁式弹性敏感元件按固定方式可分为悬臂梁式(又分为等截面梁和等强度梁,图5.21)和双端固定梁式(图5.22)。

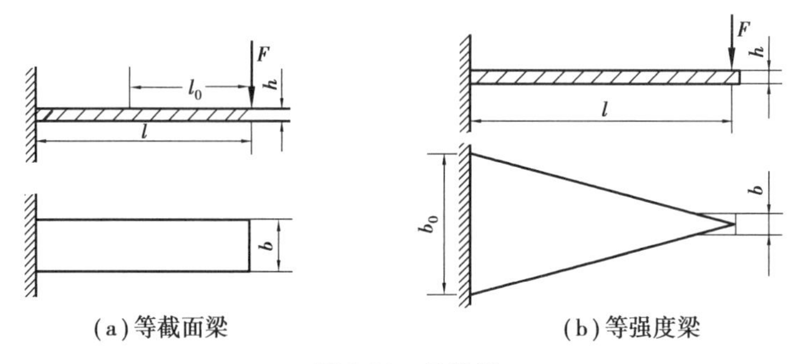

(a)等截面梁 (b)等强度梁

图5.21 悬臂梁

1)等截面梁

等截面梁的宽度为 b,长度为 l,厚度为 h,其沿长度方向的各个截面积相等。当在梁的自由端施加力 F 时,在沿长度方向上距离自由端 l_0 的位置产生的应变为

$$\varepsilon_x = \pm \frac{6Fl_0}{Ebh^2} \tag{5.22}$$

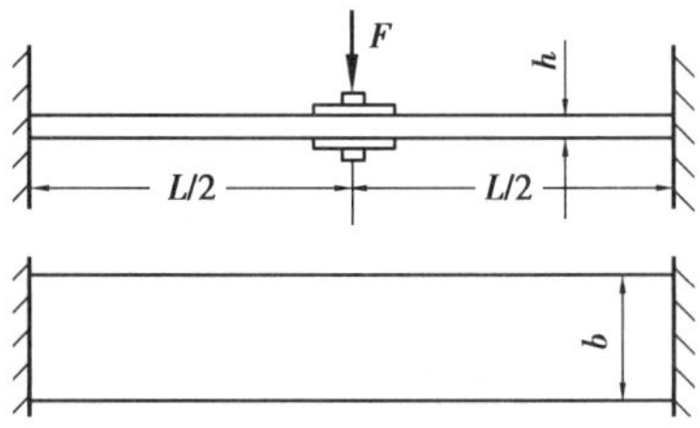

图5.22 双端固定梁

式中 E——材料的弹性模量。

因为梁向下弯曲时,其上表面受拉伸,下表面受压缩,定义梁的上表面的应变符号为正,下表面的应变符号为负。由式(5.22)可知,梁在沿长度方向上不同位置所产生的应变是不同的。在梁的自由端($l_0=0$)所产生的应变为零,而在梁的固定端($l_0=l$)所产生的应变最大,因此,当外力过大时,梁总是从固定端处断裂的。

等截面梁的固有频率为

$$f_0 = \frac{0.162h}{l^2}\sqrt{\frac{E}{\rho}} \tag{5.23}$$

式中 ρ——材料的密度;

E——材料的弹性模量。

等截面梁式弹性元件制作的力传感器适于测量5 kN以下的载荷,最小的可测几百牛的力,具有结构简单、加工方便、应变片容易粘贴、灵敏度高等特点。

2)等强度梁

等强度梁沿长度方向的各个截面积不相等,在自由端加作用力 F 时,梁表面整个长度方向上产生大小相等的应变,应变大小为

$$\varepsilon_x = \pm \frac{6Fl}{Eb_0h^2} \tag{5.24}$$

式中　b_0——梁固定端的宽度。

定义梁的上表面的应变符号为正,下表面的应变符号为负。

为了保证等应变性,作用力 F 必须在等强度梁的两斜边的交会点上。等强度梁的优点是,对沿长度方向上粘贴的应变片位置要求不严格,但是与等截面梁一样,要求自由端的最大挠度不能太大,否则荷重方向与梁的表面不成直角,会产生测量误差,在设计时应根据最大载荷 F 和材料允许应力 σ 选择梁的尺寸。

等强度梁的固有频率为

$$f_0 = \frac{0.316h}{l^2}\sqrt{\frac{E}{\rho}} \tag{5.25}$$

比较式(5.24)和式(5.25)可知,等强度梁的固有频率高于等截面梁,因此更适合于测量动态力。

3)双端固定梁

双端固定梁两端固定,梁的宽度为 b,长度为 L,厚度为 h,在梁的中部施加载荷时,梁的中部($L/2$ 处)产生的应变为

$$\varepsilon_x = \pm \frac{3FL}{4Ebh^2} \tag{5.26}$$

式中　E——材料的弹性模量。

因为双端固定梁弯曲时,其上表面受压缩,下表面受拉伸(图5.23),因此,定义梁的上表面的应变符号为负,下表面的应变符号为正。

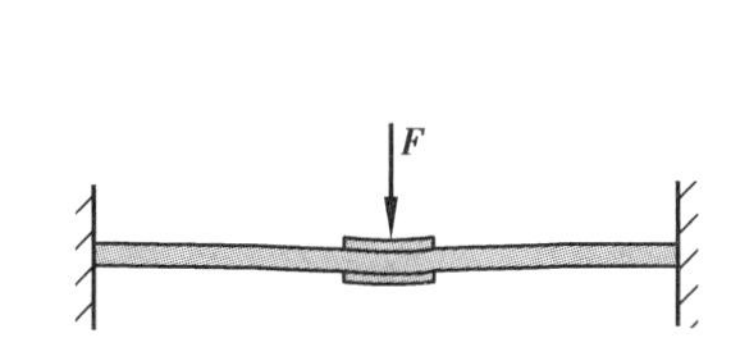

图5.23　双端固定梁受力形变示意

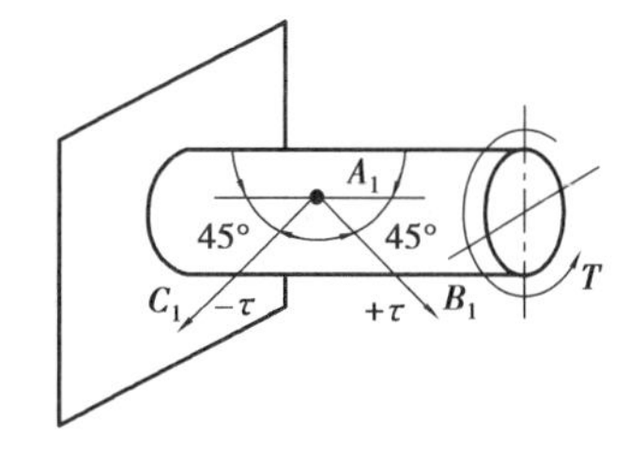

图5.24　扭转轴

双端固定梁在感受相同力 F 的作用下产生的挠度比悬臂梁小,并在梁受到过载应力后,容易产生非线性。而且由于两固定端在工作过程中可能由于滑动而产生误差,因此,一般都是将梁和壳体做成一体式结构。

(3)扭转轴

扭转轴是测量扭矩的常用弹性敏感元件,其结构如图5.24所示。当轴的一端固定,另一端受力矩 T 作用时,其横截面上的最大剪应力 $\tau_{\max}$ 为

$$\tau_{max} = \frac{T}{W} \tag{5.27}$$

式中　W——轴的横截面系数。

$$W = \frac{\pi D^3}{16}\left(1 - \frac{d^4}{D^4}\right) \tag{5.28}$$

式中　D——扭转轴的外径；

d——空心轴的内径(若为实心轴，$d=0$)。

τ_{max} 为角应变力，无法直接测量，但在与扭转轴中心线成±45°夹角方向上产生的最大正、负主应力的数值等于 τ_{max}，因此可以通过测量与扭转轴中心线成±45°夹角方向上的最大应变来间接测量 τ_{max}，根据应力与应变关系，最大应变为

$$\varepsilon_{max} = \pm\frac{16(1+\mu)DT}{\pi E(D^4 - d^4)} \tag{5.29}$$

式中　E——材料的弹性模量；

μ——材料的泊松比。

测出应变即可知其轴上所受的转矩 T。根据材料力学，在转矩 T 作用下，扭转轴上相距 L 的两横截面之间的相对转角 φ 为

$$\varphi = \frac{32TL}{\pi(D^4 - d^4)G} \tag{5.30}$$

式中　G——轴的切变弹性模量。

测量出相对转角 φ 也可根据式(5.30)算出转矩 T。

扭转轴振动的固有频率为

$$f_0 = \frac{1}{4L}\sqrt{\frac{E}{2\rho(1+\mu)}} \tag{5.31}$$

式中　ρ——材料的密度。

(4)圆形平面膜片

这类弹性敏感元件为一个周边固定的圆形平板平膜片，其结构如图5.25所示，通常用于压力测量。

当膜片的一面受压力 p 作用时，膜片的另一面上的径向应变 ε_r 和切向应变 ε_t 分别为

$$\begin{cases} \varepsilon_r = \dfrac{3}{8h^2E}(1-\mu^2)(r_0^2 - 3x^2)p \\ \varepsilon_t = \dfrac{3}{8h^2E}(1-\mu^2)(r_0^2 - x^2)p \end{cases} \tag{5.32}$$

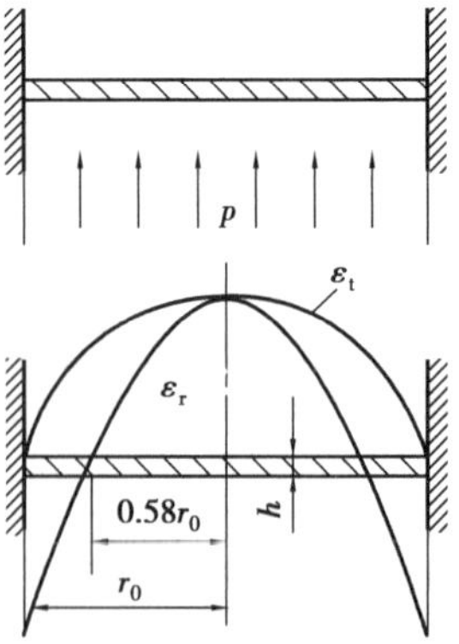

式中　h——平面膜片的厚度；

E——材料的弹性模量；

μ——材料的泊松比；

r_0——圆形膜片的半径；

x——任意点离圆心的径向距离。

p
ε_t
ε_r
h
0.58r_0
r_0

图5.25　圆形平面膜片

由式(5.32)可知，圆形平面膜片的特点是，径向应变可正可负，而切向应变均为正值。其

中，在圆心($x=0$)处，ε_r 和 ε_t 均为正的最大值，即

$$\varepsilon_{r\max}=\varepsilon_{t\max}=\frac{3p(1-\mu^2)}{8Eh^2}r_0^2 \tag{5.33}$$

在膜片边缘($x=r_0$)处，切向应变 $\varepsilon_t=0$，而径向应变 ε_r 为负的最大值，即

$$\varepsilon_{r\min}=-\frac{3p(1-\mu^2)}{4Eh^2}r_0^2=-2\varepsilon_{r\max} \tag{5.34}$$

在应变节点($x=0.58r_0$)处，径向应变 $\varepsilon_r=0$。

圆形平面膜片的固有频率可按下式估算：

$$f_0=\frac{10.17h}{2\pi R^2}\sqrt{\frac{E}{12(1-\mu^2)\rho}} \tag{5.35}$$

式中　ρ——膜片材料的密度。

这种平膜片在某些情况下的非线性比较严重。当载荷因数 $\eta=(p/E)(r_0/h)^4<3.5$ 时，非线性小于3%。为了限制非线性，设计时要求：

$$\frac{r_0}{h}\leqslant\sqrt[4]{\frac{3.5E}{p}} \tag{5.36}$$

圆形平面膜片的挠度可按下式估算：

$$\gamma=\frac{3P(1-\mu^2)(r_0^2-r^2)^2}{16Eh^3} \tag{5.37}$$

式中　r——膜片内任意位置的半径。通常要求 $\gamma_{\max}\ll h$。

当圆形平面膜片工作在冲击或振动加速度很大的环境下时，可采用双膜片结构来消除加速度效应。

(5)弹簧管

弹簧管是一端封闭的特种成形管，它是用弹性材料制作的，弯成C形、螺旋形或盘簧形等形状的中空管，用于压力测量，测量范围可由数百帕至1 000 kPa以上。最早的弹簧管弯成C形，常见的截面形状有椭圆形、扁形、圆形等，其中扁管，适用于低压，圆管适用于高压，盘成螺旋形的弹簧管用于要求有较大位移的场合，如图5.26所示。因为是法国人E.波登所发明的，故又称波登管。

弹簧管封闭的一端为自由端，可移动，而开口的一端固定。管中通入流体，被测压力 p 通过固定端的接头导入弹簧管内腔，在流体压力作用下，弹簧管发生变形，导致自由端产生线位移或角位移，如图5.26中的虚线所示。在极限压力范围内，自由端的位移 d 与被测压力 p 呈线性关系。

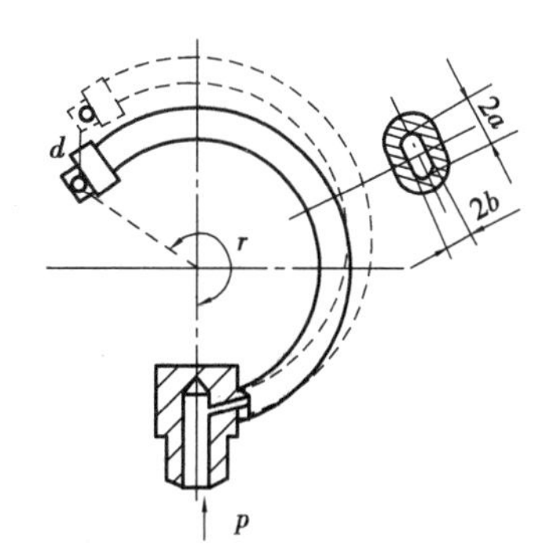

图5.26　弹簧管(波登管)

(6)波纹管

波纹管是用可折叠皱纹片沿折叠伸缩方向连接成的管状弹性敏感元件，其结构如图5.27所示。它的开口端固定，密封端处于自由状态，并利用辅助的螺旋弹簧或簧片增加弹性。工作时在内部压力的作用下沿管子长度方向伸长，使活动端产生与压力成一定关系的位移。活动端带动指针即可直接指示压力的大小。

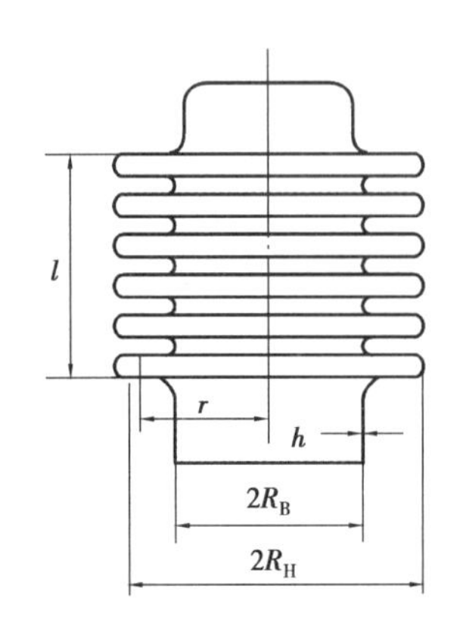

图 5.27　波纹管

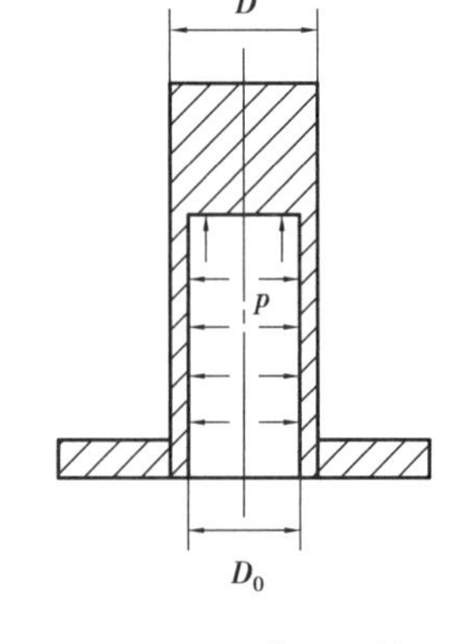

图 5.28　薄壁圆筒

波纹管通常与位移传感器组合起来构成输出为电量的压力传感器,有时也用作隔离元件。由于波纹管的伸展要求较大的容积变化,因此,它的响应速度低于弹簧管,且压力大时非线性较大,因此只适合用于测量低压。

(7)薄壁圆筒

薄壁圆筒的结构如图 5.28 所示,它的壁厚与圆筒直径之比通常小于 1/20。当被测压力 p 进入应变筒的腔内时,使筒发生均匀膨胀,圆筒外表面上的环向应变(沿着圆周线)为

$$\varepsilon_D = \frac{p(2-\mu)}{E(n^2-1)} \tag{5.38}$$

式中　E——材料的弹性模量,$n=D_0/D$。

当筒壁较薄时,可计算环向应变为

$$\varepsilon_D = \frac{pD(1-0.5\mu)}{2hE} \tag{5.39}$$

式中　$h=(D-D_0)/2$——筒壁的厚度。

(8)组合弹性敏感元件

单个弹性敏感元件的灵敏度往往难以满足要求,而且使用灵活性不足,因此,在实际工程中往往将多种弹性敏感元件组合在一起使用(见图 5.29),这样不仅能获得较高的测量灵敏度,而且还可以起到保护作用,需要注意的是,组合弹性敏感元件的固有频率较低,不适用于频率较高的动态测量。

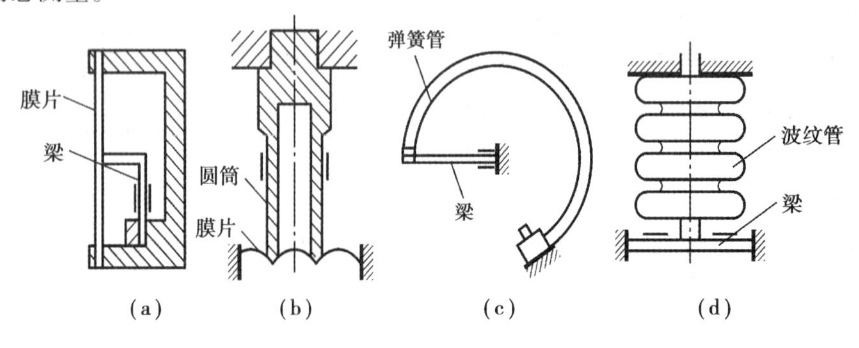

图 5.29　组合弹性敏感元件

5.2.3　弹性敏感元件的应用

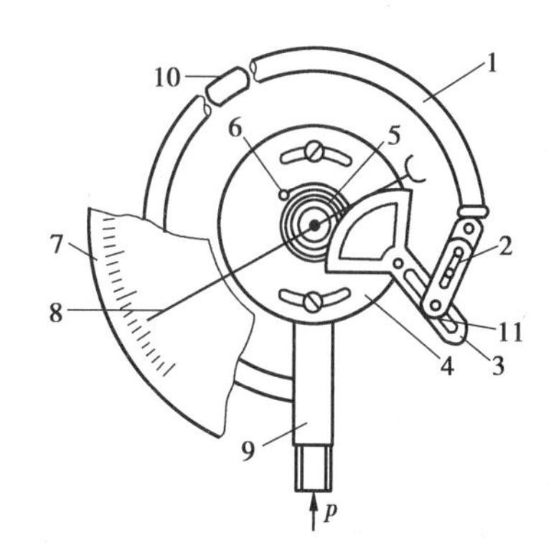

图5.30　弹簧管压力表

1—弹簧管；2—连杆；3—扇形齿轮；4—底座；5—中心齿轮；6—游丝；7—表盘；8—指针；9—接头；10—横断面；11—灵敏度调整槽

弹性敏感元件的作用主要有两个：一是在力及压力传感器中起预变换作用，配合电阻应变片、压阻元件、压电元件等传感元件将力、压力等物理量转换为电量；二是直接作为检测仪表的检测元件。例如，图5.30的弹簧管压力表就是一个典型例子。

弹簧管式压力表是工业生产上应用很广泛的一种直读式测压仪表，以单圈弹簧管结构应用最多。被测压力由接口引入，使弹簧管自由端产生位移，通过拉杆使扇形齿轮逆时针偏转，并带动啮合的中心齿轮转动，与中心齿轮同轴的指针将同时顺时针偏转，并在面板的刻度标尺上指示出被测压力值。通过调整螺钉可以改变拉杆与扇形齿轮的接合点位置，从而改变放大比，调整仪表的量程。转动轴上装有游丝，用以消除两个齿轮啮合的间隙，减小仪表的变差。直接改变指针套在转动轴上的角度，就可以调整仪表的机械零点。

弹簧管压力计结构简单，使用方便，价格低廉，测压范围宽，应用十分广泛。一般弹簧管压力计的测压范围为$-10^5 \sim 10^9$ Pa，精度最高可达±0.1%，但是因其输出不是电量，难以被电测仪表直接测量，故不能直接用于自动控制系统。

5.3　电阻应变式传感器

电阻应变式传感器由弹性敏感元件和粘贴在弹性敏感元件上的电阻应变片构成，其中，电阻应变片是传感器的核心元件，关于它的工作原理、基本性能以及应用方法将在本节中作详细论述。

5.3.1　电阻应变效应

电阻应变片的工作原理基于电阻应变效应，即在导体产生机械变形时，它的电阻值相应发生变化。下面以金属电阻丝为例，解析电阻应变效应。

当电阻丝承受机械变形（拉伸或压缩）时，其电阻率ρ以及几何尺寸（长度L和截面积S）都会发生变化，从而引起电阻丝的电阻值R的变化。

金属电阻丝未受拉伸时其几何尺寸如图5.31中的实线所示，则其初始电阻值为

$$R=\rho\frac{L}{S} \tag{5.40}$$

当金属丝受到拉力F作用时，其几何尺寸的变化如图5.31中的虚线所示，其长度将伸长ΔL，横截面积相应减少ΔS，电阻率ρ因金属晶格发生变形等因素的影响也将改变$\Delta\rho$，这三者的变化共同作用引起金属丝电阻改变。

可认为L、S和ρ的变化是相互独立的，因此，总的电阻变化量可由全微分公式求得，即

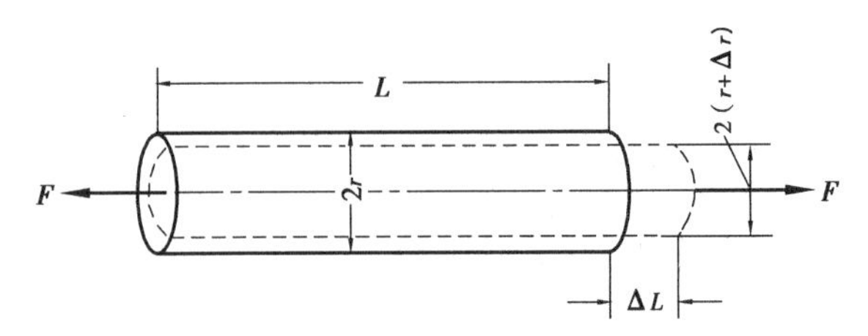

图 5.31　金属电阻丝伸长后的几何尺寸

$$dR = \frac{\rho}{S}dL - \frac{\rho L}{S^2}dS + \frac{L}{S}d\rho \tag{5.41}$$

由式(5.40)和式(5.41)可得电阻的相对变化量为

$$\frac{dR}{R} = \frac{dL}{L} - 2\frac{dr}{r} + \frac{d\rho}{\rho} \tag{5.42}$$

若金属丝是圆形的,将 $S=\pi r^2$ 代入式(5.42)可得

$$\frac{dR}{R} = \frac{dL}{L} - 2\frac{dr}{r} + \frac{d\rho}{\rho} \tag{5.43}$$

式中　r——金属丝横截面的半径。

令金属丝的轴向应变为

$$\varepsilon_x = \frac{dL}{L} \tag{5.44}$$

金属丝的径向应变为

$$\varepsilon_y = \frac{dr}{r} \tag{5.45}$$

在弹性范围内,若电阻丝受拉伸,则沿轴向伸长,沿径向缩短,轴向应变与径向应变关系可表示为

$$\varepsilon_y = -\mu\varepsilon_x \tag{5.46}$$

式中　μ——金属丝材料的泊松比,负号表示轴向和径向应变的方向相反。

综上所述,将式(5.44)、式(5.45)和式(5.46)代入式(5.43)可得

$$\frac{dR}{R} = (1+2\mu)\varepsilon_x + \frac{d\rho}{\rho} \tag{5.47}$$

由式(5.47)可知,电阻应变效应受两个因素的影响而引起:一是$(1+2\mu)\varepsilon_x$ 项,它是因电阻丝几何尺寸改变产生应变而引起的,往往称为几何效应;二是 $d\rho/\rho$ 一项,它是因受力后电阻丝的变形,导致其自由电子的活动能力和数量变化,从而使电阻率 ρ 发生变化而引起的,往往称为压阻效应。

实验证明,金属材料的电阻率相对变化与其体应变成正比,即

$$\frac{d\rho}{\rho} = C\frac{dV}{V} = C\left(\frac{dl}{l} + \frac{dA}{A}\right) = C\left(\frac{dl}{l} - 2\mu\frac{dl}{l}\right) = C(1-2\mu)\varepsilon_x \tag{5.48}$$

式中　C——由一定材料和加工方式决定的常数。

将式(5.48)代入式(5.47)可得

$$\frac{dR}{R} = (1+2\mu)\varepsilon_x + C(1-2\mu)\varepsilon_x = K_s\varepsilon_x \tag{5.49}$$

式中,$K_s=(1+2\mu)+C(1-2\mu)$ 称为金属丝的灵敏度系数,表示金属电阻丝受单位轴向应变作用

所产生的电阻相对变化量。实验证明，在金属丝变形的弹性范围内，电阻的相对变化 dR/R 与轴向应变 ε_x 是成正比的。

对于大多数的金属材料，泊松比 $\mu\approx0.3$，而 $C\approx1$，可见，$1+2\mu\approx1.6$，远大于 $C(1-2\mu)$，即金属材料的电阻应变效应主要是基于几何效应，其压阻效应相对较小，可以忽略。因此，金属丝的灵敏度系数可写为

$$K_s = (1 + 2\mu) \tag{5.50}$$

5.3.2　电阻应变片的结构和分类

(1)电阻应变片的结构

电阻应变片种类繁多，形式多样，其中常见的丝绕式应变片是将一根高电阻率金属丝(直径为0.025 mm左右，常用的材料为康铜、镍铬合金镍铬铁合金、铂及铂金等)制成的敏感栅2粘贴在用纸、胶膜和玻璃纤维布等制成的绝缘基底1上，敏感栅的两端焊接有引出低电阻率和低温度系数的引出导线4，敏感栅上面粘贴有防机械损伤、防高温氧化和防潮用的覆盖层3。

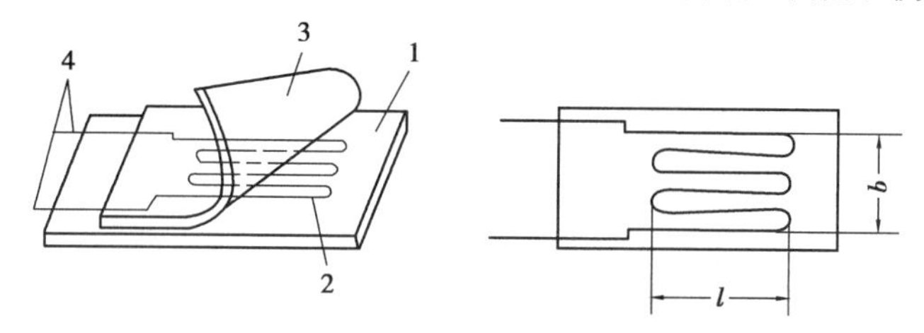

图5.32　丝式电阻应变片的几何结构
1—基底；2—敏感栅；3—覆盖层；4—引线

如图5.32所示，l 称为应变片的标距或基长，它是敏感栅沿轴方向测量变形的有效长度。其宽度 b 指最外两敏感栅外侧之间的距离。

(2)电阻应变片的分类

电阻应变片按敏感栅的材料分类，可分为金属应变片和半导体应变片两大类。其中，金属应变片又分为丝式、箔式(体型)和薄膜式，半导体应变片又分为体型、薄膜型、扩散型、结型。按应变片的工作温度分类，可分为低温(−30 ℃以下)、常温(−30 ~ 60 ℃)、中温(60 ~ 300 ℃)和高温应变片(300 ℃以上)。

1)丝式电阻应变片

丝式电阻应变片分为回线式和短接式两种，如图5.33所示。回线式制作简单、性能稳定、价格便宜、易于粘贴；缺点在于存在较为严重的横向效应。短接式应变片将敏感栅平行安放，两端用直径比栅径直径大5 ~ 10倍的镀银丝短接而构成，可以有效地克服横向效应的影响，但

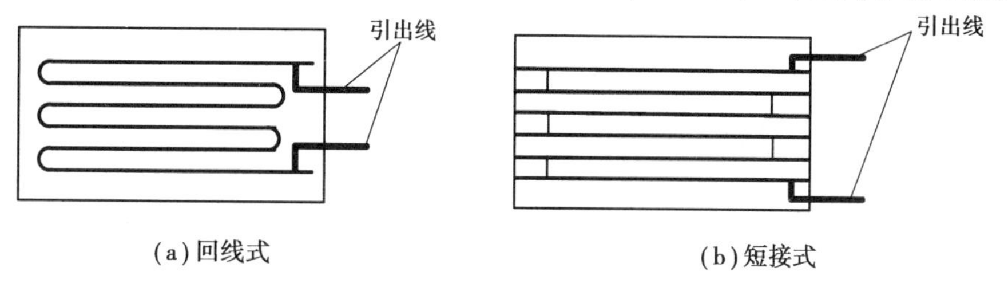

图5.33　丝式电阻应变片

由于焊点多,在冲击、振动条件下,易在焊接点处出现疲劳破坏,对制造工艺的要求高。

2)箔式应变片

箔式应变片的基本结构如图5.34所示,其敏感栅是用厚度为0.003~0.01 mm的金属箔经照相刻板或光刻腐蚀等工艺在绝缘基底上制成的。通常将箔式应变片制成应变花形状(图5.35),以适应各种工艺和使用场合的需求。箔式应变片的优点在于表面积大、散热性能好,能承受较大的工作电流和高电压,且横向效应、蠕变、机械滞后较小,易加工,便于大量生产,寿命长,因此已逐渐取代了丝式电阻应变片。

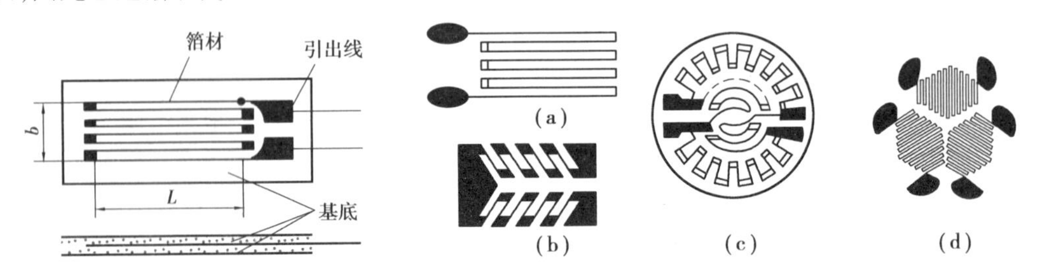

图5.34　箔式电阻应变片基本结构　　　图5.35　常见电阻应变花的形状

3)半导体应变片

许多半导体材料和金属材料一样具有电阻应变效应,且电阻应变效应也是由几何效应和压阻效应组成的,所不同的是,半导体材料的压阻效应特别显著。半导体应变片的工作原理就是基于半导体材料的压阻效应的。

半导体应变片利用锗或硅等半导体材料的体电阻制成敏感栅(体型),或在半导体材料的基片上利用集成电路工艺制成(扩散型),一般为单根状。

半导体应变片受轴向力作用时,其电阻 R 的相对变化为

$$\frac{\mathrm{d}R}{R}=(1+2\mu)\varepsilon_x+\frac{\mathrm{d}\rho}{\rho} \tag{5.51}$$

式中　$\mathrm{d}\rho/\rho$——半导体应变片受轴向力作用时的电阻率相对变化,与金属电阻应变片一样,它表征了压阻效应的大小。

实验证明,半导体材料的电阻率相对变化与轴向应变成正比,即

$$\frac{\mathrm{d}\rho}{\rho}=\pi E\varepsilon_x \tag{5.52}$$

式中　π——半导体材料的压阻系数,为一常数;

E——半导体材料的弹性模量。

由此可知,式(5.51)和式(5.47)在数学表达式上是完全一样的,所不同的是,半导体应变片受轴向力作用时的电阻率相对变化远大于金属电阻应变片。

将式(5.51)代入式(5.52)可得

$$\frac{\mathrm{d}R}{R}=(1+2\mu+\pi E)\varepsilon_x \tag{5.53}$$

实验证明,半导体材料的压阻效应(πE)远大于其几何效应($1+2\mu$),因此,几何效应可忽略,故半导体应变片的灵敏度系数可写为

$$K_B=\frac{\frac{\mathrm{d}R}{R}}{\varepsilon_x}=\pi E \tag{5.54}$$

体型半导体应变片突出的优点是体积小，灵敏度高（半导体材料的压阻效应 πE 通常在50～100，而金属丝的几何效应 $1+2\mu$ 只有2左右），并且频率响应范围很宽，适合于动态测量。其主要缺点是温度系数较大、存在较严重的非线性等。

4）薄膜应变片

薄膜应变片是采用真空沉积或高频溅射等方法，在绝缘基片上形成厚度在0.1 mm以下的金属电阻材料薄膜的敏感栅（厚度大约为箔式应变片的1/10以下）而制成的。

薄膜应变片是今后应变片发展的方向，其优点是：应变灵敏系数大，可靠性好，精度高，容易做成高阻抗的小型应变片，无迟滞和蠕变现象，具有良好的耐热性和冲击性能等。通常用化学气相淀积法制备薄膜，其成膜温度低，可靠性好，系统简单。

5.3.3　电阻应变片的主要参数

（1）应变片电阻值

应变片电阻值 R_0 是指：未受外力产生变形的应变片，在室温（20 ℃）条件下测定的电阻值，常用的有60、120、350、600和1 000 Ω等。

（2）灵敏系数

应变片的灵敏系数 K 是指：应变片安装于试件表面，在其灵敏轴线方向的单向应变 ε_x 作用下，应变片电阻的相对变化与应变片所受的轴向应变的比值。灵敏系数是应变片的重要参数，其值的准确性直接影响测量精度，其误差的大小是衡量应变片质量优劣的主要标志。一般要求灵敏系数尽量大且稳定。

（3）最大工作电流

最大工作电流是指允许通过应变片而不影响其工作特性的最大电流值。

（4）应变极限

在一定的温度下，应变片的指示应变值与真实应变的相对差值不超过规定值（一般规定相对差值为±10%）时，所对应的真实应变称为应变极限 $\varepsilon_{\lim}$。

在应变极限范围内，应变片电阻的相对变化与所承受的轴向应变成正比，即灵敏系数为常数。当应变超过某一数值时，应变片电阻的相对变化与所承受的轴向应变之间的比例关系不再成立，这就使得应变片的指示应变与所承受的真实应变之间存在差值。

（5）绝缘电阻

已安装的应变片引线与被测试件之间的电阻值称为绝缘电阻。绝缘电阻下降会带来零漂和测量误差，绝缘电阻为通常在500～5 000 MΩ。

（6）动态响应特性

当应变波沿敏感栅灵敏轴线方向传播时，应变片的栅长 l 将对动态测量产生影响，造成测量误差。测量误差的大小与应变波的波长 λ 对栅长 l 的比值 $n=\lambda/l$ 有关，n 越大，误差越小。在实际应用中，一般取 $n=10\sim20$。

5.3.4　电阻应变片的粘贴要点

电阻应变式传感器的测量准确度与应变片的粘贴质量关系很大，粘贴方法不合理，很可能会使应变片的主要参数偏离其技术手册上的数据，从而引起较大的测量误差。电阻应变片的粘贴应按以下要点进行：

①目测电阻应变片有无折痕、断丝等缺陷,有缺陷的应变片不能粘贴。

②用数字万用表测量应变片电阻值大小。同一电桥中各应变片之间阻值相差不得大于0.5 Ω。

③试件表面处理。贴片处用细砂纸打磨干净,用酒精棉球反复擦洗贴处,直到棉球无墨迹为止。

④应变片粘贴。在应变片基底上挤一小滴502胶水,轻轻涂抹均匀,立即放在被测试件上的应变贴片位置,注意不要用力挤压应变片以免应变片发生变形。

⑤焊线。用电烙铁将应变片的引线焊接到导引线上。

⑥用兆欧表检查应变片与试件之间的绝缘电阻,应不小于500 MΩ。

⑦应变片保护。用704硅橡胶覆于应变片上,防止受潮。

5.3.5 电阻应变片的横向效应

实验证明,将直线金属丝做成敏感栅之后,敏感栅的灵敏度系数 K 与单纯的直线金属丝的灵敏度系数 K_s 不同,因此,必须重新实验测定。实验表明,直线金属丝做成栅形以后,应变片的 dR/R 与 ε_x 的关系在很大范围内仍然有很好的线性关系,即 K 仍为常数,但是,应变片的灵敏系数 K 恒小于金属电阻丝的灵敏系数 K_s,其主要原因有两个:其一是胶层和基片传递变形产生失真;其二是横向效应。

直线金属丝被拉伸时,在任一微段上所感受的应变都是相同的。直线金属丝等分成多段时,每段产生的电阻增量相同,各段电阻增量之和构成总的电阻增量。但是,将同样长度的金属丝绕成敏感栅做成应变片之后,由于敏感栅包含了多个半径为 r 的半圆圆弧(图5.36),则当应变片承受轴向应力应变时,假设直线段产生的应变为 ε_x,则半圆弧段由于受轴向应变 ε_x 和横向应变 $\varepsilon_y=-\mu\varepsilon_x$ 的共同作用,将使圆弧处的电阻的变化小于同长度的直线金属电阻丝电阻的变化,这种现象称为横向效应。

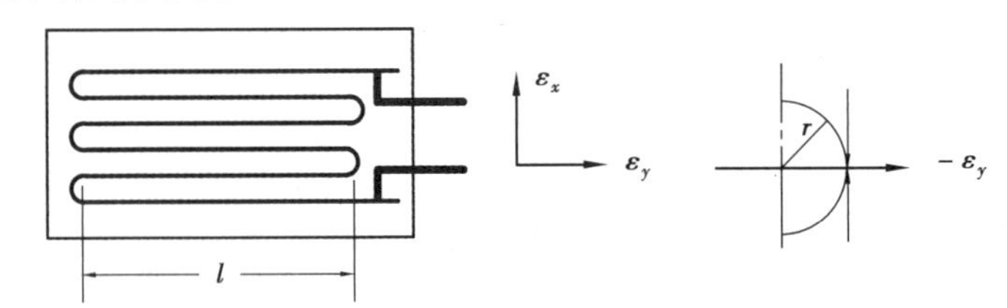

图5.36 电阻应变片的横向效应

当考虑横向效应时,应变片的总的电阻相对变化为

$$\frac{\Delta R}{R}=K_x\varepsilon_x+K_y\varepsilon_y \tag{5.55}$$

式中,K_x 称为纵向灵敏系数,它是指横向应变为零时,在纵向应变作用下,应变片电阻的相对变化与应变片所受的纵向应变的比值,其值为

$$K_x=\left(\frac{\frac{\Delta R}{R}}{\varepsilon_x}\right)_{\varepsilon_y=0} \tag{5.56}$$

式中,K_y 称为横向灵敏系数,它是指纵向应变为零时,在横向应变作用下,应变片电阻的相对变化与应变片所受的横向应变的比值,其值为

$$K_y=\left(\frac{\frac{\Delta R}{R}}{\varepsilon_y}\right)_{\varepsilon_x=0} \tag{5.57}$$

应变片横向效应的大小通常用横向效应系数 H 表示，H 为横向灵敏系数与纵向灵敏系数的比值，即

$$H=\frac{K_y}{K_x} \tag{5.58}$$

需要指出的是，通常产品手册中标注的应变片灵敏系数 K 是指纵向灵敏系数 K_x，产品手册中还应给出横向效应系数 H，由式(5.58)可得出横向灵敏系数 K_y。

5.3.6　电阻应变片的温度误差及其补偿

(1)温度误差产生的原因

粘贴在被测件上的应变片，由于环境温度的变化，会引起应变片的电阻值发生变化，这种由于环境温度变化而对测量造成的误差，称为温度误差，又称为热输出。产生温度误差的原因主要有两个：

1)电阻丝存在电阻温度系数

敏感栅的电阻值随环境温度的变化的关系可表示为

$$R_t=R_0(1+\alpha_s\Delta t) \tag{5.59}$$

式中　R_t——温度为 t 时的电阻值；

R_0——应变片的原始电阻；

α_s——敏感栅材料的电阻温度系数；

Δt——温度变化量。

由式(5.59)可知，当温度变化 Δt 时，敏感栅电阻的变化为

$$\Delta R_{t\alpha}=R_0\cdot\alpha_s\cdot\Delta t \tag{5.60}$$

2)电阻丝与被测件材料的线膨胀系数的不同

因为电阻应变片总是粘贴在被测试件上的，如果两者的线膨胀系数不同，则当环境温度变化时，电阻丝的形变大小与试件的形变大小不同，使电阻丝产生附加应变，从而造成电阻值的变化，电阻的变化可由下式得

$$\Delta R_{t\beta}=KR_0(\beta_g-\beta_s)\Delta t \tag{5.61}$$

式中　β_g——试件材料的线膨胀系数；

β_s——应变片的线膨胀系数；

K——应变片的灵敏度系数；

Δt——温度变化量。

从式(5.61)可知，若 $\beta_s<\beta_g$，则当温度升高时，因试件的膨胀长度大于应变片的膨胀长度，使得粘贴在试件上的应变片被迫伸长，从而产生正的附加应变，附加电阻增大。

综上所述，由温度变化引起的总电阻变化为

$$\Delta R_t=\Delta R_{t\alpha}+\Delta R_{t\beta}=[\alpha+K(\beta_g-\beta_s)]R_0\Delta t \tag{5.62}$$

总的附加应变为

$$\varepsilon_t = \frac{\frac{\Delta R_t}{R_0}}{K} = \frac{\alpha \Delta t}{K} + (\beta_g - \beta_s)\Delta t \tag{5.63}$$

(2)应变片温度误差的补偿方法

消除或减小温度误差所采用的方法,称为温度补偿。温度补偿的方法通常采用自补偿法和桥路补偿法。

1)自补偿法

自补偿法是通过选择应变片或使用特殊的应变片,使温度变化时应变片的电阻值不随温度而变化,从而不产生温度误差。满足这一要求的应变片称为自补偿应变片。由式(5.62)可知,要实现温度自补偿的条件是:当温度变化时,产生的附加应变为零或相互抵消,即

$$[\alpha + K(\beta_g - \beta_s)] = 0 \tag{5.64}$$

因此,被测试件的材料选定后,只要选择合适的应变片敏感栅材料,使其温度系数 α 满足式(5.64)的要求,就可达到温度自补偿的目的。这种方法的缺点是一种 α 值的应变片只能在一种材料上使用,因此局限性较大。

温度补偿还可以采用组合式自补偿应变片,就是用电阻温度系数分别为正、负的两种不同的电阻丝串联而构成的应变片的敏感栅,如图 5.37 所示。R_a 和 R_b 为两段不同材料的敏感栅,具有相反的温度系数。这样,当温度变化时,产生的电阻变化大小相同,符号相反,可以相互抵消。

2)桥路补偿法

桥路补偿法是在应变片的测量桥路中所采用的消除或减小温度误差的方法。

将两个特性相同的应变片,其中一片(R_1)粘贴在测试件上,用同样的粘贴方法将另一片(R_2)粘贴在同样材质的补偿块上,把它们置于相同的环境温度中。粘贴在被测件上的应变片 R_1 承受被测应变,称为工作应变片,粘贴在补偿块上的应变片 R_2 不承受应变,称为补偿应变片。将工作应变片和补偿应变片接在测量电桥的相邻两桥臂上,如图 5.38 所示。

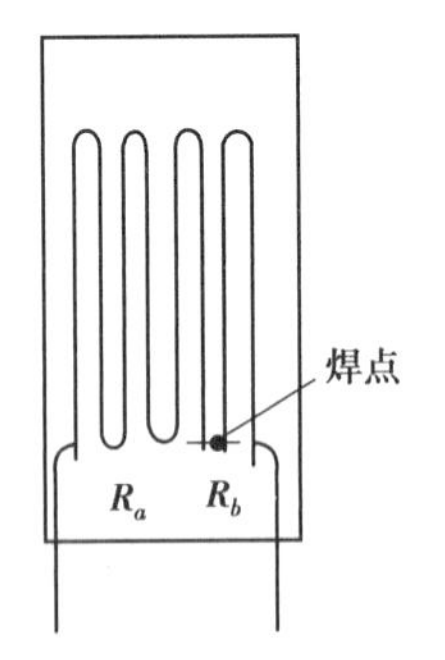

图 5.37　组合式自补偿应变片

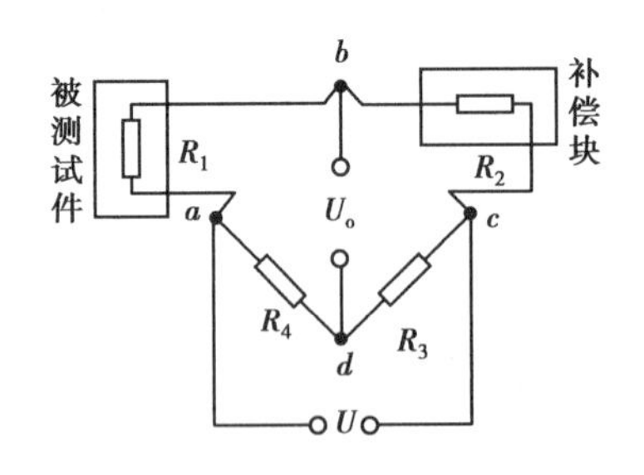

图 5.38　桥路补偿法

当温度变化时,R_1 和 R_2 的电阻值都发生变化,由于它们感受相同的温度变化,且粘贴在相同的材料上,则温度变化引起的电阻变化大小和符号相同,根据电桥相邻两臂同时产生完全相同的电阻变化量时,电桥的输出不发生变化的原理实现了温度补偿。

需要注意的是,为了实现完全的温度补偿,R_1 和 R_2 的参数和规格应该完全一样,这个在实际工程中是很难达到的。

5.3.7　电阻应变式传感器的测量电路

电阻应变片将应变转换为电阻的变化时，在数值上是很小的，既难以直接精确测量，又不便于对测量数据进行处理、储存和远距离传输，因此，通常是将电阻应变片作为电桥的桥臂电阻接入不平衡电桥，从而将应变片电阻的变化转换为电压或电流的变化，然后通过放大器将电桥输出的微弱电信号放大，放大后的信号再经过信号处理电路后进行传输、储存和显示。

应变电桥可采用直流不平衡电桥，也可采用交流不平衡电桥，但大多采用交流不平衡电桥。

(1)直流不平衡电桥

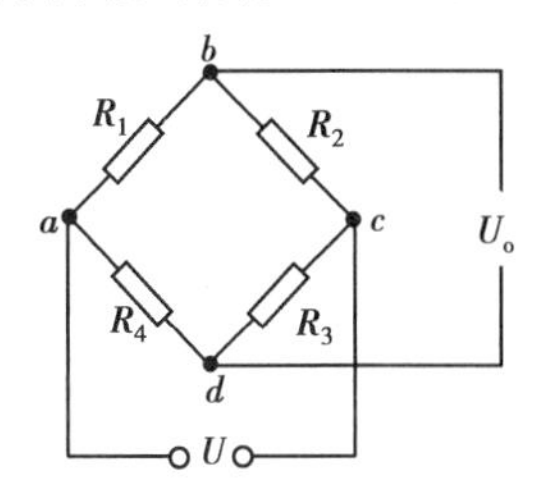

图5.39　直流电桥

直流电桥的基本形式如图5.39所示。使用直流电源 U 供电(为简略起见，图中忽略输入和输出电压的极性)，R_1、R_2、R_3 和 R_4 为电桥的4个桥臂，由于电桥的输出端往往接入放大器或测量仪表，因放大器或测量仪表的输入阻抗一般很高，故可认为电桥的负载电阻为无穷大，此时的电桥输出端近似于开路状态，负载电阻上的电压降近似等于电桥的输出电压，这时用桥路的输出电压 U_o 可根据电路原理得

$$U_o = U_b - U_d = \left(\frac{R_2}{R_1 + R_2} - \frac{R_3}{R_3 + R_4}\right)U = \frac{R_2R_4 - R_1R_3}{(R_1 + R_2)(R_3 + R_4)}U \tag{5.65}$$

由式(5.65)可知，当电桥满足平衡条件：

$$R_1R_3 = R_2R_4 \tag{5.66}$$

则有，输出电压 $U_o=0$。

为了使输出电压只与因被测量变化而引起的桥臂电阻变化有关，在实测之前通常使电桥的初始状态满足平衡条件，即电桥的输出电压 U_o 为零(称为预平衡)，此类电桥称为直流不平衡电桥。

若电桥的4个桥臂都是工作应变片，则 R_1、R_2、R_3 和 R_4 电阻值都将随测量应变发生变化，假设其变化值为 ΔR_1、ΔR_2、ΔR_3 和 ΔR_4，则电桥的输出电压为

$$\begin{aligned}U_o &= \frac{(R_1 + \Delta R_1)(R_3 + \Delta R_3) - (R_2 + \Delta R_2)(R_4 + \Delta R_4)}{(R_1 + \Delta R_1 + R_2 + \Delta R_2)(R_3 + \Delta R_3 + R_4 + \Delta R_4)}U \\ &= \frac{\dfrac{R_2}{R_1}}{\left(1 + \dfrac{R_2}{R_1}\right)^2}\left(\frac{\Delta R_1}{R_1} - \frac{\Delta R_2}{R_2} + \frac{\Delta R_3}{R_3} - \frac{\Delta R_4}{R_4}\right)(1 - \eta)U \\ &= \frac{n}{(1 + n)^2}\left(\frac{\Delta R_1}{R_1} - \frac{\Delta R_2}{R_2} + \frac{\Delta R_3}{R_3} - \frac{\Delta R_4}{R_4}\right)(1 - \eta)U \end{aligned} \tag{5.67}$$

式中，$n=\dfrac{R_2}{R_1}=\dfrac{R_3}{R_4}$称为同一支路的桥臂比，$\eta$ 称为非线性因子，它的大小为

$$\eta = \frac{1}{1 + \dfrac{1 + n}{r_1 + r_3 + n(r_2 + r_4)}} \tag{5.68}$$

式中，$r_i=\dfrac{\Delta R_i}{R_i}(i=1\sim4)$为各桥臂电阻的相对变化量。

结合式(5.67)和式(5.68),可得

$$U_o = \frac{n}{(1+n)^2}(r_1 - r_2 + r_3 - r_4)(1-\eta)U \tag{5.69}$$

假设忽略非线性因素,即 $\eta=0$,并定义电桥的电压灵敏度为

$$S_u = \frac{U_o}{r_1 - r_2 + r_3 - r_4} = \frac{n}{(1+n)^2}U \tag{5.70}$$

在式(5.70)中,求 S_u 对 n 的导数并令 $dS_u/dn=0$,可得当 $n=1$ 时,即 $R_2=R_1$,且 $R_3=R_4$ 时,电桥的电压灵敏度 S_u 为最大,通常使 $R_1=R_2=R_3=R_4$,这种电桥称为全等臂电桥。(如无特别说明,本书中的电桥都是指全等臂电桥),在实际工程中,若电桥所接负载电阻 R_L 较大时,桥臂电阻值可适当选大些,以减小电源的功耗。若电桥所接负载电阻不大时,应尽可能使桥臂电阻满足 $R_{TH}=R_L$,R_{TH} 称为电桥等效内阻。

$$R_{TH} = \frac{R_1R_2}{R_1+R_2} + \frac{R_3R_4}{R_3+R_4} \tag{5.71}$$

根据电阻应变片作为电桥的桥臂的形式,应变片传感器常采用的测量电桥又分单臂桥、半桥和全桥 3 种。

1)单臂桥

单臂桥只有一个桥臂为工作应变片,其余 3 个桥臂为与应变片原始电阻值相等的固定电阻,如图 5.40(a)所示,图中 $R_1=R_2=R_3=R_4$,电阻应变片感受应变而产生的电阻变化量为 ΔR_0,因为桥臂比 $n=1$,根据式(5.67)、式(5.68)和式(5.69),可得单臂桥的输出电压为

$$U_o = \frac{1}{(1+1)^2}\left(\frac{\Delta R_0}{R}\right)(1-\eta)U = \frac{1}{4}\frac{\Delta R_0}{R}\left(1 - \frac{\frac{\Delta R_0}{R}}{2+\frac{\Delta R_0}{R}}\right)U \tag{5.72}$$

式(5.72)中括号内第 1 项为线性项,第 2 项为非线性项,假设应变片感受的应变很小,则$\Delta R_0/R$ 近似等于零,因此可忽略非线性成分,此时输出电压可近似写为

$$U_o \approx \frac{1}{4}U\frac{\Delta R_0}{R} \tag{5.73}$$

但是,若应变片所受应变较大时,则非线性因素不可忽略,非线性误差大小为

$$\gamma = \frac{\frac{\Delta R_0}{R}}{2+\frac{\Delta R_0}{R}} = \frac{\Delta R_0}{2R}\cdot\frac{1}{1+\frac{\Delta R_0}{2R}} \approx \frac{\Delta R_0}{2R} \tag{5.74}$$

对于一般金属电阻应变片,其灵敏系数 $K=2$,承受的应变较小,通常 $\Delta R_0/R$ 小于 0.01,按式(5.74)计算得到非线性误差为 0.5%, 可以忽略。但是,要求测量精度较高时,电阻的相对变化误差就不能忽略了。例如,半导体应变片的灵敏系数 $K=100$,当应变片承受的应变较大时,则 $\Delta R_0/R$ 可接近到 0.1,此时电桥的非线性误差将达到 5%,故对半导体应变片的测量电路要做特殊的处理,以减小非线性误差。

2)半桥

半桥是指有 2 个桥臂为工作应变片,其余 2 个桥臂为与应变片原始电阻值相等的固定电阻,即如图 5.40(b)所示,图中 $R_1=R_2=R_3=R_4$,电阻应变片 R_1 和 R_2 感受大小相同而方向相反

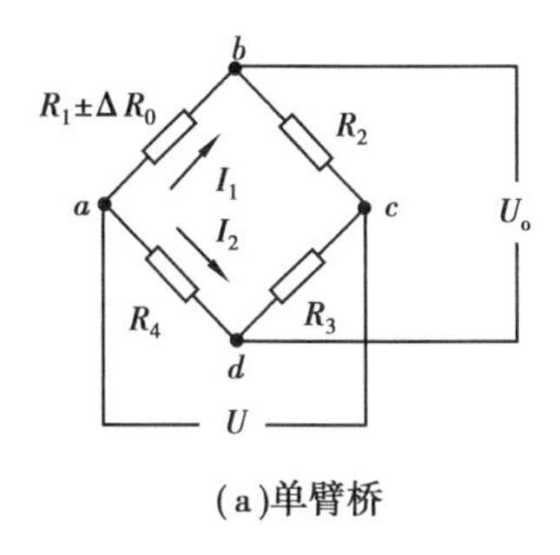

(a)单臂桥

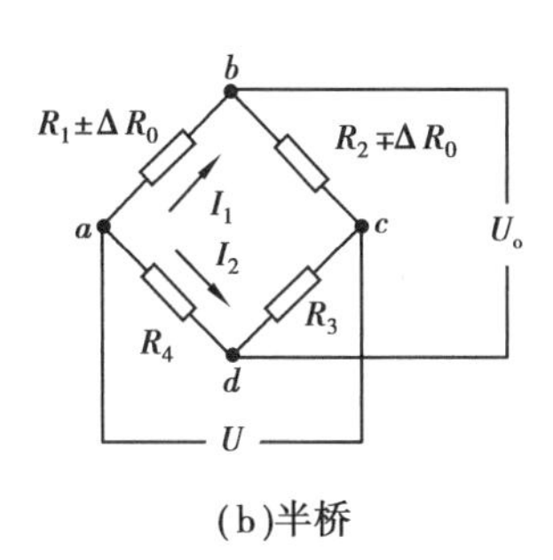

(b)半桥

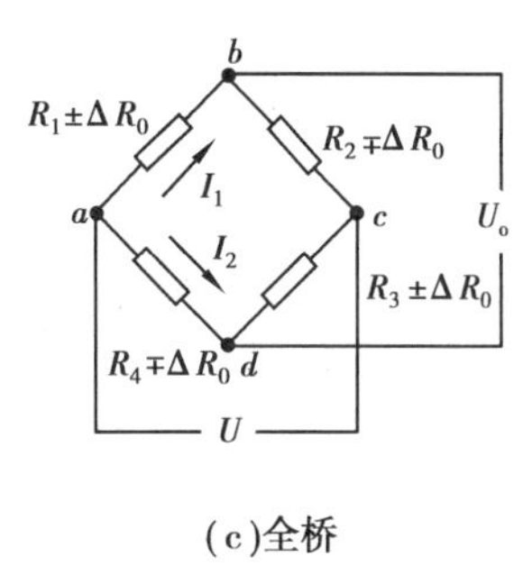

(c)全桥

图5.40　电桥的形式

的应变，因此产生的电阻变化量为 $\Delta R_1 = \Delta R_0, \Delta R_2 = -\Delta R_0$，故半桥的输出电压为

$$U_o = \frac{1}{(1+1)^2}\left(\frac{\Delta R_1}{R} - \frac{\Delta R_2}{R}\right)(1-\eta)U = \frac{1}{2}\frac{\Delta R_0}{R}(1-0)U = \frac{1}{2}\frac{\Delta R_0}{R}U \tag{5.75}$$

由式(5.75)可知，半桥的输出电压与 $\Delta R_0/R$ 呈线性关系，且输出电压约为单臂桥的2倍。

3)全桥

全桥是指电桥的4个桥臂全为工作应变片，且相对桥臂感受的应变大小和方向都相同，而相邻桥臂感受的应变大小相同，方向相反(见图5.40(c))，即 $R_1 = R_2 = R_3 = R_4, \Delta R_1 = \Delta R_3 = \Delta R_0, \Delta R_2 = \Delta R_4 = -\Delta R_0$，故全桥的输出电压为

$$U_o = \frac{1}{(1+1)^2}\left(\frac{\Delta R_1}{R} - \frac{\Delta R_2}{R} + \frac{\Delta R_3}{R} - \frac{\Delta R_4}{R}\right)(1-\eta)U = \frac{\Delta R_0}{R}(1-0)U = \frac{\Delta R_0}{R}U \tag{5.76}$$

由式(5.76)可知，全桥的输出电压不仅与 $\Delta R_0/R$ 呈线性关系，而且输出电压约为单臂桥的4倍，为半桥的2倍。

4)直流不平衡电桥的特点

通过对单臂桥、半桥和全桥的输出电压的分析可知：直流不平衡电桥的电压灵敏度与桥臂电阻值无直接关系，但与桥臂电阻的相对变化值 r 的大小有关，r 越大，则电桥的输出电压越大，但是随着 r 的增大，电桥的非线性误差也增大。参与工作的桥臂越多，则电桥的电压灵敏度越高。电桥的电源电压 U 越大，则输出电压越大，电压灵敏度越高，但是，电源电压的提高要受到检测元件的允许耗散功率 P_{Tg} 的限制。

5)减小非线性误差和温度干扰的方法

非线性误差是限制电桥测量范围的一个主要因素，为了减小非线性误差，应尽量采用差动半桥或差动全桥，使电桥相邻两桥臂的电阻发生差动变化，即令相邻桥臂的电阻变化大小相同，方向相反，这样，式(5.68)中的非线性因子 $\eta = 0$，输出电压 U_o 与电阻的相对变化量 $\Delta R_0/R$ 呈线性关系。而且，采用半桥或全桥，当温度变化时，各个桥臂的电阻附加变化量相同，可以互相抵消，使电桥的输出电压不变，从而起到温度补偿的作用。

减小非线性误差还可以采用高内阻恒流源电桥。

6)直流不平衡电桥的调零电路

由于受连接导线的电阻的影响，桥臂电阻(检测元件)的起始电阻不完全相等，使电桥不平衡，这样会导致应变片不工作时电桥的输出电压不为零。因此，一般还需设置零点平衡调整电路，以便在测量前通过调整使电桥输出为零，常用的直流不平衡电桥调零电路如图5.41所示。它是在电桥两对角之间接入一个可调电阻 R_V，在另一角与 R_V 中间触点之间接入一个固

定电阻 R_5，通过调整 R_V 使电桥输出为零。

(2)交流不平衡电桥

交流不平衡电桥的一般形式如图 5.42 所示，其在结构形式上与直流不平衡电桥相似，但由于采用的是交流电源，输出也为交流信号，而且即使桥臂为电阻应变片，但是由于应变片的引出线较长，存在分布电容，使得桥臂表现为复阻抗性质，因此在图中用复阻抗 $Z_1 \sim Z_4$ 代替 $R_1 \sim R_4$，输入和输出也写为复信号形式。

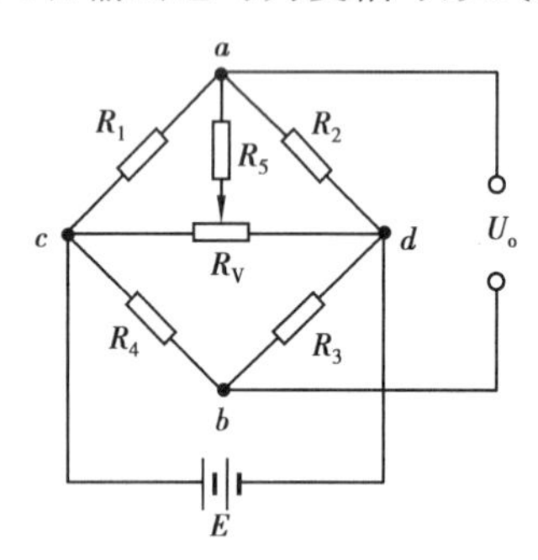

图 5.41　直流电桥的调零电路

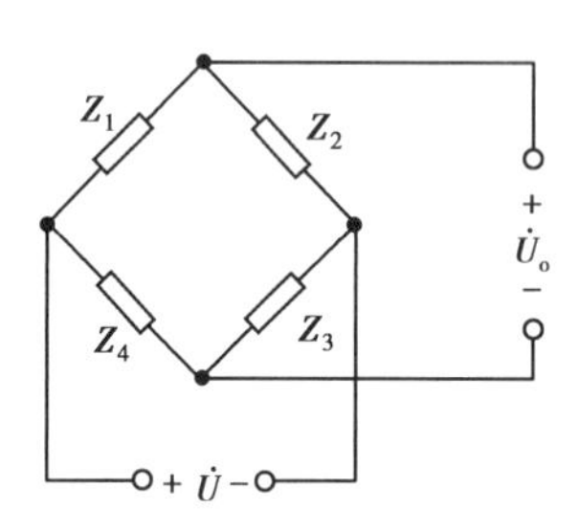

图 5.42　交流电桥

交流电桥的分析方法与直流电桥相同，其输出电压为

$$\dot{U}_o = \frac{\dot{Z}_1\dot{Z}_3 - \dot{Z}_2\dot{Z}_4}{(\dot{Z}_1 + \dot{Z}_2)(\dot{Z}_3 + \dot{Z}_4)}\dot{U} \tag{5.77}$$

设各桥臂的复阻抗为

$$\dot{Z}_1 = z_1 e^{j\varphi 1}, \dot{Z}_2 = z_2 e^{j\varphi 2}, \dot{Z}_3 = z_3 e^{j\varphi 3}, \dot{Z}_4 = z_4 e^{j\varphi 4}$$

则电桥的平衡条件为

$$\begin{cases} |z_1| \cdot |z_3| = |z_2| \cdot |z_4| \\ \varphi_1 + \varphi_3 = \varphi_2 + \varphi_4 \end{cases} \tag{5.78}$$

即交流不平衡电桥应满足：相对桥臂复阻抗的模的乘积相等，相对桥臂复阻抗的相角之和相等。

按照分析直流不平衡电桥的方法，可知，交流单臂桥的输出电压为

$$\dot{U}_o \approx \frac{1}{4}\dot{U}\frac{\Delta\dot{Z}_0}{\dot{Z}} \tag{5.79}$$

同理，交流半桥的输出电压为

$$\dot{U}_o = \frac{1}{2}\dot{U}\frac{\Delta\dot{Z}_0}{\dot{Z}} \tag{5.80}$$

交流全桥的输出电压为

$$\dot{U}_o = \dot{U}\frac{\Delta\dot{Z}_0}{\dot{Z}} \tag{5.81}$$

由此可知，交流电桥的输出表达式与直流电桥类似，但是，交流电桥与直流电桥仍存在一

些差异，以下分别进行介绍。

1）交流电桥的适用场合

对直流不平衡电桥的讨论和设计原则，基本上也适用于交流不平衡电桥，但是，若检测元件为阻抗元件（即包含有电感、电容），则必须采用交流不平衡电桥；若检测元件为纯电阻元件，则既可采用直流不平衡电桥，也可采用交流不平衡电桥。

直流桥路输出为直流信号，抗干扰性能较好，但必须采用直流放大器，电路较复杂；交流桥路输出为交流信号，可采用交流放大器，电路较简单，但抗干扰性能较差。

2）交流电桥的调制与解调

被测物理量经传感器变换输出的电信号多为低频缓变的微弱信号，难以实行远距离传输，通过实验，人们发现正弦波信号能比其他信号传播得更远，因此，若能将需要进行远距离传输的信号依附在一个正弦波信号上，要比该信号直接在线路上传输的距离远得多，这一性质形成了绝大多数长途通信系统的基础，这种方法称为调制，调制通常又分为调幅、调频和调相3种，在这里主要介绍调幅原理。

调幅是将一个高频正弦信号（载波）与被测信号相乘，使载波信号的幅值随被测信号的变化而变化，其基本原理如图5.43所示。

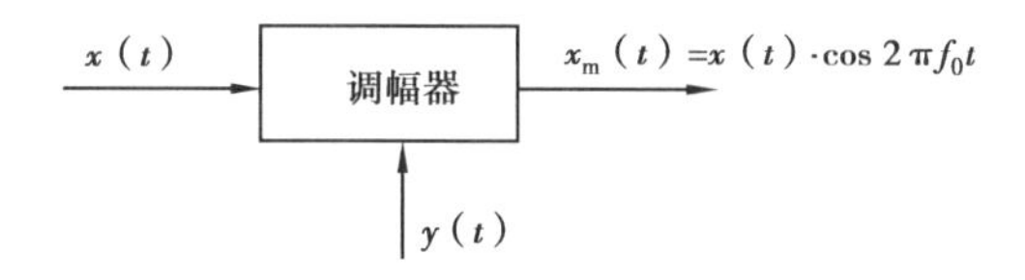

图5.43　调幅原理

图5.43中，输出信号 $x_m(t)$ 称为调幅波；调制器其实就是一个乘法器；输入信号 $x(t)$ 为被测信号，也称为调制信号；$y(t)$ 为载波信号，是一个高频余弦信号，则

$$y(t) = \cos 2\pi f_0 t \tag{5.82}$$

式中　f_0——$y(t)$ 的频率，称为载波频率。

根据欧拉公式，调幅信号 $x_m(t)$ 可写为

$$x_m(t) = x(t) \cdot \cos 2\pi f_0 t = \frac{1}{2}[x(t)e^{-j2\pi f_0 t} + x(t)e^{j2\pi f_0 t}] \tag{5.83}$$

若输入信号的频谱为 $X(f)$，由傅里叶变换的频移性质，可得调幅信号的频谱为

$$X_m(f) = \frac{1}{2}[X(f - f_0) + X(f + f_0)] \tag{5.84}$$

整个调幅过程的时域和频域变化如图5.44所示。

由图5.44可知，调幅过程相当于"频谱"搬移过程，调幅波的频谱相当于输入信号的频谱各向左、右平移 f_0，为了防止混频，载波频率 f_0 越高越好，实际载波频率通常至少数倍甚至数十倍于调制信号频率。但载波频率的提高受到放大电路截止频率的限制。

幅度调制装置实质上是一个乘法器，在实际应用中经常采用交流电桥作调幅装置，以高频振荡交流电源供给电桥作为载波信号，则根据交流电桥的原理，电桥的输出电压信号为应变信号与载波信号的乘积，即输出信号为调幅波，其原理如图5.45所示。

由图5.44（a）可知，交流电桥的输出信号经交流放大器放大之后，其时域为具有与被测应

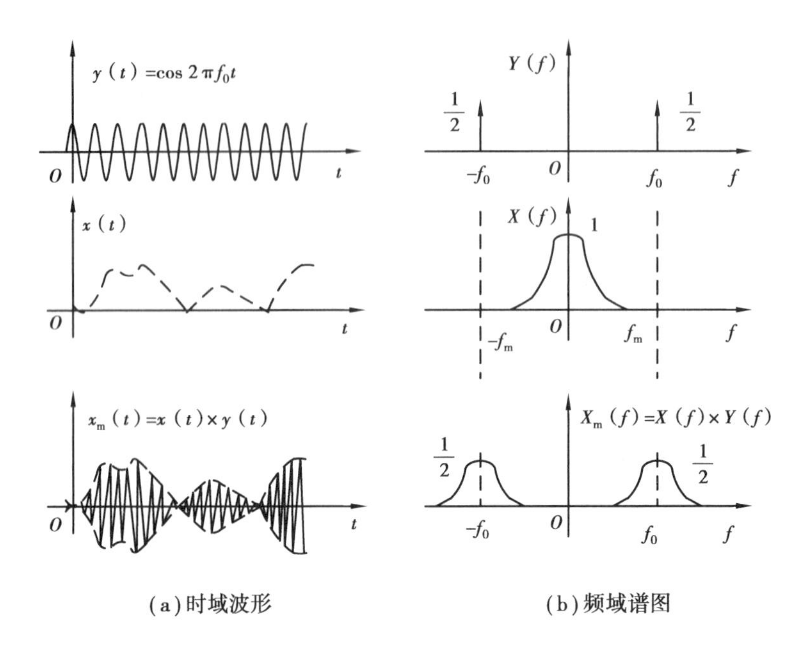

(a)时域波形　　(b)频域谱图

图 5.44　调幅过程

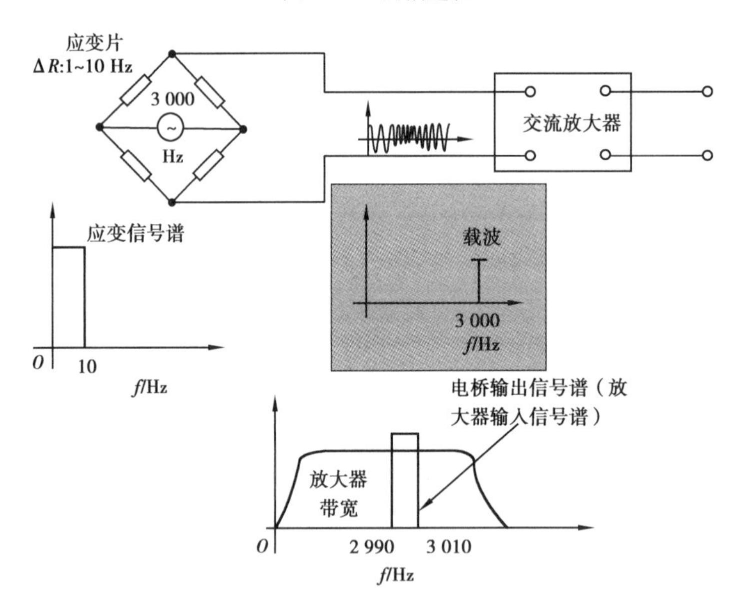

图 5.45　交流电桥幅度调制原理

变信号相同包络线的调幅波,为了从调幅波中取出被测应变信号的信息,还需要对调幅波进行解调和滤波,解调的原理如图 5.46 所示。

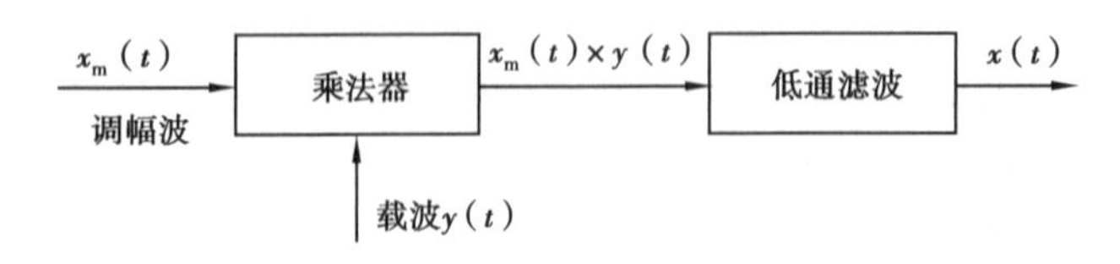

图 5.46　解调原理

由图5.46可知，解调其实就是将调幅波 $x_m(t)$ 再次与载波 $y(t)$ 相乘，其输出为

$$x_m(t) \cdot y(t) = x(t)\cos 2\pi f_0 t \cos 2\pi f_0 t \tag{5.85}$$

通过低通滤波器滤除2倍频载波分量，即可恢复出被测应变信号 $x(t)$ 的频谱信息，解调过程如图5.47所示。

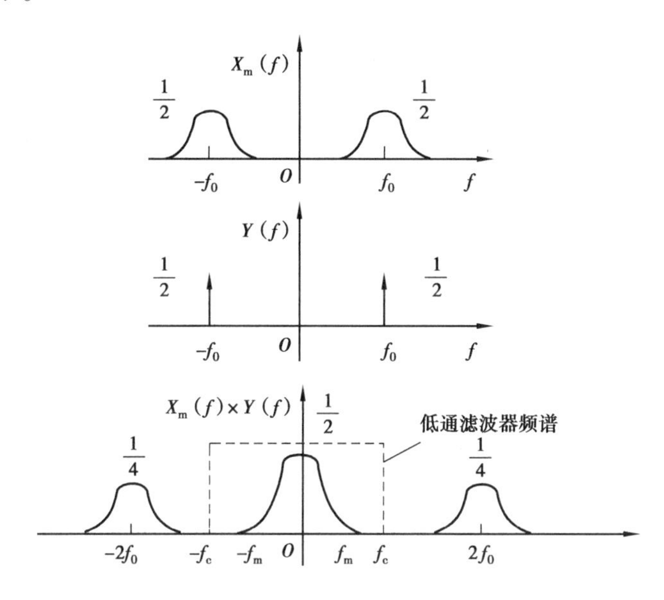

图5.47　解调过程

3）交流电桥的解调电路——相敏检波电路

交流电桥的输出电压为交流调幅电压，虽经解调器解调可以恢复出被测应变信号的频谱信息，但是其时域信号包含了应变信号的正、负包络，若采用一般的交流电压表测量，仅能反映幅值的大小，不能反映信号的相位。这时需采用相敏检波电路。

如图5.48所示给出了一种典型的二极管相敏检波电路。该相敏检波电路不仅具有解调的功能，还具有相位检测的功能。它由4个特性相同的二极管 V_{D1} ~ V_{D4} 沿同一方向串联成一个桥式回路，桥臂上有附加电阻，用于桥路平衡。4个端点分别接在变压器A和B的次级线圈

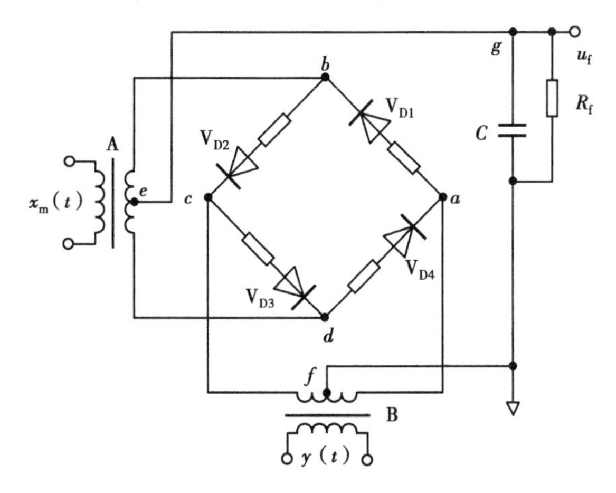

图5.48　相敏检波电路

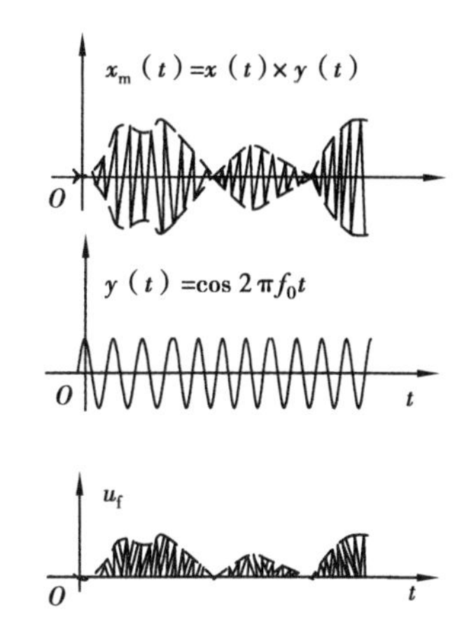

图5.49　相敏检波电路输入输出波形

上,变压器 A 的输入为电桥输出的调幅波 $x_m(t)$,变压器 B 的输入信号为载波 $y(t)$,u_f 为输出信号,假设变压器的变比都为 1∶1,则

$$u_f = x_m(t) \cdot y(t) = x(t)\cos 2\pi f_0 t \cos 2\pi f_0 t = \frac{1}{2}x(t) + \frac{1}{2}x(t)\cos 4\pi f_0 t \qquad (5.86)$$

该相敏检波电路的输入输出波形如图 5.49 所示。将 u_f 中的 2 倍载波频率分量用低通滤波器滤除即可恢复出被测应变信号 $x(t)$。

(3)电阻应变仪

电阻应变仪是一种利用电阻应变片作为测量应变的敏感元件,以交流电桥作为电阻应变片的测量电路的专用电子仪器,它的主要任务是将应变电桥的微小输出电压放大,并经调幅、解调、滤波等信号处理,实现对微小应变信号的测量、远距离传输,以及用指示或记录仪器进行显示和存储。

电阻应变仪可直接用于测量应变,如果配用相应的电阻应变式传感器,也可以测力、压力、力矩、位移、振幅、速度、加速度等物理量。

电阻应变仪具有灵敏度高、稳定性好、测量简便、准确、可靠且能做多点远距离测量的特点。对应变仪的要求是,应变测量输出大,具有低阻抗的电流输出及高阻抗电压输出,便于连接各种记录仪器,同时适于野外测量。

应变仪按被测应变的变化频率及相应的电阻应变的工作频率范围可分为静态应变仪(测量频率为 0 ~ 15 Hz 的应变信号)、动态应变仪(测量频率低于 10 kHz 的应变信号)、超动态应变仪(测量频率从零到几十千赫的应变信号);按放大器工作原理可分为直流放大和交流放大两类。

交流电桥电阻应变仪的应用比较灵活,实际工程中使用较多,其主要结构包含了电桥、高频载波发生器、交流放大器、相敏检波器、低通滤波器、指示或记录器、电源等部分。

电阻应变仪的结构方框图如图 5.50 所示,交流电桥作为调制器,电源为放大器和振荡器提供稳定的电压,高频载波发生器产生一定频率(一般在 50 ~ 500 kHz 内)的正弦波信号,供给测量电桥和相敏检波器的作为载波信号 $y(t)$。当粘贴电阻应变片的弹性敏感元件感受被测

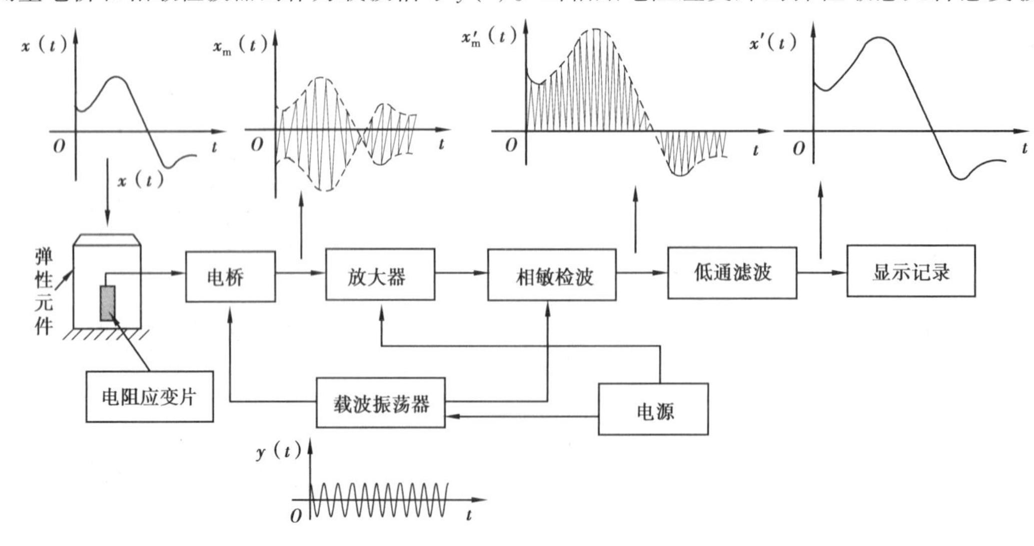

图 5.50　交流电阻应变仪的组成框图

动态应变 $x(t)$ 时，应变片的电阻值的变化曲线与 $x(t)$ 相同，则电桥输出一个微弱的调幅波 $x_m(t) = y(t) \times x(t)$，调幅波的包络线与被测动态应变 $x(t)$ 的时域波形相似，且可以进行远距离传输。放大器将微弱的调幅波放大后输入相敏检波器，经相敏检波器解调后得到应变包络 $x'_m(t)$，再经低通滤波器滤去 2 倍频载波分量，即可得到与应变信号包络线相似的放大信号 $x'(t)$，最后将 $x'(t)$ 用显示仪表进行显示和记录。

5.3.8　电阻应变式传感器的应用

电阻应变式传感器通常由弹性敏感元件、电阻应变片、测量电桥等组成。其中弹性敏感元件感受被测量（力、压力等）的变化，将被测量的变化转换为应变。电阻应变片将弹性敏感元件的应变转换为电阻值的变化，然后通过测量电桥将电阻应变片电阻值的变化转换为电压或电流等便于测量的电参量的变化。电阻应变式传感器与电阻应变仪等测量仪器结合，即可对测量信号进行放大、传输、显示和记录。

电阻应变式传感器具有测量范围广、测量准确度高、性能稳定、工作可靠、可承受较大的应变等优点，但是在工作时应考虑对测量电桥的非线性误差和环境温度的干扰进行补偿。

(1)柱型电阻应变式力传感器

柱型电阻应变式力传感器的基本结构如图 5.51 所示，由柱型弹性敏感元件和粘贴在其表面上的电阻应变片构成，为了消除偏心和弯矩的影响，通常将应变片对称地贴在应力均匀的柱表面的中间部分，同时贴片处的应变尽量与外载荷呈线性关系（避开非线性区），并注意使该处不受非待测载荷的干扰影响。

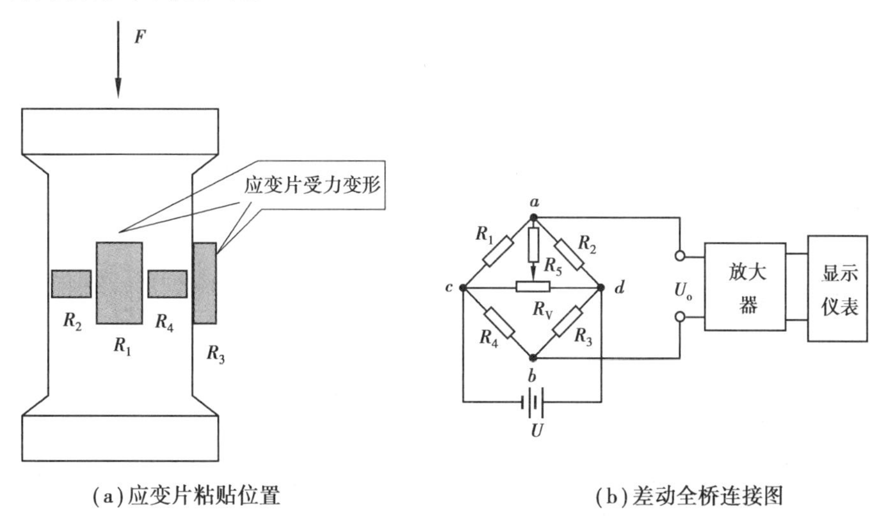

(a)应变片粘贴位置　　(b)差动全桥连接图

图 5.51　柱型电阻应变式力传感器应变片粘贴位置及桥路连接图

如图 5.51(a)所示，柱体上粘贴有 4 片参数完全相同的应变片，其中一半应变片（R_1 和 R_3）沿轴向粘贴，感受轴向应变；另一半（R_2 和 R_4）沿径向粘贴，感受径向应变。因柱式弹性敏感元件的轴向应变和径向应变符号相反，从而构成差动结构，然后将这 4 片应变片按图 5.51(b)接法接入直流电桥电路，使得电桥的相对桥臂感受的应变方向相同，相邻桥臂感受的应变方向相反，构成差动全桥，由差动全桥的特点可知，这样的布片和组桥方式可以达到提高测量灵敏度、减小非线性误差和实现温度补偿的目的。

电桥的输出信号经放大器放大之后，由显示仪表进行显示。

如图5.51(b)所示，因所有应变片的参数相同，因此传感器电桥的桥臂比 $n=1$，同时忽略非线性因子 η，则输出电压可由式(5.67)得出，即

$$U_o=\frac{n}{(1+n)^2}\left(\frac{\Delta R_1}{R_1}-\frac{\Delta R_2}{R_2}+\frac{\Delta R_3}{R_3}-\frac{\Delta R_4}{R_4}\right)(1-\eta)U$$

$$=\frac{1}{4}\left(\frac{\Delta R_1}{R_1}-\frac{\Delta R_2}{R_2}+\frac{\Delta R_3}{R_3}-\frac{\Delta R_4}{R_4}\right)U \tag{5.87}$$

由电阻应变片的性质可知，电阻应变片的电阻变化率与其所受应变成正比，即

$$\frac{\Delta R_1}{R}=K\varepsilon_1,\ \frac{\Delta R_2}{R}=K\varepsilon_2,\ \frac{\Delta R_3}{R}=K\varepsilon_3,\ \frac{\Delta R_4}{R}=K\varepsilon_4 \tag{5.88}$$

式中 K——电阻应变片的电压灵敏度；

ε——应变片感受的应变。

由柱型弹性元件的特性，即式(5.19)和式(5.20)可知，在忽略横向效应的情况下，则

$$\varepsilon_1=\varepsilon_3=\varepsilon_x=\frac{F}{AE}$$

$$\varepsilon_2=\varepsilon_4=\varepsilon_y=-\mu\frac{F}{AE} \tag{5.89}$$

式中 F——柱体承受的载荷力(负号代表承受压力)；

A——柱体的有效截面积；

μ——柱体材料的泊松比；

E——柱体材料的弹性模量。

将式(5.88)和式(5.89)代入式(5.87)，可得电桥输出电压为

$$U_o=\frac{1}{2}K(1+\mu)\varepsilon U=\frac{1}{2}K(1+\mu)\frac{F}{AE}U \tag{5.90}$$

在实际工程中，为了进一步提高测量的灵敏度和减小弯矩的影响，可以将电桥的桥臂采用多片(通常为2的偶数倍)应变片串联进行桥接，如图5.52所示。

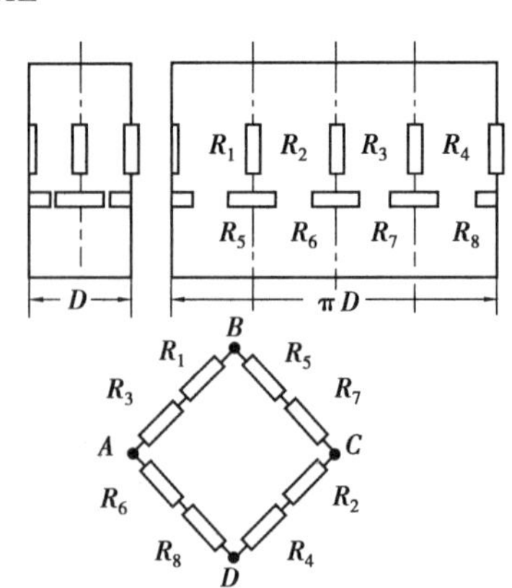

图5.52 使用多片应变片在柱式弹性敏感元件的布片和组桥方式

例5.1 一个材料为钢材的实心圆柱形试件，在其圆柱表面沿轴向和圆周向各粘贴一片电阻值为 $R_0=120\ \Omega$ 的金属电阻应变片，如图5.53所示。已知试件的直径 $d=10$ mm，材料的弹性模量 $E=2\times10^{11}\ \text{N/m}^2$，材料的泊松比 $\mu=0.285$，应变片的灵敏系数 $K=2$，横向效应系数 $H=4\%$。试求出：

①当试件受到拉伸力 $F=3\times10^4$ N 作用时，应变片的电阻相对变化 $\Delta R/R$ 为多少？

②若将这两片应变片接入等臂半桥电路中，电桥的电源电压 $U=5$ V，试求电桥的输出电压 U_o。

解 圆柱表面所产生的纵向应变 ε_x 和径向应变 ε_y 分别为

$$\varepsilon_x = \frac{4F}{\pi d^2 E}$$

$$\varepsilon_y = -\mu\varepsilon_x = -\frac{4\mu F}{\pi d^2 E}$$

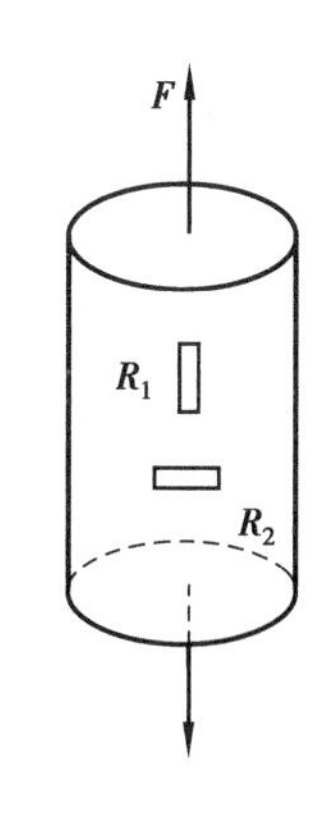

图5.53　例5.1图

沿轴向粘贴的应变片 R_1，除跟随圆柱受到纵向应变 ε_x 外，还受到自身横向效应的影响，因此，其总的应变和电阻变化量分别为

$$\varepsilon_{R_1} = \varepsilon_x + H\varepsilon_y = \frac{4(1-H\mu)F}{\pi d^2 E}$$

$$\frac{\Delta R_1}{R_0} = K \cdot \varepsilon_{R_1} = 3.776 \times 10^{-3}$$

沿径向粘贴的应变片 R_2，除跟随圆柱受到径向应变 ε_y 外，还受到自身横向效应的影响，因此，其总的应变和电阻变化量分别为

$$\varepsilon_{R_2} = \varepsilon_y + H\varepsilon_x = \frac{4(H-\mu)F}{\pi d^2 E}$$

$$\frac{\Delta R_2}{R_0} = K \cdot \varepsilon_{R_2} = -9.36 \times 10^{-4}$$

将这两片应变片接入半桥电路中，因 $\Delta R/R \ll 1$，同时因采用的是等臂电桥，则可根据式(5.87)得

$$U_o \approx \frac{1}{4}\left(\frac{\Delta R_1}{R_0} - \frac{\Delta R_2}{R_0}\right)U = \frac{(37.76+9.36)\times 10^{-4}\times 5}{4} = 0.005\ 88\ \text{V} = 5.88\ \text{mV}$$

柱式力传感器的应用场合非常广泛，以下是两个典型例子：

1）柱型电阻应变式荷重传感器

BHR8 型荷重传感器就是此类传感器的一个典型实例，该传感器的弹性元件采用实心圆柱，4 片应变片对称地贴在圆柱表面的中间部分，两片沿轴向，两片沿圆周向（径向）粘贴，如图5.51（a）所示。该型传感器通常用于测量较大的重量，多用于量程较大、精度要求不高的场合。如图5.54所示为该荷重传感器用于测量汽车质量的电子汽车衡的示意图。测量结果可转换为标准信号传送给计算机进行处理和显示。

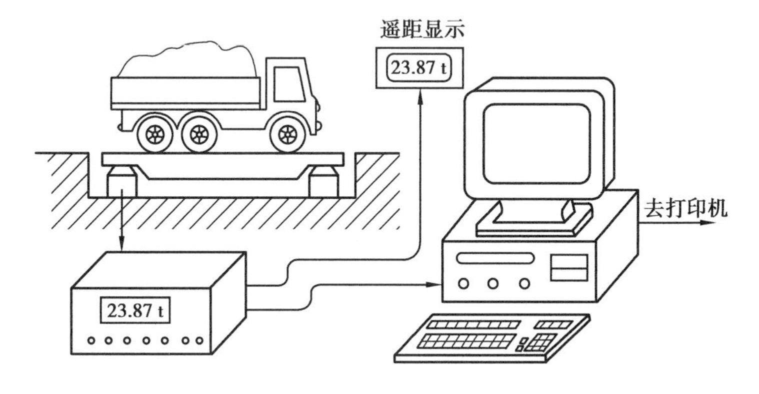

图5.54　BHR8 型柱式荷重传感器测量汽车质量

2)柱型电阻应变式加速度传感器

图5.55为测量大数值加速度的柱式电阻应变式加速度传感器,它通过质量弹簧的惯性系统将加速度转换为力F,再作用在弹性敏感元件上,使粘贴在弹性元件上的电阻应变片感受应变而产生电阻的变化,再通过测量电阻的变化来测量加速度。

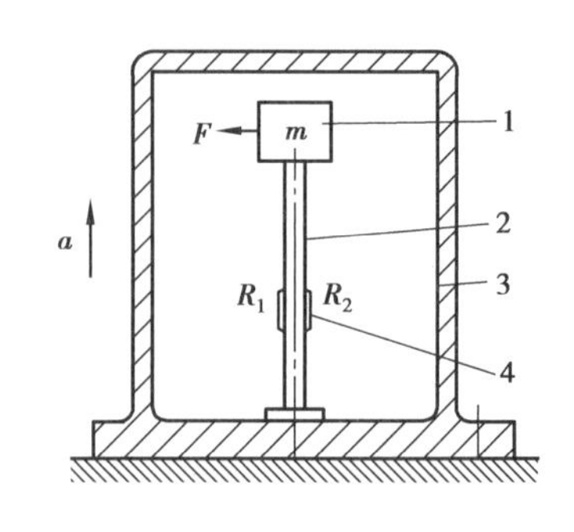

图5.55　柱式电阻应变加速度传感器
1—质量块;2—柱式弹性元件;
3—外壳;4—电阻应变片

(2)梁型电阻应变式力传感器

梁型电阻应变式力传感器由梁型弹性敏感元件和粘贴在其表面上的电阻应变片构成,一般具有较高的灵敏度,通常用来测量较小的力和载荷。

梁型弹性敏感元件的结构形式多种多样,对于不同结构的梁型弹性敏感元件,为了具有较高的测量灵敏度和较小的非线性误差,电阻应变片的粘贴位置也有所不同。

1)等截面梁型应变式力传感器

该类传感器的结构如图5.56(a)所示,弹性元件为一端固定的等截面梁。根据式(5.22)可知,当外力F作用在等截面梁的自由端时,越靠近梁的固定端应变越大,而且在距自由端为l_0的位置,梁的上表面承受的应变与下表面承受的应变大小相同而符号相反。因此在梁的上表面,在靠近固定端的位置沿长度方向粘贴一半应变片(R_1和R_3),在梁的下表面的相对位置沿长度方向粘贴另一半应变片(R_2和R_4),此时,R_1、R_3与R_2、R_4所产生的电阻变化大小相等而极性相反,然后再将R_1—R_4按图5.56(b)接入电桥,即可构成差动全桥,在具有较高测量灵敏度的同时,还具有较小的非线性和温度误差。

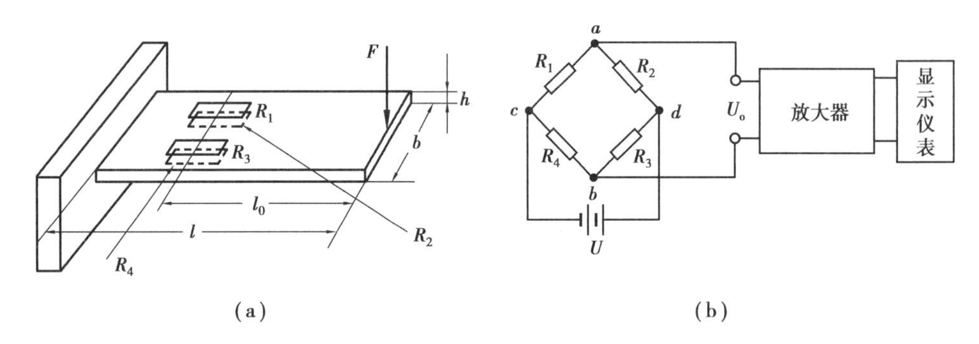

图5.56　等截面梁型应变式力传感器的基本结构和桥接方式

由式(5.22)可知,当在梁的自由端施加力F时,在沿长度方向上距离自由端l_0的位置上,R_1-R_4感受的应变分别为

$$\varepsilon_1=\varepsilon_3=\frac{6Fl_0}{Ebh^2}$$

$$\varepsilon_2=\varepsilon_4=-\frac{6Fl_0}{Ebh^2} \tag{5.91}$$

式中　E——材料的弹性模量;

b——梁的宽度;

h——梁的厚度。

则 R_1—R_4 的电阻变化量分别为

$$\frac{\Delta R_1}{R_1}=\frac{\Delta R_3}{R_3}=K\varepsilon_1=K\frac{6Fl_0}{Ebh^2}$$

$$\frac{\Delta R_2}{R_2}=\frac{\Delta R_4}{R_4}=K\varepsilon_2=-K\frac{6Fl_0}{Ebh^2} \tag{5.92}$$

式中　K——电阻应变片的电压灵敏度系数。

因此，电桥的输出电压为

$$U_o=\frac{1}{4}\left(\frac{\Delta R_1}{R_1}-\frac{\Delta R_2}{R_2}+\frac{\Delta R_3}{R_3}-\frac{\Delta R_4}{R_4}\right)U=\frac{1}{4}K(\varepsilon_1-\varepsilon_2+\varepsilon_3-\varepsilon_4)U=K\frac{6Fl_0}{Ebh^2}U \tag{5.93}$$

2)等强度梁型应变式力传感器

该类传感器的基本结构如图5.57所示，根据等强度梁的特点，在外力 F 的作用下，梁表面沿整个长度方向上产生的应变大小相等，因此对应变片的粘贴位置要求不是那么严格，不需要靠近梁的固定端粘贴。与等截面梁相同，为了构成差动结构，在等强度梁的上表面沿长度方向粘贴一半应变片(R_1 和 R_3)，在梁的下表面的相对位置沿长度方向粘贴另一半应变片(R_2 和 R_4)，其电桥连接方式也如图5.56(b)所示。等强度梁型应变式力传感器适用于测量500 kg以下荷重。

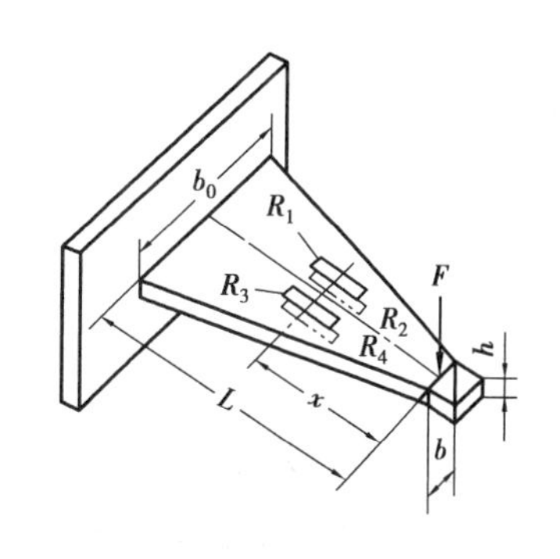

图5.57　等强度梁型应变式力传感器

3)改进的梁型应变式力传感器

改进的梁型应变式力传感器通常有双孔梁型、S型梁等，如图5.58所示，这些改进的梁型应变式力传感器一般具有较高的灵敏度和测量精度，多用于中、小量程(10～5 000 N)的电子秤的测力和称重。

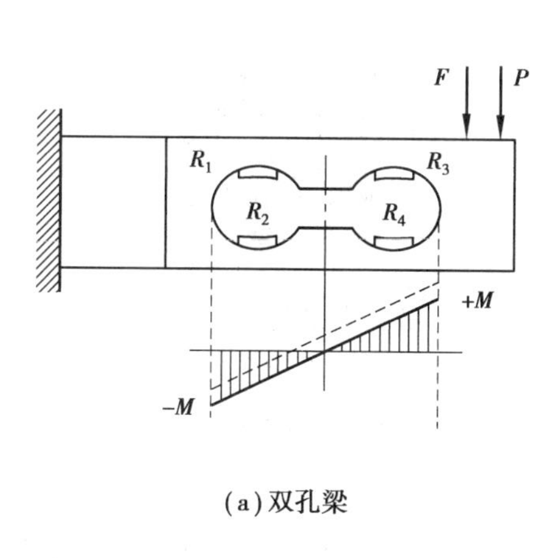

(a)双孔梁

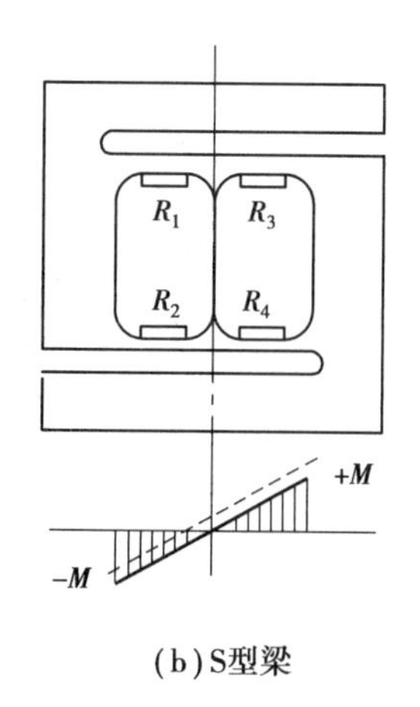

(b)S型梁

图5.58　改进的梁型应变式力传感器

(3)电阻应变式扭矩传感器

该类传感器由扭转轴和粘贴在其表面上的电阻应变片构成，通过测量由于转矩作用在扭转轴上产生的应变来测量转矩，其基本结构如图5.59(a)所示。

由式(5.29)可知，当转矩T作用在扭转轴上时，在与扭转轴中心线成±45°夹角方向上产生的最大的应变,且+45°方向上产生的应变与-45°方向上产生的应变大小相等而符号相反,因此,在与扭转轴中心线成+45°的方向上粘贴一半应变片(R_1 和 R_3),在与扭转轴中心线成-45°的方向上粘贴另一半应变片(R_2 和 R_4),此时,R_1、R_3 与 R_2、R_4 所产生的电阻变化大小相等而极性相反,然后再将 R_1—R_4 按图 5.59(b)接入电桥,以构成差动全桥,即可输出与转矩 $\boldsymbol{T}$ 成正比的电压信号。这种接法还可以消除轴向力和弯曲力的干扰。

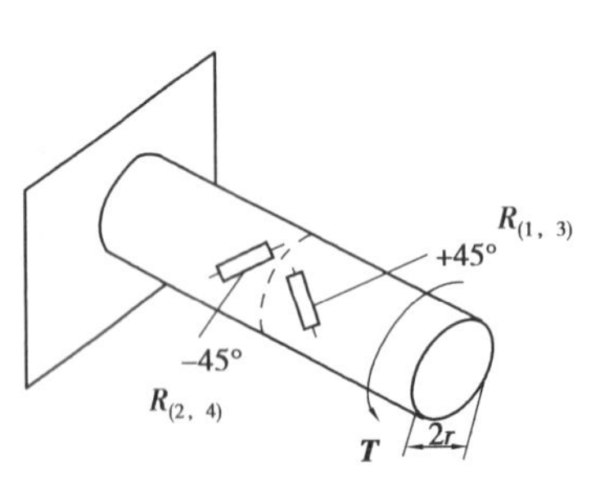

(a)基本结构及应变片粘贴方式

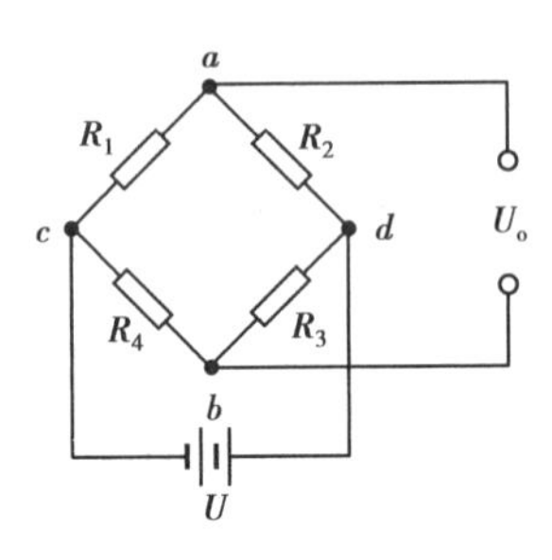

(b)桥接方式

图 5.59 电阻应变式扭矩传感器

应变片可以直接贴在需要测量转矩的转轴上,也可以贴在一根特制的轴上制成应变式转矩传感器,具有结构简单,精度较高的优点。

(4)平面膜片型应变式压力传感器

该类传感器由平面膜片和粘贴在其表面上的电阻应变片构成,通常用于较小的压力测量。

由式(5.32)和式(5.33)可知,在圆形平面膜片的圆心处径向应变和切向应变均为正的最大值,而在在膜片边缘处,径向应变为负的最大值,因此,应变片的粘贴如图 5.60(a)所示,在平面膜片靠近圆心处沿切向粘贴应变片 R_1、R_3,感受最大的正应变,在靠近边缘处沿径向贴应变片 R_2、R_4,感受最大的负应变,然后将 R_1—R_4 按图 5.59(b)进行桥接,即可构成差动全桥。

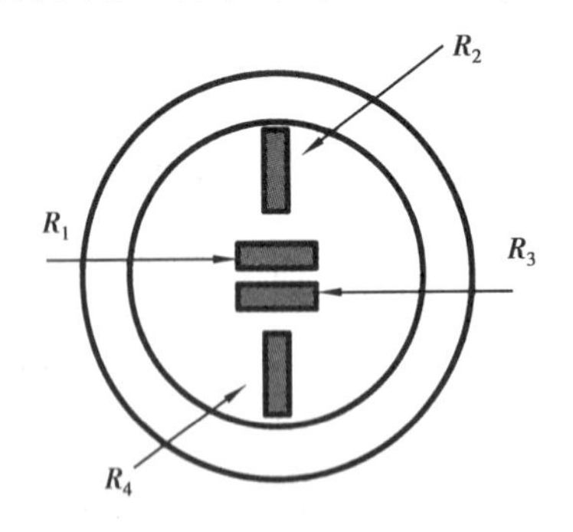

(a)平面膜片型应变式压力传感器

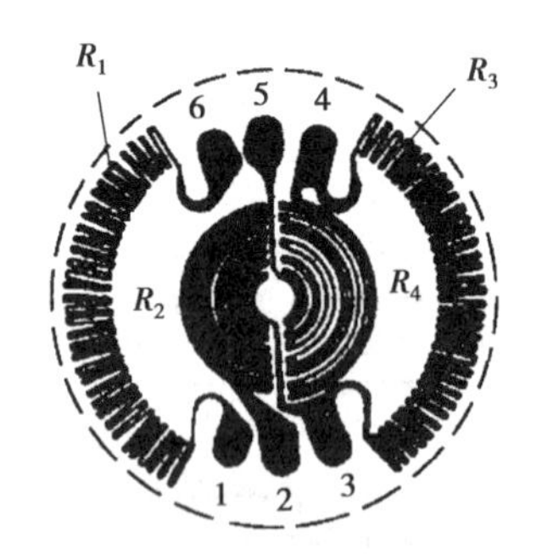

(b)圆形箔式电阻应变花

图 5.60 平面膜片型应变式压力传感器的应变片布置

为了最大限度地利用膜片的应变状态,还可以将电阻应变片设计成圆形应变花的形状,如图 5.60(b)所示。

5.3.9 压阻式压力传感器

半导体应变式传感器又称为压阻式传感器。压阻式传感器早期就是将半导体应变片粘贴在弹性敏感元件上制成的。20世纪70年代以后，随着材料工艺的发展，开始出现了将周边固定的力敏电阻与硅膜组合在一起的一体化扩散硅型压阻式传感器，一体式压阻传感器克服了应变片需要进行粘贴而带来的机械滞后、变形以及固有频率较低的缺点，具有动态响应性能好、体积小、精度和灵敏度高、没有机械滞后、耐腐蚀等优点，主要缺点在于制作工艺复杂，温度系数较大和非线性误差较大。

固体受力后电阻率发生变化的现象称为压阻效应。压阻式压力传感器是基于半导体材料(单晶硅)的压阻效应原理制成的传感器，它是利用集成电路工艺直接在硅平膜片上按一定晶向制成扩散压敏电阻，当硅膜片受压时，膜片的变形将使扩散电阻的阻值发生变化。硅膜片上的扩散电阻通常构成桥式测量电路，相对的桥臂电阻是对称布置的，电阻变化时，电桥输出电压与膜片所受压力成对应关系。

压阻式压力传感器广泛用于工业、航天航空、生物、医学、军事等领域的静动态压力测量。图5.61为一种压阻式压力传感器的结构示意图，硅膜片在圆形硅杯的底部，其两边有两个压力腔，分别输入被测差压或被测压力与参考压力。高压腔接被测压力，低压腔与大气连通或接参考压力。膜片上的两对电阻中，一对位于受压应力区，另一对位于受拉应力区。当压力差使膜片变形，膜片上的两对电阻阻值发生变化，使电桥输出相应压力变化的信号。为了补偿温度效应的影响，一般还可在膜片上沿对压力不敏感的晶向生成一个电阻，该电阻只感受温度变化，可接入桥路作为温度补偿电阻，以提高测量精度。

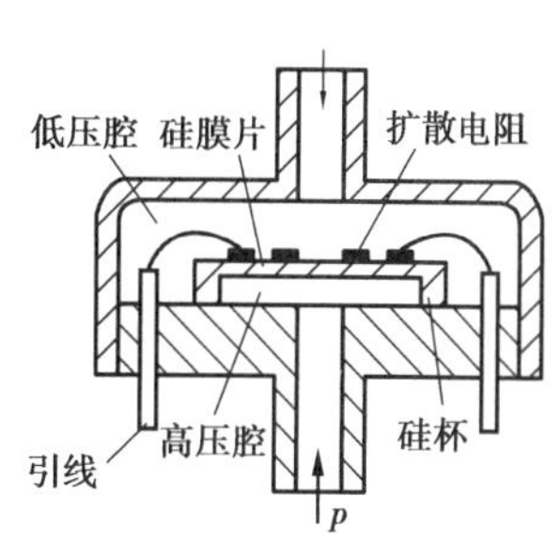

图5.61　压阻式压力传感器

压阻式压力传感器的特点是灵敏度高，频率响应高；测量范围宽，可测量低至10 Pa的微压和到高至60 MPa的高压；精度高，工作可靠，其精度可达±0.02%；易于微小型化，目前已可生产出直径为0.25 mm的压阻式压力传感器；没有运动部件，耐冲击和腐蚀。

本章小结

本章对电阻式传感器的分类、工作原理、测量电路、传感器应用等方面进行了阐述。

①电位器式传感器由骨架、电刷和电阻体构成，在使用时应注意其负载特性和非线性特性的影响。

②电阻应变式传感器是由弹性敏感元件及粘贴在弹性元件上的电阻应变片构成的，其测量电路通常采用交流或直流电桥，为了提高测量灵敏度、减小非线性误差和进行温度补偿，最好采用全桥电路。

③电阻应变片配合不同的弹性敏感元件，可广泛应用于对力、压力、力矩、加速度等物理量进行测量，具有重要的工程意义。

习　题

5.1　某位移检测装置采用两个相同的线性电位器，如图5.62所示，图中虚线表示电位器的电刷滑动臂。电位器的总电阻值为$R_0=5\ 000\ \Omega$，总工作行程为$L_0=100$ mm。当被测位移x变化时，带动这两个电位器的电刷一起滑动。

①若采用电桥测量电路，且要求该电桥具有最高的灵敏度和最小的非线性，以及较强的抗干扰能力，请画出该电桥的连接电路。

②若电桥的激励电源电压$U=10$ V，当被测位移的测量范围为20 mm时，请计算电桥的输出电压（假设测量仪表的输入阻抗为无穷大）。

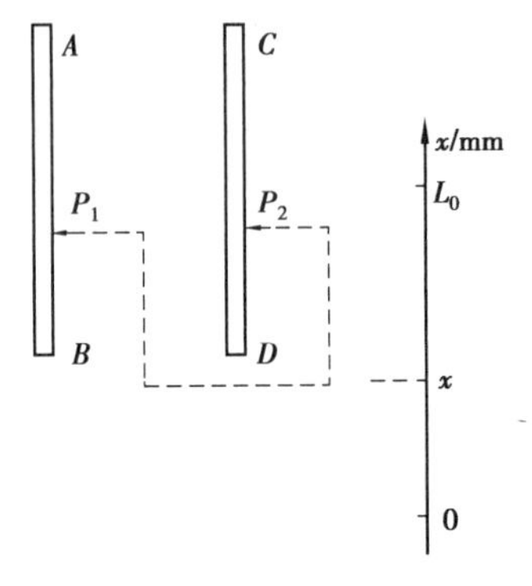

图5.62

5.2　一台电子秤的荷重传感器采用如图5.63（a）所示等强度悬臂梁金属电阻应变式传感器。已知等强度悬臂梁的长度$L=150$ mm，基部宽度$b_0=20$ mm，厚度$h=2$ mm，材料的弹性模量$E=2\times10^{11}$ N/m^2。在等强度悬臂梁的上、下表面各粘贴两片金属电阻应变片，应变片的初始电阻$R_0=120\ \Omega$，应变灵敏系数$K=2$。

①将应变片接入测量电桥，电桥的供电电压$U=8$ V，试求该电子秤的电压灵敏度K_u（电压灵敏度K_u是指单位重量的输出电压）。

②桥路的输出送到一个放大器放大后，再送入显示仪表指示被测重量值，如图5.63（b）所示。已知放大器的输出阻抗为50 Ω，其输入阻抗可近似为无穷大，放大倍数为$k_i=100$；电压表

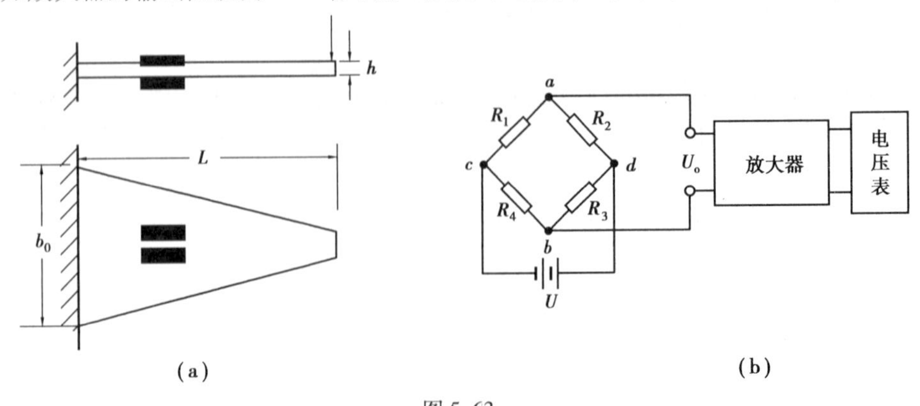

图5.63

的输入阻抗也近似为无穷大，试求当被测物体重量为 10 kg 时电压表的读数。

5.3　有一测量吊车起吊物重量的力传感器如图 5.64 所示，它由若干片金属电阻应变片粘贴在等截面短轴的表面上构成。已知等截面短轴的直径 $d=20\ \text{cm}$，材料的弹性模量 $E=3\times10^{11}\ \text{N/m}^2$，泊松比为 $\mu=0.2$，金属电阻应变片的初始电阻值 $R_0=120\ \Omega$，灵敏系数为 $K=2$，忽略横向效应。

①为了得到较高的灵敏度和较小的温度误差，应采用几片应变片？请画出应变片的粘贴位置及其桥接方式，并解释原因。

②将应变片接入测量电桥，若电桥的电源电压 $U=8\ \text{V}$，试求该传感器的电压灵敏度。

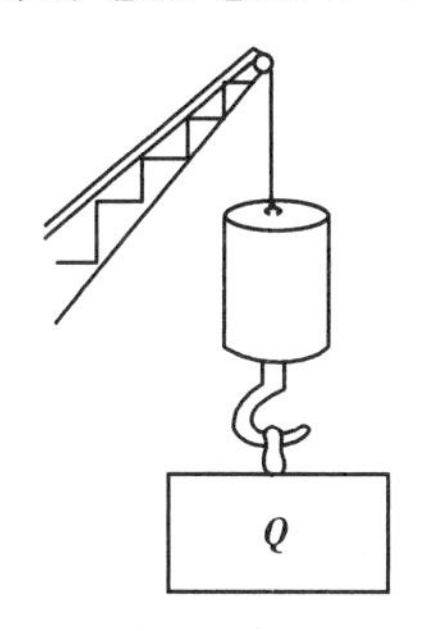

图 5.64

5.4　金属电阻应变片与半导体应变片各自有哪些优缺点？

5.5　请解释交流电阻应变仪中采用相敏检波电路和低通滤波器的原因。

5.6　什么是横向效应？其对电阻应变式传感器的测量结果有何影响？

5.7　导致金属电阻应变片存在温度误差的原因有哪些？该如何进行温度补偿？

5.8　电阻应变片在等截面梁型弹性敏感元件上该如何粘贴？请说明理由。

第 6 章 电感式传感器

电感式传感器可等效为一个可变的电感元件，其工作基于电磁感应原理，将位移、振动、压力、流量、转速、金属材质等被测非电量的变化转换为等效电感的自感或互感系数的变化，再通过信号调理电路将电感的变化转换为电压、电流、频率等电量的变化。电感式传感器具有结构简单、工作可靠、寿命长、灵敏度高和分辨力高、精度高、线性度好等优点，其主要缺点在于频率响应低，不适用于进行快速动态测量。

电感式传感器一般要利用磁场作为媒介或利用铁磁体的某些现象进行工作，主要特征是具有线圈绕组，其种类也很多。本章主要介绍自感式（变磁阻式）、差动变压器式和电涡流式这 3 类电感式传感器。

6.1 自感式传感器

根据电磁感应原理，当线圈通入变化的电流（载流）时，该电流所产生的磁链 Ψ 也随之变化，因而线圈本身会产生感应电动势，这种现象称为自感现象，所产生的感应电动势称为自感电动势。

在载流线圈中，载流激发的磁场强度与其电流 I 成正比，通过线圈的磁链 Ψ 也与 I 成正比，即

$$\Psi = LI = N\Phi \tag{6.1}$$

式中 N——线圈的匝数；

Φ——各匝线圈的磁通量（通常假设各匝线圈的磁通量相等）；

L——磁链 Ψ 与电流 I 的比例系数，称为线圈的自感系数，简称自感。

自感 L 与电流的大小无关，而取决于线圈的大小、形状、匝数，以及周围磁介质的磁导率。自感式传感器就是将被测量的变化转变为传感器自感的变化而完成测量的。

6.1.1 自感式传感器的工作原理

自感式电感传感器的基本结构原理如图 6.1 所示。由线圈、铁芯和衔铁 3 个部分组成。线圈套在铁芯上，铁芯和衔铁由导磁材料如硅钢片或坡莫合金制成，在铁芯与衔铁之间有气

隙,气隙厚度用符号 δ 表示,传感器的运动部分与衔铁相连。在进行测量时,被测量带动衔铁移动,使气隙厚度 δ 发生变化,从而引起磁路中的磁阻发生变化,导致电感线圈的自感值 L 变化,因此只要能测出这种自感量的变化,就能确定被测量的大小。

当忽略铁芯和衔铁的磁导率时,线圈的自感值 L 可计算为

$$L=\frac{N^2}{R_m}=\frac{N^2\mu_0 S}{2\delta} \tag{6.2}$$

式中　N——线圈的匝数;

R_{m}——空气隙的总磁阻;

μ_0——空气的磁导率;

δ——空气气隙的厚度;

S——气隙截面积。

由于改变 δ、μ 或 S,都是使空气隙的磁阻 R_{m} 发生变化,因此,自感式传感器也称为变磁阻式传感器。

通过以上分析可知,自感式传感器的自感值 L 与气隙厚度 δ、空气隙的截面积 S 和磁导率 μ(包括空气磁导率 μ_0、铁芯的磁导率和衔铁磁导率)都有关系,如果固定其中任意两个参数,而改变另一个,都可以使自感量 L 发生变化,根据这个原理,可以制造出不同形式的自感式传感器,常见的有变气隙厚度型自感式传感器、变气隙截面积型自感式传感器、变铁芯磁导率型自感式传感器(又称为压磁传感器)和螺管型自感式传感器(一种开磁路的自感式传感器)。

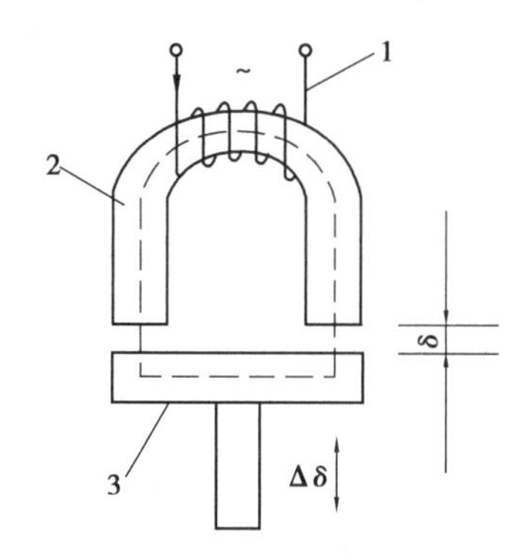

图6.1　自感式传感器基本结构

1—线圈;2—铁芯;3—衔铁

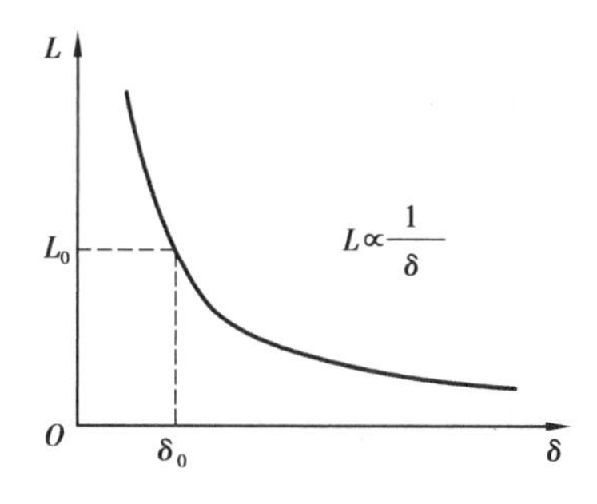

图6.2　L-δ 关系曲线

(1)变气隙厚度型自感式传感器

如图6.1所示的变气隙厚度型自感式传感器,当空气磁导率 μ_0 和气隙截面积 S 固定时,由式(6.2)可得自感对气隙的微分为

$$\frac{\partial L}{\partial \delta}=-\frac{N^2\mu_0 S}{2\delta^2} \tag{6.3}$$

由式(6.3)可知,自感 L 与气隙厚度 δ 之间为非线性关系,变气隙厚度型自感式传感器的 L-δ 特性曲线如图6.2所示(注意,当 $\delta=0$ 时,L 理论上应为 ∞。但考虑到导磁体仍有一定的磁阻,因此当 $\delta=0$ 时,L 并不等于 ∞,而具有一定的数值)。

当被测量带动衔铁移动,使气隙厚度减小为 $\delta=\delta_0-\Delta\delta$ 时,由式(6.2)可得电感值变为

$$L_1=L_0+\Delta L_1=\frac{N^2\mu_0 S}{2(\delta_0-\Delta\delta)} \tag{6.4}$$

式中 δ_0——初始气隙厚度；

L_0——气隙厚度为 δ_0 时的初始电感值。

则电感变化量为

$$\Delta L_1 = \frac{N^2\mu_0 S}{2(\delta_0 - \Delta\delta)} - \frac{N^2\mu_0 S}{2\delta_0} = L_0 \frac{\frac{\Delta\delta}{\delta_0}}{1 - \frac{\Delta\delta}{\delta_0}} \tag{6.5}$$

由式(6.5)可知，ΔL 与 $\Delta\delta$ 之间为非线性关系。

当 $|\Delta\delta/\delta_0| \ll 1$ 时，式(6.5)可按级数展开得

$$\frac{\Delta L_1}{L_0} = \frac{\Delta\delta}{\delta_0} + \left(\frac{\Delta\delta}{\delta_0}\right)^2 + \left(\frac{\Delta\delta}{\delta_0}\right)^3 + \left(\frac{\Delta\delta}{\delta_0}\right)^4 + \cdots \tag{6.6}$$

若气隙厚度增加为 $\delta=\delta_0+\Delta\delta$ 时，电感变为

$$L_2 = L_0 - \Delta L_2 = \frac{N^2\mu_0 S}{2(\delta_0 + \Delta\delta)} \tag{6.7}$$

将式(6.7)按级数展开可得

$$\begin{aligned}\frac{\Delta L_2}{L_0} &= -\frac{\Delta\delta}{\delta_0} + \left(-\frac{\Delta\delta}{\delta_0}\right)^2 + \left(-\frac{\Delta\delta}{\delta_0}\right)^3 + \left(-\frac{\Delta\delta}{\delta_0}\right)^4 + \cdots \\ &= -\frac{\Delta\delta}{\delta_0} + \left(\frac{\Delta\delta}{\delta_0}\right)^2 - \left(\frac{\Delta\delta}{\delta_0}\right)^3 + \left(\frac{\Delta\delta}{\delta_0}\right)^4 + \cdots\end{aligned} \tag{6.8}$$

对比式(6.6)和式(6.8)可知，当衔铁上移和下移相同位移 $|\Delta\delta|$ 时，电感 L 的变化大小不一样。进一步观察可知，式(6.6)和式(6.8)中的右边的第1项为线性项，其余项为非线性项，当 $\Delta\delta$ 较小时，可忽略非线性项，此时可近似认为衔铁上移和下移的灵敏度系数相同。定义变气隙厚度型自感式传感器的灵敏度系数为

$$K_\delta = \frac{\frac{\Delta L}{L_0}}{\Delta\delta} \approx -\frac{1}{\delta_0} \tag{6.9}$$

若考虑式(6.6)和式(6.8)中的二次项而忽略三次以上的非线性项，则有

$$\left|\frac{\Delta L}{L_0}\right| = \left|\frac{\Delta\delta}{\delta_0}\right| + \left|\frac{\Delta\delta}{\delta_0}\right|^2 = \left|\frac{\Delta\delta}{\delta_0}\right|\left(1 + \left|\frac{\Delta\delta}{\delta_0}\right|\right) \tag{6.10}$$

此时式(6.10)中的相对非线性误差为

$$\xi = \frac{\left|\left(\frac{\Delta\delta}{\delta_0}\right)^2\right|}{\left|\frac{\Delta\delta}{\delta_0}\right|} \times 100\% = \left|\frac{\Delta\delta}{\delta_0}\right| \times 100\% \tag{6.11}$$

由式(6.6)、式(6.8)和式(6.11)可知，随着 $|\Delta\delta|$ 的增大，变气隙厚度型自感式传感器的非线性误差也增大，因此，使得变气隙型自感传感器的工作区域很小，只能用于微小位移的测量（通常测量范围为0.001～1 mm）。

为了减小非线性误差，可以增大初始气隙厚度 δ_0，但是由式(6.9)可知，δ_0 的增大会降低传感器的灵敏度系数，提高灵敏度与减小非线性误差是矛盾的。在实际工程应用中，为了同时提高灵敏度和减小非线性误差，通常采用差动结构。差动变气隙厚度型自感式传感器的基本结构如图6.3(a)所示，它由两组参数相同的电感线圈和铁芯共用一个衔铁组成，当衔铁处于

中间位置时，$L_1=L_2=L_0$，当衔铁在被测量带动下偏离中间位置时，左、右两个线圈的电感一个增大而另一个减小，将 L_1 和 L_2 按图 6.3(b)的桥接方式接入交流电桥（图中 Z_3 和 Z_4 为固定阻抗，数值上等于 L_0 的等效阻抗），即可构成差动结构。

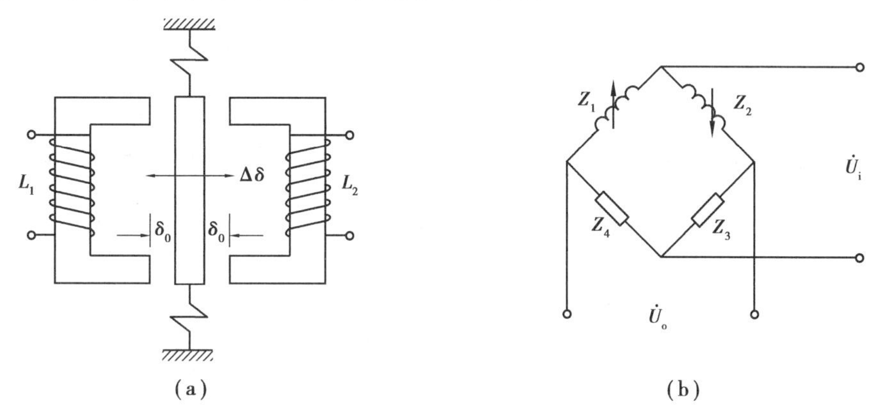

图 6.3 差动变气隙厚度型自感式传感器及其桥接方式

图 6.3(a)中，假设衔铁向左移动 $\Delta\delta$ 的距离时，根据式(6.6)和式(6.8)可得

$$\begin{cases}\Delta L_1 = L_0\left[\dfrac{\Delta\delta}{\delta_0}+\left(\dfrac{\Delta\delta}{\delta_0}\right)^2+\left(\dfrac{\Delta\delta}{\delta_0}\right)^3+\left(\dfrac{\Delta\delta}{\delta_0}\right)^4+\cdots\right]\\ \Delta L_2 = L_0\left[-\dfrac{\Delta\delta}{\delta_0}+\left(\dfrac{\Delta\delta}{\delta_0}\right)^2-\left(\dfrac{\Delta\delta}{\delta_0}\right)^3+\left(\dfrac{\Delta\delta}{\delta_0}\right)^4+\cdots\right]\end{cases} \tag{6.12}$$

根据差动电桥的性质可知，总的电感变化量为

$$\Delta L=\Delta L_1-\Delta L_2=L_0\left[2\frac{\Delta\delta}{\delta_0}+2\left(\frac{\Delta\delta}{\delta_0}\right)^3+2\left(\frac{\Delta\delta}{\delta_0}\right)^5\right] \tag{6.13}$$

总电感的相对变化量为

$$\frac{\Delta L}{L_0}=2\frac{\Delta\delta}{\delta_0}+2\left(\frac{\Delta\delta}{\delta_0}\right)^3+2\left(\frac{\Delta\delta}{\delta_0}\right)^5 \tag{6.14}$$

式(6.14)中右边的第1项为线性项，其余项为非线性项。由此可知，采用差动结构后，电感的相对变化量中的偶次非线性项被抵消了，只剩下三次以上的奇次非线性项，即非线性误差减小了大约一个数量级。若忽略非线性项，则有

$$K_\delta=\frac{\left|\dfrac{\Delta L}{L_0}\right|}{|\Delta\delta|}\approx 2\frac{1}{\delta_0} \tag{6.15}$$

即采用差动结构后，测量灵敏度提高了1倍。

此外，差动结构中的两个电感线圈参数近乎相同，若放置在相同的工作条件下，则温度波动和电源变化等干扰因素对两个线圈的影响可以在很大程度上互相抵消，从而具有较强的抗干扰能力，因而差动自感式传感器在实际工程中得到了广泛应用。

(2)变气隙截面积型自感式传感器

图 6.4 为变气隙截面积型自感式传感器基本结构，当衔铁左右移动时，将使气隙截面积 $S=2a\cdot b$ 发生变化，从而使线圈的电感量 L 发生变化。当空气磁导率 μ_0 和气隙厚度 δ 固定时，由式(6.2)可得，自感对气隙截面积的偏微分为

$$\frac{\partial L}{\partial S}=\frac{N^2\mu_0}{2\delta} \tag{6.16}$$

式中　N——线圈的匝数。

由式(6.16)可知,理论上自感 L 与气隙截面积 S 之间呈线性关系(需要注意的是,当 $S=0$ 时,L 并不为零,而且当 S 较大时,两者之间还是存在一定的非线性)。

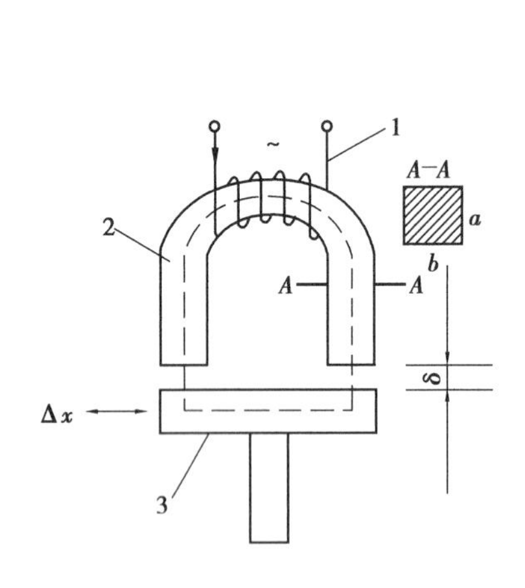

图 6.4　变气隙截面积型自感式传感器
1—线圈;2—铁芯;3—衔铁

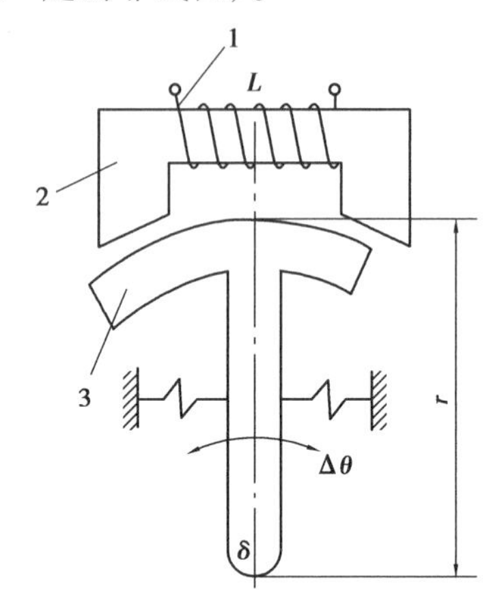

图 6.5　变气隙截面积型角位移自感式传感器
1—线圈;2—铁芯;3—衔铁

假设被测量为零时,衔铁与铁芯完全重合,则线圈初始电感为

$$L_0 = \frac{N^2\mu_0 S}{2\delta} = \frac{2N^2\mu_0 ab}{2\delta} \tag{6.17}$$

式中　a——衔铁与铁芯的厚度;

b——衔铁与铁芯完全重合的宽度。

当被测量带动衔铁左/右移动 Δx 时,电感量变化为

$$L_1 = L_0 + \Delta L = \frac{2N^2\mu_0 a\cdot(b-\Delta x)}{2\delta} = L_0\left(1-\frac{\Delta x}{b}\right) \tag{6.18}$$

电感量的相对变化量为

$$\frac{\Delta L}{L_0} = -\frac{\Delta x}{b} \tag{6.19}$$

定义变气隙截面积型自感式传感器的灵敏度系数为

$$K_S = \frac{\dfrac{\Delta L}{L_0}}{\Delta x} = -\frac{1}{b} \tag{6.20}$$

由式(6.20)可知,变气隙截面型自感式传感器的灵敏度系数是一个常数,这也反映了其具有线性特性,因而其测量范围可取得大些,其自由行程可按需要安排,但是其缺点在于测量灵敏度较低,因此常用于角位移的测量,如图 6.5 所示。

图 6.5 中,假设衔铁与铁芯的厚度为 a,衔铁与铁芯的初始重合的圆弧长宽度为 b,则线圈的初始电感值如式(6.17)所示,当衔铁移动一个角位移 $\Delta\theta$ 时,电感量变化为

$$L_1 = L_0 + \Delta L = \frac{2N^2\mu_0 a(b-\Delta\theta\cdot r)}{2\delta} = L_0\left(1-\frac{\Delta\theta\cdot r}{b}\right) \tag{6.21}$$

式中　r——圆弧状衔铁的半径。

其灵敏度系数为

$$K_S=\frac{\frac{\Delta L}{L_0}}{\Delta\theta}=-\frac{r}{b} \tag{6.22}$$

即灵敏度系数仍然为常数，电感变化量 ΔL 与角位移 $\Delta\theta$ 呈线性关系。

变气隙截面型自感式传感器也可以采用差动结构，图6.6(a)为差动变气隙截面积型自感式传感器的基本结构，当衔铁左、右移动时，线圈 L_1 和 L_2 的电感变化量大小相等而符号相反，将 L_1 和 L_2 按图6.6(b)的桥接方式接入测量交流电桥，即可构成差动结构，使测量的灵敏度提高1倍左右。

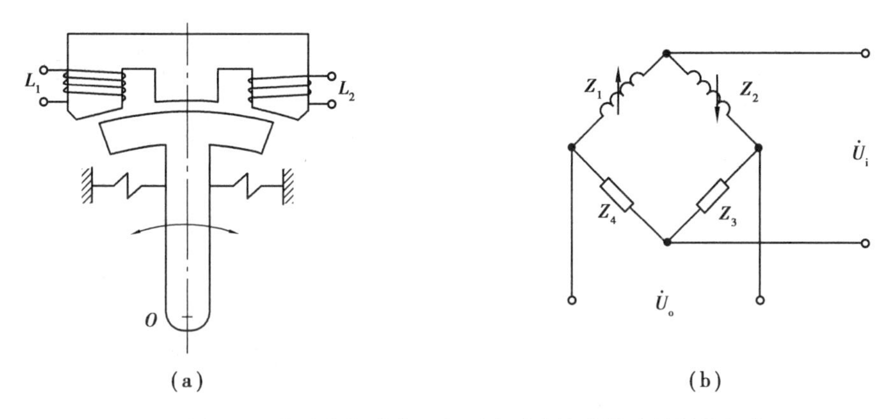

图6.6　差动变气隙截面积型自感式传感器及其桥接方式

(3)变铁芯磁导率型自感式传感器

某些铁磁物质在外界机械力的作用下，铁磁材料内部将发生应变，产生应力，使各磁畴之间的界限发生移动，从而使磁畴磁化强度矢量转动，因而铁磁材料的磁化强度也发生相应的变化，从而引起磁导率 μ 的改变，这种由于应力使铁磁材料磁导率变化的现象，称为“压磁效应”。相反，某些铁磁物质在外界磁场的作用下会产生变形，有的伸长，有的则缩短，这种现象称为“磁致伸缩”。

变铁芯磁导率型自感式传感器(又称压磁传感器)就是利用压磁效应原理制成的，其基本结构如图6.7所示。以具有磁致伸缩效应的铁磁材料制成自感式传感器的铁芯，当铁芯感受外界压力 P 或应变 ε 时，其磁导率 μ 将发生变化而导致线圈的电感 L 产生与应变 ε 成一定关系的变化，通过测量电感的变化，则可以知道应变的大小。

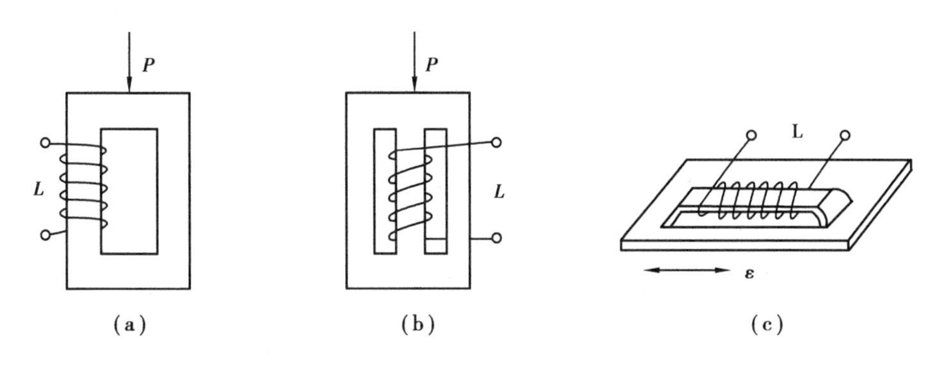

图6.7　变铁芯磁导率型自感式传感器

压磁式传感器主要用于对机械力(弹性应力、残余应力)的测量,具有测量范围较大、输出功率大、信号强、结构简单、牢固可靠、抗干扰性能好、过载能力强、便于制造、经济实用等优点,其缺点在于测量精度一般,频响较低。近年来,压磁式传感器在自动控制、无损测量、生物医学等领域逐渐得到广泛应用。

(4)螺管型自感式传感器

螺管型自感式传感器是一种开磁路的自感式传感器,它的结构形式也可分为单线圈结构和差动结构,如图6.8所示。

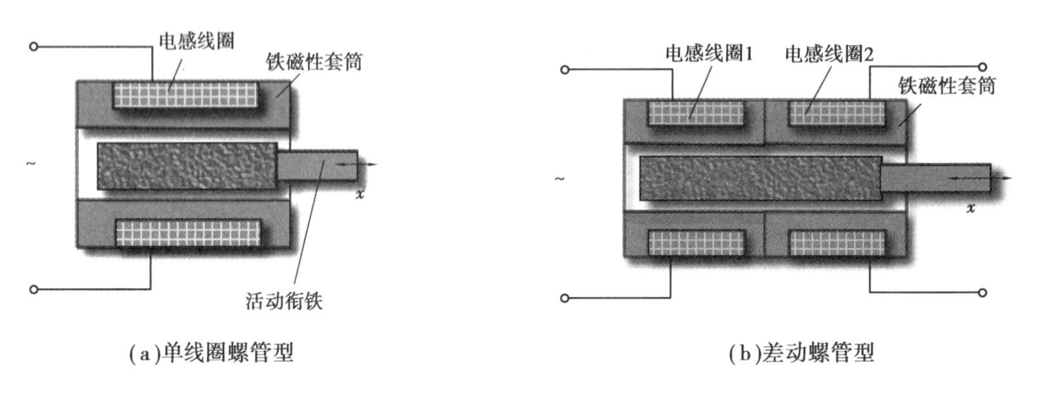

(a)单线圈螺管型　　(b)差动螺管型

图6.8　螺管型自感式传感器

螺管型自感式传感器由包在铁磁性套筒内的螺管线圈和磁性活动衔铁组成。活动衔铁与被测体连接。进行测量时,衔铁随被测体沿轴向移动,使磁路的磁阻发生变化,从而使线圈的电感量发生变化。线圈的电感量取决于衔铁插入的深度 x,而且随着衔铁插入深度的增加而增大。当衔铁的插入长度 x 增加 Δx 时,定义单线圈螺管型自感式传感器的灵敏度为

$$K=\frac{\Delta L}{\Delta x}=\frac{\pi\mu_r\mu_0 N^2 r_c^2}{l^2} \tag{6.23}$$

式中　μ_0——空气的磁导率;

μ_r——衔铁的相对磁导率;

N——线圈匝数;

r_c——衔铁的半径;

l——线圈长度。

由式(6.23)可知,螺管型自感式传感器的灵敏度系数为常数,即电感 L 的变化与位移 x 的变化呈线性关系。差动螺管型自感式传感器的灵敏度要比单线圈螺管型自感式传感器提高1倍。

螺管型自感式传感器的灵敏度比变截面型的灵敏度更低,但是它具有量程大、线性度好、结构简单、便于制作等特点,因而较广泛地应用于较大位移(通常为数毫米)的测量。

6.1.2　自感式传感器的测量电路(信号调理电路)

被测量的变化使自感式传感器的电感量 L 发生变化,只要用测量电路把电感的变化转换成电压、电流、频率等电参量的变化,然后把输出电参量进行放大和信号调理之后即可求测出

被测量的大小。电感变化属于阻抗型变化,常用的测量电路主要有交流电桥式、变压器式交流电桥以及谐振电路等,差动型自感式传感器通常采用变压器式交流电桥。

如图6.9所示为变压器式交流电桥的基本结构,考虑到传感器线圈不仅具有电感,而且线圈导线具有一定的电阻,因此用 Z_1 和 Z_2 来表示为差动自感式传感器的两个线圈,另外两个桥臂为电源变压器次级线圈的两个副半边,电桥由交流电源 $\dot{U}_s$ 供电。当负载阻抗为无穷大时,桥路输出电压为

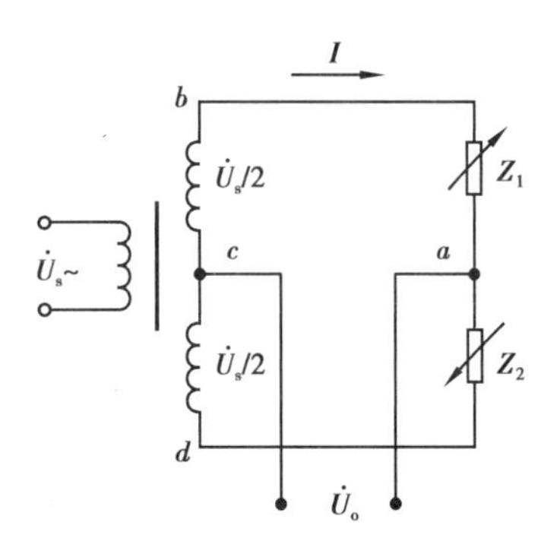

图6.9　变压器式交流电桥

$$\begin{aligned}\dot{U}_o &= \dot{U}_{ac} = \dot{U}_a - \dot{U}_c \\ &= \frac{Z_1}{Z_1 + Z_2}\dot{U}_s - \frac{1}{2}\dot{U}_s \\ &= \frac{Z_1 - Z_2}{2(Z_1 + Z_2)}\dot{U}_s \end{aligned} \tag{6.24}$$

当传感器的衔铁位于中间位置时,$Z_1 = Z_2 = Z$,此时电桥平衡,输出电压 $\dot{U}_o = 0$。

当衔铁向上移动,则上线圈的阻抗增大为 $Z_1 = Z_1 + \Delta Z_1$,而下线圈的阻抗减小为 $Z_2 = Z_1 - \Delta Z_2$,当衔铁的位移 $\Delta\delta \ll \delta_0$ 时,可近似认为 $\Delta Z_1 = \Delta Z_2 = \Delta Z$,由式(6.24)得

$$\dot{U}_o = \frac{\Delta Z}{2Z}\dot{U}_s \tag{6.25}$$

同理,当衔铁向下移动时,上面线圈的阻抗减小,即 $Z_1 = Z_1 - \Delta Z$,而下面线圈的阻抗增大,即 $Z_2 = Z_1 + \Delta Z$,此时输出电压为

$$\dot{U}_o = -\frac{\Delta Z}{2Z}\dot{U}_s \tag{6.26}$$

由式(6.25)和式(6.26)可知,变压器电桥的输出为被测位移信号(调制信号)与高频电源信号(载波信号)相乘,为具有被测位移包络线的交流调幅信号,故变压器电桥电路又称为调幅电路。当衔铁向上和向下移动相同距离时,若忽略电感线圈的等效电阻,则两者的输出电压大小相等,方向相反(即相位差180°)。

(1)变压器式交流电桥的相敏整流电路

变压器式交流电桥的输出电压为交流调幅信号,在图6.9中,若衔铁上移,则输出电压 $\dot{U}_o$ 与交流电源电压 $\dot{U}_s$ 的相位相同,若衔铁下移相同大小的位移,则输出电压 $\dot{U}_o$ 与交流电源电压 $\dot{U}_s$ 相位相反。使用双通道示波器观察测量结果,其中示波器通道1测量 $\dot{U}_s$,示波器通道2测量 $\dot{U}_o$,则衔铁向上、向下移动时示波器两个通道观察到的波形如图6.10所示。

通过对比示波器两个通道的波形,不仅能判断衔铁位移的大小,而且还能判断衔铁位移的方向,但是,示波器的价格是比较昂贵的,而且其信号波形难以直接用于自动控制等场合。而用普通的交流电压表测量交流电桥的输出调幅信号,只能测量出调幅波的幅值而不能测出调

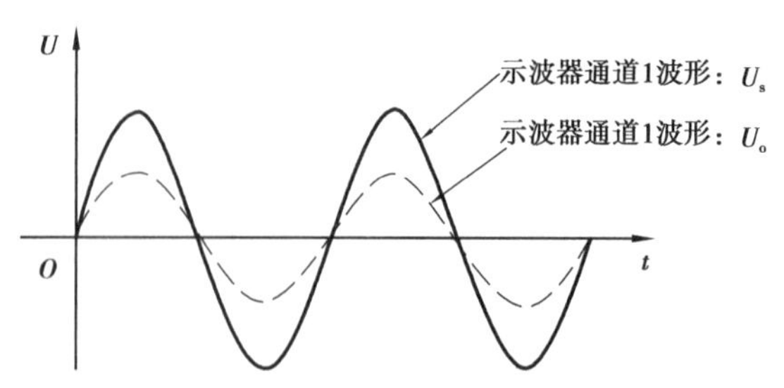

(a)衔铁上移时的电源-输出信号波形

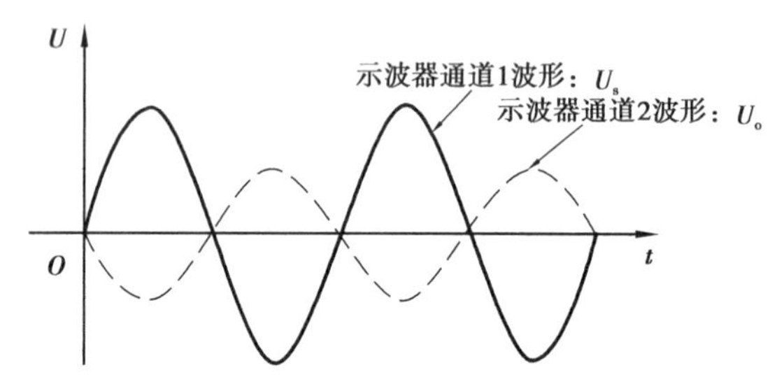

(b)衔铁下移时的电源-输出信号波形

图 6.10　使用双通道示波器观察变压器式交流电桥的信号波形

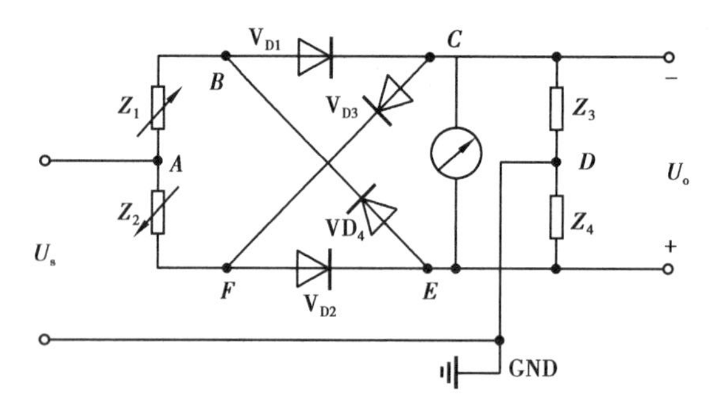

图 6.11　二极管相敏整流电路

幅波的相位，即测量结果只能反映衔铁位移的大小而不能反映衔铁位移的方向，因此，在实际工程中通常是把变压器式交流电桥的输出电压用相敏整流电路进行整流、滤波等信号处理之后，用直流双向电压表或数字万用表进行测量。

图 6.11 为一种二极管相敏整流电路的基本结构，图中 4 个二极管 $V_{D1} \sim V_{D4}$ 的参数完全相同，Z_1 和 Z_2 为差动自感式传感器的两个线圈的阻抗，Z_3 和 Z_4 为平衡阻抗，U_s 为交流电源，U_o 为输出电压，用双向电压表测量（为方便起见，U_o 的参考方向取上负下正）。

当传感器的衔铁位于中间位置时，$Z_1=Z_2=Z_0$，此时电桥平衡，输出电压 $U_o=0$。

①当衔铁向上移动时，上面线圈的阻抗增大为 $Z_0+\Delta Z$，而下面线圈的阻抗减小为 $Z_0-\Delta Z$，此时假设电源 U_s 处于正半周，则二极管 V_{D1} 和 V_{D2} 导通，而 V_{D3} 和 V_{D4} 截止，假设 I_1 为流过 Z_1、V_{D1} 和 Z_3 的电流，I_2 为流过 Z_2、V_{D2} 和 Z_4 的电流，则 I_1 的流向为 $A \to Z_1 \to B \to V_{D1} \to C \to Z_3 \to D \to$ GND，而 I_2 的流向为 $A \to Z_2 \to F \to V_{D2} \to E \to Z_4 \to D \to$ GND，因为此时 $Z_1 > Z_2$，很明显，在整个电源正半周内都有 $I_2 > I_1$，即对于 Z_3 和 Z_4 支路而言，总的电流方向是由下往上流的，因

此，此时输出电压 U_o 为正电压，信号波形如图6.12(a)所示。

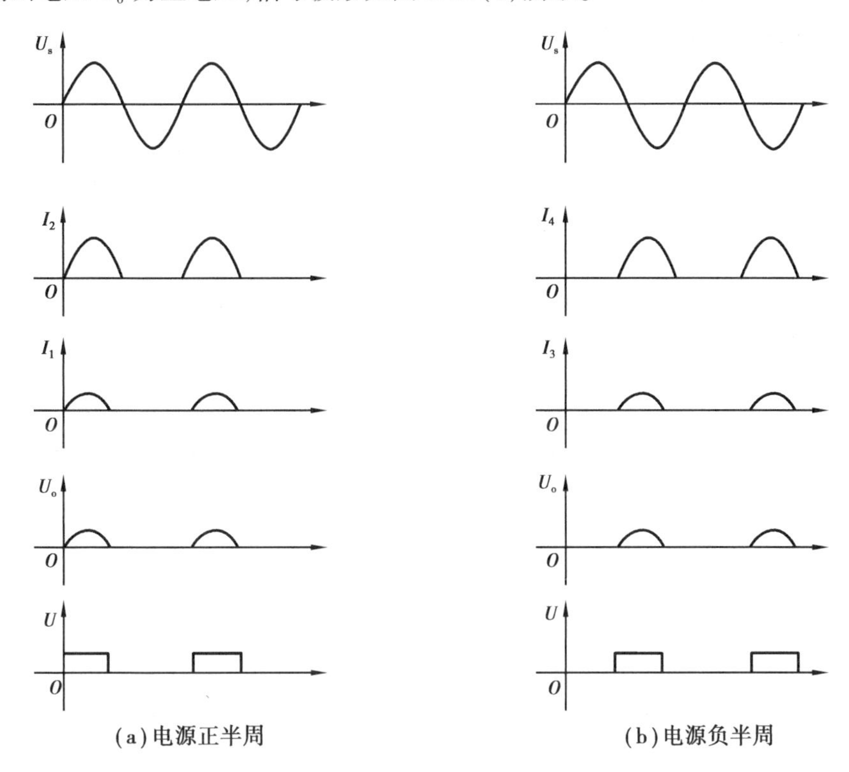

图6.12　衔铁上移时的输出波形

当衔铁向上移动且电源 U_s 处于负半周时，则二极管 V_{D3} 和 V_{D4} 导通，而 V_{D1} 和 V_{D2} 截止，假设 I_3 为流过 Z_4、V_{D4} 和 Z_1 的电流，I_4 为流过 Z_3、V_{D3} 和 Z_2 的电流，则 I_3 的流向为GND $\to D \to Z_4 \to E \to V_{D4} \to B \to Z_1 \to A$，而 I_4 的流向为 GND $\to D \to Z_3 \to C \to V_{D3} \to F \to Z_2 \to A$，因为此时 $Z_1 > Z_2$，很明显，在整个电源负半周内有 $I_4 > I_3$，即对于 Z_3 和 Z_4 支路而言，总的电流方向仍然是由下往上流的，此时输出电压 U_o 仍为正电压，信号波形如图6.12(b)所示。

因此得出结论：只要衔铁上移，则无论电源 U_s 处于正半周还是负半周，输出电压 U_o 的幅值总是正的，将 U_o 进行滤波之后，即可得到与位移大小成正比的直流正电压 U_o。

②当衔铁向下移动时，上面线圈的阻抗减小为 $Z_0-\Delta Z$，而下面线圈的阻抗增大为 $Z_0+\Delta Z$，此时假设电源 U_s 处于正半周，则二极管 V_{D1} 和 V_{D2} 导通，而 V_{D3} 和 V_{D4} 截止，假设 I_1 为流过 Z_1、V_{D1} 和 Z_3 的电流，I_2 为流过 Z_2、V_{D2} 和 Z_4 的电流，则 I_1 的流向为 $A \to Z_1 \to B \to V_{D1} \to C \to Z_3 \to D \to$ GND，而 I_2 的流向为 $A \to Z_2 \to F \to V_{D2} \to E \to Z_4 \to D \to$ GND，因为此时 $Z_2 > Z_1$，很明显，在整个电源正半周内都有 $I_2 < I_1$，即对于 Z_3 和 Z_4 支路而言，总的电流方向是由上往下流的，因此，此时的输出电压 U_o 为负电压，信号波形如图6.13(a)所示。

当衔铁向下移动且电源 U_s 处于负半周时，则二极管 V_{D3} 和 V_{D4} 导通，而 V_{D1} 和 V_{D2} 截止，假设 I_3 为流过 Z_4、V_{D4} 和 Z_1 的电流，I_4 为流过 Z_3、V_{D3} 和 Z_2 的电流，则 I_1 的流向为GND $\to D \to Z_4 \to E \to V_{D4} \to B \to Z_1 \to A$，而 I_2 的流向为 GND $\to D \to Z_3 \to C \to V_{D3} \to F \to Z_2 \to A$，因为此时 $Z_1 < Z_2$，很明显，在整个电源负半周内有 $I_4 < I_3$，即对于 Z_3 和 Z_4 支路而言，总的电流方向仍然是由上往下流的，此时输出电压 U_o 为负电压，信号波形如图6.13(b)所示。

得出结论：只要衔铁下移，则无论电源 U_s 处于正半周还是负半周，输出电压 U_o 的幅值总是负的，将 U_o 进行滤波之后，即可得到与位移大小成正比的直流负电压 U。

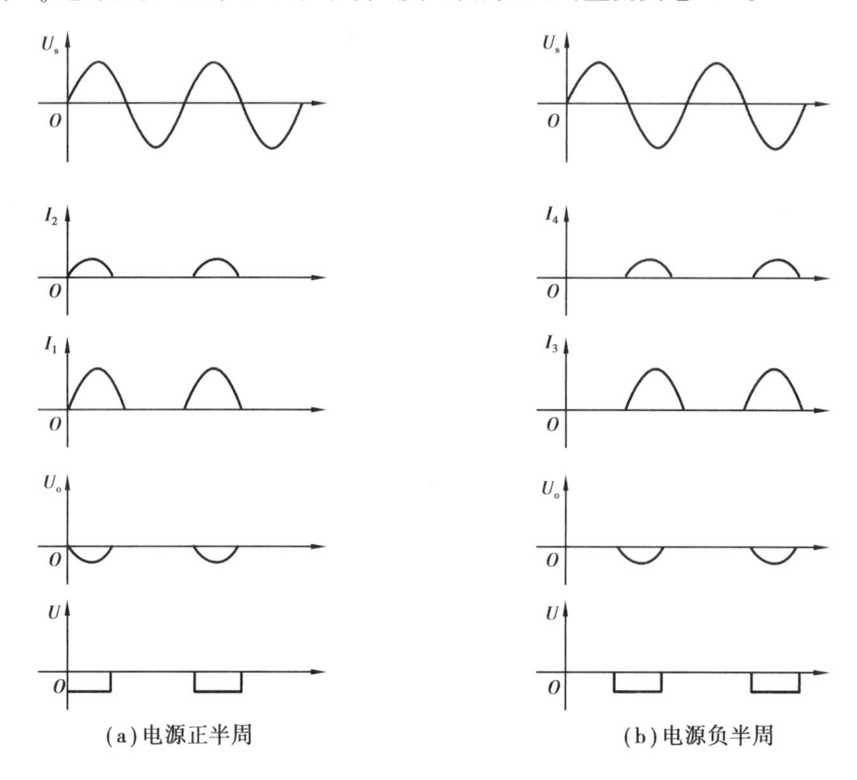

图 6.13　衔铁下移时的输出波形

当采用无相位鉴别的整流电路时，输出电压与衔铁位移的关系曲线如图 6.14(a)所示。由此可知，无论衔铁上移还是下移，输出电压的符号都是相同的，无法辨别位移的方向；当采用相敏整流电路时，输出电压与衔铁位移的关系曲线如图 6.14(b)所示，输出电压的极性随位移的方向变化而变化。图 6.14(a)中的实线为理想特性曲线，当衔铁处于中间位置(位移为零)时，理想的输出电压应该也为零，且位移与输出电压应该为线性关系，而实际的特性曲线如虚线所示，由图中可知，不仅输出电压与在衔铁位移较大时存在一定的非线性，而且位移为零时，输出电压并不为零，而是有一个最小的输出电压 ΔU_o，该电压称为零点残余电压，零点残余电

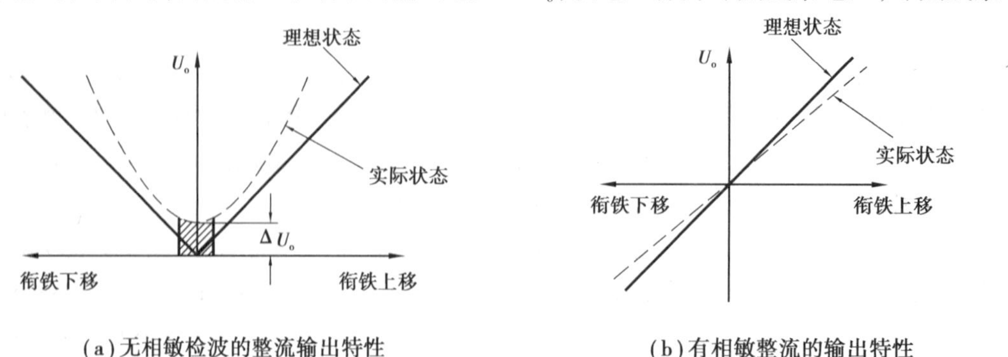

图 6.14　变压器交流电桥的输出电压-衔铁位移关系

压的存在会造成较大的测量误差。从图6.14(b)还可知,采用相敏整流电路可减小零点残余电压和非线性误差。

(2)零点残余电压产生的原因及其消除方法

零点残余电压的存在,将使传感器的非线性误差增大,降低测量的精度和分辨率,甚至会造成放大器末级趋于饱和,使测量系统不能正常工作。因此,零点残余电压的大小是电感式传感器的一个重要的性能指标。产生零位点残余的主要原因如下:

①由于差动式两个电感线圈绕制的不均匀、磁路的不对称以及磁性材料的特性不一致等,造成传感器两电感线圈的电气参数和几何尺寸等参数不对称。

②电感线圈存在铁损,即磁化曲线存在非线性。

③激励电源中含有高次谐波成分。

④线圈具有寄生电容,线圈与外壳、铁芯间存在分布电容。

减小零位误差的主要措施是:在设计制造时采取措施,保证两电感线圈的对称;减少电源中的谐波成分,减小电感传感器的激磁电流,使之工作在磁化曲线的线性段;采用相敏整流电路作为测量电路;另外,在测量电桥中可接入可调电位器,当电桥有起始不平衡电压时,可以调节电位器,使电桥达到平衡条件。图6.15为两种用于减少零点残余电压的补偿电路,图中电位器 R_p 用于调节两线圈的参数使之趋于一致,而电容 C 用于滤除高次谐波。

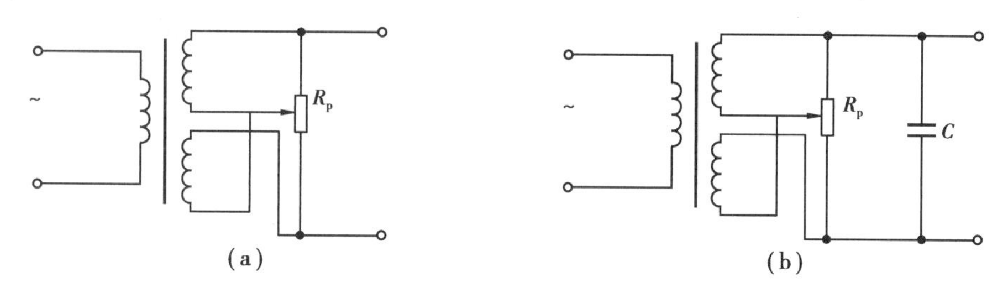

图6.15　零点残余电压补偿电路

6.1.3　自感式传感器使用要点

除零点残余电压外,自感式传感器在工作时还会受到其他因素的影响。影响传感器精度的因素很多,如温度变化、电源电压和频率的波动、传感器的非线性等。为了提高传感器的测量精度,在使用时应注意以下3点:

(1)减小非线性特性的影响

通常采用差动式结构可大大减小非线性的影响,此外还应限制衔铁的最大位移量,对于变气隙式自感传感器,一般取 $\Delta\delta<0.1\ \delta_0$。

(2)减小电源电压和频率波动造成的影响

电源电压和频率的波动都导致线圈阻抗的变化,因此,铁芯磁感应强度的工作点要选在磁化曲线的线性段,同时采用严格对称的交流电桥以补偿频率波动的影响。

(3)提高设计和装配精度以及温度变化的影响

变气隙式自感传感器在气隙发生微小变化时就会产生较大的阻抗变化,对温度变化造成的微小零件几何尺寸改变很敏感,因此,在传感器结构设计时,应适当选择零件材料,使各部件间的线膨胀系数合理匹配。对于差动型传感器,还应提高装配精度以尽可能地使两个线圈的各种参数(电阻、电感、匝数和几何尺寸)相同。

6.1.4 自感式传感器的应用

自感式电感传感器一般用于接触式测量,静态和低频动态测量均可。它主要用于位移、振动、压力、荷重、流量、液位等参量的测量,具有灵敏度较高(目前可测 0.1 μm 的直线位移)、输出信号较大、存在非线性、功率消耗大、测量范围比较小等特点。

(1)变气隙厚度型自感式压力传感器

图6.16为变气隙厚度型自感式压力传感器的基本结构。当被测气体压力 p 发生变化时,使与自感式传感器的衔铁相连的弹性敏感元件发生形变,从而带动衔铁产生移动,进而使线圈的电感量 L 发生变化,再通过交流电桥等测量电路,将 L 的变化转换成电压的变化,经过相敏整流、滤波等处理之后,输出电压的大小反映了衔铁位移的大小,而相位反映了衔铁位移的方向,再通过换算即可得出压力 p 的大小和方向。

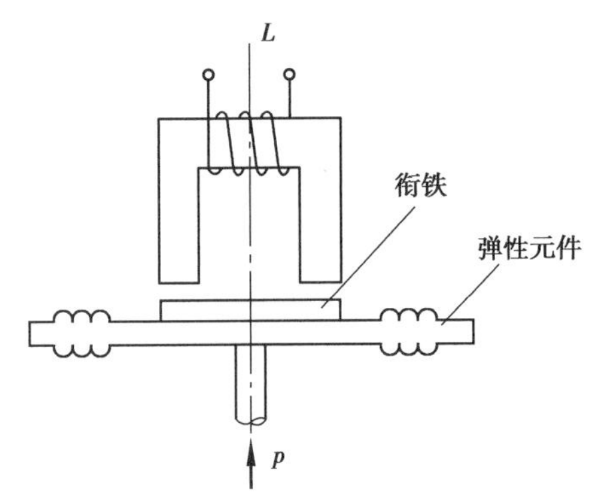

图6.16 自感式气体压力传感器

(2)差动螺管型自感式差压传感器

图6.17(a)为差动螺管型自感式差压传感器的基本结构,图6.17(b)为其典型测量电路的框图。

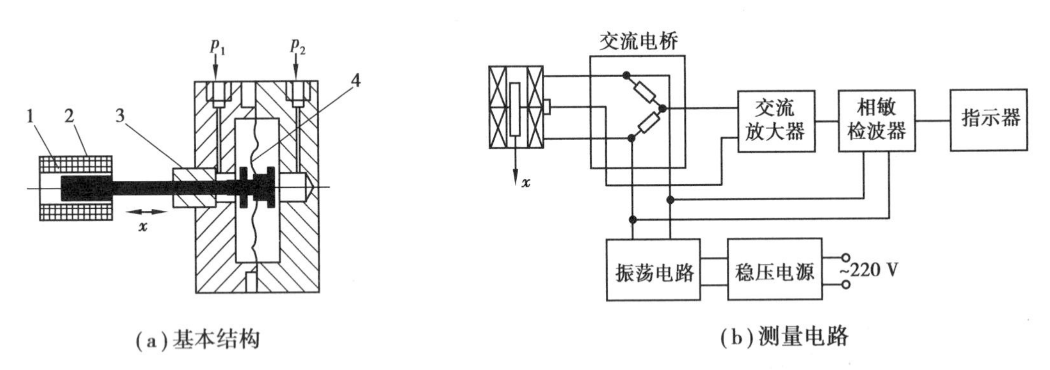

图6.17 差动螺管型自感式差压传感器及其测量电路

1—差动螺管型自感式传感器;2—铁芯;3—连杆;4—弹性膜片

当被测压力 $p_1=p_2$(即压差 $\Delta p=0$)时,弹性膜片没有感受应变,铁芯的位移 $x=0$,差动螺管型自感式传感器的两个线圈电感量相等,交流电桥的输出为零。当被测压力 $p_1\neq p_2$ 时,弹性膜片感受应变而产生应变,通过连杆带动铁芯移动,使差动螺管型自感式传感器的两个线圈的电感量发生大小相等而方向相反的变化,使得交流电桥输出具有位移 x 包络的调幅波,该调幅波经放大、相敏检波和滤波等处理之后,输出的信号不仅能反映位移 x 的大小,而且能反映位移 x 的方向,即反映了压差 Δp 的大小和方向。

(3)电感式滚柱直径分拣装置

图6.18为电感式滚柱直径分拣装置原理图,该装置的测量传感器为电感式测微仪,用于检测被测滚柱直径是否满足技术指标,并将不同直径的滚柱分拣到对应的料斗中。

电感式测微仪的衔铁位置与被测滚柱的直径有关,不同直径的滚柱使活动铁芯处于不同的位置,当滚柱直径偏大时,铁芯向上移动,当滚柱直径偏小时,铁芯向下移动,从而使电感测微仪的线圈的电感量发生与滚柱直径大小相应的变化,使得其输出为带有滚柱直径信息(包络)的调幅波,再经放大、相敏检波和滤波等处理之后,使得输出电压 U_o 的幅值大小反映了滚柱直径的偏差大小,而 U_o 的极性反映了直径是偏大还是偏小,再通过计算机采样 U_o 的幅值和极性,根据采样结果去控制电磁翻板和电磁阀,使不同直径的滚柱落到与其对应的料斗中。在实际工程应用中,该装置的测量精度可以达到1 μm。

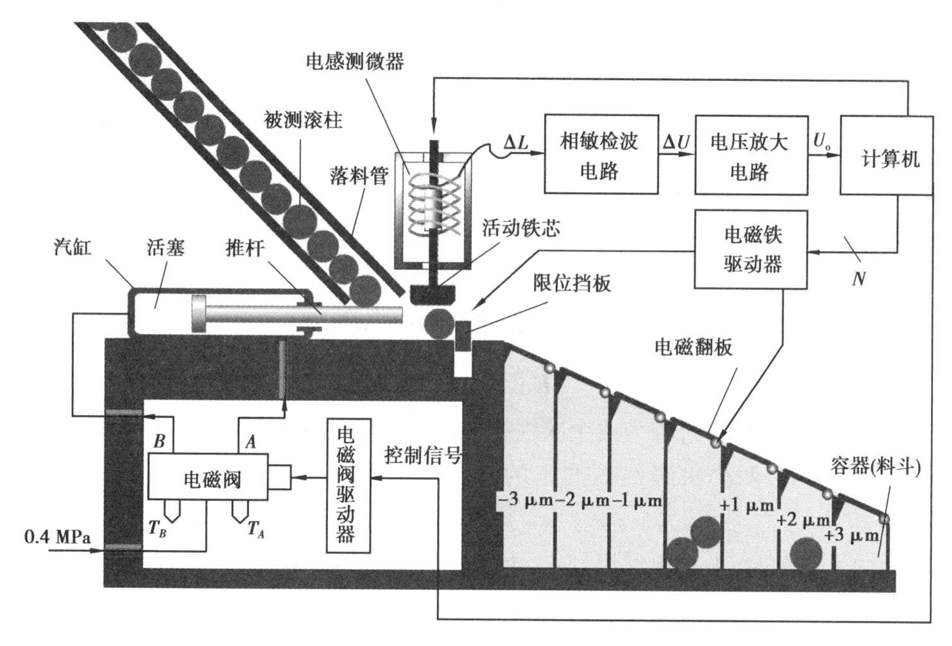

图6.18　电感式滚柱直径分拣装置原理

6.2　差动变压器

互感式电感传感器是利用电磁感应中的互感现象,将非电量转换为线圈间互感的一种磁电机构,由于其是基于变压器原理工作的,且常采用两个次级线圈组成差动式,故又称差动变压器式传感器。

差动变压器的结构形式较多,有变气隙型、变截面积型和螺管型等,目前在实际工作中,使用得较多的为螺管型,它通常用于范围为1～100 mm的位移测量,以下以螺管型差动变压器为例介绍差动变压器的工作原理。

6.2.1 螺管型差动变压器的结构和工作原理

图6.19为常用的三段式螺管型差动变压器的基本结构。它由一个初级线圈p和两个次级线圈S_1、S_2组成，两组次级线圈的结构尺寸和电气参数完全相同，且反极性串联相接。线圈中心插入圆柱形铁芯b。

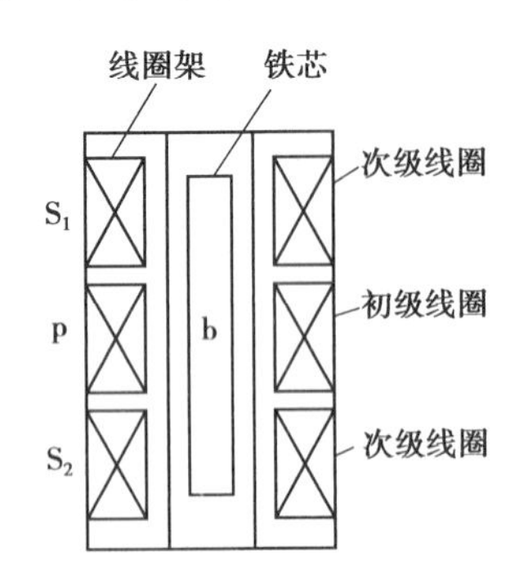

图6.19 三段式螺管型差动变压器结构

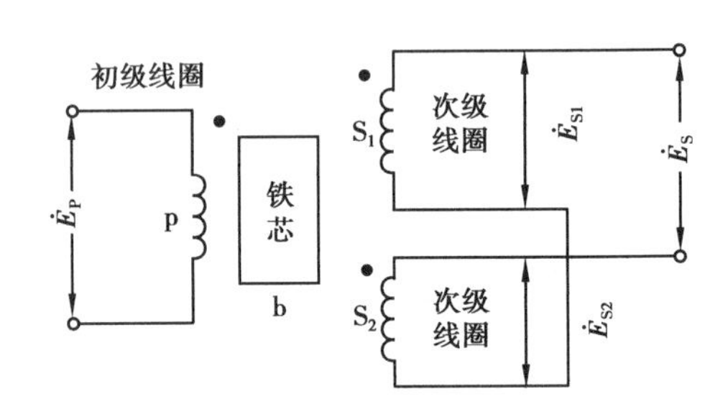

图6.20 差动变压器电气原理图

差动变压器的电气原理如图6.20所示。当给初级线圈p加上具有一定频率和幅值的交流激励电压E_p时，在两个次级线圈上分别产生感应电压E_{S1}、E_{S2}，感应电压的大小与铁芯的轴向位移成比例。把E_{S1}和E_{S2}反向极性连接，使得输出电压为

$$\dot{E}_S = \dot{E}_{S1} - \dot{E}_{S2} \tag{6.27}$$

当铁芯处于中间位置时，因为两个次级线圈内所穿过的磁通相等，故初级线圈与两个次级线圈的互感M相等，两个次级线圈产生的感应电动势也就相等，即$E_{S1}=E_{S2}$，此时输出电压$E_S=0$。

当铁芯向上移动时，上边次级线圈S_1内所穿过的磁通要比下边次级线圈S_2内所穿过的磁通多，故初级线圈与上边次级线圈的互感要比初级线圈与下边次级线圈的互感大，因而使上边次级线圈的感应电动势E_{S1}增加，而下边次级线圈的感应电动势E_{S2}减小，此时传感器的输出电压为

$$\dot{E}_S = \dot{E}_{S1} - \dot{E}_{S2} > 0 \tag{6.28}$$

当铁芯向下移动时，上边次级线圈S_1内所穿过的磁通要比下边次级线圈S_2内所穿过的磁通少，因此初级线圈与上边次级线圈的互感要比初级线圈与下边次级线圈的互感小，因而使上边次级线圈的感应电动势E_{S1}减少，而下边次级线圈的感应电动势E_{S2}增大，此时传感器的输出电压为

$$\dot{E}_S = \dot{E}_{S1} - \dot{E}_{S2} < 0 \tag{6.29}$$

铁芯的位移越大，两次级线圈的感应电动势的差值就越大，输出电压的幅值也就越大。且当铁芯向上或向下移动经过中间位置（零点）时，输出电压E_S的相位变化180°。

6.2.2 差动变压器的基本特性

(1)等效电路

在忽略涡流损耗、铁损和耦合电容的理想情况下,差动变压器的等效电路如图6.21所示。图中,E_p 为初级线圈的励磁电压,E_S 为输出电压,L_p、R_p 分别为初级线圈的自感和有效电阻;M_1、M_2 分别为初级线圈与两个次级线圈的互感;L_{S1}、L_{S2} 分别为两个次级线圈的自感;R_{S1}、R_{S2} 分别为两个次级线圈的有效电阻。

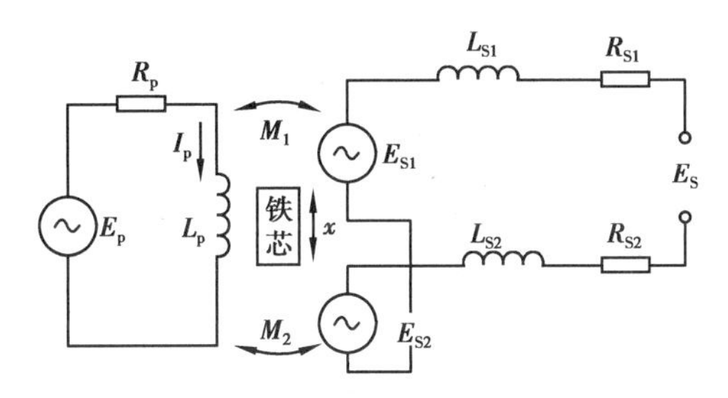

图6.21 差动变压器等效电路

当二次侧负载开路时,由等效电路可得初级线圈的激磁电流为

$$\dot{I}_p = \frac{\dot{E}_p}{R_p + j\omega L_p} \tag{6.30}$$

式中 ω——激磁电源的频率。

由于初级线圈激磁电流的存在,使得铁芯和次级线圈中存在磁通量,从而在两个次级线圈中感应出电动势,其值为

$$\begin{cases} \dot{E}_{S1} = -j\omega M_1 \dot{I}_p \\ \dot{E}_{S2} = -j\omega M_2 \dot{I}_p \end{cases} \tag{6.31}$$

将式(6.31)代入式(6.27),可得

$$\dot{E}_S = -j\omega(M_1 - M_2)\frac{\dot{E}_p}{R_p + j\omega L_p} \tag{6.32}$$

输出电压的有效值为

$$E_S = \frac{\omega(M_2 - M_1)}{\sqrt{R_p^2 + (\omega L_p)^2}} E_p \tag{6.33}$$

当铁芯处于中间平衡位置时,互感 $M_1 = M_2 = M$,则

$$E_S = 0$$

当铁芯向上移动时,$M_1 = M + \Delta M, M_2 = M - \Delta M$,则

$$E_S = -2\frac{\Delta M\omega}{\sqrt{R_p^2 + (\omega L_p)^2}} E_p \tag{6.34}$$

当铁芯向下移动时,$M_1 = M - \Delta M, M_2 = M + \Delta M$,则

$$E_S = 2\frac{\Delta M\omega}{\sqrt{R_p^2 + (\omega L_p)^2}} E_p \tag{6.35}$$

由式(6.34)和式(6.35)可知，当铁芯经过中间位置(零点)时，输出电压 E_S 的相位变化 180°。

(2)输出特性

根据差动变压器的工作原理可知，当铁芯向上移动时，互感 M_1 增大，当铁芯向下移动时互感 M_2 增大，由麦克斯韦互感系数公式可知，互感系数的变化 ΔM 与铁芯位移的变化 Δx 之间呈非线性关系，因此次级线圈的感应电压 E_{S1} 和 E_{S2} 的变化也是非线性的，而且 Δx 越大，非线性越强，同时，当铁芯位移超过一定范围时，感应电压反而会下降，因此，E_{S1} 和 E_{S2} 与 x 的关系如图 6.22 所示的实线。

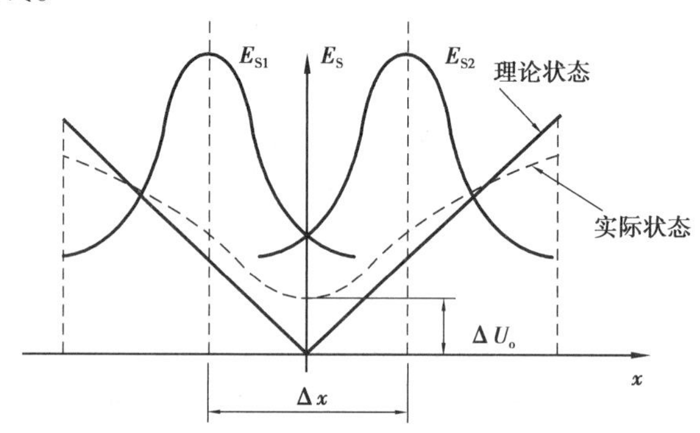

图 6.22　差动变压器的输出特性曲线(无相敏检波)

差动变压器的输出电压的幅值 $E_S=E_{S1}-E_{S2}$，在两个次级线圈的参数(匝数、磁阻、铁芯磁导率)完全相等，并忽略铁芯端部效应和漏磁通的理想情况下，输出电压 E_S 经整流后，其有效值与铁芯位移 x 之间的理想关系应如图 6.22 中的实线所示，呈 V 形特性，即输出电压与铁芯位移呈线性关系，且当铁芯处于中间位置($\Delta x=0$)时，输出电压应该为零。

但是，在实际工程中，差动变压器的两个次级线圈不可能完全相同，因此，实际的输出电压曲线如图 6.22 中的虚线所示，只有在 Δx 较小时，ΔM 才与 Δx 呈线性关系，即只有在铁芯位移较小时，输出电压才近似为线性。因此，在实际工程中，差动变压器实际的测量范围约为线圈骨架全长的 1/10～1/4。

同时，当铁芯处于中间位置($\Delta x=0$)时，因两个次级线圈参数不相等，差动变压器的输出也存在零点残余电压 ΔU_o，如图 6.22 所示。差动变压器产生零点残余电压的原因与差动自感式传感器类似，为了减小零点残余电压，应尽可能保证传感器几何尺寸，使线圈电气参数和磁路的相互对称，并采用导磁性能良好的材料制作传感器壳体，使之兼顾屏蔽作用，以便减小外界电磁场的干扰，还应该将传感器磁回路工作区域设计在铁芯磁化曲线的线性段(避开饱和区)，以减小由于磁化曲线的非线性而产生的三次谐波。采用如图 6.15 所示的补偿电路也能有效减少零点残余电压。

应该指出，因为差动变压器的输出电压为交流电压，若采用无相敏检波功能的整流电路进行整流时，则输出电压只能反映铁芯位移的大小而无法反映铁芯位移的方向，从图 6.22 也可以看出，当 $\Delta x>0$ 或 $\Delta x<0$ 时，E_S 相等。

(3)差动变压器的灵敏度与激磁电压的关系

差动变压器的灵敏度 K_E 用衔铁移动单位位移时，输出电压的变化来表示，K_E 的单位为 V/mm。由式(6.33)可知，激磁电压的角频率 ω 和幅值 E_p 对差动变压器的灵敏度影响很大，

当激磁角频率 ω 较小时,则 $\omega L_p \ll R_p$,此时可忽略 ωL_p,式(6.33)可写为

$$E_S = \frac{\omega(M_2 - M_1)}{R_p} E_p \tag{6.36}$$

当 ω 较大时,$\omega L_p \gg R_p$,此时可忽略 R_p,式(6.33)可写为

$$E_S = \frac{(M_2 - M_1)}{L_p} E_p \tag{6.37}$$

而当 ω 过高时,由于趋肤效应和铁损增加等原因,差动变压器的输出反而下降。

由以上分析可知,在激磁频率低频段,差动变压器的输出 E_S 与激磁角频率 ω 成正比,ω 越大,灵敏度越高;在激磁频率中频段,差动变压器的输出与激磁频率无关;在激磁频率高频段,差动变压器的输出随 ω 的增大而减小。因此,差动变压器的激磁频率与灵敏度的关系曲线如图6.23所示,具有带通特性。一般差动变压器的激磁频率 f_0 不宜取得过低或过高,通常为1~10 kHz较为合适。

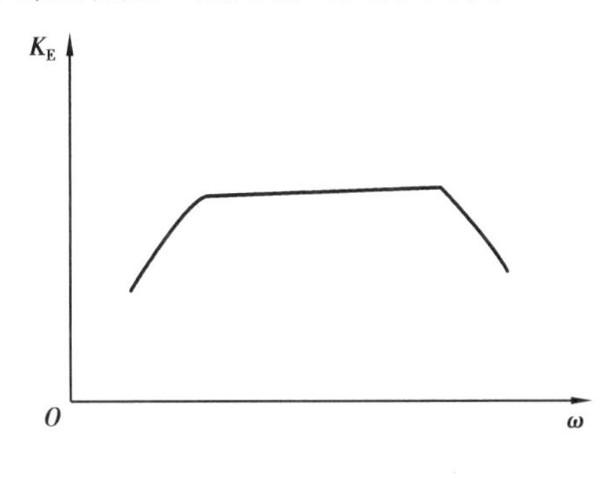

图6.23　激磁频率与灵敏度的关系

由式(6.33)可知,差动变压器的输出电压与激磁电压的幅值 E_p 成正比,E_p 越大,则灵敏度越高,但是在实际应用中,激磁电压的幅值要受到差动变压器的允许功耗限制,通常取3~12 V较为合适。

6.2.3　差动变压器的测量(信号调理)电路

差动变压器的输出电压 E_S 为高频交流信号(载波)E_p 与衔铁的位移信号(调制信号)x 相乘的调幅波,其波形如图6.24所示,因而用交流电压表来测量时存在下述问题:①交流电压表无法判别衔铁移动方向;②因为零点残余电压的存在,使得在零位附近测量小位移时误差较大。因此,在进行测量时,需要用专门的测量电路对差动变压器的输出电压进行解调、整流和滤波等信号处理,达到辨别位移的方向和消除零点残余电压的目的,处理之后的信号可以用直流电压表进行测量。此类专门的测量电路常见的为差动整流电路和二极管相敏检波电路。本节主要介绍差动整流电路的工作原理。

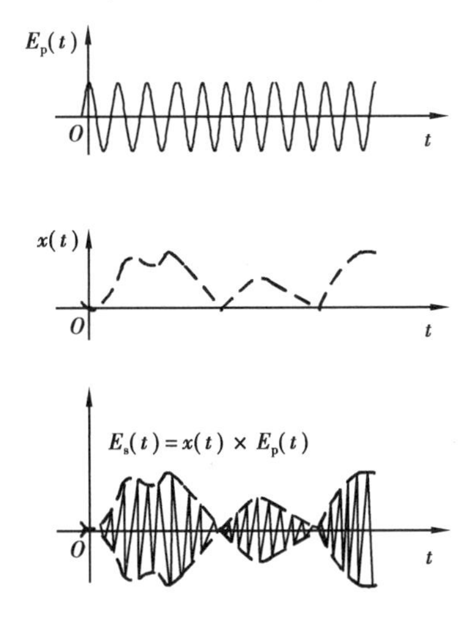

图6.24　差动变压器动态测量波形

差动整流就是先把差动变压器两个次级线圈的感应电动势分别整流,然后再将整流后的电压或电流串联成通路差动输出。差动整流的常见形式如图6.25所示,其中图6.25(a)、(b)为电压输出型差动整流电路,用在高阻抗负载(如电压表)的场合,图6.25(c)、(d)为电流输出型差动整流电路,用在低阻抗负载(如动圈式电流表)的场合。

在此以图6.25(a)的全波电压输出差动整流电路为例,说明差动整流的原理。

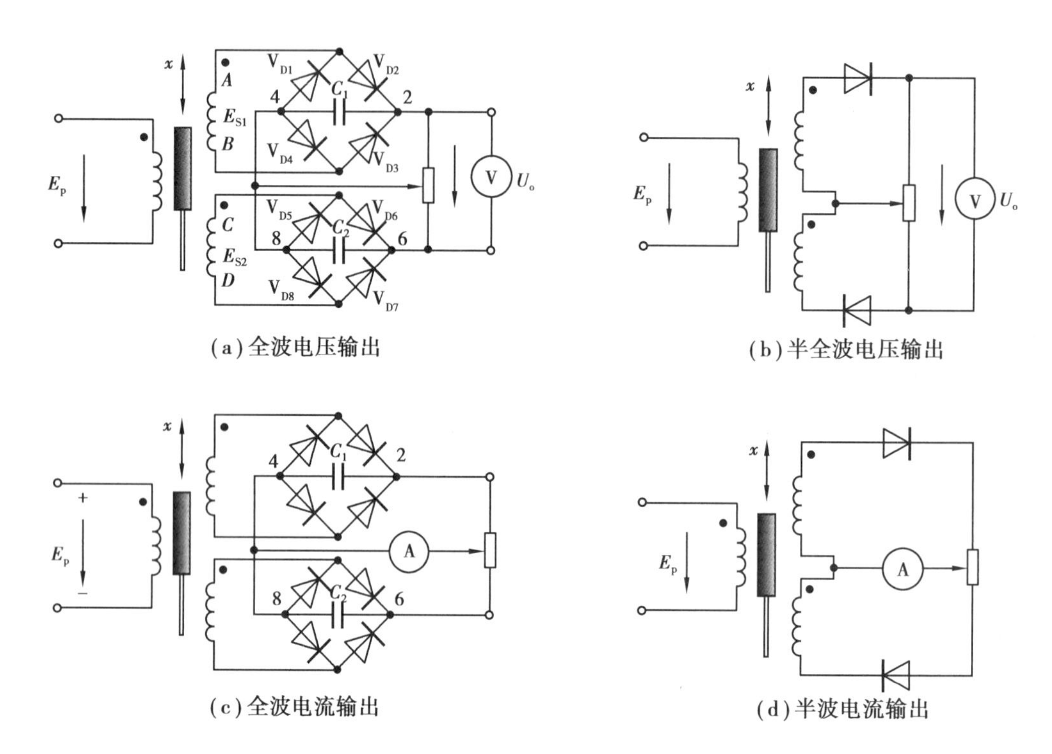

(a)全波电压输出　(b)半全波电压输出

(c)全波电流输出　(d)半波电流输出

图 6.25　差动整流电路

(1)当铁芯处于中间位置(零位)时

①在载波 E_p 的正半周,上面的次级线圈的整流二极管 V_{D2} 和 V_{D4} 导通,V_{D1} 和 V_{D3} 截止,因此上线圈电流的流向为 $A \to V_{D2} \to 2 \to C_1 \to 4 \to V_{D4} \to B$;下面的次级线圈的整流二极管 V_{D6} 和 V_{D8} 导通,V_{D5} 和 V_{D7} 截止,因此,下线圈电流的流向为 $C \to V_{D6} \to 6 \to C_2 \to 8 \to V_{D8} \to D$,由此可知,总的输出电压为 $U_o = U_{24} + U_{86} = E_{S1} - E_{S2}$,因为铁芯处于零位时 $E_{S1} = E_{S2}$,故输出电压 $U_o = 0$,如图 6.26(a)所示。

②在载波 E_p 的负半周,上面的次级线圈的整流二极管 V_{D1} 和 V_{D3} 导通,V_{D2} 和 V_{D4} 截止,因此,上线圈电流的流向为 $B \to V_{D3} \to 2 \to C_1 \to 4 \to V_{D1} \to A$;下面的次级线圈的整流二极管 V_{D5} 和 V_{D7} 导通,V_{D6} 和 V_{D8} 截止,因此,下线圈电流的流向为 $D \to V_{D7} \to 6 \to C_2 \to 8 \to V_{D5} \to C$,由此可知,总的输出电压仍为 $U_o = U_{24} + U_{86} = E_{S1} - E_{S2}$;因为,铁芯处于零位时 $E_{S1} = E_{S2}$,故输出电压 $U_o = 0$,如图 6.26(b)所示。

(2)当铁芯处于上移时

①在载波 E_p 的正半周,总的输出电压为 $U_o = U_{24} + U_{86} = E_{S1} - E_{S2}$,因为铁芯上移时 $E_{S1} > E_{S2}$,故输出电压 $U_o > 0$,如图 6.27 (a)所示。

②在载波 E_p 的负半周,输出电压仍为 $U_o = U_{24} + U_{86} = E_{S1} - E_{S2} > 0$,如图 6.27 (b)所示。

(3)当铁芯处于下移时

①在载波 E_p 的正半周,总的输出电压为 $U_o = U_{24} + U_{86} = E_{S1} - E_{S2}$,因为铁芯下移时 $E_{S1} < E_{S2}$,故输出电压 $U_o < 0$,如图 6.28 (a)所示。

②在载波 E_p 的负半周, $U_o = U_{24} + U_{86} = E_{S1} - E_{S2} < 0$,如图 6.28 (b)所示。

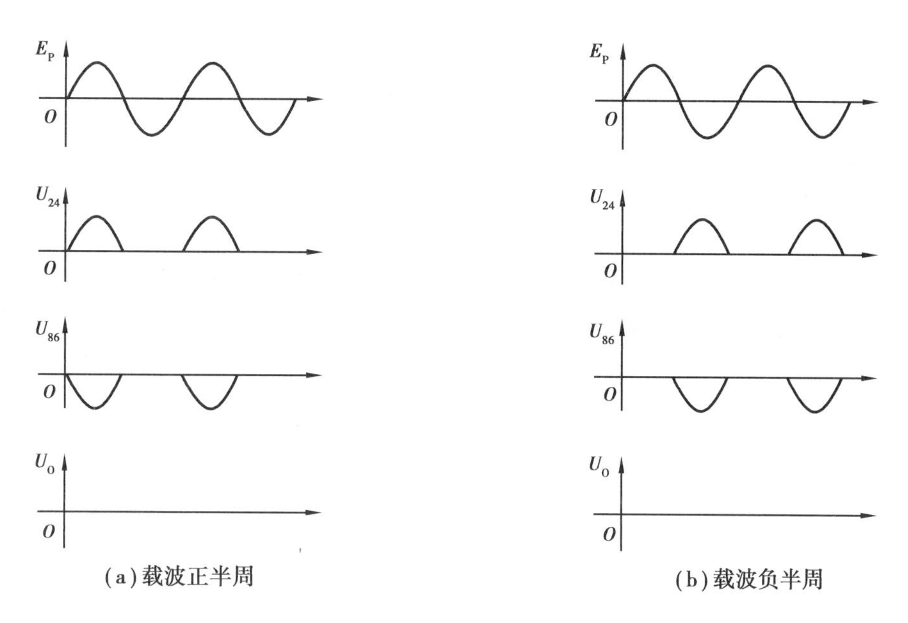

图6.26 铁芯处于零位时差动整流输出

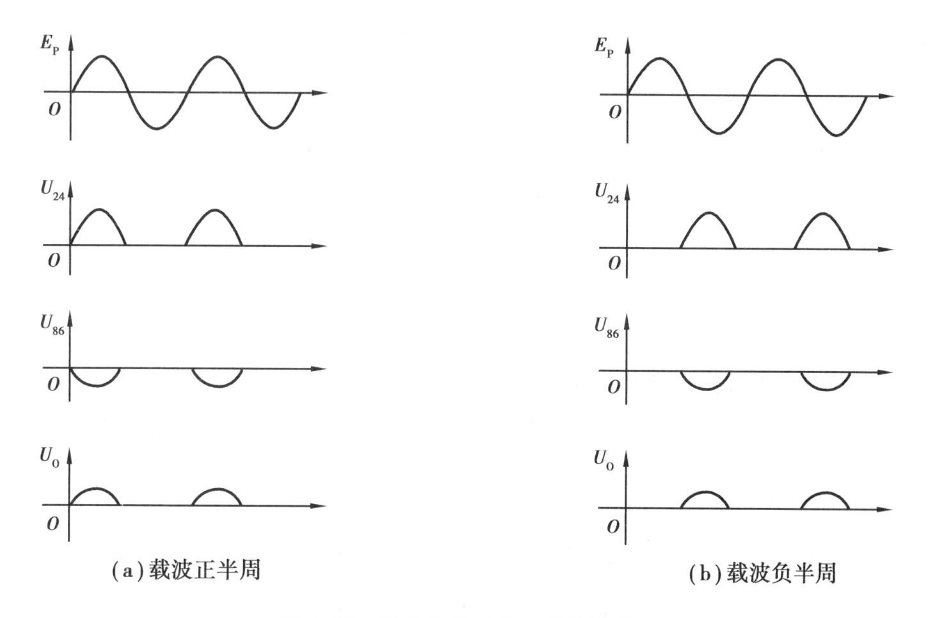

图6.27 铁芯上移时差动整流输出

综上所述，只要铁芯处于零位以上，则不论载波是正半周还是负半周，输出电压 U_o 的幅值都为正，经滤波器后输出正的直流电压，如图6.29(a)所示；而只要铁芯处于零位以下，则不论载波是正半周还是负半周，输出电压 U_o 的幅值都为负，经滤波器后输出负的直流电压，如图6.29(b)所示。

差动整流电路的结构简单，一般不需调整相位，不需考虑零位输出，在远距离传输时，将此电路的整流部分放在差动变压器一端，整流后的输出线延长，就可避免感应电容和引线分布电

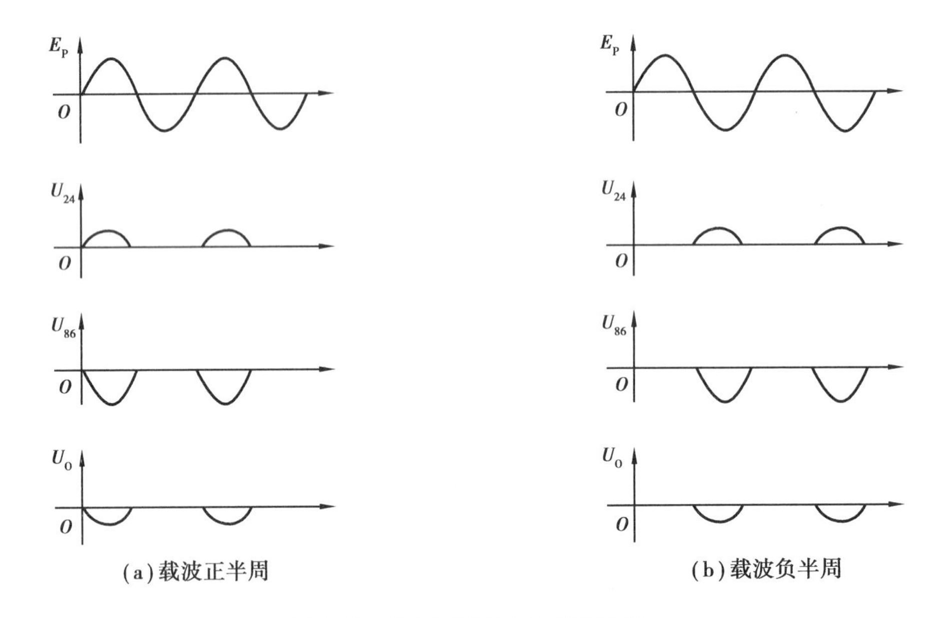

图 6.28　铁芯下移时差动整流输出

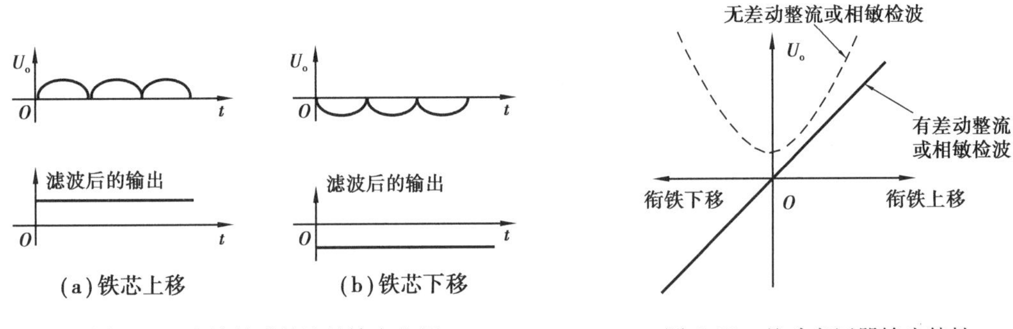

图 6.29　全波差动整流的输出电压

图 6.30　差动变压器输出特性

容的影响。

采用了差动整流对差动变压器的输出信号进行处理后，输出信号与铁芯位移的关系如图 6.30 所示，不仅能反映铁芯位移的大小和方向，而且还可以减小零点残余电压。

6.2.4　差动变压器的应用

差动变压器的应用特点与自感式传感器类似，主要用于位移、加速度、力、压力、应变、流量、密度等参数的测量。其特点在于精度高（可达 0.1 μm 数量级，最高可达 0.01 μm）；非线性误差小（高精度型非线性误差可达 0.1%）；线性范围大（可达±100 mm），稳定性好，结构简单，使用方便，但其频率响应较低，不宜测量高频动态参量。

(1)差动变压器式压力传感器

差动变压器的铁芯与弹性敏感元件相连，弹性元件感受被测压力而产生应变，带动铁芯移动，使差动变压器的输出电压发生变化，再通过差动整流、相敏检波等测量电路处理之后，输出信号的大小反映了铁芯位移的大小，而相位反映了铁芯位移的方向，再通过换算即可得出压力 p 的大小和方向。图 6.31 为差动变压器式压力传感器，其弹性敏感元件为空心圆柱，通常用

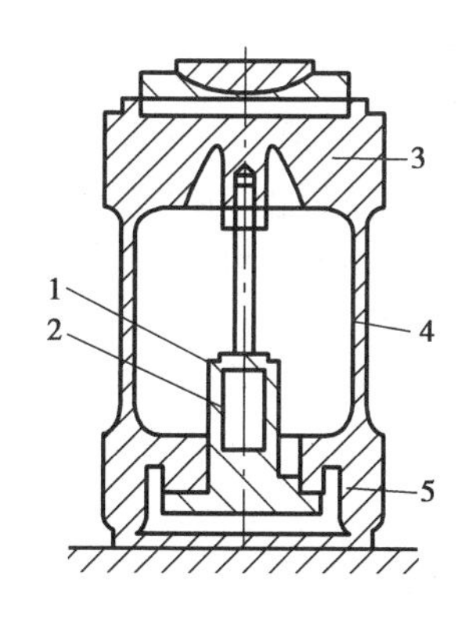

图6.31　差动变压器式压力传感器
1—线圈;2—铁芯;3—上部;
4—弹性元件;5—基座

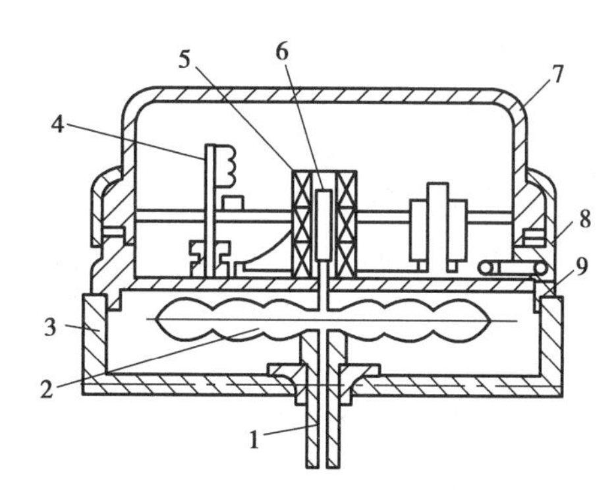

图6.32　差动变压器式微压传感器
1—接头;2—膜盒;3—底座;4—线路板;
5—差分变压器;6—衔铁;7—量壳;8—插头;9—通孔

于较大的压力测量;图6.32为差动变压器式微压传感器,其弹性敏感元件为圆形膜片,通常用于较小的压力测量。

(2)差动变压器式加速度传感器

图6.33为差动变压器式加速度传感器,通过质量弹簧惯性系统将被测加速度转换成力,作用在弹性元件上,使弹性元件产生变形,进而带动差动变压器的铁芯移动,使传感器的输出信号变化与加速度的变化一致。

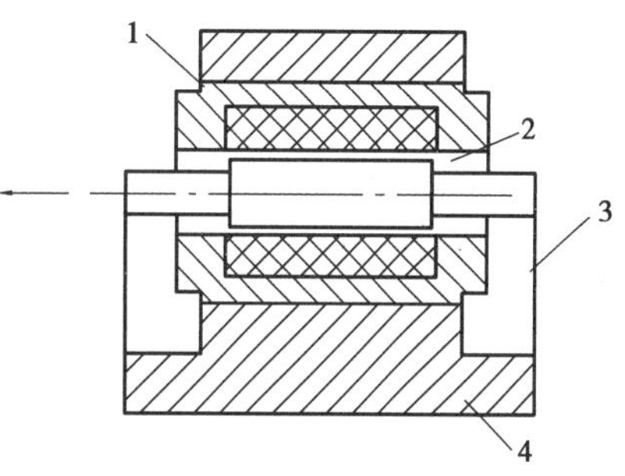

图6.33　差动变压器式加速度传感器
1—差动变压器;2—质量块;
3—弹簧片;4—壳体图

6.3　涡流式电感传感器

给电感线圈通以高频交流激磁电流时,交变的电流将会产生一个交变的磁场,当金属导体置于该交变磁场中时,导体表面和内部都会产生感应电流,这种感应电流的流线是自动闭合的,故通常称为电涡流,这种交变磁场使金属导体产生电涡流的现象称为电涡流效应。涡流式电感传感器就是基于电涡流效应而工作的,通常又称为电涡流式传感器,其基本结构如图6.34所示。

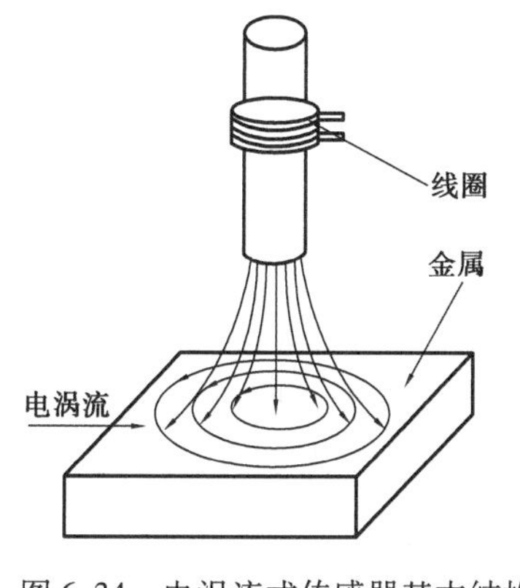

图6.34　电涡流式传感器基本结构

电涡流式传感器结构简单,易于进行非接触的连续测量,且灵敏度较高,适用性强,因此得到了广泛的应用。

6.3.1　电涡流式传感器的工作原理

电涡流式传感器的基本工作原理如图6.35所示,电感线圈与金属板的距离为δ,当线圈中通以高频交流激磁电流i_1时,在线圈周围空间就会产生一交变的磁场H_1。该交变磁场作用于靠近线圈一侧的金属板表面,在金属

表面产生与磁场 H_1 相交链的电涡流 i_2,该电流在金属板内部是闭合的。电涡流 i_2 反过来又会产生一个交变的电场 H_2,根据楞次定律,H_2 与 H_1 的方向相反,起到抵消 H_1 的作用。此外,线圈和金属板之间还存在磁滞损耗,导致磁场能量的损失。所以,电感线圈的电感量 L、等效阻抗 Z 和品质因数 Q 等都将发生改变,其变化程度与线圈和被测导体的尺寸因子 r、线圈至金属板之间的距离 δ,金属板材料的电阻率 ρ 和磁导率 μ,以及激磁电流 i_1 的幅值与角频率 ω 等参数都有关系。因此传感器线圈受电涡流影响时的等效阻抗 Z 的函数关系式为

$$Z = f(\delta, \rho, \mu, \omega, r) \tag{6.38}$$

如果式(6.38)中其他参数保持不变,而只改变其中一个参数,则传感器线圈阻抗 Z 就仅仅是这个参数的单值函数,从而可以按线圈等效阻抗 Z 的大小测量出该参数。例如,若其他参数固定,只改变距离 δ,可根据线圈阻抗的变化测量位移或振动的变化。又如,改变 ρ 或 μ 可用来测量金属的材质或温度(ρ 或 μ 均受温度的影响),或进行无损探伤。

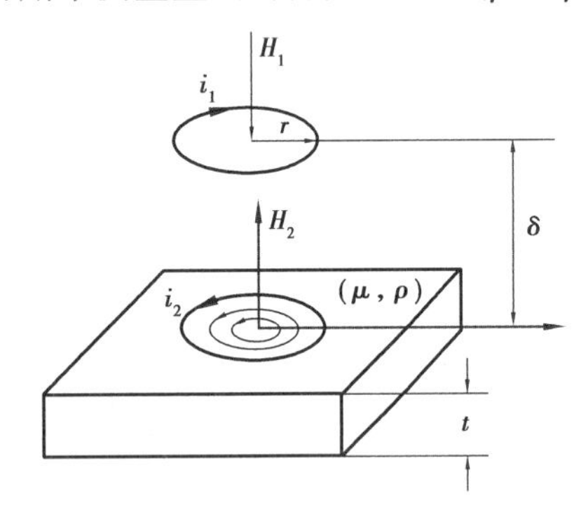

图 6.35　电涡流式传感器的工作原理

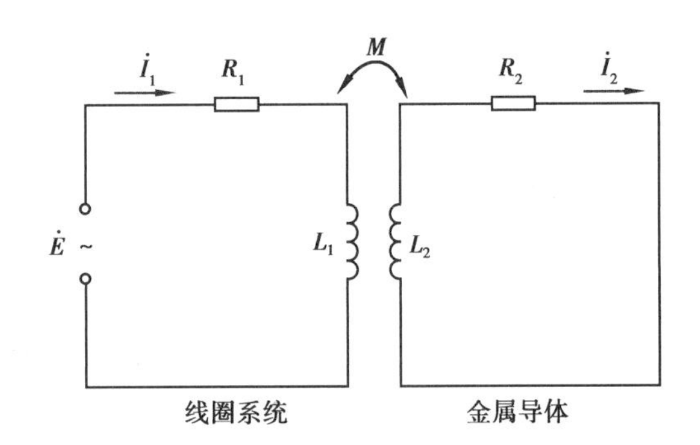

图 6.36　电涡流式传感器的等效电路

6.3.2　电涡流式传感器的特性

(1)等效电路

电涡流式传感器的等效电路如图 6.36 所示,金属导体中的电涡流等效为一个短路线圈,它与传感器线圈系统以互感系数 M 耦合,图中,R_1 和 L_1 为传感器线圈的等效电阻和等效电感;R_2 和 L_2 为金属导体中产生的电涡流等效线圈的电阻和电感;M 为传感器线圈与金属导体电涡流等效线圈之间的互感系数,E 为传感器线圈的激励电压。根据基尔霍夫定律及所设电流正方向,可写出回路方程为

$$\left.\begin{aligned} R_1\dot{I}_1 + j\omega L_1\dot{I}_1 - j\omega M\dot{I}_2 &= \dot{E} \\ -j\omega M\dot{I}_1 + R_2\dot{I}_2 + j\omega L_2\dot{I}_2 &= 0 \end{aligned}\right\} \tag{6.39}$$

解方程组,可得传感器线圈的等效阻抗为

$$Z = \frac{\dot{E}}{\dot{I}_1} = R_1 + \frac{\omega^2 M^2}{R_2^2 + (\omega L_2)^2}R_2 + j\omega\left[L_1 - \frac{\omega^2 M^2}{R_2^2 + (\omega L_2)^2}L_2\right] \tag{6.40}$$

式中,传感器线圈的等效电阻为

$$R = R_1 + R_2\frac{\omega^2 M^2}{R_2^2 + (\omega L_2)^2} \tag{6.41}$$

式(6.41)中等号右边的第2项称为反射电阻 R_r,即

$$R_r = R_2 \frac{\omega^2 M^2}{R_2^2 + (\omega L_2)^2} \tag{6.42}$$

它反映了电涡流的等效电路对传感器线圈等效电阻 R 的影响,由式(6.41)可知,只要有电涡流存在,则传感器线圈的等效电阻总是增大的,而且随着传感器线圈与金属导体的距离 x 的减小,互感系数 M 增大,由式(6.42)可知,反射电阻 R_r 也相应增大,导致传感器线圈的等效电阻也不断增大。

传感器线圈的等效电感为

$$L = L_1 - L_2 \frac{\omega^2 M^2}{R_2^2 + (\omega L_2)^2} \tag{6.43}$$

式(6.43)中等号右边的第1项(L_1)为传感器线圈的自感,L_1 的大小与金属导体的性质有关,当金属导体为软磁性材料时,L_1 随着传感器线圈与金属导体的距离 x 的减小而增大;而当金属导体为非磁性材料或硬磁性材料时,L_1 的大小与 x 无关。

式(6.43)中等号右边的第2项称为反射电感 L_r,即

$$L_r = L_2 \frac{\omega^2 M^2}{R_2^2 + (\omega L_2)^2} \tag{6.44}$$

它反映了电涡流的等效电路对传感器线圈等效电感 L 的影响,由式(6.43)可知,只要有电涡流存在,即传感器线圈与电涡流之间存在互感系数 M,则反射电感 L_r 的存在将导致传感器线圈的等效电感减小,而且随着传感器线圈与金属导体的距离 x 的减小,互感系数 M 增大,反射电感 L_r 越来越大,将导致传感器线圈的等效电感越来越小。

需要指出的是,当软磁性金属导体靠近传感器线圈时,线圈的自感 L_1 和反射电感 L_r 都增大,但是 L_1 增大的程度要高于 L_r 增大的程度,则由式(6.43)和式(6.44)可知,此时传感器线圈总的等效电感 L 是增大的。而当非软磁性金属导体靠近传感器线圈时,线圈的自感 L_1 不变,而反射电感 L_r 增大,则传感器线圈总的等效电感 L 是减小的。利用此特性,可以将电涡流式传感器用于鉴别软磁性与非软磁性金属。

由式(6.40)、式(6.41)和式(6.43)可知,电涡流传感器线圈的等效阻抗 Z、等效电阻 R 和等效电感 L 都是线圈与金属导体系统互感系数 M 的平方的函数。根据麦克斯韦互感系数的基本公式,可知互感系数 M 是线圈与金属导体间的距离 x 的非线性函数,因此,Z、R 和 L 都是 x 的非线性函数,只要通过测量电路将电涡流传感器的 Z、R 和 L 中的一个转换为电压或电流等电量,即可达到测量 x 的目的。

(2)趋肤效应

通以高频激磁电流的传感器线圈靠近金属导体时,产生的电涡流不仅分布于金属表面,而且可以渗透到金属内部的一定深度,但是,渗透的深度有限。根据理论分析和实验测试可以得出以下结论:金属导体表面的电涡流强度最大,随着渗透深度的增加,电涡流强度按指数规律衰减,这种现象称为趋肤效应,如图6.37所示。

定义金属体内电涡流强度等于金属表面的电涡流强度的 $1/e$ 处,离表面的轴向距离为轴向贯穿深度 δ,即

$$\delta = \sqrt{\frac{\rho}{\pi \mu_0 \mu_r f}} \tag{6.45}$$

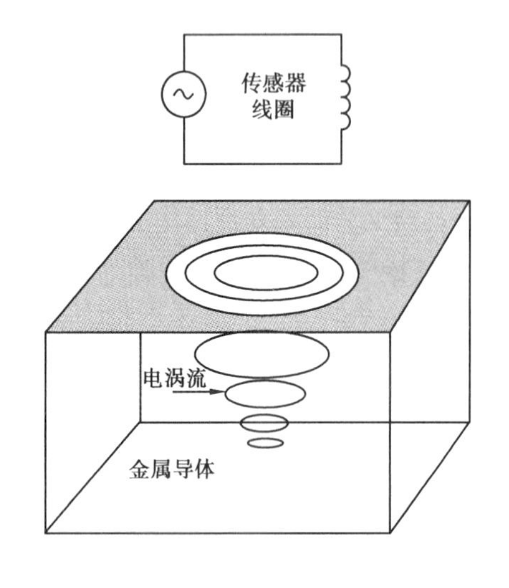

图 6.37　趋肤效应示意图

式中　ρ——金属导体的电阻率；

μ_0——空气的磁导率；

μ_r——金属导体的相对磁导率；

f——传感器线圈的激磁频率。

由式(6.45)可知，对于固定的金属导体，电涡流的轴向贯穿深度 δ 只与传感器线圈的激磁频率 f 有关，f 越大，则在导体中产生的涡流的趋肤效应越显著，则涡流的渗透深度越小，而 f 越小，涡流的渗透深度越大。根据这一现象，通常把电涡流式传感器分为高频反射式和低频透射式两种。

1)高频反射式电涡流传感器

高频反射式电涡流传感器的传感器线圈的激磁频率通常在 1 MHz 以上，产生的电涡流主要集中在金属导体的表面。图 6.38 为 CZF1 型高频反射式电涡流传感器的结构原理，由安置在框架上的扁平圆形线圈构成，并将导线绕在聚四氟乙烯框架窄槽内。

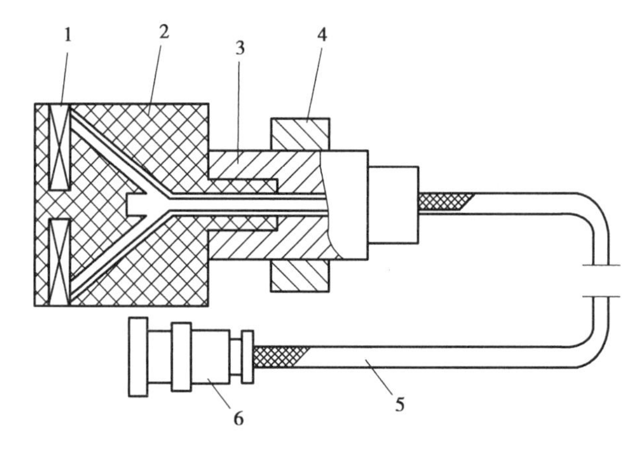

图 6.38　CZF1 型高频反射式电涡流传感器结构原理

1—线圈；2—框架；3—衬套；4—支架；5—电缆；6—插头

高频反射式涡流传感器多用于位移，以及与位移相关的厚度、振动等参数的测量。

2)低频透射式电涡流传感器

低频透射式电涡流传感器的传感器线圈的激磁频率通常在 20 kHz 以下，产生的电涡流可以渗入金属导体的内部，通常用于金属导体的厚度测量或进行导体内部的无损探伤。

图 6.39 为低频透射式电涡流传感器的工作原理，由发射线圈 L_1 和接收线圈 L_2 组成，给 L_1 通以低频振荡信号 u，从而产生低频缓变的磁场，由于低频磁场的趋肤效应比较弱，电涡流 i 对 L_1 产生的磁场能量抵消得比较少，使得磁力线有一部分可以透过被测导体，从而使线圈 L_2 感应出电动势 E，导体的厚度 t 越小，则电涡流损耗的磁场能量越少，透过的磁力线就越强，感应电动势 E 越大；反之，导体的厚度 t 越大则 E 越小。理论分析和试验表明，对于确定的被测金属材质，当激磁频率 f 一定时，感应电动势 E 随材料厚度 t 的增加按负指数规律减少，E-t 关系曲线如图 6.40 所示。

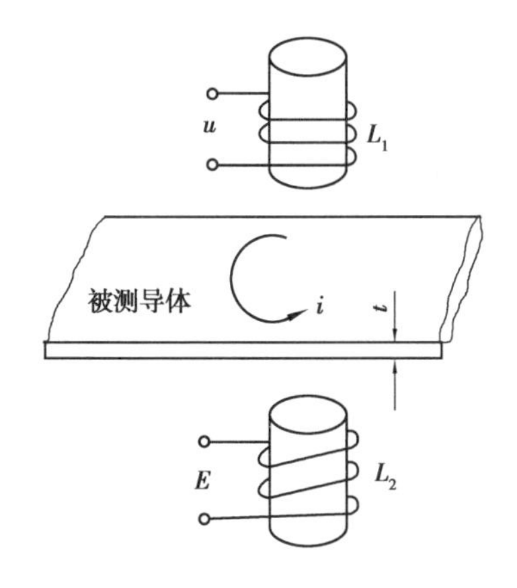

图6.39 低频透射式电涡流传感器

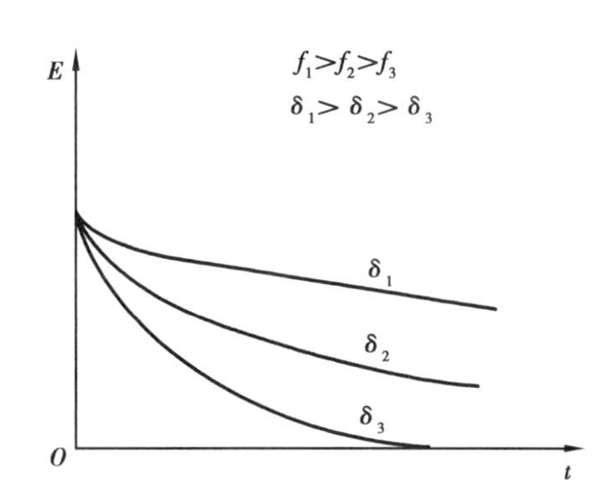

图6.40 感应电动势与金属厚度 t 的关系曲线

此外,因为电涡流的强度还与被测导体的性质(电导率 ρ 的大小,是否软磁性材料,温度的高低等)有关,若导体厚度 t 不变,则通过测量感应电动势 E 还可得知被测导体的性质。

由以上分析可知,当被测导体的材质一定时,感应电动势 E 间接反映了被测导体的厚度,通过测量 E,即可测出导体的厚度。而当被测导体的厚度一定时,通过测量 E,可分析导体内部是否有空隙,若有空隙,则感应出来的电动势 E 比正常的大,据此可以使用低频透射式电涡流传感器进行导体内部的无损探伤。

使用低频透射式电涡流传感器测量金属板厚度,对于薄金属板,激磁频率一般应选略高些,此时的 E-t 关系曲线为图6.40中 δ_3 所对应的曲线,其斜率高压于 δ_2 和 δ_1 所对应的曲线,表明测量的灵敏度较高;测厚金属板时,激磁频率应低些以增加电涡流的渗透深度。此外,在测量电阻率 ρ 较小的材料(如紫铜)时,应选较低的频率(如500 Hz),测量 ρ 较大的材料(如黄铜、铝)时,应选用较高的频率(如2 kHz),从而保证在测量不同材料时能得到较好的线性和灵敏度。

6.3.3 电涡流式传感器的测量(信号调理)电路

电涡流传感器测量电路的作用就是将传感器线圈的等效阻抗 Z 或等效电感 L 的变化转换为电压或电流的变化。阻抗 Z 的转换电路一般使用交流电桥;而电感 L 的转换电路一般用谐振电路,其中较为常用的是定频调幅电路和调频电路两种。以下主要介绍测量 L 用的谐振电路。

(1)定频调幅电路

图6.41为定频调幅电路原理图。它是将传感器线圈与一个已知的电容 C 并联构成一个LC谐振回路,谐振回路的谐振频率为

$$f=\frac{1}{2\pi\sqrt{LC}} \tag{6.46}$$

式中 L——传感器线圈的等效电感。

使用一个频率稳定的振荡器提供的频率为 f_0 的激励信号,通过耦合电阻施加到谐振回路上,由电路原理可知,当 $f=f_0$ 时,谐振回路呈现出的阻抗最大,则谐振回路的输出电压 $e(t)$ 的幅值最大,经过放大、检波和滤波等处理后,定频调幅电路输出电压 u 的幅值为最大值 U_{max}。

通常,将振荡器输出信号的频率 f_0 调整为

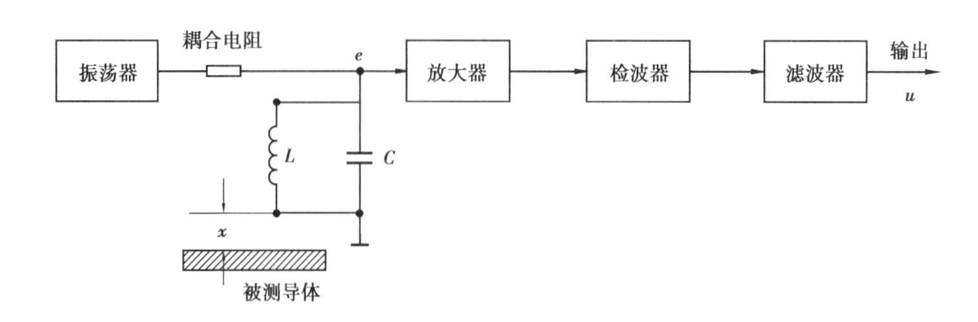

图 6.41　定频调幅电路的结构

$$f_0 = \frac{1}{2\pi\sqrt{L_0 C}} \tag{6.47}$$

式中　L_0——当没有被测导体靠近时,传感器线圈的等效电感。

当非软磁性材料靠近传感器线圈时,根据电涡流效应原理,传感器线圈的等效电感 L 将减小,由式(6.46)可知,谐振回路的谐振频率将增大为 $f_1 > f_0$,并联谐振回路将失谐,阻抗减小,此时,虽然谐振回路的输出电压 $e(t)$ 其频率仍为 f_0,但是其幅值将减小,而且,随着非软磁性材料与传感器线圈的距离 x 的逐渐减小,谐振回路的谐振频率将逐渐增大,使得输出电压 $e(t)$ 的幅值不断减小,即谐振回路的输出电压 $e(t)$ 为一个调幅波,其载波信号为振荡器输出的激励信号,调制信号为被测导体与传感器线圈的距离 x。$e(t)$ 经放大、检波和滤波等处理后,最终导致定频调幅电路的输出电压 u 的幅值减小为 $U_1 < U_{max}$,而且 x 越小,U_1 也越小。

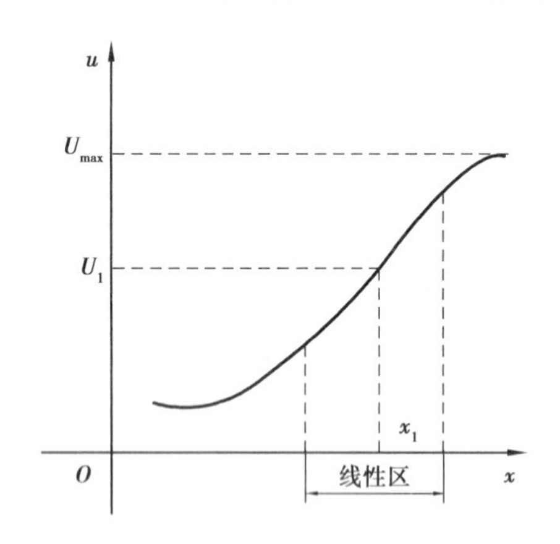

图 6.42　定频调幅电路的输出特性

当软磁性材料靠近传感器线圈时,根据电涡流效应原理,传感器线圈的等效电感 L 将增大,此时谐振回路的谐振频率将减小为 $f_2 < f_0$,并联谐振回路仍将处于失谐状态,阻抗减小,从而使电压 $e(t)$ 的幅值不断减小,最终仍导致 u 的值减小为 $U_2 < U_{max}$。而且,随着软磁性材料与传感器线圈的距离 x 的逐渐减小,谐振回路的谐振频率将逐渐减小,使得输出电压 u 的幅值 U_2 不断减小。

综上所述,不论是软磁性材料还是非软磁性材料靠近传感器线圈,都将使定频调幅电路的输出电压 u 的幅值减小,且距离 x 越小,则 u 的幅值越小,而当 $x = \infty$ 时(相当于没有被测导体时),u 的幅值为最大值 U_{max}。图 6.42 给出了 x 与 u 的幅值的关系曲线,由图可见,x 与 u 的幅值之间呈非线性关系,因此在实际工作中,应该使被测位移 x 处于图中的线性区。

(2)调频电路

图 6.43 为调频电路原理图。它是将传感器线圈与一个已知电容器 C 构成一个 LC 振荡器,当被测导体与传感器线圈的距离 x 发生变化时,线圈的等效电感 L 也随之发生变化,使得振荡器输出的信号频率发生变化,即高频振荡器的输出是一个调频波,其调制信号是被测导体

与传感器线圈的距离 x，通过鉴频器将该调频波的变化转换为电压信号输出，或直接使用数字频率计测量频率，根据输出电压幅值或频率计的计数值即可测出距离 x。

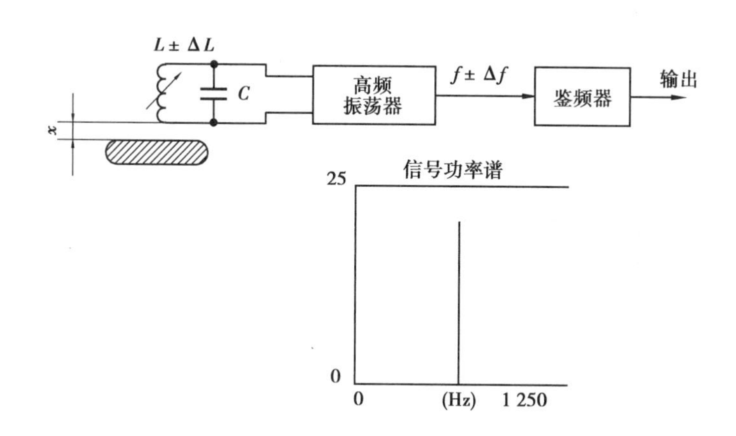

图6.43　调频电路结构

当非软磁性材料靠近传感器线圈时，根据电涡流效应原理，传感器线圈的等效电感 L 将减小，由式(6.46)可知，高频振荡器的输出信号频率将增大；而当软磁性材料靠近传感器线圈时，传感器线圈的等效电感 L 将增大，使得输出信号频率将减小。

需要注意的是，传感器线圈输出电缆的分布电容对调频电路的影响很大，因此，通常把电容 C 和传感器线圈 L 做成一体，并需要采取严格的屏蔽措施。

6.3.4　电涡流式传感器的应用

电涡流式传感器因采用的是非接触式的测量方式，具有抗干扰力强、不受油污等介质影响、结构简单、响应速度快、可靠性高和灵敏度高(最高分辨率可达0.1%)、频率响应范围宽等优点，可广泛应用于位移、厚度、表面温度、速度、振动、压力和非铁磁性金属材质的测量，以及金属表面或内部的无损探伤等领域。

(1)轴的径向振动测量

图6.44为使用高频电涡流式传感器非接触测量轴的径向振动原理图。当需要测量轴的径向振动时，要求轴的直径大于探头直径的3倍以上，探头的安装位置应该尽量靠近轴承，否则由于轴的挠度影响，得到的测量值会有偏差，同时，可将数个电涡流式传感器探头并排地安置在轴附近，如图6.44所示，再将信号输出至多通道记录仪。在轴振动时，可以获得各个传感器所在位置轴的瞬时振幅，从而画出轴的振形图。

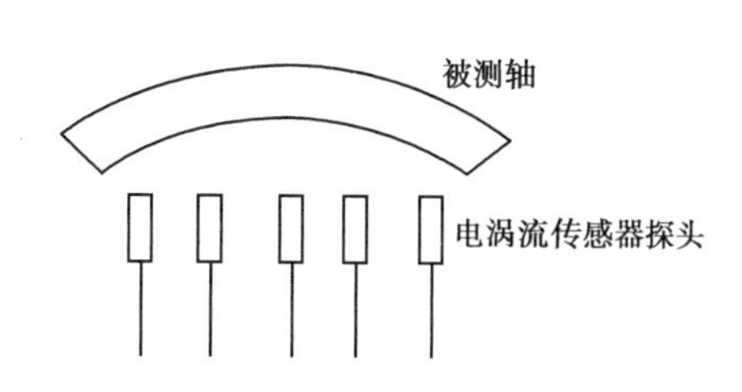

图6.44　轴的径向振动测量

电涡流振动传感器及其监测系统在汽轮机、空气压缩机的振动测量领域中得到了广泛应用，测量的振幅范围可从微米级到毫米级，频率范围可从零到几十千赫。

需要注意的是，被测轴的尺寸大小、表面平整度、表面残磁效应、镀层材质和厚度都会对传感器的灵敏度产生影响，实际应用时应进行综合考虑和分析。

(2)穿透式测厚

图6.45为使用低频电涡流式传感器进行穿透式测厚的原理图。当金属板的厚度变化时,将使传感器探头2感受到的探头1产生的磁力线的强度发生变化,从而引起探头2的输出电压发生变化。将输出电压用记录仪器记录下来,即可画出金属厚度的变化情况。

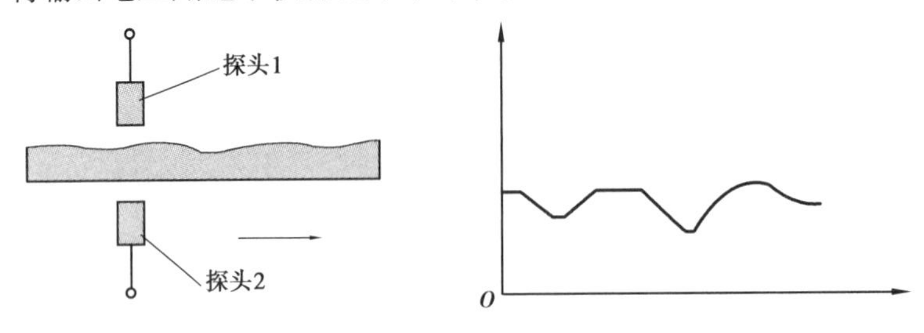

图6.45　穿透式测厚

(3)转速测量

使用电涡流式传感器测量转速具有很高的优越性,它既能响应零转速,也能响应高转速。图6.46为高频电涡流式传感器测量转速的原理图,当物体旋转,使被测体(如图中的凹槽,也可以设计为一个很小的孔眼或一个凸键)每经过高频电涡流式传感器的探头一次,将会使传感器的输出信号发生一次跃变(即输出一个脉冲),使用数字频率计测量脉冲的频率即可测出物体的转速。

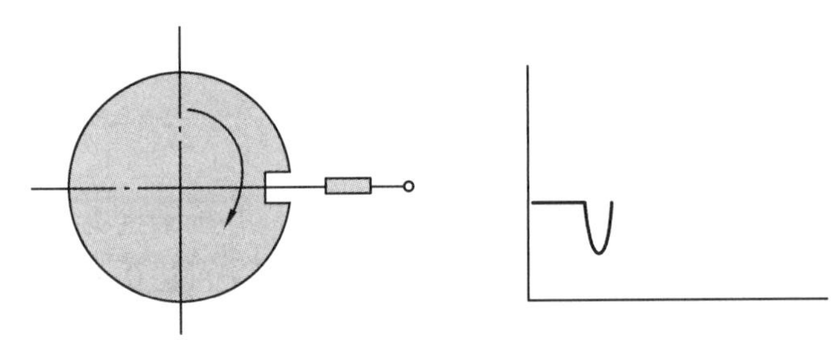

图6.46　转速测量

电涡流传感器测转速,在低速和高速整个范围内的输出信号幅值均较高,抗干扰能力强。作转速测量的电涡流传感器有一体化和分体两种。一体化电涡流转速传感器取消了前置器放大器、安装方便、适用于工作温度在-20~100 ℃的环境下,而带前置器放大器的电涡流传感器适合在-50~250 ℃的环境温度中工作。

(4)金属表面裂纹检测

图6.47为使用高频电涡流式传感器检测金属表面裂纹(无损探伤)的原理图。当探头经过裂纹处时,造成被测导体与传感器线圈的距离,以及导体的形状发生变化,使得传感器的输出电压幅值发生相应变化,将输出电压用记录仪器记录下来,即可画出金属表面的裂纹情况。需要指出的是,如果需要检测金属内部的裂纹或空洞,应该采用低频透射式电涡流传感器。

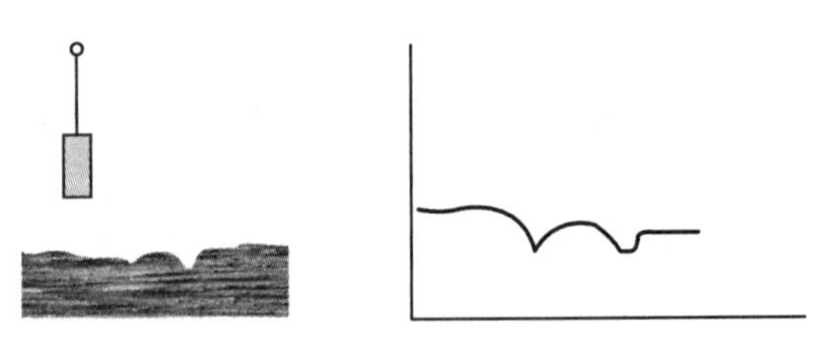

图6.47　金属表面裂纹检测

(5)产品长度的测量

图6.48为使用高频电涡流式传感器检测产品长度原理图。生产线上的产品移动时，通过测长转盘带动齿形盘转动，每个凸齿经过探头时，传感器将输出一个脉冲，每个脉冲对应的产品长度为

$$l_0 = \frac{\pi D}{N} \tag{6.48}$$

式中　D——齿形盘和测长转盘的直径；

N——齿形盘上的凸齿的数目。

计算总的脉冲数即可得知产品的总长度。

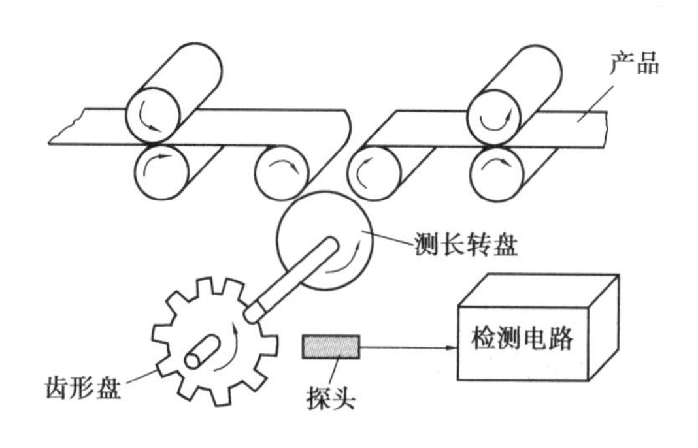

图6.48　产品长度的测量

本章小结

本章对电感式传感器的分类、工作原理、结构特点、测量电路(变压器式交流电桥、差动整流电路、定频调幅电路、调频电路)的工作原理、传感器应用等方面进行了阐述。

①自感式传感器的电感值 L 与气隙厚度 δ、气隙截面积 S 和磁导率都有关。变气隙厚度型自感式传感器的灵敏度高，但具有非线性，通常用于测量微小位移，采用差动结构可以减小非线性误差一个数量级，并能提高测量灵敏度和减小环境干扰。自感式传感器在测量时为了分辨铁芯位移的方向，需要使用相敏整流电路。

②差动变压器的测量电路通常采用差动整流电路，在使用时还需选择合适的激磁频率。

③自感式传感器和差动变压器在使用时都需要采取消除零点残余电压和进行温度补偿的措施。

④电涡流传感器根据激磁频率的不同，可分为高频反射型和低频透射型，可分别应用于非接触式的位移测量、金属厚度测量、无损探伤、金属材质检测、振动测量等领域。

习　题

6.1　有一只螺管型差动自感式传感器如图6.49(a)所示。传感器线圈铜电阻 $R_1=R_2=40\ \Omega$，

电感 $L_1=L_2=30$ mH，现用两只匹配电阻设计成等臂阻抗电桥，如图 6.49(b)所示。试求：

①匹配电阻 R_3 和 R_4 的值为多大才能使电压灵敏度达到最大值？

②当 $\Delta Z=10\ \Omega$，电源电压为 4 V，激磁频率 $f=400$ Hz 时，求电桥输出电压值 U_{SC}。

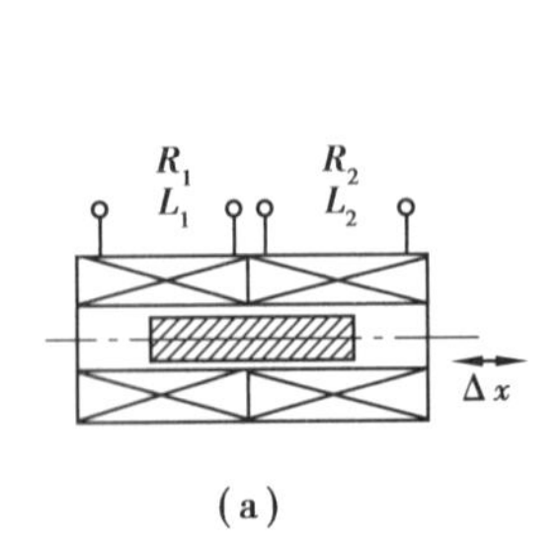

(a)

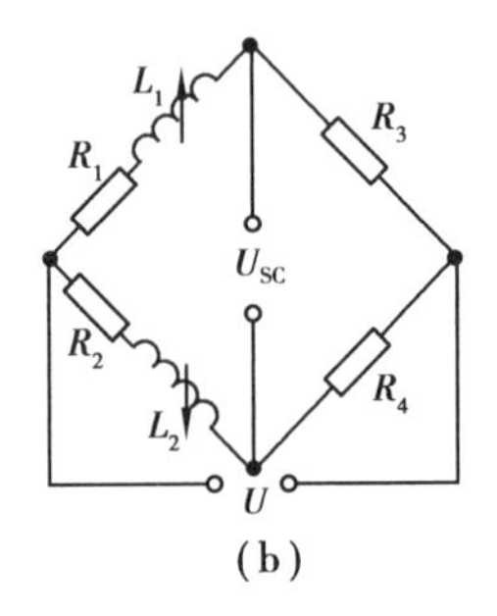

(b)

图 6.49

6.2　图 6.50 为差动自感传感器测量电路图。L_1、L_2 是差动电感，V_{D1} ~ V_{D4} 是检波二极管(设其正向电阻为零，反向电阻为无穷大)，C_1 是滤波电容，其阻抗很大，输出端电阻 $R_1=R_2=R$，输出端电压由 C、D 引出为 e_{CD}，U_p 为正弦波信号源。试求：

①分析电路工作原理(即指出铁芯移动方向与输出电压 e_{CD} 极性的关系)。

②分别画出铁芯上移及下移时流经电阻 R_1 和 R_2 的电流 i_{R1} 和 i_{R2} 及输出端电压 e_{CD} 的波形图。

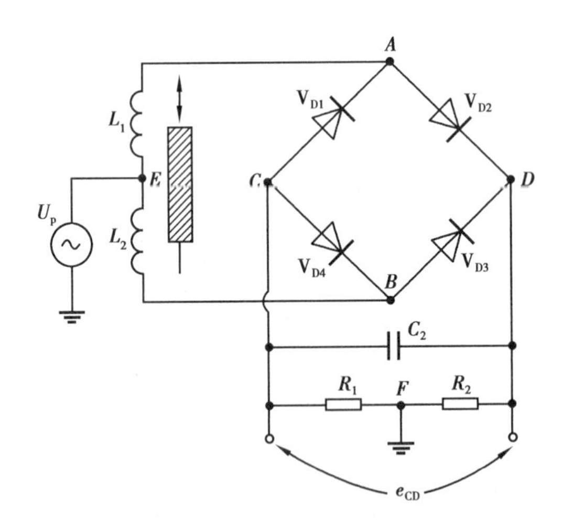

图 6.50

6.3　用一个电涡流式测振仪测量某机器主轴的轴向振动。已知传感器的灵敏度为 20 mV/mm，最大线性范围为 5 mm。现将传感器安装在主轴两侧，如图 6.51(a)所示，所记录的振动波形如图 6.51(b)所示。试问：

①传感器与被测金属的安装距离 L 为多少时测量效果较好？

②轴向振幅的最大值 A 为多少？

③主轴振动的基频 f 是多少？

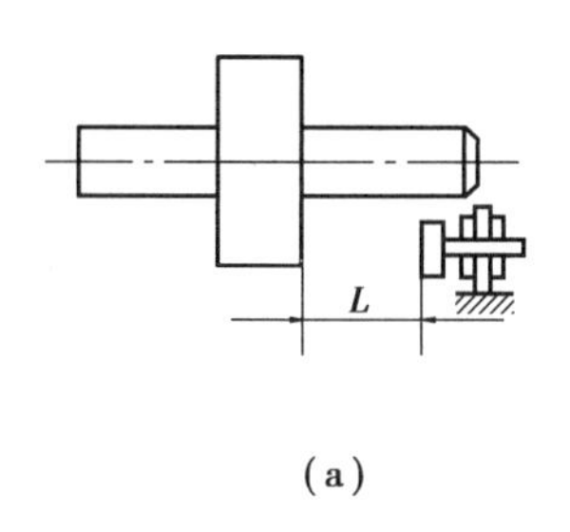

(a)

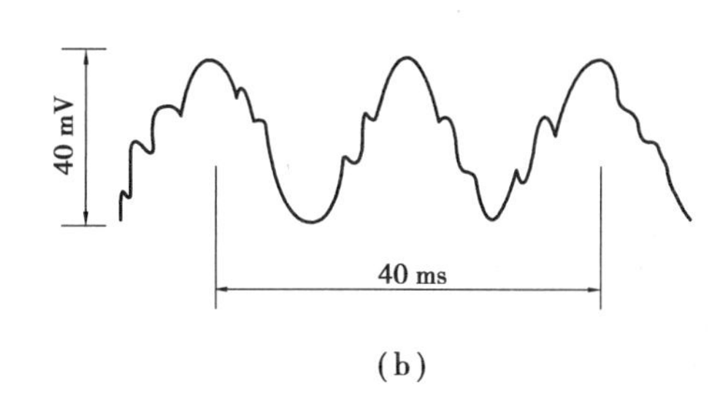

(b)

图6.51

6.4　为什么电感式传感器一般都采用差动形式?

6.5　使用变压器电桥作为差动自感式传感器的测量电路时,电桥的输出信号为何需要进行相敏检波处理?

6.6　消除差动变压器零点残余电压的方法有哪些?请分别进行说明。

6.7　简述高频电涡流式传感器与低频电涡流式传感器的区别,并说明它们各自的应用场合。

6.8　某生产线上有形状和大小都相同的铁块和铝块,请使用某种传感器进行鉴别,画出测量方框图并说明理由。

第 7 章
电容式传感器

电容式传感器可等效为一个可变的电容器,其基本工作原理是将位移、振动、压力、流量、转速、金属材质等被测非电量,以及液面、料面、湿度、成分含量等参量的变化转换为等效电容器的电容的变化,再通过测量电路将电容的变化转换为电压、电流、频率等电量的变化。

电容式传感器具有结构简单、体积小、分辨率高、频响范围宽、动态响应性能好、温度稳定性好、可实现非接触测量等优点;但是其输出阻抗高,带负载能力较差,同时传感器的输出电缆的寄生电容会导致传感器特性不稳定,因而对后端放大器的性能和抗干扰、电磁屏蔽等措施有较高的要求。

7.1 电容式传感器的工作原理及分类

7.1.1 基本工作原理

电容式传感器可等效为一个参数可变的平行极板电容器,如图 7.1 所示。由物理学可知,两个平行金属极板组成的电容器,如果不考虑其边缘效应,其电容为

$$C=\frac{\varepsilon A}{d}=\frac{\varepsilon_r\varepsilon_0 A}{d} \tag{7.1}$$

式中 ε——两个极板间介质的介电常数;

ε_r——介质的相对介电常数;

ε_0——真空介电常数;

A——两个极板相对有效面积;

d——两个极板间的距离,通常称为极距。

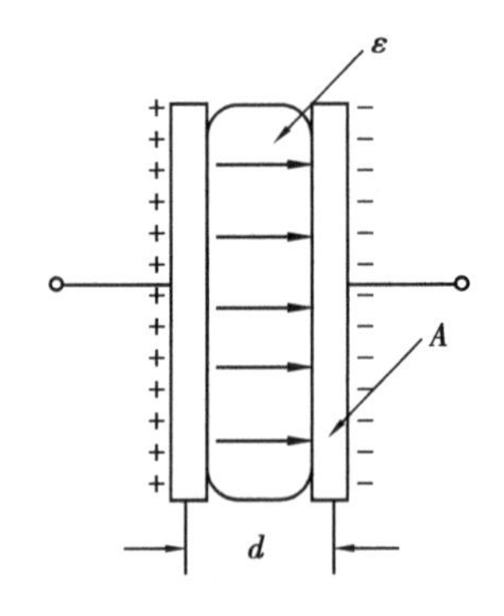

图 7.1 平行极板电容器

由式(7.1)可知,改变 d、A 和 ε 均可使电容量 C 发生变化,如果固定其中两个参数,而让被测量带动另外一个参数变化,则可把被测量的变化转换为电容的变化。

根据上述原理,在应用中电容式传感器可以分为变极距(或称变间隙)型、变面积型和变介质型 3 大类。

7.1.2　变极距型电容式传感器

图7.2(a)为变极距型电容式传感器的基本结构图。它由两个极板构成，其中定极板固定不动，而动极板在保持两极板遮盖面积 A 和极板间介质 ε 不变的情况下，在被测体的带动下上、下移动，从而使传感器的电容 C 随被测量的变化而变化。图7.2(b)为另一种变极距型电容式传感器的结构形式，它直接由被测物体担任动极板。

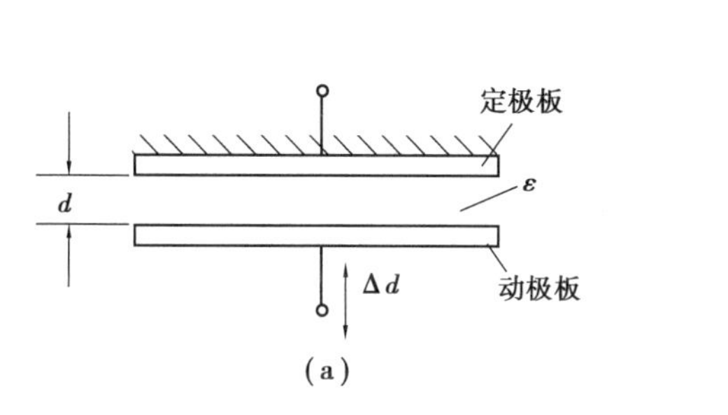

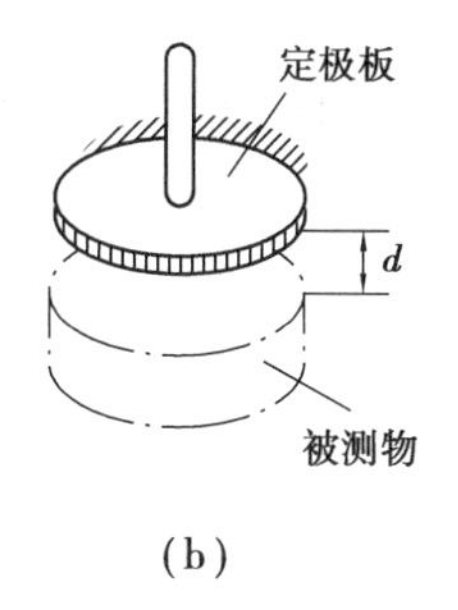

图7.2　变极距型电容式传感器图

式(7.1)中，电容 C 对极距 d 的偏微分为

$$\frac{\partial C}{\partial d}=-\frac{\varepsilon A}{d^2} \tag{7.2}$$

由式(7.2)可知，C 与 d 的关系为非线性关系，且 C 随 d 的增大而减小，如图7.3所示。

当动极板在被测量带动下，使极距减小为 $d=d_0-\Delta d$ 时，由式(7.2)可知，电容变为

$$C_1=C_0+\Delta C_1=\frac{\varepsilon A}{d_0-\Delta d} \tag{7.3}$$

式中　d_0——初始极距；

C_0——极距为 d_0 时的初始电容值。

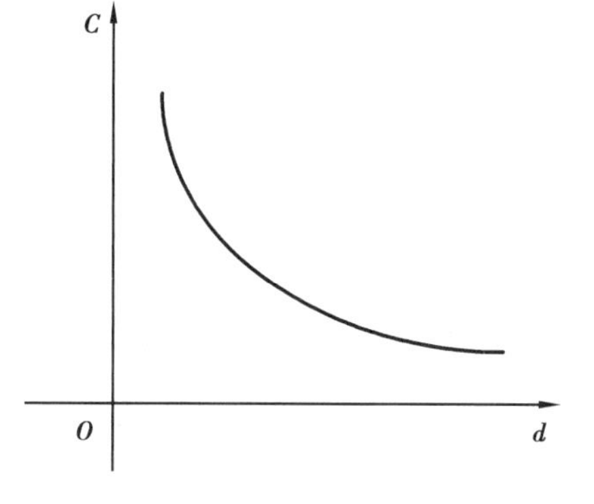

图7.3　C-d 关系曲线

电容变化量为

$$\Delta C_1=\frac{\varepsilon A}{d_0-\Delta d}-\frac{\varepsilon A}{d_0}=C_0\frac{\frac{\Delta d}{d_0}}{1-\frac{\Delta d}{d_0}} \tag{7.4}$$

电容的相对变化量为

$$\frac{\Delta C_1}{C_0}=\frac{\frac{\Delta d}{d_0}}{1-\frac{\Delta d}{d_0}} \tag{7.5}$$

当 $\left|\frac{\Delta d}{d_0}\right|\ll 1$ 时，式(7.5)可按级数展开得

$$\frac{\Delta C_1}{C_0}=\frac{\Delta d}{d_0}+\left(\frac{\Delta d}{d_0}\right)^2+\left(\frac{\Delta d}{d_0}\right)^3+\left(\frac{\Delta d}{d_0}\right)^4+\cdots \tag{7.6}$$

若极距增加为 $d=d_0+\Delta d$ 时，电容量变为

$$C_2 = C_0 - \Delta C_2 = \frac{\varepsilon A}{d_0 + \Delta d} \tag{7.7}$$

则

$$\begin{aligned}\frac{\Delta C_2}{C_0} &= -\frac{\Delta d}{d_0} + \left(-\frac{\Delta d}{d_0}\right)^2 + \left(-\frac{\Delta d}{d_0}\right)^3 + \left(-\frac{\Delta d}{d_0}\right)^4 - \cdots \\ &= -\frac{\Delta d}{d_0} + \left(\frac{\Delta d}{d_0}\right)^2 - \left(\frac{\Delta d}{d_0}\right)^3 + \left(\frac{\Delta d}{d_0}\right)^4 \end{aligned} \tag{7.8}$$

式(7.6)和式(7.8)中等号右边的第1项为线性项,其余项为非线性项,当 Δd 较小时,可忽略非线性项,此时可定义变极距型电容式传感器的灵敏度系数为

$$K_{\mathrm{d}} = \frac{\dfrac{\Delta C}{C_0}}{\Delta d} \approx -\frac{1}{d_0} \tag{7.9}$$

若考虑式(7.6)和式(7.8)中的二次项而忽略三次以上的非线性项,则

$$\left|\frac{\Delta C}{C_0}\right| = \left|\frac{\Delta d}{d_0}\right| + \left|\frac{\Delta d}{d_0}\right|^2 = \left|\frac{\Delta d}{d_0}\right|\left(1 + \left|\frac{\Delta d}{d_0}\right|\right) \tag{7.10}$$

此时式(7.10)中的相对非线性误差为

$$\xi = \frac{\left|\left(\dfrac{\Delta d}{d_0}\right)^2\right|}{\left|\dfrac{\Delta d}{d_0}\right|} \times 100\% = \left|\frac{\Delta d}{d_0}\right| \times 100\% \tag{7.11}$$

由式(7.11)可知,在 d_0 固定的情况下,动极板的位移 Δd 越大,则测量的非线性误差越大,因此,在测量中通常要求 $\Delta d < \dfrac{d_0}{10}$。

由式(7.9)可知,减小初始极距 d_0 可以提高灵敏度,但是,d_0 的减小受电容极板间击穿电压的限制,一般 d_0 取 0.1 ~ 1 mm 比较合适。而且由式(7.11)得知,d_0 的减小还会引起非线性误差的增大,故在实际工程中通常使用高介电常数的材料(如云母、塑料膜等)作为极板间的填充介质,如图7.4所示。此时电容器 C 相当于两个电容串联,可得

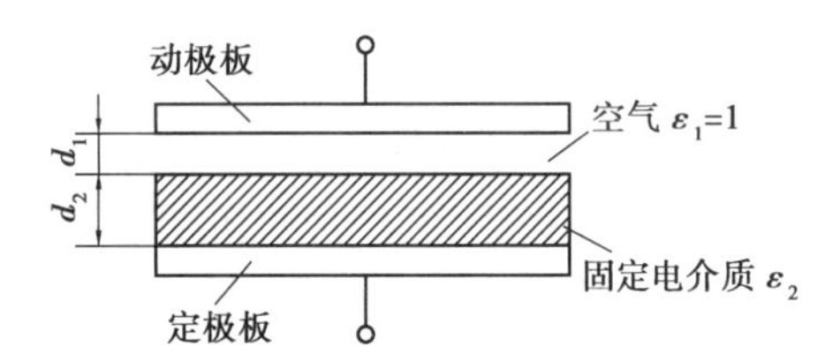

图7.4　具有固体介质的电容式传感器

$$C = \frac{\dfrac{\varepsilon_1\varepsilon_0 A}{d_1} \times \dfrac{\varepsilon_2\varepsilon_0 A}{d_2}}{\dfrac{\varepsilon_1\varepsilon_0 A}{d_1} + \dfrac{\varepsilon_2\varepsilon_0 A}{d_2}} = \frac{\varepsilon_0 A}{\dfrac{d_1}{\varepsilon_1} + \dfrac{d_2}{\varepsilon_2}} = \frac{\varepsilon_0 A}{d_1 + \dfrac{d_2}{\varepsilon_2}} \tag{7.12}$$

式中　ε_0——真空介电常数;

ε_1——空气的相对介电常数 $\varepsilon_1 = 1$;

ε_2——固体介质的相对介电常数;

d_1——空气隙的厚度;

d_2——固体介质的厚度。

增加了固体介质后,极板间的起始距离可大大减小;以云母片为例,其介电常数为空气的

7倍，其击穿电压不小于1 000 kV/mm，厚度仅为0.01 mm的云母片，它的击穿电压也不小于10 kV远大于空气隙的击穿电压3 kV/mm，因此有了填充介质后，极板之间的距离d_0可大大减小，此外还能提高电容式传感器的测量灵敏度。理论推导和实验结果都证明，固体介质与空气隙的厚度比d_2/d_1越大，电容式传感器的灵敏度越高，但是非线性也越大。

为了在提高灵敏度的同时减小非线性误差，在实际工程应用中，变极距型电容式传感器通常采用差动结构，如图7.5(a)所示。它由两组参数相同的定极板共用一个动极板组成，当动极板处于中间位置时，$C_1=C_2=C_0$，当动极板在被测量带动下偏离中间位置时，上、下两个电容器的电容一个增大而另一个减小，将C_1和C_2按图7.5(b)的桥接方式接入交流电桥(图中Z_3和Z_4为固定阻抗，数值上等于C_0的等效阻抗)，即可构成差动结构。

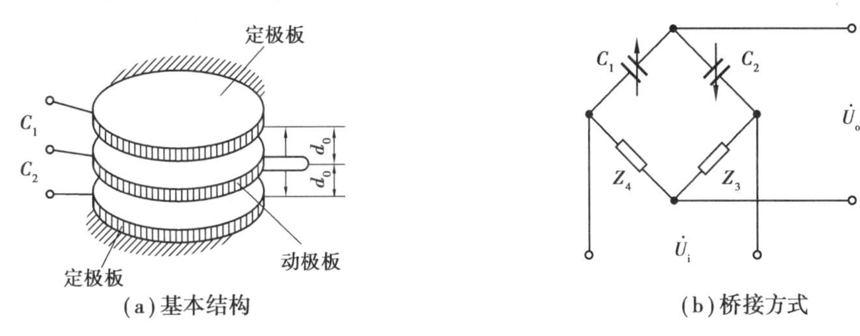

(a)基本结构　(b)桥接方式

图7.5　差动变极距型电容式传感器

假设动极板向上移动Δd的距离，则C_1的极距减小为$d_0-\Delta d$，而C_2的极距增大为$d_0+\Delta d$，则根据式(7.6)和式(7.8)可得

$$\begin{cases}\Delta C_1=C_0\left[\dfrac{\Delta d}{d_0}+\left(\dfrac{\Delta d}{d_0}\right)^2+\left(\dfrac{\Delta d}{d_0}\right)^3+\left(\dfrac{\Delta d}{d_0}\right)^4+\cdots\right]\\ \Delta C_2=C_0\left[-\dfrac{\Delta d}{d_0}+\left(\dfrac{\Delta d}{d_0}\right)^2-\left(\dfrac{\Delta d}{d_0}\right)^3+\left(\dfrac{\Delta d}{d_0}\right)^4-\cdots\right]\end{cases}\tag{7.13}$$

根据差动电桥的性质，可知总的电容变化量为

$$\Delta C=\Delta C_1-\Delta C_2=C_0\left[2\frac{\Delta d}{d_0}+2\left(\frac{\Delta d}{d_0}\right)^3+2\left(\frac{\Delta d}{d_0}\right)^5+\cdots\right]\tag{7.14}$$

因此，总电容的相对变化量为

$$\frac{\Delta C}{C_0}=2\frac{\Delta d}{d_0}+2\left(\frac{\Delta d}{d_0}\right)^3+2\left(\frac{\Delta d}{d_0}\right)^5+\cdots\tag{7.15}$$

式(7.15)中右边的第一项为线性项，其余项为非线性项，可以看出，采用差动结构后，电感的相对变化量中的偶次非线性项被抵消了，只剩下三次及以上的奇次非线性项，即非线性误差减小了大约一个数量级。若忽略非线性项，则

$$K_d=2\frac{\left|\dfrac{\Delta C}{C_0}\right|}{|\Delta d|}\approx 2\frac{1}{d_0}\tag{7.16}$$

即采用差动结构后，测量灵敏度提高了1倍。

差动结构中的两个电容器的参数相同，若放置在相同的工作条件下，根据差动电桥的性质，环境温度和静电引力等干扰因素对两个电容器的影响将在很大程度上互相抵消，故具有较强的抗干扰能力，因此，差动电容式传感器在实际工程中得到了广泛的应用。

7.1.3 变面积型电容式传感器

此类电容式传感器也由动极板和定极板组成，其在保持两极板的极距 d 和极板间介质 ε 不变的情况下，使极板间的遮盖面积 A 随被测量的变化而变化，从而使电容 C 发生变化。变面积型电容式传感器的线性度较好，但是灵敏度较低，通常用于角位移的测量，其原理如图7.6(a)所示，其动极板和定极板都为半圆弧形状；变面积型电容式传感器也可用于大的直线位移测量，其原理如图7.6(b)所示。

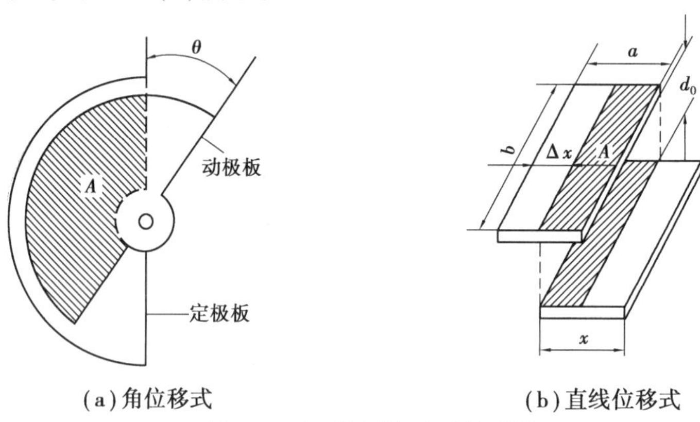

图7.6 变面积型电容式传感器

对于角位移式变面积型电容式传感器，当初始角位移 $\theta=0$ 时，极板间的遮盖面积为

$$A=\frac{\pi r^2}{2} \tag{7.17}$$

式中 r——圆弧状极板的半径。

则初始电容为

$$C_0=\frac{\varepsilon A}{d_0}=\frac{\varepsilon \pi r^2}{2d_0} \tag{7.18}$$

式中 ε——极板间介质的介电常数；

d_0——极板间的极距。

当角位移 $\theta\neq 0$ 时，则电容变为

$$C=\frac{\varepsilon\left(A-\pi r^2\cdot\dfrac{\theta}{2\pi}\right)}{d_0}=\frac{\varepsilon\left(\dfrac{\pi r^2}{2}-\pi r^2\cdot\dfrac{\theta}{2\pi}\right)}{d_0}=C_0-C_0\frac{\theta}{\pi}=C_0-\Delta C \tag{7.19}$$

角位移式电容传感器的灵敏度系数为

$$K_\theta=\frac{\Delta C}{\theta}=\frac{C_0}{\pi} \tag{7.20}$$

而对于直线位移式结构，当初始位移 $\Delta x=0$ 时，初始电容为

$$C_0=\frac{\varepsilon A}{d_0}=\frac{\varepsilon ab}{d_0} \tag{7.21}$$

当位移 $\Delta x\neq 0$ 时，电容值变为

$$C=\frac{\varepsilon b(a-\Delta x)}{d_0}=C_0-C_0\frac{\Delta x}{a} \tag{7.22}$$

因而直线位移式电容传感器的灵敏度系数为

$$K_x=\frac{\Delta C}{\Delta x}=\frac{C_0}{a}=-\frac{\varepsilon b}{d_0} \tag{7.23}$$

由式(7.20)和式(7.23)可知,变面积型电容式传感器的电容量 C 与角位移 θ 或直线位移 Δx 呈线性关系(实际上由于边缘效应问题,变面积型电容式传感器仍存在一定的非线性),这种形式的电容式传感器的灵敏度为常数。增大初始电容量 C_0,即减小 d_0 或增大极板边长 b,都可以提高传感器的灵敏度,但是在实际情况下,d_0 值的减小要受电场强度的限制,而 b 值的增大要受电容器结构的限制,因此变面积型的灵敏度比变极距型要小,同时,a 值不宜过小,否则会因边缘电场效应的增强而影响线性度。此外,由于平板型传感器的动极板稍有极距方向的移动就会影响测量精度,因此,一般情况下将变面积型电容式传感器做成如图7.7所示的圆柱形。

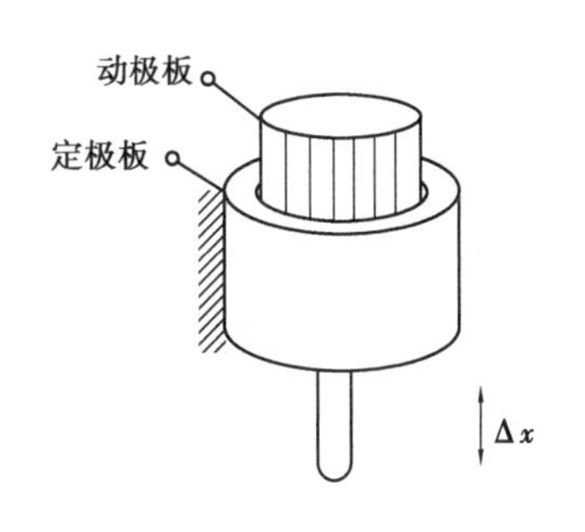

图7.7　圆柱式变面积型电容式传感器

为了提高测量的灵敏度,变面积型电容式传感器也可以采用差动结构,如图7.8所示,当图中的动极板向上移动时,上边的电容 C_1 增大,下边的电容 C_2 减小,两者变化的大小相等而符号相反,反之亦然。将上、下两个电容器接到差动电桥形成差动结构后,传感器的灵敏度提高了1倍,并能有效克服温度等环境因素变化的影响。

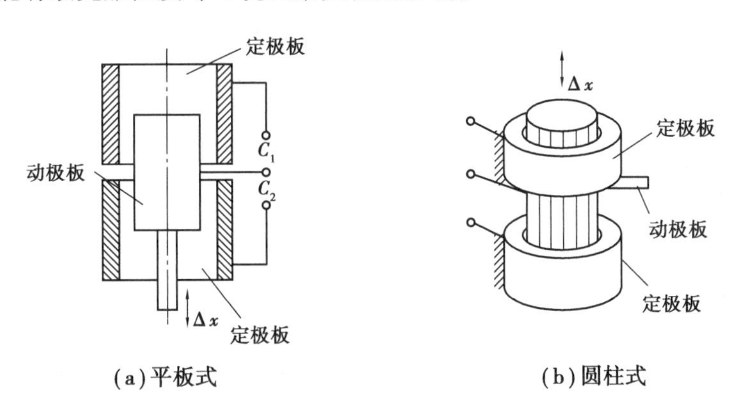

图7.8　差动变面积型电容式传感器

7.1.4　变介质型电容式传感器

此类电容式传感器在保持两极板极距 d_0 和极板间遮盖面积 A 不变的情况下,使极板间的介质随被测量的变化而变化,从而使电容 C 发生变化。变介质型还可以细分为两类:一种是使介质的介电常数随被测量的变化而变化,称为变介电常数型;另一种是使介质插入电容器两极板间的深度随被测量的变化而变化,称为变介质截面积型。

(1)变介电常数型电容式传感器

图7.9为变介电常数型电容式传感器的基本原理图,在两个电容极板间填充相对介电常数为ε_r的非导电固体介质。设初始电容量为C_0,则当介质的相对介电常数变化$\Delta\varepsilon_r$时,可导出电容量的相对变化为

$$C=\frac{\varepsilon_0(\varepsilon_r \pm \Delta\varepsilon_r)A}{d_0}=C_0 \pm C_0\frac{\Delta\varepsilon_r}{\varepsilon_r} \tag{7.24}$$

式中 ε_0——真空介电常数;

d_0——极板间的极距;

A——极板间的遮盖面积。

变介电常数型电容式传感器的灵敏度系数为

$$K_\varepsilon=\frac{\Delta C}{\Delta\varepsilon_r}=\pm\frac{C_0}{\varepsilon_r} \tag{7.25}$$

由式(7.25)可知,变介电常数型电容式传感器的灵敏度为常数,其电容量C的变化与介质的相对介电常数的变化$\Delta\varepsilon_r$呈线性关系。需要指出的是,若被测介质没有填满极板间的空隙而留有气隙,则测量会带有非线性。

此类电容式传感器通常用于测量粮食、纺织品、木材或煤炭等固体介质的湿度。以被测介质填充电容极板间的空隙,当被测介质的湿度变化时,使其相对介电常数ε_r也发生变化,从而导致电容C变化,测量出C即可推算出湿度的大小。

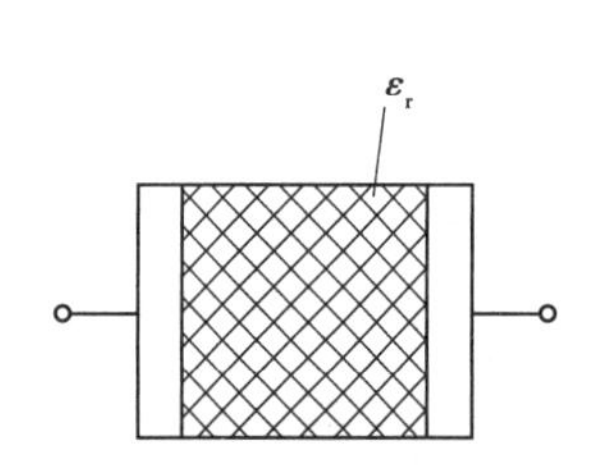

图7.9 变介电常数型电容式传感器

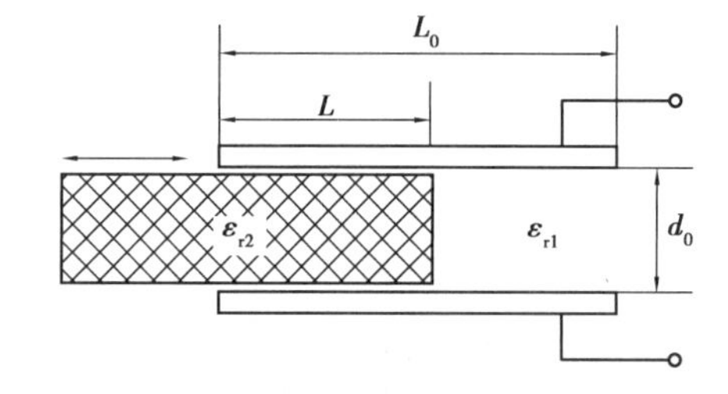

图7.10 变介质截面积型电容式传感器

(2)变介质截面积型电容式传感器

图7.10为变介质截面积型电容式传感器的基本原理图,图中两平行极板固定不动,而以相对介电常数为ε_{r2}的电介质以深度L插入极板中,从而改变两种介质的极板覆盖面积。当插入深度$L=0$时,初始电容量为

$$C_0=\frac{\varepsilon_{r1}L_0\varepsilon_0 b_0}{d_0} \tag{7.26}$$

式中 L_0——极板的长度;

b——极板的宽度;

ε_{r1}——空气的相对介电常数,$\varepsilon_{r1}=1$;

ε_0——真空介电常数;

d_0——极板间的极距。

当电介质插入深度$L\neq0$时,由图7.10中可知,总的电容器相当于两个电容器并联,因此总的电容量为

$$C = C_1 + C_2 = \varepsilon_0 b_0 \frac{(L_0 - L) + \varepsilon_{r2} L}{d_0} \tag{7.27}$$

因此，相对电容变化量为

$$\frac{\Delta C}{C_0} = \frac{C - C_0}{C_0} = \frac{(\varepsilon_{r2} - 1)L}{L_0} \tag{7.28}$$

可见，电容量的变化与电介质 ε_{r2} 的插入深度 L 呈线性关系。需要指出的是，若被测介质的厚度不等于极距 d_0，则测量会存在非线性关系，而且非线性会随着电介质的厚度与极距 d_0 的差值的增大而增强。

此类电容式传感器通常用于测量纸张、绝缘膜等非导电固体介质的厚度（此时测量中会存在非线性），以及测量位移和液位等。

7.2　电容式传感器的测量电路

电容式传感器的电容，在数值上是很小的，既难以直接精确测量，又不便于对测量数据进行处理、显示、储存和远距离传输，因此，必须通过相应的测量电路将微小的电容变化经过放大、检波、鉴频和滤波等处理之后转换为标准电压、电流或频率信号的变化后才能进行传输、储存和显示。目前，电容式传感器常用的测量电路主要有交流电桥（变压器式电桥）电路、调频电路、运算放大器电路、谐振电路、差动脉冲宽度调制电路等。

7.2.1　变压器式电桥电路（调幅电路）

变压器电桥电路是交流电桥电路中应用较多的一种，图7.11为使用变压器电桥作为差动变极距型电容式传感器的测量电路的组成方框图。图中 C_1 和 C_2 表示为传感器的两个电容，另外两个桥臂分别由电源变压器两个参数相同的次级线圈的副半边担任，该电路具有使用元件少，桥路阻抗小等优点。电桥由高频振荡器产生的高频交流电源 $\dot{U}$ 供电。

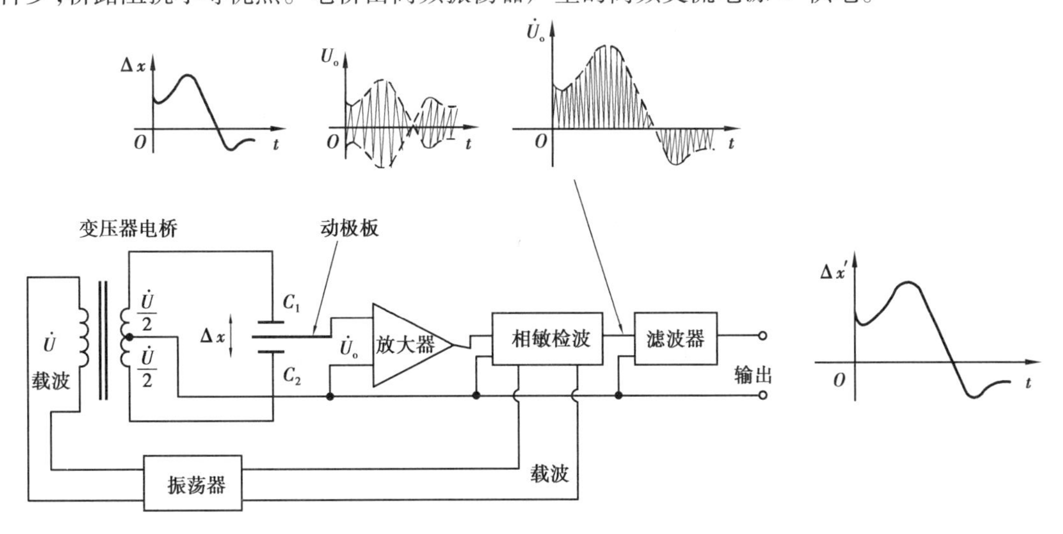

图7.11　电容式传感器的测量电路—变压器电桥电路（调幅电路）的组成方框图

当交流电桥处于平衡位置(即传感器的动极板处于中间位置,$\Delta x=0$)时,$C_1=C_2$,若忽略电容器的内阻,则上、下两个电容器的容抗相等,即 $Z_1=Z_2=Z_0$。由图 7.11 可知,此时变压器电桥的输出为

$$\dot{U}_o=\frac{Z_1}{Z_1+Z_2}\dot{U}-\frac{1}{2}\dot{U}=\frac{Z_1-Z_2}{2(Z_1+Z_2)}\dot{U}=0 \tag{7.29}$$

当动极板向上移动,上面电容器的容抗减小为 $Z_0-\Delta Z_1$,而下面电容器的容抗增大为 $Z_0+\Delta Z_2$,当动极板的位移 $\Delta x \ll d_0$ 时,可近似认为 $\Delta Z_1=\Delta Z_2=\Delta Z$,则由式(7.29)可得

$$\dot{U}_o=-\frac{\Delta Z}{2Z}\dot{U} \tag{7.30}$$

同理,当动极板向下移动时,上面电容器的容抗增大为 $Z_0+\Delta Z$,而下面电容器的容抗减小为 $Z_0-\Delta Z$,此时输出电压为

$$\dot{U}_o=\frac{\Delta Z}{2Z}\dot{U} \tag{7.31}$$

由式(7.30)和式(7.31)可知,变压器电桥的输出为被测位移信号(调制信号)与高频电源信号(载波信号)相乘,是一个具有被测位移 Δx 的包络线的交流调幅信号,因此变压器电桥电路又称为调幅电路。

变压器电桥的输出电压 $\dot{U}_o$为交流信号,使用普通的交流电压表只能测量其幅值而不能测量相位,即只能反映位移 Δx 的大小而不能反映位移的方向,而且变压器电桥的输出阻抗很高,输出电压幅值很小,难以直接测量。因此,通常使用高输入阻抗的放大器将变压器电桥的输出调幅波放大之后,再使用相敏检波电路进行解调以得到 Δx 的包络线,最后使用滤波器滤去高频载波分量,从而得到放大后的位移包络线 $\Delta x'$,其原理如图 7.11 所示。

7.2.2 调频电路

调频电路是将电容式传感器作为调频振荡器的 LC 谐振回路中的电容,当被测量使电容量 C 发生变化后,振荡器输出的振荡频率就发生变化,即调频振荡器的输出信号是一个受被测量调制的调频波。通过鉴频器将频率的变化 Δf 转换为电压振幅的变化 Δu,再经放大后就可以进行显示或记录。

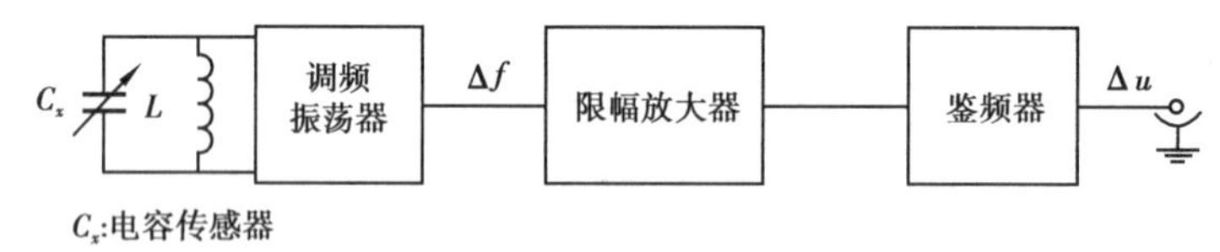

图 7.12 电容式传感器的测量电路—调频电路的组成方框图

图 7.12 为直放式调频电路的原理框图,则调频振荡器的振荡频率为

$$f=\frac{1}{2\pi\sqrt{LC}}=\frac{1}{2\pi\sqrt{L(C_1+C_C+C_0\pm\Delta C)}} \tag{7.32}$$

式中 L——谐振回路的总电感;

C——谐振回路的总电容,即

$$C=C_1+C_C+C_0\pm\Delta C$$

C_1——谐振回路的固有电容;

C_C——连接电缆的分布电容;

$C_0 \pm \Delta C$——传感器电容；

ΔC——被测量的变化导致传感器电容的变化量。

当被测量为零时，$\Delta C=0$，则振荡频率为

$$f_0 = \frac{1}{2\pi\sqrt{LC}} = \frac{1}{2\pi\sqrt{L(C_1 + C_C + C_0)}} \tag{7.33}$$

当被测量不为零时，$\Delta C \neq 0$，则振荡频率变化为

$$f = f_0 \pm \Delta f = \frac{1}{2\pi\sqrt{L(C_1 + C_C + C_0 \pm \Delta C)}} \tag{7.34}$$

由此可知，频率的变化 Δf 与电容的变化 ΔC 之间存在非线性。

调频电路具有测量灵敏度高（精度可达 0.01 μm 甚至更小）、输出为频率信号、易于使用数字计算机进行测量等优点，但是在应用中需要消除非线性误差以及环境温度、连接电缆分布寄生电容等干扰的影响。

7.2.3 谐振电路

图7.13(a)为谐振电路的原理方框图。电容传感器的电容 C_x 作为谐振回路（L_2、C_2、C_x）的调谐电容的一部分，谐振回路的谐振频率为

$$f = \frac{1}{2\pi\sqrt{LC}} = \frac{1}{2\pi\sqrt{L_2(C_2 + C_x)}} \tag{7.35}$$

式中　L_2——谐振回路的总电感；

$C=C_2+C_x$——谐振回路的总电容。

使用一个高精度、频率稳定的振荡器提供频率为 f_0 的激励信号，通过电感耦合回路（L_1、C_1）施加到谐振回路上。由电路原理可知，当 $f=f_0$ 时，谐振回路呈现出的阻抗最大，则谐振回路的输出电压 $e(t)$ 的幅值最大，经过放大、检波和滤波等处理后，输出电压 u 为最大值。在使用中，令 $C_x=C_0$ 时 $f=f_0$。

当传感器电容 C_x 在被测量带动下发生变化时，则谐振频率 $f \neq f_0$，谐振回路将失谐，阻抗减小，此时，虽然谐振回路的输出电压 $e(t)$ 频率仍为 f_0，但是其幅值将减小，从而使输出电压 u 的幅值也相应减小。测量 u 的幅值即可知道被测量的大小。

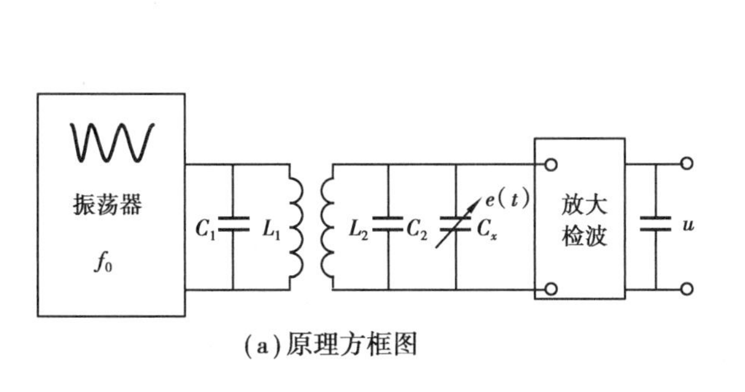

(a)原理方框图

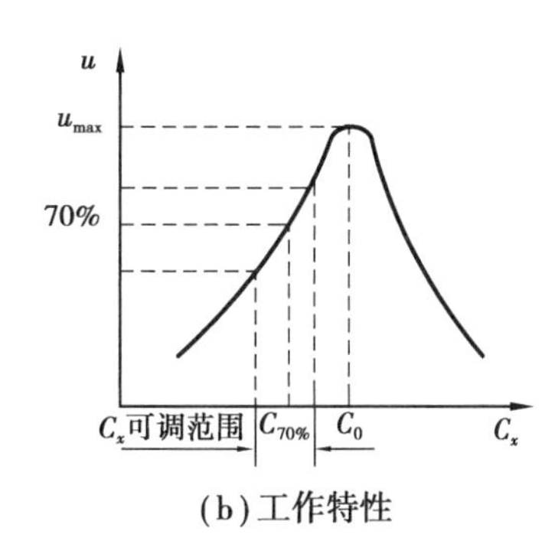

(b)工作特性

图7.13　电容式传感器的测量电路—谐振电路

需要注意的是，为了获得较好的线性关系，通常谐振电路的工作点不能选择在谐振曲线最大振幅附近（即 C_x 的可调范围不要选择在 C_0 附近），而应选择在谐振曲线最大振幅的70%附

近（即 C_x 的可调范围应选择在 $C_{70\%}$ 附近），如图 7.13(b)所示，而且为了消除电缆杂散电容的影响，电容传感器 C_x 应尽量靠近 LC 谐振回路。

7.2.4 运算放大器式电路

图 7.14 为运算放大器式测量电路的基本原理图。图中 C_x 为传感器电容，C_0 为固定电容。设运算放大器为理想放大器，输入阻抗为无穷大，输出阻抗为零，增益 K 为无穷大，则根据理想运算放大器的工作原理，得输出电压为

$$\dot{U}_o = -\dot{U}_i \times \frac{C_0}{C_x} \tag{7.36}$$

将平行极板电容器的电容计算公式代入式(7.36)，可得

$$\dot{U}_o = -\dot{U}_i \times \frac{C_0}{\varepsilon A} d \tag{7.37}$$

由式(7.37)可知，输出电压与极距 d 呈线性关系，这就从原理上解决了使用单个变极距型电容式传感器输出特性的非线性问题。对于变面积型电容式传感器，可将图 7.14 中的 C_x 和固定电容 C_0 的位置对调，此时输出电压与极板面积 A 呈线性关系。当然，由于实际的运算放大器的增益和输入阻抗不可能为无穷大，因此仍然会有一定的非线性误差存在，为此，应尽量采用高增益和高输入阻抗的运算放大器。

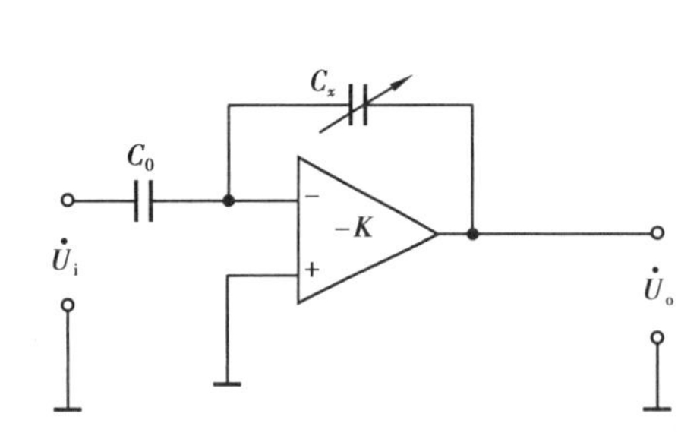

图 7.14　运算放大器式测量电路

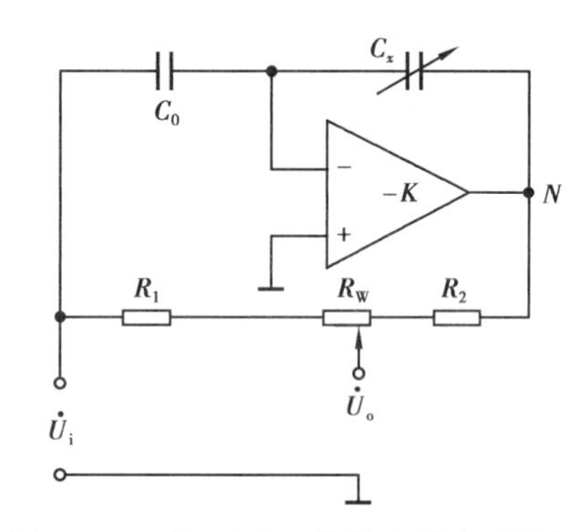

图 7.15　可调零的运算放大器式测量电路

当没有被测量输入时，因电容式传感器的初始电容不会为零，因此，如图 7.14 所示电路输出电压的初始值也不为零，这样会给测量和数据处理带来不便，为了实现零点迁移（即在被测量为零时，测量电路的输出电压也为零），可采用如图 7.15 所示电路，图中 R_1 和 R_2 为平衡电阻，R_W 为调零电位器，调节 R_W 使输出电压为

$$\dot{U}_o = -\frac{1}{2}\dot{U}_i \times \left(\frac{C_0}{C_x} - 1\right) \tag{7.38}$$

选取 C_0 的值等于传感器的初始电容值，则当被测量为零时电路输出电压为零。若 C_0 和 C_x 的结构和参数相同，采用图 7.15 的测量电路，则 C_0 和 C_x 受环境温度变化等外界干扰的影响可以互相抵消，若被测量不变而环境干扰变化，测量电路的输出电压仍不变。

7.2.5 差动脉冲宽度调制电路

此类测量电路是根据不同容量的电容器（在充电电流相同的情况下）充放电时间不同的

原理进行工作的(大电容充放电时间长,小电容充放电时间短),通常用于差动电容式传感器的测量,其电路原理如图7.16所示。该电路主要由两个参数相同的电压比较器A_1和A_2、双稳态触发器、差动电容C_1和C_2、两个充电电阻$R_1=R_2=R$、放电二极管V_{D1}和V_{D2}、低通滤波器A_3组成。要求双稳态触发器的电源电压U_S高于参考电压U_r。

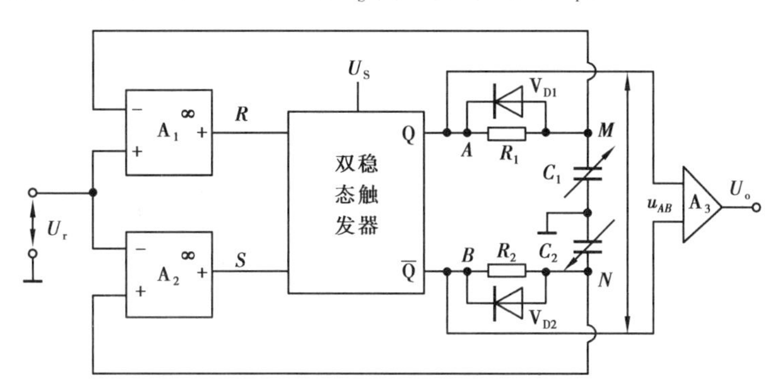

图7.16　差动脉冲宽度调制电路

设电源接通时,双稳态触发器的A端为高电平,B端为低电平,因此A点通过R_1缓慢向C_1充电(此时V_{D1}处于截止状态,其电阻近似为无穷大),当充电至M点的电压高于参考电压U_r时,电压比较器A_1的输出端(即双稳态触发器的R端)电压翻转,产生一个脉冲,触发双稳态触发器的输出状态也发生翻转,使A端变为低电平,B端变为高电平。此时V_{D1}处于导通状态,其电阻近似为零,因此C_1通过V_{D1}快速放电使M点电压迅速从U_r降低为零,而同时B点通过R_2缓慢向C_2充电(此时V_{D2}处于截止状态,其电阻近似为无穷大),使N点的电位由零缓慢上升,当N点电位上升至U_r时,电压比较器A_2的输出电压翻转,产生脉冲,使双稳态触发器的输出状态再一次发生翻转,又一次使A端为高电平,B端为低电平。如此周而复始,从而在双稳态触发器的A、B两个输出端各自产生一个宽度受C_1和C_2调制的脉冲方波。下面讨论输出电压U_o与差动电容C_1和C_2的关系。

当$C_1=C_2$时,因两者的充电时间相同,因此A、B两端产生的脉冲宽度相同,电路上各点的电压波形如图7.17(a)所示。从图中可知,滤波器A_3的输入电压u_{AB}在一个周期内的平均值为零,使得滤波器的输出电压$U_o=0$。

当$C_1>C_2$时,因C_1的充电时间大于C_2的充电时间,因此A端产生的脉冲要比B端的脉冲宽度长(即u_A的占空比大于u_B的占空比),电路上各点的电压波形如图7.17(b)所示。从图中可知,滤波器A_3的输入电压u_{AB}在一个周期内的平均值大于零,使得滤波器输出的直流电压$U_o>0$。

当$C_1<C_2$时,同理可知,滤波器A_3的输入电压u_{AB}在一个周期内的平均值小于零,使得滤波器输出的直流电压$U_o<0$。

由电路原理可知,滤波器的输出直流电压U_o为u_A的平均值U_{AP}与u_B的平均值U_{BP}之差,即

$$U_o=U_{AP}-U_{BP}=\frac{T_1}{T_1+T_2}U_S-\frac{T_2}{T_1+T_2}U_S \tag{7.39}$$

式中　T_1——C_1的充电时间;

T_2——C_2的充电时间。

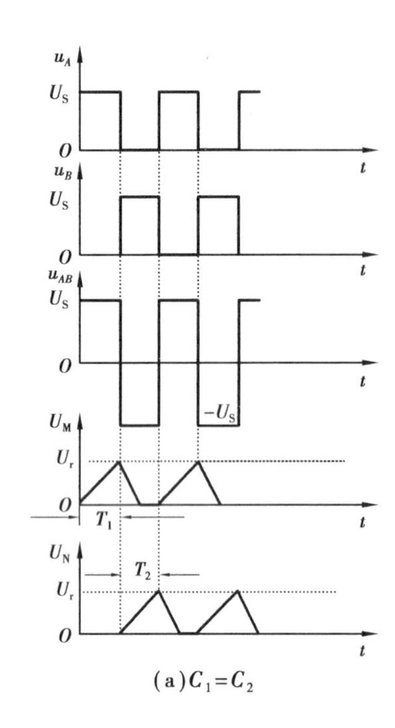

(a) $C_1=C_2$

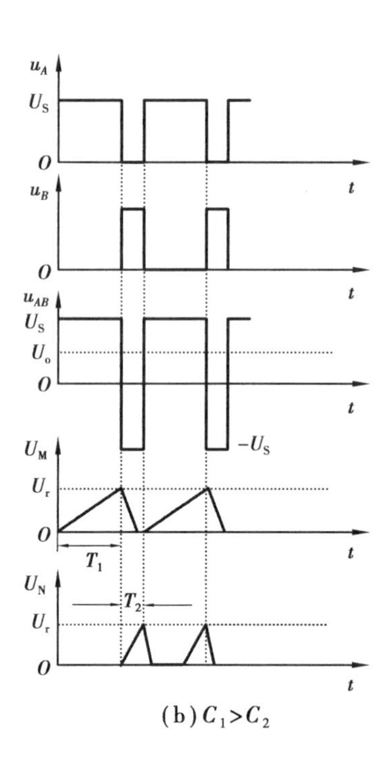

(b) $C_1>C_2$

图 7. 17　脉冲宽度调制电路电压波形图

$$T_1 = RC_1 \ln \frac{U_S}{U_S - U_r}, T_2 = RC_2 \ln \frac{U_S}{U_S - U_r} \tag{7.40}$$

将式(7. 40)代入式(7. 39)可得

$$U_o = \frac{C_1 - C_2}{C_1 + C_2} U_S \tag{7.41}$$

将差动变极距型电容式传感器的电容公式代入式(7. 41)可得

$$U_o = \frac{d_2 - d_1}{d_2 + d_1} U_S \tag{7.42}$$

式中　d_1——C_1 的极距；

d_2——C_2 的极距。

对于差动变极距型电容式传感器，当动极板处于中间位置时，$d_2=d_1=d_0$，由式 (7. 42)可知，此时脉冲宽度调制电路的输出电压为零。当动极板向上移动 Δd 时，$d_1 = d-\Delta d_0$，而 $d_2=d+\Delta d_0$，由式(7. 42)可知，此时脉冲宽度调制电路的输出电压为

$$U_o = \frac{\Delta d}{d_0} U_S \tag{7.43}$$

同理，当动极板向下移动 Δd 时，输出电压为

$$U_o = -\frac{\Delta d}{d_0} U_S \tag{7.44}$$

由式(7. 43)和式(7. 44)可知，脉冲宽度调制电路的输出电压不仅能反映位移的大小，而且能反映位移的方向。

对于差动变面积型电容式传感器，将其电容公式代入式(7. 41)可得

$$U_o = \frac{A_1 - A_2}{A_1 + A_2} U_S \tag{7.45}$$

式中　A_1——C_1 的极板遮盖面积；

A_2——C_2 的极板遮盖面积。

当动极板左右移动导致 C_1 和 C_2 的面积变化 ΔA 时，输出电压为

$$U_o = \pm \frac{\Delta A}{A_0} U_S \tag{7.46}$$

式中　A_0——动极板处于中间位置时 C_1 和 C_2 的极板遮盖面积。

综上所述，除此之外，差动脉宽调制电路具有如下优点：

①对于差动脉宽调制电路，不论是变极距型还是变面积型电容式传感器，电容的变化量与输出电压都呈线性关系。

②不需要像调幅电路那样对器件提出线性要求；脉宽调制电路的电源为精度要求不高的直流电源，不像谐振电路那样需要一个精度很高的高频振荡源。

③效率高，信号只要经过低通滤波器就有较大的直流输出，不像调频电路和运算放大器式电路那样需要高输入阻抗的放大器。

④脉宽调制电路输出电压的极性反映了电容变化的方向，因此不需要解调器。

⑤由于低通滤波器的作用，对输出信号波形（矩形波）的纯度要求不高。

这些特点都是其他电容传感器的测量电路无法比拟的，因此，差动脉宽调制电路在电容式传感器中得到了广泛应用。

7.3　电容式传感器的设计要点

电容式传感器具有电容量小、输出阻抗高的特点，因此，在设计电容式传感器时必须考虑如环境温度、绝缘性能、电场边缘效应、寄生/分布电容等干扰因素的影响，并采取有效的抗干扰和补偿措施，才能发挥电容式传感器高灵敏度和高精度的优点，在进行电容式传感器设计时应注意采取以下措施：

(1)对温度误差进行补偿

电容式传感器内各个部件采用的材料不同，具有不同的热膨胀系数，因此，环境温度的改变将导致电容式传感器各部分零件的几何形状、尺寸和相互间几何位置的变化，从而使电容极板间隙或面积发生变化，导致附加温度误差。此外，环境温度的变化还会造成电容器极板间的某些填充介质的介电常数发生变化，这样也会造成温度误差。

为了减小温度误差，应选择温度系数小、几何尺寸稳定的材料制造电容式传感器，通常电极的支架宜选用陶瓷材料，而极板材料宜选用铁镍合金，采用在陶瓷或石英上喷镀一层金属作为电极的工艺制作电极效果更好。此外，电容器的电介质应尽量选用空气、云母等温度系数很小的材料制成，而少用煤油、硅油、蓖麻油等温度系数较大的介质。最后，在设计电容式传感器时，应尽量采用差动对称结构以通过电桥等测量电路对温度误差进行补偿。

(2)保证绝缘材料的绝缘性能

图7.18为电容式传感器的等效电路。图中，R_s 为接线柱电阻、引出线电阻、电容极板电

阻构成的串联损耗电阻，L 为串联电感，C 为电容器的电容，R_p 为电容器两个极板间的漏电阻和介质损耗等效电阻构成的并联损耗电阻。

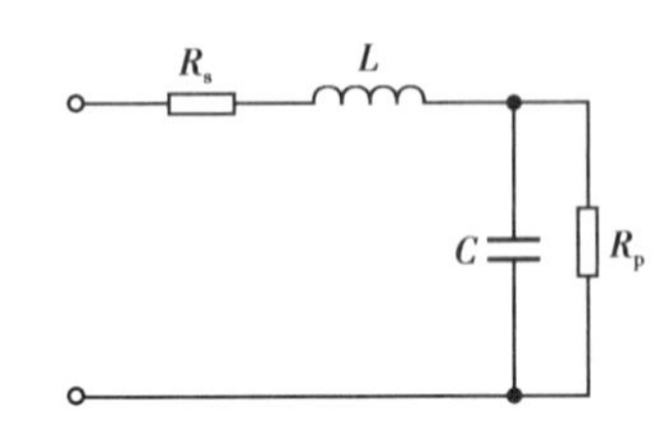

图 7.18　电容式传感器等效电路

电容器存储的电荷会通过极板间的漏电阻 R_p（可认为是电容器的绝缘电阻）泄漏掉，从而影响测量的灵敏度。虽然电容式传感器的漏电阻很高，漏电流很小，但是，电容式传感器的电容量 C 也非常小，通常在几皮法到几十皮法之间，当电源频率较低时，电容器的容抗可高达数百兆欧，因此，在一般电气设备中绝缘电阻有几兆欧就可以了，但是对电容式传感器来讲，即使上百兆欧的绝缘电阻也不能认为是绝缘的，这样就对绝缘部件（如电极支架）等的绝缘性能提出了更高要求。此外，绝缘电阻会随着环境温度和湿度而变化，致使电容式传感器的输出产生缓慢的零漂。

为了保证电容式传感器的绝缘性能，通常应选择玻璃、陶瓷、石英等绝缘性能好的材料作为绝缘部件，并采用特殊加工工艺（如将传感器密封）来减小温、湿度误差。此外，采用较高的激励电源频率（如数千赫至数兆赫），可以降低电容式传感器的内阻抗，从而相应降低了对绝缘电阻的要求。

(3) 降低边缘效应的影响

平行板电容器的电场在理想状况下可认为是均匀分布于两极板相互覆盖的空间中的，但实际上，极板边缘附近的电场分布是不均匀的，边缘电场的存在相当于给电容式传感器并联了一个附加电容，将使传感器的灵敏度下降、非线性增加。

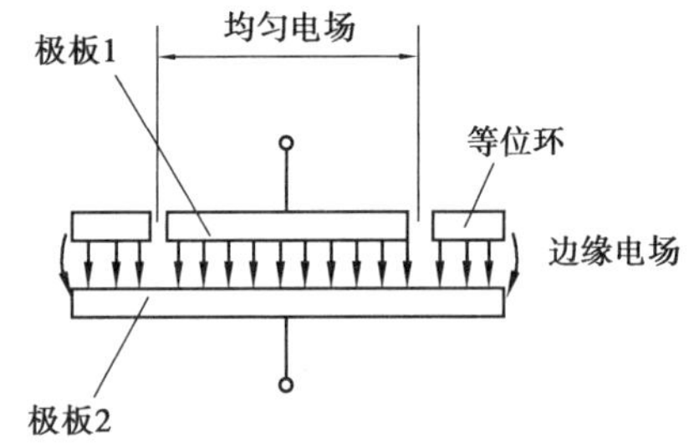

图 7.19　加等位环的圆形平板电容器

为了尽量减少边缘效应，首先应增大电容器的初始电容量，即增大极板面积或减小极板间距。此外，加装等位环可以有效降低边缘效应（图 7.19），在极板 1 的同一平面内加装一个同心环形等位环，极板 1 和等位环在保持绝缘的状态下应尽量接近，并加入相应的电子线路使两者之间保持等电位，于是使得电容式传感器两极板间的电场接近于均匀分布。

(4) 消除和减小寄生电容的影响

电容式传感器除了极板间的电容外，极板还可能与周围物体（包括仪器中各种元件甚至人体）之间产生附加的电容联系，称为寄生电容，此外，传感器的导线之间，导线与仪器外壳之间都存在寄生电容。由于传感器本身的电容量很小，因此，寄生电容的影响是不可忽略的。更为严重的是，寄生电容又是分布不均且飘忽不定的，这就会对传感器产生严重干扰，经常导致测量中包含虚假信号。

消除和减小寄生电容的方法通常有以下 4 种：

①增加电容式传感器的原始电容值（增大极板面积和减小极板间距）可减小寄生电容的影响。

②采用模块化设计，缩短传感器与后端测量和放大电路的距离，降低各类导线长度，减小寄生参数。

③注意传感器的接地和屏蔽，将电容式传感器放置在金属壳体内，并将壳体与大地相连，传感器与测量/放大电路之间的引出导线必须采用屏蔽线。为了解决单层屏蔽线与引出导线之间存在较大且不稳定的分布电容，导致传感器与测量电路之间存在漏电现象的问题，可采用图7.20的“双层屏蔽等电位传输技术”，或称“驱动电缆技术”，图中，传感器的引出线与双层屏蔽线的内屏蔽层通过一个放大倍数严格为1（输入电压和输出电压的幅值、相位完全相同）的1∶1放大器相连，从而使引出线与内层屏蔽等电位，消除了连接线与内层蔽层的电容联系，而外屏蔽层仍然接地，内、外屏蔽层之间的电容将作为1∶1放大器的负载，不再与传感器的电容相并联，从而消除了寄生电容的影响。实践证明，采用驱动电缆法，即使传感器的引出线长达数米，传感器仍能可靠工作。

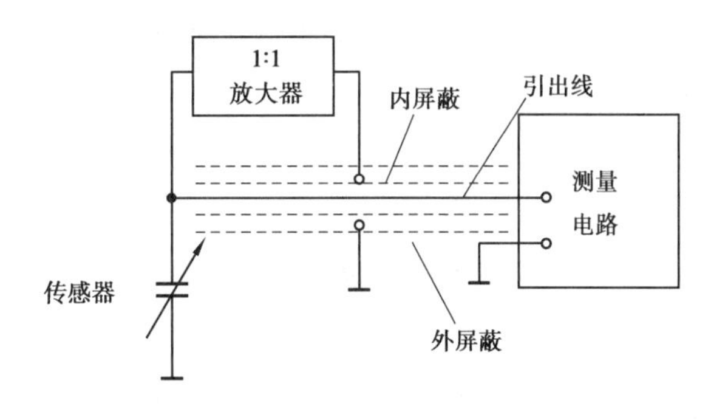

图7.20　驱动电缆法

需要注意的是，驱动电缆法对1∶1放大器具有无穷大的输入阻抗和接近为零的输入电容，这在实际中是比较困难的。

④采用整体屏蔽法，将差动电容式传感器、后端的测量电路（如电桥电路）、供电电源、传输电缆等用一个统一的金属屏蔽罩保护起来，并选择合适的接地点，如图7.21所示。采用整体屏蔽法之后，公用极板与屏蔽罩之间的寄生电容 C_1 连接在放大器的输入端，只影响放大器的输入阻抗和测量灵敏度，另外两个寄生电容 C_3 及 C_4 只在一定程度上影响电桥的初始平衡及总体灵敏度，但不影响电桥的正常工作。采用整体屏蔽法之后，寄生电容的影响基本上得到消除，并可有效抑制外界的干扰，但是该方法的结构较为复杂，成本较高。

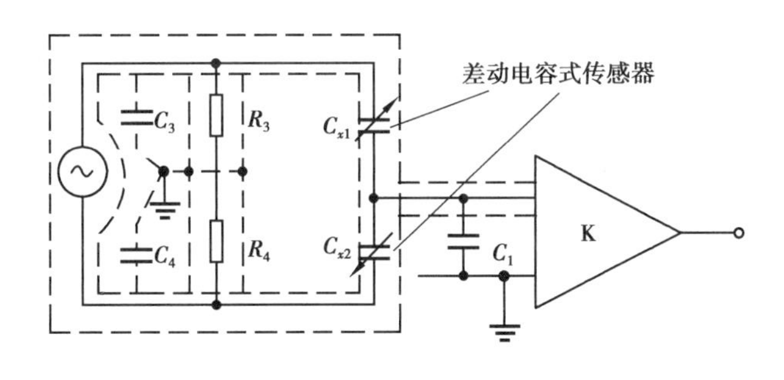

图7.21　整体屏蔽法

7.4　电容式传感器的应用

电容式传感器的优点在于：测量范围大；灵敏度高；结构简单、适应性强；动态响应性能好，适合于测量动态信号；可以实现非接触测量，具有平均效应点，可以减小由于传感器极板加工过程中局部误差较大而对整体测量准确度的影响。

缺点在于:输出阻抗高,带负载能力差,对后端放大器要求高;输出非线性较大;易受寄生电容的影响。

电容式传感器不但广泛地用于精确测量位移、厚度、角度、振动、转速等机械量,还可用于测量湿度、力、压力、差压、流量、成分、液位等参数。

7.4.1 电容式测微仪

高灵敏度的电容测微仪是采用非接触方式精确测量微小位移和振动振幅的仪表,其原理如图7.22(a)所示,一般采用单电容极板的变极距型电容式传感器,而将被测物体作为传感器的另一个极板。为了减小圆柱形电容极板的边缘效应,应在测头外面加一个与测头绝缘的电保护套(即等位环)。此类传感器在最大量程为(100±5) μm时的测量精度可达0.01 μm。图7.22(b)为使用电容式测微仪测量轴的回转精度和轴心动态偏摆的示意图。

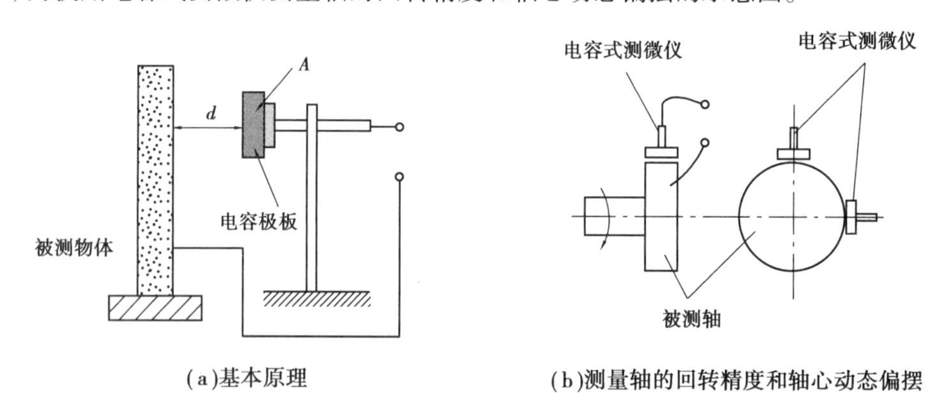

图7.22　电容式测微仪的基本原理及应用

7.4.2 电容式测厚仪

图7.23为电容式测厚仪的工作原理图。图中的电容式传感器为变介电常数型。被测带材在轧辊的带动下穿过电容器的两个工作极板中间,工作极板固定不动,则当带材的厚度发生变化时,使得电容器的相对介电常数发生变化,从而使其电容量发生变化。该电容量的变化经测量电路转换成与带材厚度成正比的电压或电流信号的变化。

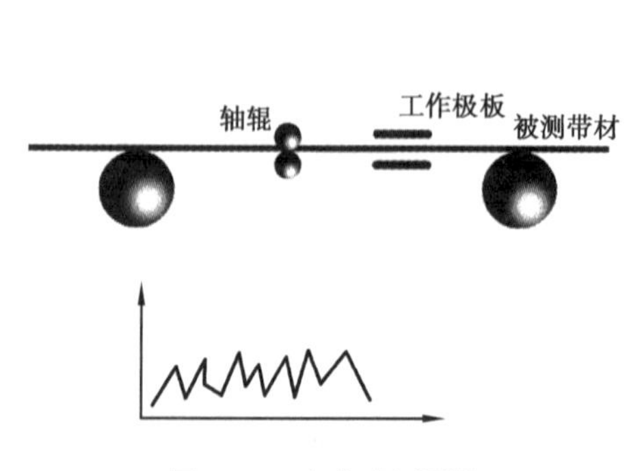

图7.23　电容式测厚仪

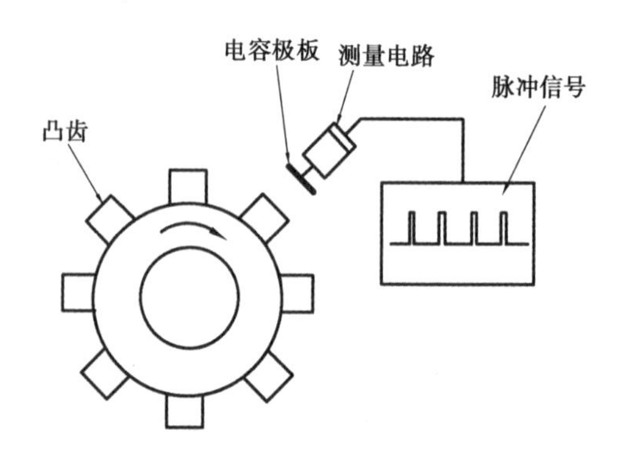

图7.24　电容式转速传感器

7.4.3　电容式转速传感器

电容式转速传感器常用的有变面积型和变介质型,图7.24为变面积型电容式转速传感器的工作原理,其采用单极板的电容式传感器,电容极板为定极板,而以被测齿轮的凸齿为动极板。当齿轮转动时,每个凸齿经过电容器极板时,都会使电容量发生一次周期性变化,经测量电路整形后,可将信号波形转换为脉冲信号。用频率计测量出的脉冲频率与齿轮的转速成正比。假设齿轮的凸齿数目为 z,测量出的脉冲频率为 f,则齿轮转动的角速度 ω(单位为 rad/s)可用下式表示为

$$\omega = 2\pi \frac{f}{z} \tag{7.47}$$

7.4.4　电容式差压传感器

图7.25为差动电容式压力传感器的结构示意图。采用差动变极距型电容式传感器,以图中所示的金属膜片为动极板,而以两个蒸镀在玻璃上的金属镀层为定极板。当被测压力 $p_1=p_2$(即差压 $\Delta p=0$)时,金属膜片无变形,上、下两个电容器的电容量相等,测量电路的输出信号为零。当 $p_1 \neq p_2$(即差压 $\Delta p \neq 0$ 时),金属膜片产生球状凸起,使得两个电容器的极距发生差动变化,其中一个的电容量增大,另一个的电容量减小,差动电容的相对变化值与被测差压 Δp 呈线性关系,且与介质的介电常数无关。该差动电容量的变化经测量电路转换成与压力或压力差相对应的电压或电流的变化。

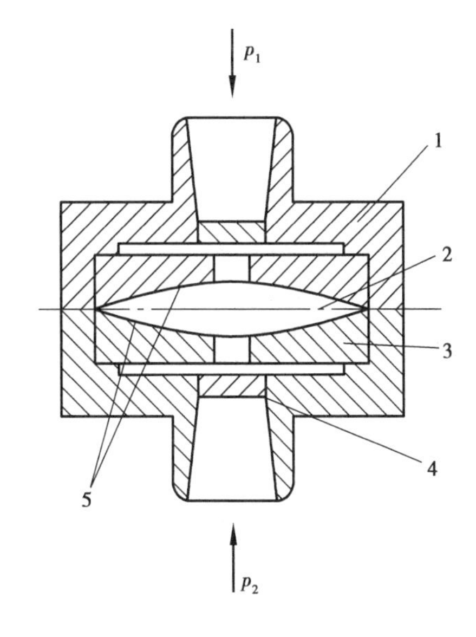

图7.25　电容式差压传感器
1—外壳;2—金属膜片;3—玻璃;
4—多孔金属过滤器;5—金属镀层

7.4.5　电容式液位传感器

图7.26为采用变介质截面积型电容式传感器测量液位的结构原理。该传感器用两个同心圆筒状极板构成。设被测液体介质的相对介电常数为 ε_1,空气的相对介电常数为 ε_2,圆筒的外径为 D,内径为 d,圆筒的高度为 H,液面高度为 h。则整个传感器相当于气体介质间的电容量 C_1 与液体介质间的电容量 C_2 之和,其总的电容量为

$$\begin{aligned} C = C_1 + C_2 &= \frac{2\pi\varepsilon_0\varepsilon_1 h}{\ln\frac{D}{d}} + \frac{2\pi\varepsilon_0\varepsilon_2(H-h)}{\ln\frac{D}{d}} \\ &= \frac{2\pi\varepsilon_0\varepsilon_2 H}{\ln\frac{D}{d}} + \frac{2\pi\varepsilon_0(\varepsilon_1-\varepsilon_2)h}{\ln\frac{D}{d}} \end{aligned} \tag{7.48}$$

式中　ε_0——真空介电常数。

若设

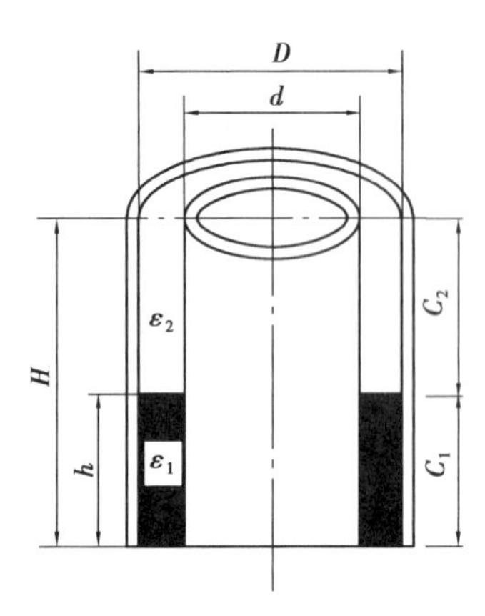

图 7.26　电容式液位传感器

$$C_0=\frac{2\pi\varepsilon_0\varepsilon_2 H}{\ln\dfrac{D}{d}}\tag{7.49}$$

式中　C_0——由传感器的高度 H 决定的固定电容值。

式(7.49)变为

$$C=C_0+\frac{2\pi\varepsilon_0(\varepsilon_1-\varepsilon_2)h}{\ln\dfrac{D}{d}}\tag{7.50}$$

由式(7.50)可知,传感器的电容值 C 与被测液体的高度 h 呈线性关系。使用测量电路即可将该电容值转换成与液位高度成正比的电压或电流信号。此类传感器可用于各类液体介质,如水、酒精、汽油等的液位测量。

本章小结

本章对电容式传感器的工作原理、分类、测量电路原理、应用等方面的知识进行了阐述。

①电容式传感器可分为变极距型、变面积型和变介电常数型3大类,可分别适用于对微小位移、角度、压力、液位、振动、湿度、转速等参数进行非接触式测量。

②电容式传感器常见的测量电路有变压器电桥电路、调频电路、运算放大器式电路、调谐电路及差动脉宽调制电路等,其中差动脉宽调制电路具有线性度好、对器件性能要求较低、易于与计算机相连的优点。

③电容式传感器在使用当中应注意消除或减小环境温度的影响、提高绝缘性能、降低边缘效应的影响、消除寄生电容的影响和采取可靠的屏蔽抗干扰措施。

习　题

7.1　平行板电容器如图7.27所示,假设上、下两个极板都固定不动,求当固体电介质的厚度 d_2 增加 Δd 时,电容器的相对电容变化量(假设极板面积为 A),并据此回答固体电介质厚度的变化与电容值的变化是否为线性关系。

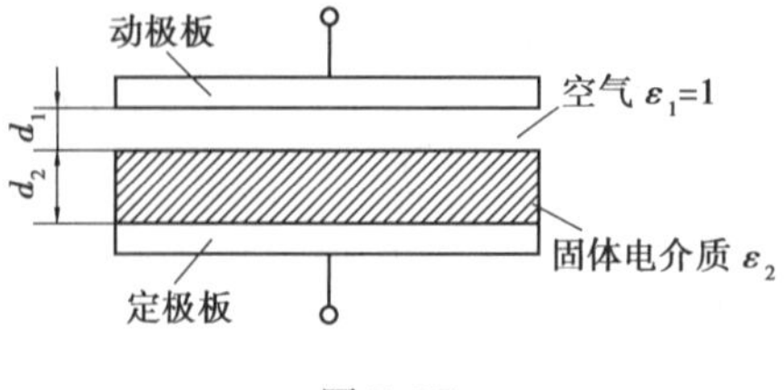

图 7.27

7.2　有一平面直线位移型差动电容式传感器(差动变面积型),其测量电路采用变压器式交流电桥,结构及电路如图7.28所示。电容式传感器的极距 d_0 = 1 mm,动极板的宽

度 $b=10$ mm。起始时，$a_1=a_2=a=12$ mm。极板间的介质为空气。测量电路的初级线圈电源电压为 $U=10\sin 2\,000\pi t$(V)，次级电压 $E=0.5\,U$。试求当动极板向上移动 $\Delta x=3$ mm 时，电桥的输出电压 U_o。

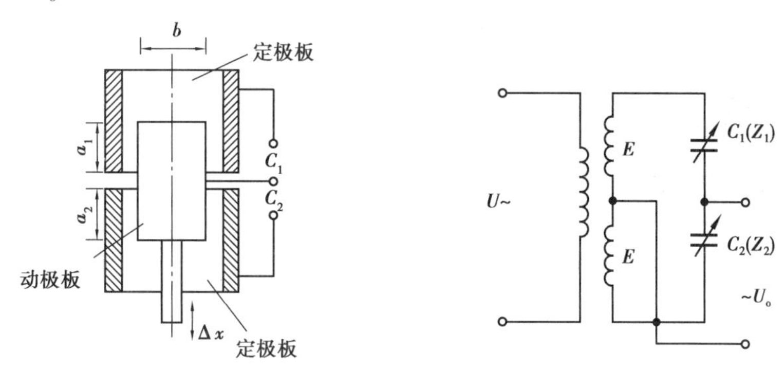

图 7.28

7.3　变极距型电容式传感器为何不适合于测量大的位移？

7.4　使用电容式传感器设计一个潜水用的水深探测器，画出系统框图并说明其原理。

7.5　使用变介电常数型电容式传感器设计一个纸张厚度测量电路，请画出原理框图并说明其原理。

7.6　习题7.5中，若要求使用变极距型电容式传感器进行测量，且要求输出电压与纸张厚度呈线性关系。请画出原理框图和测量电路图并说明其原理。

7.7　分布和寄生电容对电容式传感器的测量精度有何影响？如何消除这些影响？

7.8　电容式传感器采用脉冲宽度调制电路作为测量电路，有何优点？

7.9　如图7.16所示的脉冲宽度调制电路，请画出当 $C_1<C_2$ 时，电路各点的电压波形图，以及输出电压 U_o 的波形图。

第 8 章 压电式传感器

压电式传感器是有源双向机电传感器,它是利用某些物质(如石英晶体)的压电效应,既可将机械能转变为电能,又能将电能转变成机械能,是可逆型换能器。石英晶体的压电效应早在1880年就已经被发现了,但是直到1948年才制作出第一台石英晶体压电式传感器。压电式传感器是以某些电介质的压电效应为基础,将力、压力、加速度、力矩等非电量转换为电量的器件。它的优点是频带宽、灵敏度高、工作可靠、测量范围广等。

8.1 压电效应和压电材料

(1)压电效应

某些电介质,当沿着一定方向对其施力而使它变形时,其内部就产生极化现象,同时在它的两个表面上便产生符号相反的电荷,当外力去掉后,其又重新恢复到不带电状态,这种现象称压电效应。有时人们又把这种机械能转变为电能的现象,称为“正压电效应”。反之,在某些物质极化方向施加电场,这些物质也会产生变形,这种电能转变为机械能的现象称为“逆压电效应”。具有压电效应的电介物质称为压电材料。在自然界中,大多数晶体都具有压电效应,然而大多数晶体的压电效应都十分微弱。随着对压电材料的深入研究,发现石英晶体、钛酸钡和锆钛酸铅等人造压电陶瓷是性能良好的压电材料。

(2)压电材料简介

压电材料可以分为两大类:压电晶体和压电陶瓷。前者为晶体,后者为极化处理的多晶体。它们都具有较好的特性:具有较大的压电常数,机械性能优良,时间稳定性好,温度稳定性也很好等,因此,它们是较理想的压电材料。

1)压电晶体

常见压电晶体有天然和人造石英水晶,如图8.1所示。石英晶体,其化学成分为SiO_2(二氧化硅),压电系数$d_{11}=2.31\times10^{-12}$C/N。在几百度的温度范围内,其压电系数稳定不变,能产生十分稳定的固有频率f_0,能承受700~800 kg/cm^{2}的压力,是理想的压电式传感器的压电材料。

2)压电陶瓷

压电陶瓷是人造多晶系压电材料。常用的压电陶瓷有钛酸钡、锆钛酸铅、铌酸盐系压电陶瓷。它们的压电常数比石英晶体高,如钛酸钡的压电系数 $d_{33}=190\times10^{-12}$ C/N,但介电常数、机械性能不如石英晶体好。由于它们品种多,性能各异,可根据它们各自的特点制作各种不同的压电式传感器,这是一种很有发展前途的压电元件。

(3)石英晶体的压电特性

石英晶体是单晶体结构,其形状为六角形晶柱,两端呈六棱锥形状,如图8.1所示。

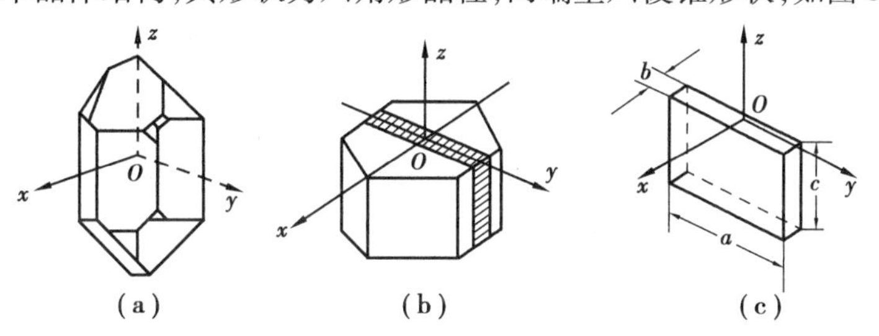

图8.1　石英晶体

石英晶体各个方向的特性是不同的。在三维直角坐标系中,z 轴被称为晶体的光轴。经过六棱柱棱线,垂直于光轴 z 的 x 轴称为电轴,把沿电轴 x 施加作用力后的压电效应称为纵向压电效应。垂直于光轴 z 和电轴 x 的 y 轴称为机械轴。把沿机械轴 y 方向的力作用下产生电荷的压电效应称为横向压电效应。沿光轴 z 方向施加作用力则不会产生压电效应。

1)石英晶体工作原理定量分析

若从石英晶体上沿 y 方向切下一块晶体片,当在 x 轴方向施加作用力时,在与电轴 x 垂直的平面上将产生电荷 q_x,其大小为

$$q_x = d_{11}F_x \tag{8.1}$$

式中　d_{11}——x 轴方向受力的压电系数;

F_x——作用力。

若在同一切片上,沿机械轴 y 轴方向施加作用力 F_y,则在与 x 轴垂直的平面上仍将产生电荷,其大小为

$$q_x = d_{12}\frac{a}{b}F_x = -d_{11}\frac{a}{b}F_x \tag{8.2}$$

式中　d_{12}——y 轴方向受力的压电系数;因石英晶体对称,故 $d_{12}=-d_{11}$。

a、b——晶体片的长度和厚度。

电荷 q_x 的符号由受压力还是拉力决定,且 q_x 的大小与晶体的几何尺寸无关。

2)石英晶体工作原理定性分析

为了直观地了解石英晶体压电效应和各向异性的原因,将一个单元组织中构成石英晶体的硅离子和氧离子,在垂直于 z 轴的 xy 平面上的投影,等效为正六边形排列,如图8.2所示。图中阳离子代表 Si^{4+} 离子,阴离子代表氧离子 $2O^{2-}$。

当石英晶体未受外力作用时,带有4个正电荷的硅离子和带有2×2个负电荷的氧离子正好分布在六边形的顶角上,形成3个大小相等,互成120°夹角的电偶极矩 P_1、P_2 和 P_3,如图8.2(a)所示。$P=ql$,q 为电荷量,l 为正、负电荷之间的距离。电偶极矩方向从负电荷指向正电荷。此时,正、负电荷中心重合,电偶极矩的矢量和为零,即 $P_1+P_2+P_3=0$,电荷平衡,故晶

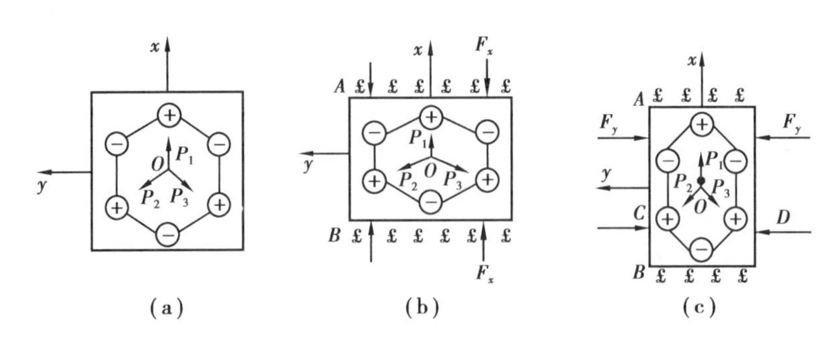

图 8.2　石英晶体压电模型

体表面不产生电荷，即呈中性。

当石英晶体受到沿 x 轴方向的压力作用时，将产生压缩形变，正负离子的相对位置随之改变，正、负电荷中心不再重合，如图 8.2(b)所示，此时，A 面出现负电荷，B 面出现正电荷。在 y 轴方向上不出现电荷；如果在 x 轴方向施加拉力，结果 A 面和 B 面上电荷符号与图 8.2(b)所示相反。这种 x 轴施加压力，而在垂直于 x 轴晶面上产生电荷的现象，即为前面所说的“纵向压电效应”。

当石英晶体受到沿 y 轴方向的压力作用时，晶体如图 8.2(c)所示形变。电偶极矩在 x 轴方向的分量 $(P_1+P_2+P_3)_x>0$，所以 C、D 面上不带电荷，而 A、B 面分别呈现正、负电荷。如果在 y 轴方向施加拉力，结果在 A、B 表面上产生图 8.2(c)所示相反电荷。这种沿 y 轴施加力，而在垂直于 x 轴的晶面上产生电荷的现象被称为“横向压电效应”。

当石英晶体在 z 轴方向上受力作用时，由于硅离子和氧离子是对称平移，正、负电荷中心始终保持重合，电偶极矩在 x、y 方向的分量为零。所以表面无电荷出现，因而沿光轴 z 方向施加力石英晶体不会产生压电效应。

图 8.3 为晶体片在 x 轴和 y 轴方向受拉力和压力的具体情况。

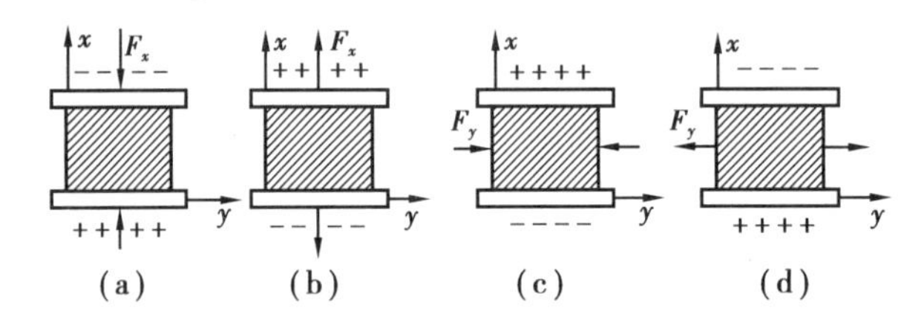

图 8.3　晶体片上的电荷极性与受力方向的关系

如果在片状压电材料的两个电极上面加以交流电压，那么石英晶体片将产生机械振动，即晶体片在电极方向有伸长和缩短现象。这种电致伸缩现象即为前述的逆压电效应。

例 8.1　石英晶体 d_{11} 为 2.3×10^{-12} C/N，石英晶片的长度是宽度的 2 倍，是厚度的 3 倍。求：①当沿着电轴施加 3×10^6 N 的压力时的电量 q_x；

②当沿机械轴施加 3×10^6 N 的压力时的电量 q_y；

③在石英晶体表面上标出电荷极性。

解　①$q_x=d_{11}F_x=2.3\times10^{-12}\times3\times10^6\text{C}=6.9\times10^{-6}\text{C}$

②$F_y=3\times10^6\text{N}$

$$q_y=-d_{11}\frac{a}{b}F_y=-2.3\times10^{-12}\times3\times3\times10^6\text{C}=-2.07\times10^{-5}\text{C}$$

③石英晶体表面上的电荷极性分别如图8.3(a)和图8.3(c)所示。

(4)压电陶瓷的压电现象

压电陶瓷是人造多晶体,它的压电机理与石英并不相同。压电陶瓷材料内的晶粒有许多自发极化电畴。在极化处理以前,各晶粒内电畴任意方向排列,自发极化的作用互相抵消,陶瓷内极化强度为零,如图8.4所示。

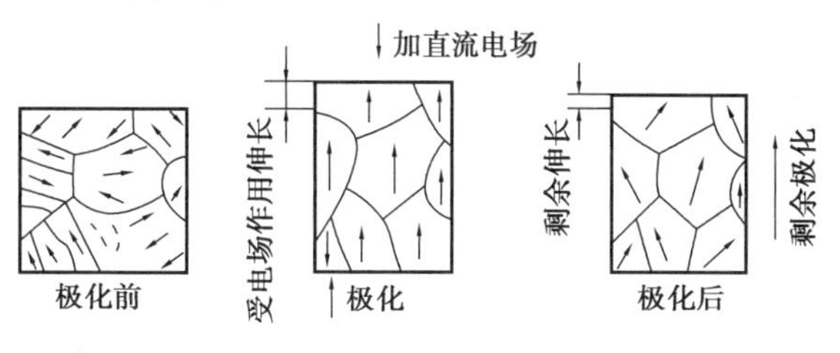

图8.4　压电陶瓷的极化

在陶瓷上施加外电场时,电畴自发极化方向转到与外加电场方向一致。既然已极化,此时压电陶瓷具有一定的极化强度。当外电场撤销后,各电畴的自发极化在一定程度上按原外加电场方向取向,陶瓷极化强度并不立即恢复到零,此时存在剩余极化强度。同时陶瓷片极化的两端出现束缚电荷,一端为正,另一端为负,如图8.5所示。由于束缚电荷的作用,在陶瓷片的极化两端很快吸附一层来自外界的自由电荷,这时束缚电荷与自由电荷数值相等,极性相反,因此陶瓷片对外不呈现极性。

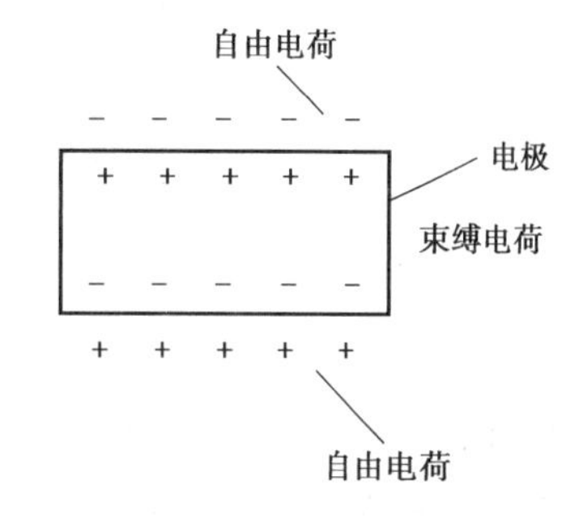

图8.5　束缚电荷和自由电荷排列示意图

如果在压电陶瓷片上加一个与极化方向平行的外力,陶瓷片产生压缩形变,片内的束缚电荷之间距离变小,电畴发生偏转,极化强度变小,因此,吸附在其表面的自由电荷有一部分被释放而呈放电现象。当撤销外力时,陶瓷片恢复原状,极化强度增大,因此又吸附一部分自由电荷而出现充电现象。

这种因受力而产生的机械效应转变为电效应,将机械能转变为电能,就是压电陶瓷的正压电效应。放电电荷的多少与外力成正比例关系,即

$$q = d_{33}F \tag{8.3}$$

式中　d_{33}——压电陶瓷片的压电系数;

　　F——作用力。

8.2　压电式传感器等效电路和测量电路

8.2.1　压电式传感器的等效电路

(1)压电元件自身等效电路

将压电晶片产生电荷的两个晶面封装上金属电极后,就构成了压电元件,如图8.6(a)所

示。当压电元件受力时,就会在两个电极上产生等量的正、负电荷。因此,压电元件相当于一个电荷源;两个电极之间是绝缘的压电介质,使其又相当于一个电容器,如图 8.6(b)所示。其电容量为

$$C_a = \frac{\varepsilon_r \varepsilon_0 S}{h} \tag{8.4}$$

式中 C_a——压电元件内部电容;

ε_r——压电材料的相对介电常数;

ε_0——真空的介电常数;

S——压电元件电极面积;

h——压电晶片厚度。

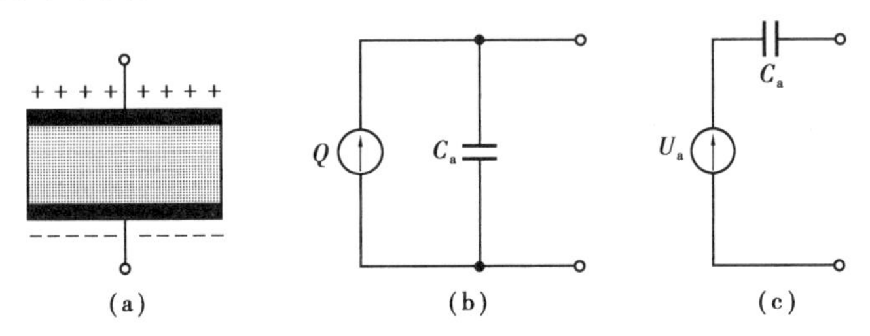

图 8.6 压电元件等效电路图

因此,可以将压电元件等效为电荷源 Q 并联电容 C_a 的电荷等效电路,如图 8.6(b)所示。根据电路等效变换原理,也可将压电元件等效为电压源 U_a 串联电容 C_a 的电压等效电路,如图 8.6(c)所示。由此可得,电容器上电压、电荷、电容三者间关系为

$$U_a = \frac{Q}{C_a} \tag{8.5}$$

(2)实际等效电路

由于压电式传感器必须经配套的二次仪表进行信号放大与阻抗变换,所以还应考虑转换电路的输入电阻与输入电容,以及连接电缆的传输电容等因素的影响。图 8.7 为考虑了前述因素的实际等效电路。其中,有前置放大器输入电阻 R_i、输入电容 C_i;连接电缆的传输电容 C_c;压电式传感器的绝缘电阻 R_a。

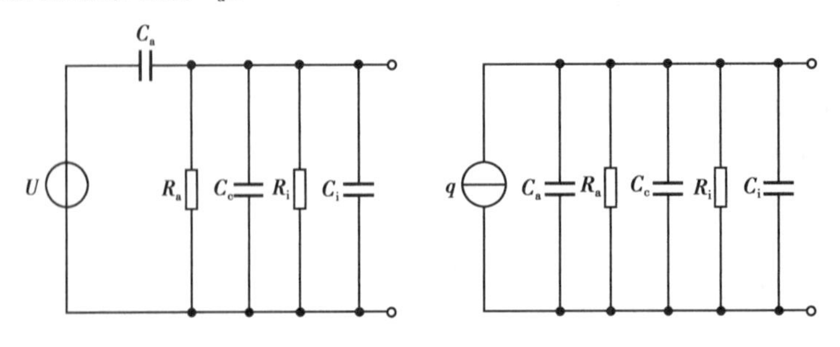

图 8.7 放大器输入端等效电路

由图 8.7 可知,若要压电元件上的电荷长时间保存,必须使压电元件绝缘电阻与测量电路输入电阻为无穷大,以保证没有电荷泄漏回路。而实际上这是不可能的,因此压电式传感器不能用于静态测量。当压电元件在交变力的作用下,电荷量可以不断更新与补充,给测量电路提

供一定的电流，故适用于动态测量。不过，随着电子技术的发展，转换电路的低频特性越来越好，已经可以在频率值低于 1 Hz 的条件下进行测量。

8.2.2　压电式传感器测量电路

由于压电式传感器产生的电量非常小，因此要求测量电路输入级的输入电阻非常大以减小测量误差。在压电式传感器的输出端，总是先接入高输入阻抗的前置放大器，然后再接入一般放大电路。

前置放大器的作用：

①将压电式传感器的输出信号放大。

②将高阻抗输出变为低阻抗输出。

压电式传感器的测量电路有电荷型与电压型两种，相应的前置放大电路也有电荷型与电压型两种形式。

(1) 电压放大器

图 8.8(a) 为压电式传感器与电压放大器连接后的等效电路图，图 8.8(b) 为进一步简化后的电路图。

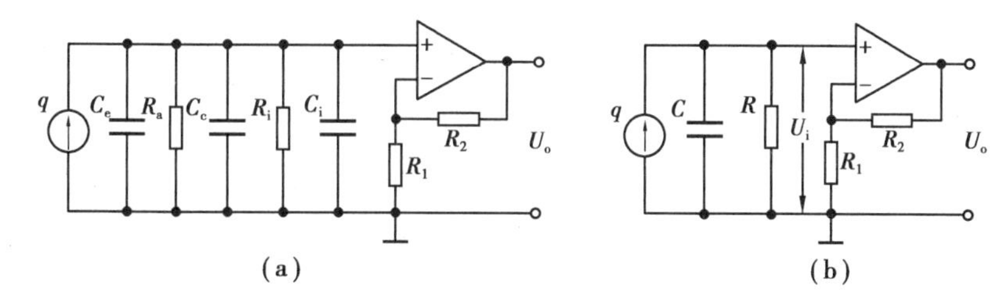

图 8.8　压电式传感器的电压放大器

由图 8.8 可知

$$R = \frac{R_a R_i}{R_a + R_i} \tag{8.6}$$

$$C = C_e + C_c + C_i$$

假设作用在压电传感器上的交变力为 F，其最大值为 F_m，角频率为 ω，即

$$F = F_m \sin \omega t \tag{8.7}$$

若压电元件的压电常数为 d，在力 F 作用下，产生的电荷 Q 为

$$Q = d \cdot F = dF_m \sin \omega t \tag{8.8}$$

经过分析后，可得出送到电压放大器输出端的电压为

$$U_i = dF \frac{j\omega R}{1 + j\omega RC} \tag{8.9}$$

所以，压电式传感器的压电灵敏度为

$$S_v = \left| \frac{U_i}{F} \right| = \frac{d\omega R}{\sqrt{1 + (j\omega RC)^2}} = \frac{d}{\sqrt{\frac{1}{(\omega R)^2} + (C_e + C_c + C_i)^2}} \tag{8.10}$$

由此可知：

①当 ω 为零时，S_v 为零，所以不能测量静态信号。

②当 $\omega R \gg 1$ 时，有 $S_v = \dfrac{d}{C_e + C_c + C_i}$，与输入频率 ω 无关，说明电压放大器的高频特性良好。

③S_v 与 C_c 有关，C_c 改变时 S_v 也改变。因此，不能随意更换传感器出厂时的连接电缆长度。另外，连接电缆也不能过长，过长将降低灵敏度。

电压放大器电路简单，元件便宜；但电缆长度对测量精度影响较大，限制了其应用。

(2)电荷放大器

电荷放大器实际上是一个高增益放大器，其与压电式传感器连接后的等效电路如图 8.9 所示，C_c 为连接电缆的等效电容，C_i 为集成运放的输入等效电容，A 为放大器的电压放大系数，则

$$U_o = \frac{qA}{C_a + C_c + C_i + (A+1)C_f} \tag{8.11}$$

当 $A \gg 1$ 时，得

$$(1+A)C_f \gg C_a + C_c + C_i \tag{8.12}$$

则

$$U_o \approx \left| \frac{q}{C_f} \right| \tag{8.13}$$

由式(8.13)可知，电荷放大器的输出电压只与反馈电容有关，而与连接电缆的传输电容无关，更换连接电缆时不会影响传感器的灵敏度，这是电荷放大器的突出优点。

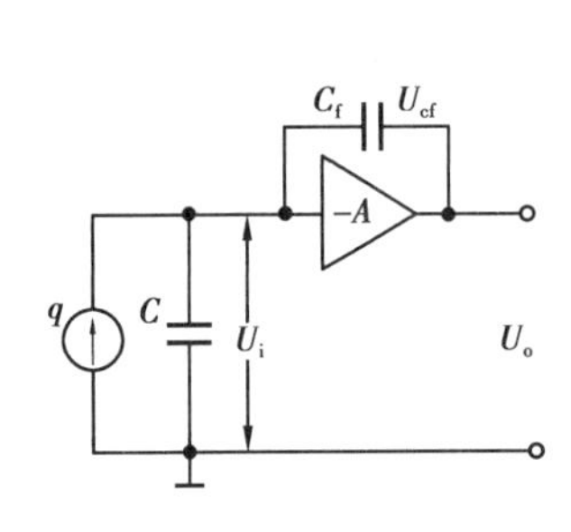

图 8.9 电荷放大器原理图

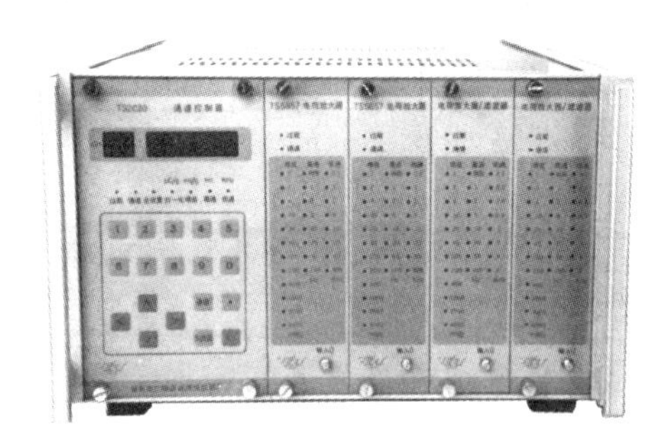

图 8.10 电荷放大器外形图

电荷放大器外形图如图 8.10 所示。在实际电路中，考虑到被测物理量的不同量程，反馈电容的容量选为可调的，范围一般为 100 ~ 1 000 PF。电荷放大器的测量下限主要由反馈电容与反馈电阻决定，即 $f_L = \dfrac{1}{2(2\pi R_f C_f)}$。一般 R_f 的取值在 $10^{10}\,\Omega$ 以上，则 f_L 可以小于 1 Hz。因此，电荷放大器的低频相应也比电压放大器好得多，可以用于变化缓慢的力的测量。

8.3 压电式传感器的使用

8.3.1 压电元件的串并联

在压电式传感器中，为了提高灵敏度，压电材料一般不用一片，而常用两片或者两片以上组合在一起。由于压电材料是有极性的，因此连接方法有两种，如图 8.11 所示。

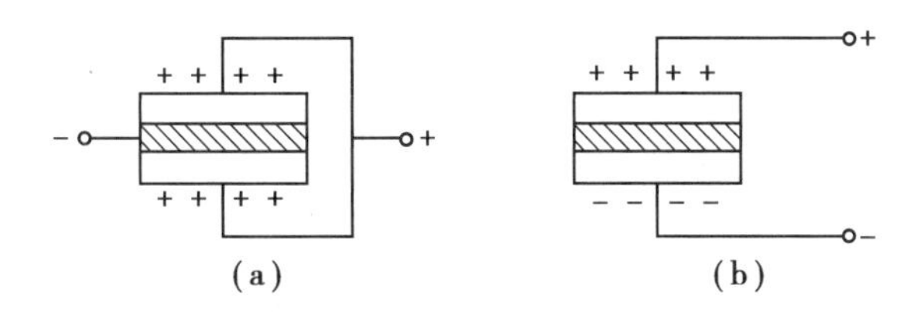

图 8.11　压电元件的串联和并联

在图 8.11(a)中,两压电片的负极都集中在中间电极上,正电极在两边的电极上。这种接法称为并联。其输出电容 $C_{并}$ 为单片电容 C 的 2 倍,但输出电压 $U_{并}$ 等于单片的电压 U,极板上电荷量 $q_{并}$ 为单片电荷量 q 的 2 倍,即

$$q_{并} = 2q \quad U_{串} = 2U \quad C_{串} = \frac{C}{2} \tag{8.14}$$

在图 8.11(b)中,两压电片不同极性端黏结在一起,从电路上看是串联的,两压电片中间黏结处正负电荷中和,上、下极板的电荷量与单片时相同,总电容量为单片的一半,输出电压增大了 1 倍。

这两种接法中,并联接法输出电荷大,本身电容也大,时间常数大,适合用于测量慢变信号,并且适用于以电荷作为输出量的场合。而串联接法,输出电压大,本身电容小,适用于以电压作为输出信号,并且测量电路输入阻抗很高的场合。

8.3.2　压电片预应力

压电片在压电式传感器中,必须有一定的预应力。这样,可以保证在作用力变化时,压电片始终受到压力。其次是保证压电材料的电压与作用力呈线性关系。这是因为压电片在加工时,即使研磨得很好,也难保证接触面的绝对平坦,如果没有足够的压力,就不能保证均匀接触。因此接触电阻在最初阶段将不是常数,而是随着压力变化的。但是,这个预应力也不能太大,否则将会影响其灵敏度。

8.3.3　压电式力传感器的安装

压电式力传感器安装时应保证传感器的敏感轴与受力方向一致。安装传感器的上、下接触面要经过精细加工,以保证平行度和平面度。

当接触表面粗糙时,对环形压电式力传感器,可以加装应力分布环,对联传感器可加装应力分布块。在接触面不平行时,可加装球形环,环、块的弹性模量不得小于传感器所用金属材料的弹性模量。

为牢固地安装传感器,环形传感器可在中心孔加紧固螺栓。总之,装卡牢固是非常重要的,否则不仅会降低传感器的频响,还将影响测试的结果。

8.3.4　合理选择传感器的量程和频率响应

应根据所测力的极限来选择压电式力传感器的量程和频响,不要使传感器所测负载超过额定量程。传感器的工作频带要能够覆盖待测力的频带。

8.3.5　合理选用二次仪表

测量低频力信号时,因测试系统的频率下限将主要取决于传感器的电荷放大器的时间常

数,因此,测准静态力信号一般要求电荷放大器输入阻抗高于 $10^{12}\Omega$,低频响应为0.001 Hz显示仪表采用直流数字电压表。

8.3.6 合理选择安装连接线缆

测量中、高频力信号时,同样对于后接器件,仪表有所要求。但一般情况下,压电式力传感器和电荷放大器对中、高频的响应较好,后接显示仪表可用峰值电压表、瞬态记录仪、记忆示波器等。

8.3.7 选择纵、横向压电效应

在压电式传感器中,一般利用压电材料的纵向压电效应较多,这时所使用的压电材料大多制作为圆片式。也有利用其横向压电效应的。

8.4 压电式传感器的应用

广义地讲,凡是利用压电材料各种物理效应构成的各种传感器,都可称为压电式传感器。它们已被广泛地应用在工业、军事和民用等领域,并可直接利用压电式传感器测量力、压力、加速度、位移等物理量。

8.4.1 压电式加速度传感器

压电式加速度传感器结构一般有纵向效应型、横向效应型和剪切效应型3种。纵向效应型是一种最常见结构。如图8.12所示,压电陶瓷和质量块为环形,通过螺栓对质量块预先加载,使之压紧在压电陶瓷上。测量时将传感器基座与被测对象牢牢地紧固在一起。输出信号由压电元件的电极引出。

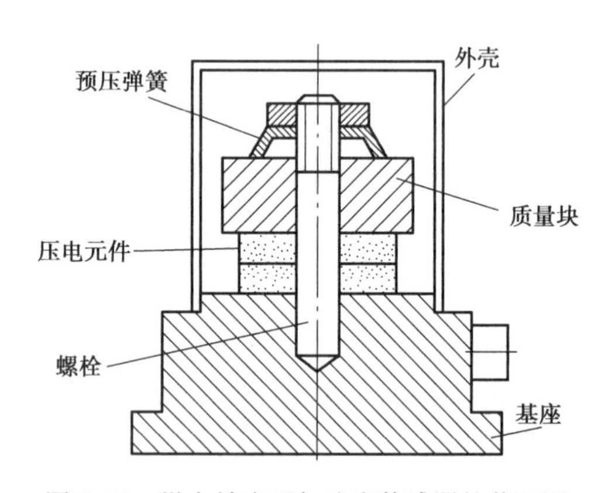

图8.12 纵向效应型加速度传感器的截面图

当传感器感受振动时,因为质量块相对被测物体质量较小,因此质量块感受与传感器基座相同的振动,并受到与加速度方向相反的惯性力,此力 $F=ma$。同时惯性力作用在压电陶瓷片上产生电荷为

$$q = d_{33}F = d_{33}ma \tag{8.15}$$

式(8.15)表明电荷量直接反映加速度大小。它的灵敏度与压电材料压电系数和质量块质量有关。为了提高灵敏度,一般选择压电系数大的压电陶瓷片。若增加质量块质量会影响被测振动,同时会降低振动系统的固有频率,因此,一般不用增加质量的办法来提高传感器的灵敏度。另外,也可采用增加压电片的数目和合理的连接方法提高传感器灵敏度。

8.4.2　压电式测力传感器

图 8.13 为压电式单向力传感器的结构，它主要用于变化频率中等的动态力的测量，如车床动态切削力的测试。被测力通过传力上盖使石英晶片在沿电轴方向受压力作用而产生电荷，两块晶体片沿电轴反方向迭起，其间是一个片形电极，它收集负电荷。两压电晶片正电荷侧分别与传感器的传力上盖及底座相连。因此两块压电晶片被并联起来，提高了传感器的灵敏度。片形电极通过电极引出插头将电荷输出。

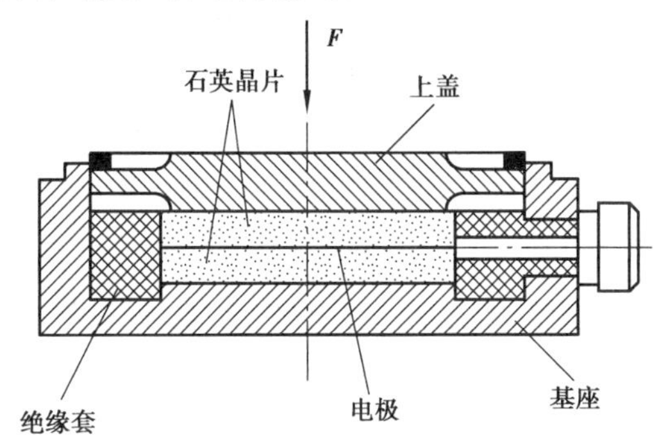

图 8.13　YDS-78 Ⅰ 型压电式单向力传感器结构

8.4.3　压电式金属加工切削力测量

图 8.14 为利用压电陶瓷传感器测量刀具切削力的示意图。由于压电陶瓷元件的自振频率高，特别适合测量变化剧烈的载荷。图中压电传感器位于车刀前部的下方，当进行切削加工时，切削力通过刀具传给压电传感器，压电传感器将切削力转换为电信号输出，记录下电信号的变化便测得切削力的变化。

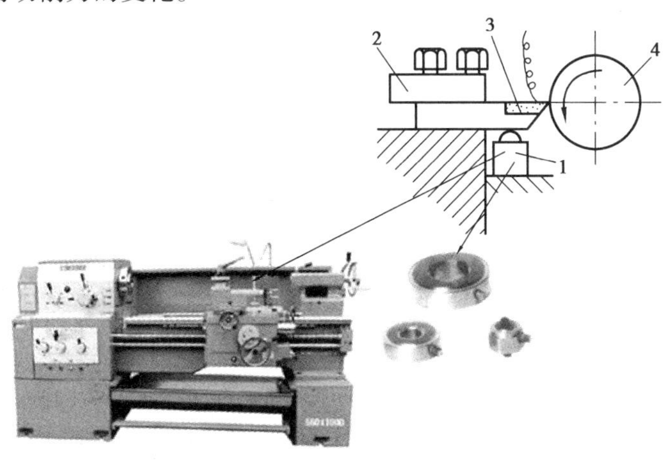

图 8.14　压电式金属加工切削力测量示意图

8.4.4　压电引信

压电引信结构图如图 8.15(a)所示，早期的 40 火箭筒原理图如图 8.15(b)所示，平时电路开路，当火箭筒撞击时，内外电极相撞引爆。改进的压电引信原理如图 8.15(c)所示，当火箭筒撞击时,压电晶体产生电荷,使电发火管打火,从而引爆。

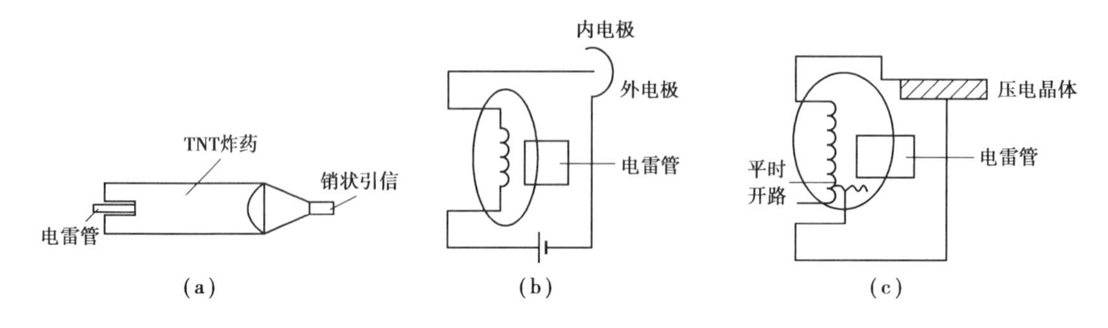

图 8.15　压电引信原理图

8.4.5　煤气灶电子点火装置

图 8.16 为煤气灶电子点火装置,它是让高压跳火来点燃煤气。当使用者将开关往里压时,把气阀打开;将开关旋转,使得弹簧向左压缩。此时弹簧有一很大的力撞击压电晶体,产生高压放电导致燃烧盘点火。

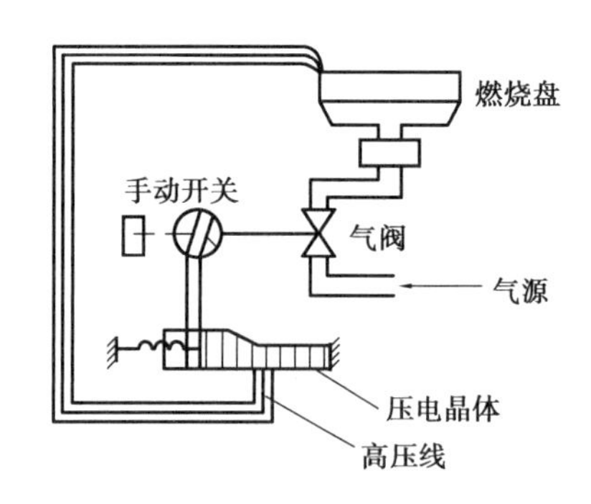

图 8.16　煤气灶电子点火装置

本章小结

本章对压电式传感器的工作原理和特性、测量电路(等效电路及前置放大器)、传感器的应用等几个方面进行了阐述。

压电传感器是一种典型的有源传感器,又称为自发电式传感器。其工作原理是基于某些材料受力后在其相应的特定表面产生电荷的压电效应。压电传感器体积小,重量轻,结构简单,工作可靠,适用于动态力学量的测量。

凡是利用压电材料各种物理效应构成的各种传感器,都可称为压电式传感器。它们已被广泛地应用在工业、军事和民用等领域,并可直接利用压电式传感器测量力、压力、加速度、位移等物理量。

习　题

8.1　为什么压电传感器通常都用来测量动态或瞬态参量?

8.2　常用压电材料有哪几种类型? 各有何特性?

8.3　压电传感器的测量电路中为什么要加前置放大器? 电荷放大器和电压放大器各有什么特点?

8.4　如何提高压电传感器的灵敏度?

8.5　压电加速度传感器使用时应注意哪些问题才能保证测量精度(频响特性)?

8.6　列举一个压电式传感器的运用,简述其原理。

第 9 章

光电式传感器

光电式传感器是光电检测系统中实现光电转换的重要元件,它是把光信号转变为电信号的器件。它首先把被测量的变化转换成光信号的变化,再借助光电元件进一步将光信号转换成电信号。本章主要介绍光电传感器的组成、工作原理、基本特性、传感器的应用、光纤传感器的工作原理及应用等。

9.1 光电效应

光电式传感器的基础是光电转换元件的光电效应。光照射在某些物质上,引起物质的电性质发生变化,也就是光电能转化为电能,这类现象统称为光电效应。光电效应分为光电子发射、光电导效应和光生伏特效应。前一种现象发生在物体表面,又称为外光电效应;后两种现象发生在物体内部,称为内光电效应。

9.1.1 外光电效应

外光电效应是指在光的照射下,材料中的电子逸出表面的现象,逸出的电子称之为光电子。光电管及光电倍增管均属这一类,它们的光电发射极就是用具有这种特性的材料制造的。光电子逸出时所具有的初始动能 E_k 与光的频率 f 有关,频率高则动能大。

$$E_k = \frac{1}{2}mv^2 = hf - A \tag{9.1}$$

式中 A——物体表面的逸出功;

m——电子质量;

v——电子逸出初速度。

每一种金属材料都有一个对应的光频阀值,称为“红限”频率,相应的波长为 λ_k。光线的频率小于红限频率,光子的能量不足以使金属内的电子逸出,因而小于红限频率的入射光,光强再大也不会产生光电子的发射,反之,入射光频率高于红限频率时,即使光线微弱,也会有光电子发射出来。光电子的最大初动能随入射光频率的增大而增大。在入射光的频谱成分不变时,发射的光电子数正比于光强。即光强越大,意味着入射光子数目越多,逸出的电子数也就越多。

9.1.2　内光电效应

在光的照射下材料的电阻率发生改变的现象称为内光电效应,应分为光电导效应和光生伏特效应。半导体材料受到光照时,材料中处于价带的电子吸收光子能量而形成自由电子,而价带也会相应地形成自由空穴,即会产生电子-空穴对,使其导电性能增强,光线越强,阻值越低,这种光照后电阻率发生变化的现象,也称为光电导效应。基于这种效应的光电器件有光敏电阻(光电导型)和反向工作的光敏二极管、光敏三极管(光电导结型)。

光生伏特效应:半导体材料P-N结受到光照后产生一定方向的电动势的现象称为光生伏特效应。光生伏特型光电器件是自发电式的,属有源器件。以可见光作光源的光电池是常用的光生伏特型器件。

9.2　常见光电元件(传感器)

9.2.1　光电管、光电倍增管

(1)光电管

光电管是应用最普遍的一种基于外光电效应的光电器件,它可使光信号转换成电信号。光电管分为真空光电管和充气光电管。

光电管的外形和结构如图9.1所示。光电管由阳极、阴极、玻璃外壳以及电极引线等几部分组成。光电阴极通常采用逸出功小的光敏材料(如铯Cs)。当光线照射到光敏材料上便有电子逸出,这些电子被具有正电位的阳极所吸引,在光电管内形成空间电子流,在外电路就产生电流。

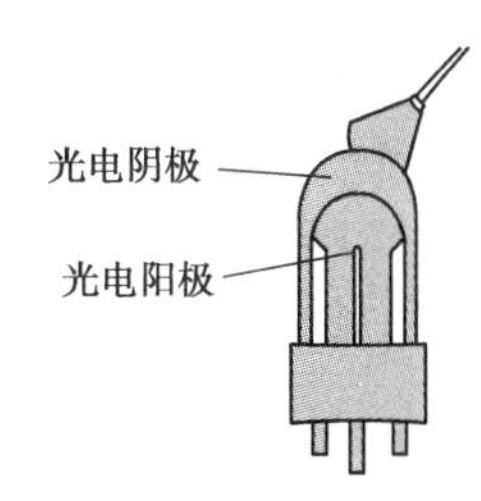

图9.1　光电管

光电管具有以下特性:

①光电管产生的电流很弱,应用时需要用放大器把它放大。

②光电管不能受到强光的照射,否则容易老化失效。

③光电管的灵敏度很高,具有良好的短期工作稳定性,但当长时间连续工作后,灵敏度降低。

(2)光电管的主要性能

光电器件的性能主要由伏安特性、光照特性、光谱特性、响应时间、峰值探测率和温度特性来描述。

1)伏安特性

在一定的光照射下,对光电器件的阴极所加电压与阳极所产生的电流之间的关系称为光电管的伏安特性,如图9.2所示。

2)光照特性

光照特性是指当光电管的阳极和阴极之间所加的电压一定时,光通量与光电流之间的关系为光电管的光照特性,其特性曲线如图9.3所示。曲线1表示氧铯阴极的光电管光照特性,光电流与光通量呈线性关系。曲线2为锑铯阴极的光电管光照特性,它呈非线性关系。光照

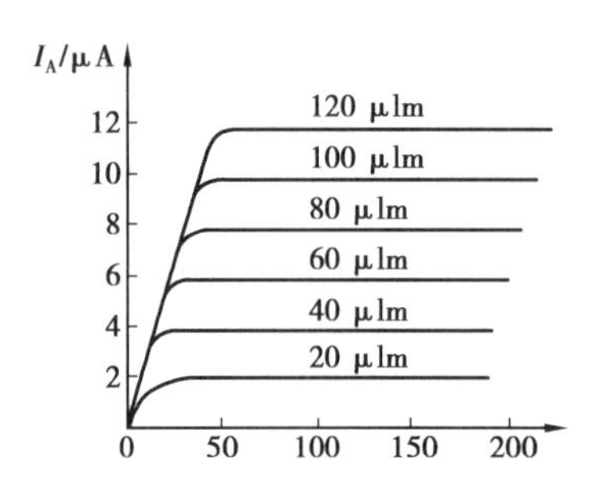

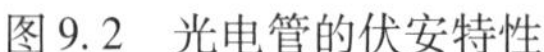

图 9.2　光电管的伏安特性

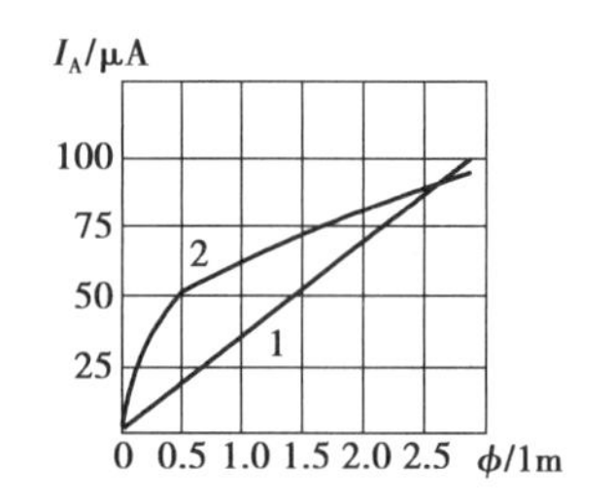

图 9.3　光电管的光照特性

特性曲线的斜率,即光电流与入射光光通量之比,称为光电管的灵敏度。

3)光谱特性

由于光阴极对光谱有选择性,因此光电管对光谱也有选择性。保持光通量不变,阳极电流与光波长之间的关系称为光电管的光谱特性。

(3)光电倍增管

光电倍增管是可将微弱光信号通过光电效应转变成电信号并利用二次发射电极转为电子倍增的电真空器件,其工作原理建立在光电发射和二次发射的基础上,获得大的光电流。

光电倍增管的外形如图 9.4 所示,由光阴极、次阴极(倍增电极)以及阳极 3 部分组成。与光电管不同的是在它的阴极和阳极间设置了若干个二次发射电极,它们称为第一倍增极、第二倍增极等,倍增极通常为 10 ~ 15 级,最多可达 30 极。光电倍增管工作时,相邻电极之间保持一定的电位差,其中阴极电位最低,各倍增电极电位逐渐升高,阳极电位最高。阳极是用来收集电子的,光电倍增管的放大倍数可达几万到几百万倍。因此,在很微弱的光照时,它就能产生很大的光电流。

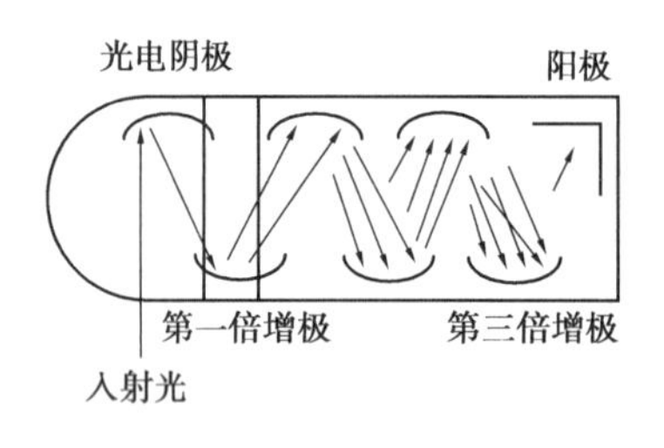

图 9.4　光电倍增管

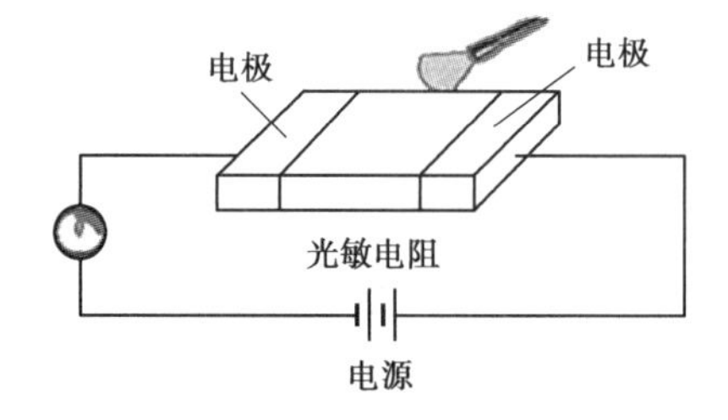

图 9.5　光敏电阻结构示意图

9.2.2　光敏电阻

(1)工作原理

光敏电阻是用具有内光电效应的光导材料制成的,为纯电阻元件,其阻值随光照增强而减小,这种现象称为光导效应,因而光敏电阻又称光导管,其原理结构如图 9.5 所示。

光敏电阻的工作原理是基于内光电效应。在半导体光敏材料两端装上电极引线,将其封装在带有透明窗的管壳里就构成光敏电阻,为了增加灵敏度,两电极常做成梳状。用于制造光敏电阻的材料主要是金属的硫化物、硒化物和碲化物等半导体。通常采用涂敷、喷涂、烧结等方法在绝缘衬底上制作很薄的光敏电阻体及梳状欧姆电极,接出引线,封装在具有透光镜的密封壳体内,以免受潮影响其灵敏度,无光线时其阻值很高。

当受到光照并且光辐射能量足够大时，光导材料价带中的电子受到能量大于其禁带宽度 ΔE_g 的光子激发，由价带越过禁带而跃迁到导带，使其导带的电子和价带的空穴增加，电阻率变小。在光敏电阻两端的金属电极之间加上电压，其中便有电流通过，光敏电阻受到适当波长的光线照射时，电流就随光强的增加而变大，从而实现光电转换。光敏电阻没有极性，使用时即可加直流电压，也可以加交流电压。

光敏电阻的优点：灵敏度高，体积小、质量小，光谱响应范围宽，机械强度高、耐冲击和震动，寿命长。缺点：使用时需要有外部电源，同时当有电流通过它时，会产生热的问题。

(2) 暗电阻、亮电阻、光电流

①将光敏电阻置于室温、无光照射的全暗条件下，经过一定稳定时间之后，测得的阻值称暗电阻(或称暗阻)。这时，在给定工作电压下测得光敏电阻中的电流值称暗电流。

②光敏电阻在光照射下，测得的电阻值称亮电阻(或称亮阻)。这时，给定工作电压下的电流称亮电流。

③亮电流与暗电流之差称为光敏电阻的光电流。

实用中光敏电阻的暗电阻值为 1 ~ 100 MΩ，亮电阻在几千欧以下。暗电阻值与亮电阻值之差越大，光敏电阻性能越好，灵敏度也越高。一般情况下，暗阻越大，亮阻越小越好。

(3) 基本特性

1) 光电特性

具有非线性，而且光照强度较大时有饱和趋向，因此，光敏电阻不适宜作测量元件，在自动控制中它常用于开关量的光电传感器(开关元件)。图 9.6 所示为光敏电阻的光照特性，不同类型光敏电阻光照特性不同，但光照特性曲线均呈非线性。

2) 光谱特性

各光敏电阻对不同波长的入射光有不同的灵敏度，而且对应最大灵敏度的光波长也不相同。因此，在选用光敏电阻时，就应当把元件和光源结合起来考虑，才能获得满意的结果。图 9.7 所示为光敏电阻的光谱特性，光谱特性与光敏电阻的材料有关。

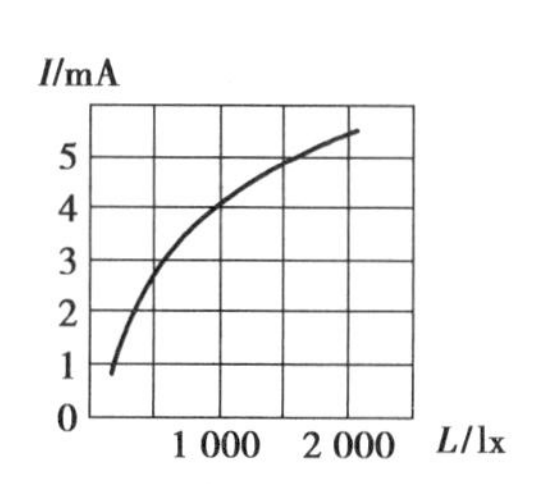

图 9.6　光敏电阻的光照特性

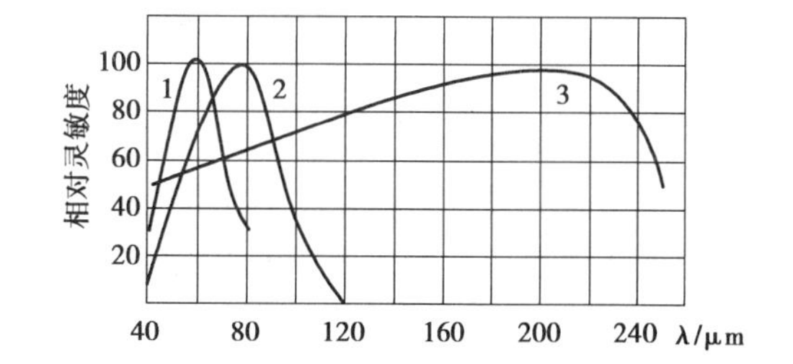

图 9.7　光敏电阻的光谱特性

1—硫化镉；2—硒化镉；3—硫化铅

3) 伏安特性

光敏电阻是一个线性电阻，服从欧姆定律；在给定的光照下，电阻值与外加电压无关；在给定的电压下，光敏电阻的阻值随光照度而变(或光电流的数值将随光照的增强而增加)。

图 9.8 为光敏电阻的伏安特性，图中曲线 1、2 分别表示照度为零及照度为某值时的伏安特性。由曲线可知，在给定偏压下，光照度越大，光电流越大。

4)频率特性

光敏电阻中光电流随光强度的变化具有一定的时延特性,如图 9.9 所示。随着入射光强度变化的加快,即频率的增加,光敏电阻灵敏度随着降低。由于不同材料的光敏电阻的时延特性不同,因此,它们的频率特性也不同,硫化铅的使用频率比硫化镉高很多,但多数光敏电阻的时延都比较大,故它不能用在要求快速响应的场合。

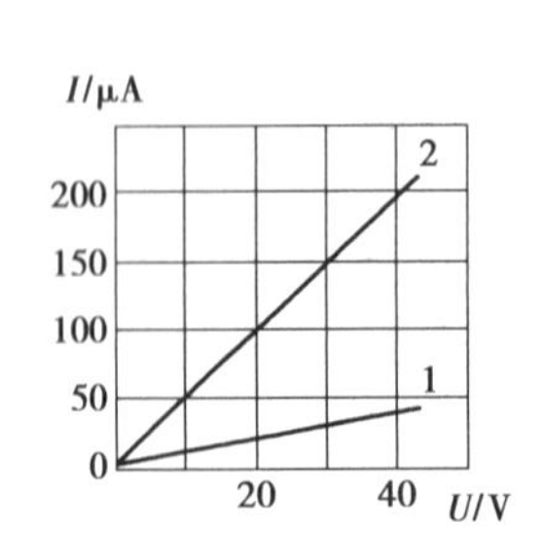

图 9.8 光敏电阻的伏安特性

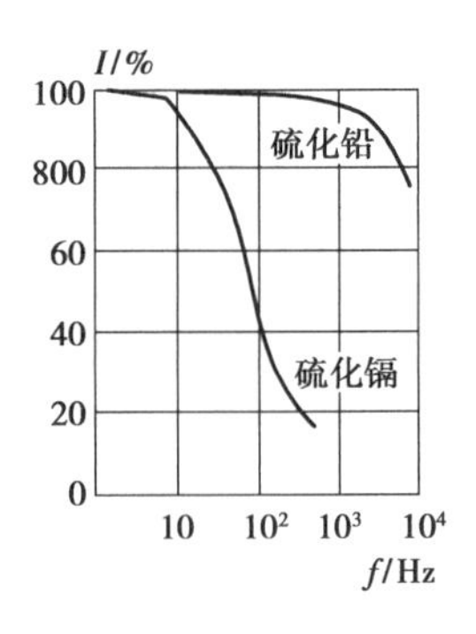

图 9.9 光敏电阻的频率特性

5)温度特性

温度升高将导致光敏电阻暗电阻值变小,灵敏度下降。

9.2.3 光电池

光电池是基于光生伏特效应制成的,是自发电式有源器件,它受阳光照射时自身能产生一定方向的电动势,在不加电源的情况下,只要接通外电路,便有电流通过,结构如图 9.10 所示。它有较大面积的 PN 结,当 PN 结附近受光照射激发出光生电子、空穴对后,由 PN 结阻挡层的内电场将这些光生电子、空穴对进行分离,使 PN 结两边的半导体建立电位差,即在结的两端出现电动势,其工作原理示意图如图 9.11。

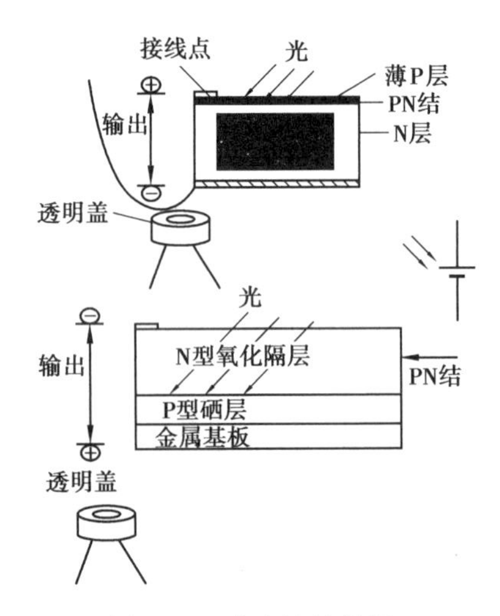

图 9.10 光电池结构图

硅光电池也称硅太阳能电池,如图 9.12 所示,它是用单晶硅制成,在一块 N 型硅片上用扩散的方法掺入一些 P 型杂质而形成一个大面积的 PN 结,P 层做得很薄,从而使光线能穿透照到 PN 结上。硅太阳能电池具有轻便、简单,不会产生气体或热污染,易于适应环境,还具有光电转换效率高、性能稳定、光谱范围宽、频率特性好、能耐高温辐射等特点,应用极其广泛。与硒光电池相比,硅光电池具有更好的频率响应特性。硒光电池如图 9.13 所示。

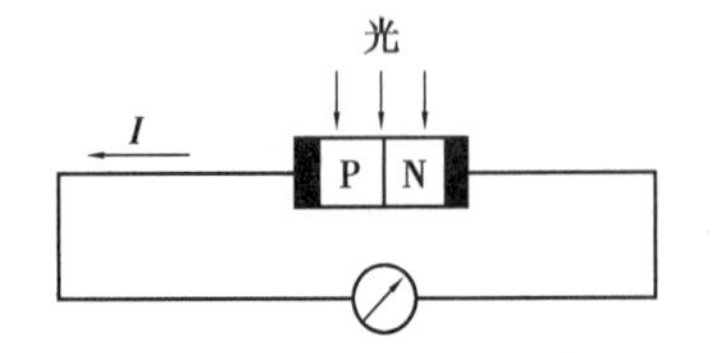

图 9.11 光电池工作原理示意图

图 9.12 硅光电池

图 9.13 硒光电池

9.3　光电式传感器及其应用

9.3.1　光电传感器

光电传感器是以光为媒介,光电效应为基础,以光电元件作为转化元件,可以将被测的非电量转化成电量的传感器,主要由光源、光学通路、光电器件和测量电路组成,如图9.14所示。

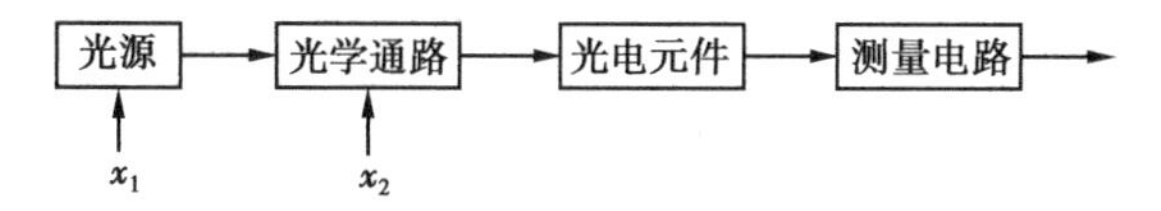

图9.14　光电传感器结构图

光电器件的作用是检测照射在其上的光通量,因为光电器件产生的光电流很弱,所以必须采用前置放大器,对于变化的光信号,还应该采用调制器,测量电路中要包含相敏检波等电路。被测信号可以通过两种途径转换成光电器件入射光强的变化。

①被测量 x_1 直接对光源作用,使光通量的某参数发生变化;

②被测量 x_2 作用于光学通路,对传播过程的光通量进行调制(通常为光纤传感器所采用)。

(1)光电传感器的特点及应用

光电式传感器具有非接触、高精度、高分辨率、高可靠性和响应快等优点,应用广泛。按其输出量的性质可分为模拟式光电传感器和脉冲光电传感器。

光电传感器可以用来检测直接引起光量变化的非电量,如光强、光照度、辐射测温、气体成分分析等,也可以用来检测能转换成光量变化的其他非电量,如零件直径、表面粗糙度、应变、位移、振动、速度、加速度,以及物体的形状、工作状态的识别等。

(2)光电传感器的常用光源

光源可采用灯泡、激光器、发光二极管等可见光源,也可以采用紫外灯、红外灯等非可见光源。

(3)光电传感器的类型

1)模拟式光电传感器

模拟式光电传感器将被测量转换为连续变化的光电流,它与被测量间呈单值对应关系。这类传感器通常有以下4种情况。

①光源发出一定的光通量,穿过被测对象,部分被吸收,其余达到光电元件变成电信号,利用到达的光通量测定被测物体的参数如透明度、混浊度、化学成分等。

②光源发出一定的光通量到被测物体,由被测物表面反射后再投射到光电元件上。由于物体的性质损失部分光通量,剩下光通量被光电元件转换成电信号,根据电信号的强度可以判断物体的表面粗糙度等。

③光源发出的光经被测物遮去一部分,使作用到光敏元件上的光削弱,其减弱程度与被测物在光学通路中的位置有关。此方式用于非接触测位置、位移等。

④被测物体本身是光辐射源,它发出的光投射到光电元件上,也可经一定光路后作用到光

电元件上。此方式主要用于非接触式高温测量。

2)脉冲光电传感器

脉冲光电传感器将被测量转换为断续变化的光电流。光电元件的输出仅有两种稳定状态,也就是“通”“断”的开关状态,故也称为光电元件的开关运用状态,它输出的光电流通常是只有两种稳定状态的脉冲形式的信号。这类传感器要求光电元件灵敏度高,而对光电特性的线性要求不高。主要用于零件或产品的光电继电器、自动计数、光控开关、电子计算机的光电输入设备、光电编码器及光电报警装置等方面。

(4)应用

光电转速传感器如图9.15所示。它由开孔圆盘、光源、光敏元件及缝隙板组成。开孔盘的输入轴与被测轴相连,光源发出的光通过开孔盘和缝隙板照到光敏元件上,光敏元件将光信号转换成电信号输出,开孔盘上有许多小孔,开孔盘旋转一周,光敏元件输出的电脉冲的个数等于盘的开孔数。因此,通过测光敏元件输出的脉冲频率,可得被测转速。

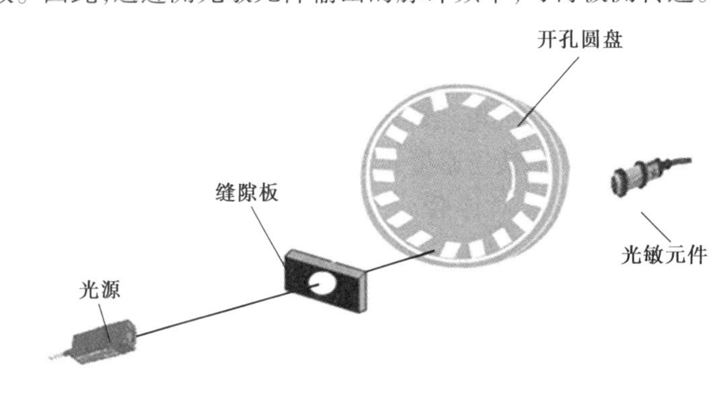

图9.15　光电转速传感器

9.3.2　光电编码器

光电编码器是一种通过光电转换将输出轴上的机械几何位移量转换成脉冲或数字量的传感器。这是目前应用最多的传感器,光电编码器是由光栅盘和光电检测装置组成。光栅盘是在一定直径的圆板上等分地开通若干个长方形孔。由于光电码盘与电动机同轴,电动机旋转时,光栅盘与电动机同速旋转,经发光二极管等电子元件组成的检测装置检测输出若干脉冲信号,通过计算每秒光电编码器输出脉冲的个数就能反映当前电动机的转速。此外,为判断旋转方向,码盘还可提供相位相差90°的两路脉冲信号。编码器是可把角位移直接转换成脉冲或二进制编码的检测器件(增量编码器、绝对编码器)。按编码器刻度方法及信号输出形式,可分为增量式、绝对式以及混合式3种。

(1)光电式绝对编码器

光电式绝对编码器是目前应用较多的一种,它是在透明材料的圆盘上精确地印制上二进制编码“0”或“1”——不透光或透光区域。在增量式测量中,移动部件每移动一个基本长度单位,位置传感器便发出一个测量信号,此信号通常是脉冲形式。这样,一个脉冲所代表的基本长度单位就是分辨力,对脉冲计数,便可得到位移量。

绝对式测量的特点:每一被测点都有一个对应的编码,常以二进制数形式来表示。绝对式测量即使断电之后再重新上电,也能读出当前位置的数据。典型的绝对式位置传感器有绝对式角编码器，其结构图如图9.16所示。

光电式绝对编码器的码盘按照其所用的码制可分为二进制码、循环码（格雷码）、十进制码、十六进制码码盘等。四位光电码盘上如图9.17所示，码盘上有4圈数字码道，在圆周范围内编码数为$2^4=16$个。每个数位（共4位形成一个锥体形）都对应有一个光电器件及放大、整形电路。锥体码盘转到不同位置，光电元件接受光信号，并转成相应的电信号，经放大整形后，成为相应数字信号，其分辨角度为

$$\alpha=\frac{360^\circ}{2^n}$$

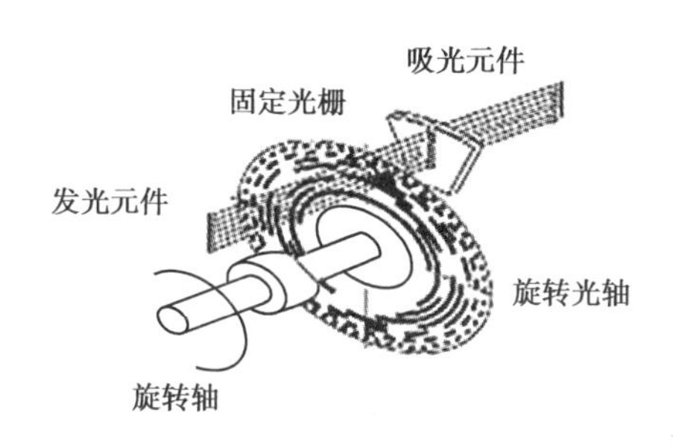

图9.16　绝对式光码译码器结构图

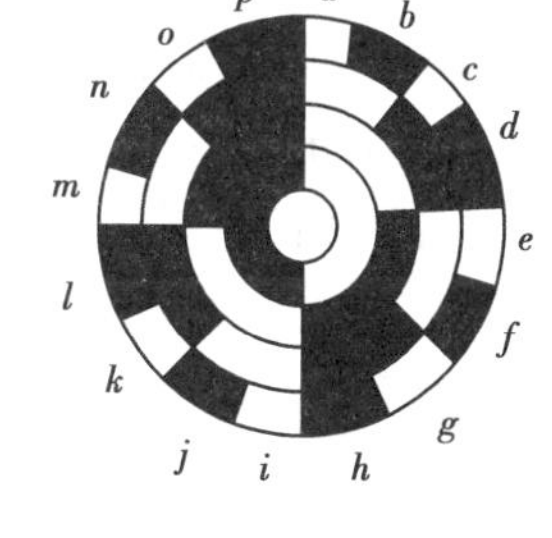

图9.17　四位二元码盘

由于光电器件安装误差的影响，当码盘回转在两码段边缘交替位置时，就会产生读数误差。例如，当码盘由位置“0111”变为“1000”时——4位数要同时变化，可能将数码误读成1111、1011、1101、…、0001等，产生无法估计的数值误差，这种误差称为非单值性误差。标准二进制编码器实际应用少，而采用二进制循环码盘（格雷码盘）。

格雷码盘如图9.18所示。任意相邻的两个代码间只有一位代码有变化，即由“0”变为“1”或“1”变为“0”。因此，读数误差最多不超过“1”，只可能读成相邻两个数中的一个数——有效消除非单值性误差。二进制循环码盘，码盘最外圈上的信号的位置正好与状态交线错开，只有信号位处的光电元件有信号才能读数，这样就不会产生非单值性误差。

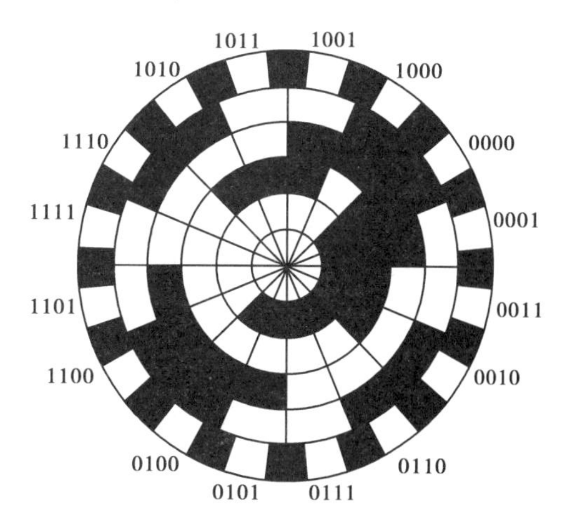

图9.18　带判位光电装置的二进制循环码盘

（2）增量式光电编码器

增量式光电编码器是码盘随位置变化输出的一系列的脉冲信号，然后根据位置变化的方向用计数器对脉冲进行加/减计算，为此达到位置检测的目的。它是由光源、透镜、主光栅码盘、鉴向盘、光敏元件和电子线路组成。

增量式光电编码器的工作原理是由旋转轴旋转带动在径向有均匀窄缝的主光栅码盘旋转，在主光栅码盘的上面有与其平行的鉴向盘，在鉴向盘上有两条彼此错开90°相位的窄缝，并分别有光敏二极管接收主光码盘透过来的信号。工作时，鉴向盘不动，主光栅码盘随转子旋转，光源经透镜平行射向主光栅码盘，通过主光栅码盘和鉴向盘后由光敏二极管接受相位差

90°的近似正弦信号,再由逻辑电路形成转向信号和计数脉冲信号。为了获取绝对位置角,在增量式光电编码器有零位脉冲,即主光栅每旋转一周,输出一个零位脉冲,使位置角清零。利用增量式光电编码器,可以检测电机的位置和速度。

(3)混合式绝对值编码器

混合式绝对值编码器,它输出两组信息:一组信息用于检测磁极位置,带有绝对信息功能;另一组则完全相同于增量式编码器的输出信息。

(4)光电编码器的应用

光电编码器应用广泛,在角度测量方面有汽车驾驶模拟器、重力测量仪、扭转角度仪等。在长度测量方面,有利用滚轮周长来测量物体的长度和距离的计米器,有利用收卷轮周长计算物体长度距离的拉线位移传感器等。此外,光电编码器还可以用于通过角速度或线速度,对传动环节进行同步控制。在机床方面,还可用于记忆机床的各个坐标点的坐标位置,例如钻床等。在自动控制方面,控制在指定位置进行指定动作,如电梯、提升机等。利用编码器测量伺服电机的转速、转角,并通过伺服控制系统控制其各种运行参数如转速测量、转子磁极位置测量、角位移测量等。编码器在定位加工中的应用如图 9.19 所示。

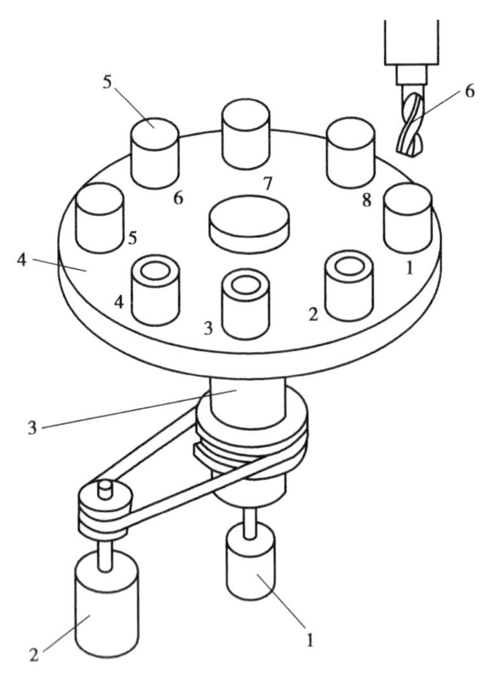

图 9.19　编码器在定位加工中的应用
1—增量式编码器;2—电动机;3—转轴;
4—转盘;5—工件;6—刀具

9.4　光纤传感器

光导纤维是 20 世纪 70 年代的重要发明,如图 9.20 所示。它与激光器、半导体光探测器一起构成了光纤传感器,由于具有灵敏度高、频带宽、动态测量范围大、抗干扰能力强、耐高温、体积小等优点，光纤传感器广泛应用于位移、速度、加速度、压力、温度、液位、流量、电磁场等物理量的测量，光导纤维能够大容量、高效率地传输光信号，实现以光代电传输信息。

9.4.1　光纤的结构

光纤结构十分简单，它是一种多层介质结构的对称圆柱体，圆柱体由纤芯、包层和护层组成，如图9.21所示。

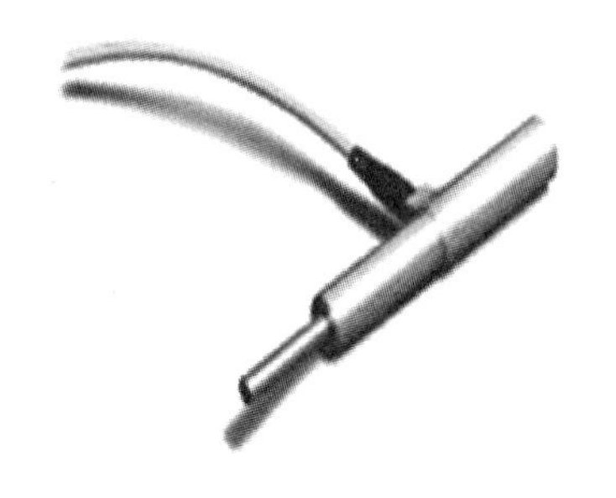

图9.20　光纤位移传感器

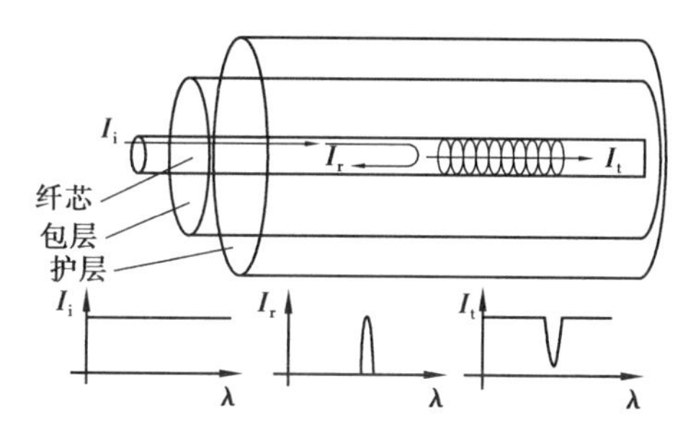

图9.21　光纤结构图

纤芯材料的主体是二氧化硅或塑料，其直径为5～75 μm。围绕纤芯的是一层圆柱形套层（包层），包层可以是单层，也可以是多层结构，层数取决于光纤的应用场所，但总直径控制为100～200 μm。

9.4.2　光纤的传光原理

光纤是利用光的内全反射规律，将入射光传递到另一端。光纤的可弯曲性是它的一大优点，若一根直径为d的光纤，被弯曲成半径为$R(R\gg 4d)$，则光线仍能在弯曲光纤中传播，其原理图如图9.22所示。

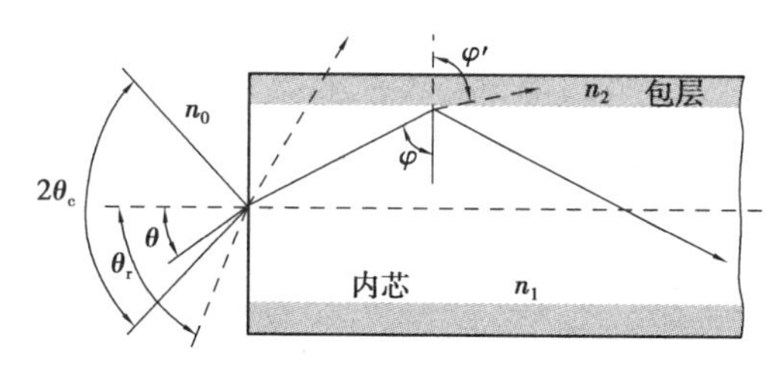

图9.22　光纤的传光原理

9.4.3　光纤的分类

光纤按材料可分为玻璃光纤和塑料光纤；光纤按折射率分布可分为阶跃型光纤和渐变型光纤，阶跃型光纤纤芯的折射率不随半径而变，但在纤芯与包层界面处折射率有突变。渐变型光纤纤芯的折射率沿径向由中心向外呈抛物线由大到小，至界面处与包层折射率一致。光纤按传播模式可分为单模光纤和多模光纤（可传播多条光线）。

9.4.4　光纤传感器的基本工作原理

半导体光源具有体积小、质量小、寿命长、耗电少等特点，是光纤传感器的理想光源。光纤传感器中的光探测器一般均为半导体光敏元件。位移、加速度、温度、流量等被测物理量对光纤传输的光进行调制,使传输光的幅值、相位、频率或偏振随被测量的变换而变化,再通过对被调制过的光信号进行检测和解调,从而获得被测参数,基本工作原理如图9.23所示。

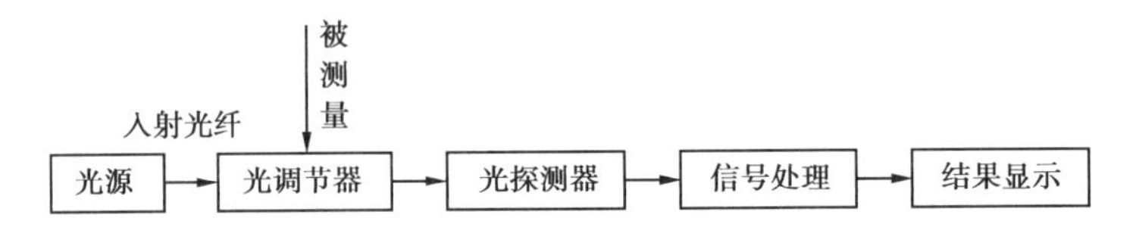

图9.23 光纤传感器的基本工作原理

9.4.5 光纤传感器的分类

光纤传感器可分为两大类:传光型和传感型。

(1)传光型

非功能型光纤传感器(又称NF型光纤传感器),利用其他敏感元件来感受被测量的变化,以实现对传输光的调制,传感器中的光纤是不连续的。光纤仅仅是传光介质,多数使用多模光纤,如图9.24所示。

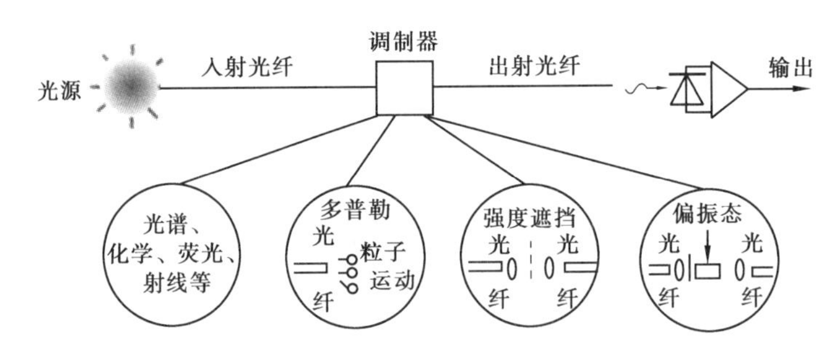

图9.24 传光型光纤传感器

(2)传感型

功能型光纤传感器(又称FF型光纤传感器),利用对外界信息具有敏感能力和检测功能的光纤(或特殊光纤)作传感元件,将"传"和"感"合为一体的传感器。光纤不仅起传光的作用,同时利用光纤在外界因素(弯曲、相变)的作用下,使其某些光学特性发生变化,对输入的光产生某种调制作用,使在光纤内传输的光的强度、相位、偏振态等特性发生变化,从而实现传和感的功能。因此,传感器中的光纤是连续的,如图9.25所示。

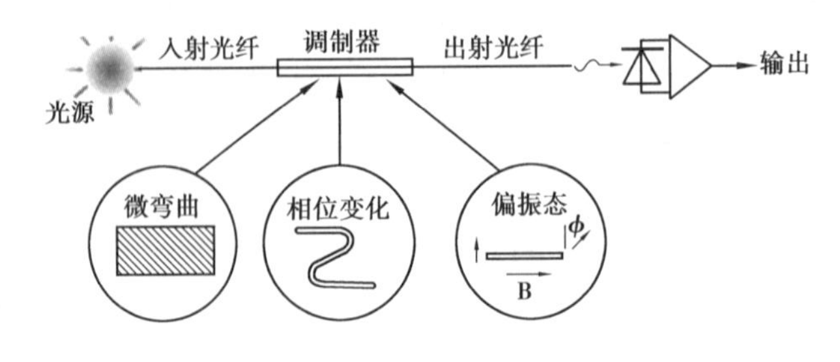

图9.25 传感型光纤传感器

9.4.6 光纤传感器的调制方式

根据光被调制的原理,光纤传感器也可分为光通量(强度)调制型、光频率调制型、光相位调制型、光波长调制型及偏振态调制型。光纤传感器的核心就是光被外界输入参数的调制。外界信号可能引起光的某些特性(如强度、波长、频率、相位和偏振态等)变化,从而构成强度、波长、频率、相位和偏振态等调制器。

(1)强度调制

强度调制是利用被测量对象的变化引起敏感元件参数的变化,而导致光强度变化来实现敏感测量的传感器。主要应用于测量压力、振动、位移、气体。其优点:结构简单、容易实现、成本低。但是,它易受光源波动和连接器损耗变化等影响,其原理图如图 9. 26 所示。

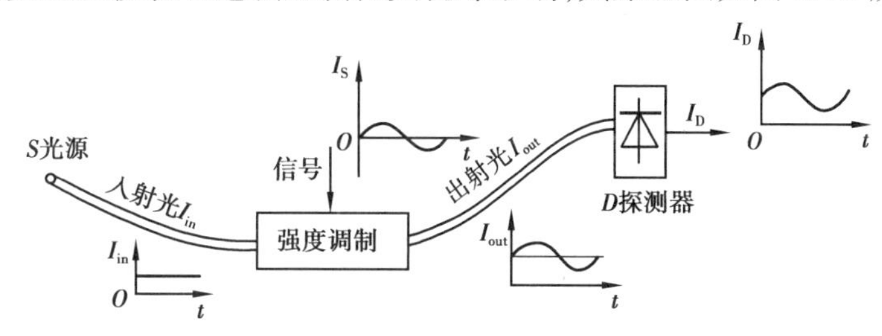

图 9. 26　强度调制原理图

1)微小的线性位移和角位移调制方法

非功能型光强调制是通过光束位移、遮挡、耦合等方式,使接收光纤的光强变化。这种调制方法使用两根光纤:一根为光的入射光纤,另一根为光被调制后的出射光纤,如图 9. 27 所示。

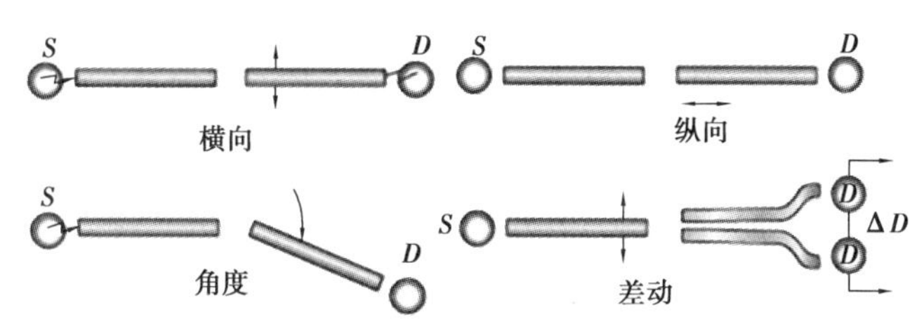

图 9. 27　强光小位移调制

2)微弯损耗光强调制

功能型光强调制是通过改变光纤外形、折射率差、吸收特性等方式,使光强变化。可以通过对纤芯或包层中光的能量变化来测量外界作用,如应力、质量、加速度等物理量。当外界力增大时,泄漏到包层的散射光增大,光纤纤芯的输出光强度减小;当外界力减小时,光纤纤芯的输出光强度增强,它们之间呈线性关系。如图 9. 28 所示,光导纤维夹在两块带机械式齿条的压板中间,当光纤不受力时光线从光纤中穿过,没有能量损失。当压力作用在活动板上时,活动板与固定板的齿板间产生相对微位移,改变了光纤的弯曲程度,从而使传输的光强度发生变化。

吸收特性强度调制:X、γ 射线等辐射会引起光纤材料的吸收损耗增加,使光纤的输出功率降低,从而可以构成强度调制器。用来测量各种辐射量,如图 9. 29 所示。

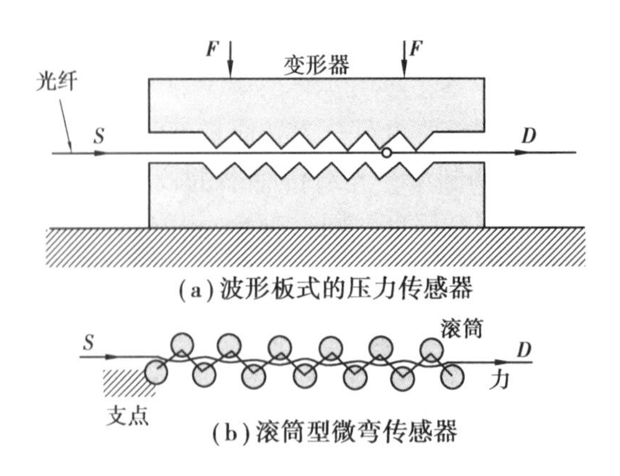

图 9.28　微弯损耗光强调制器及其传感器

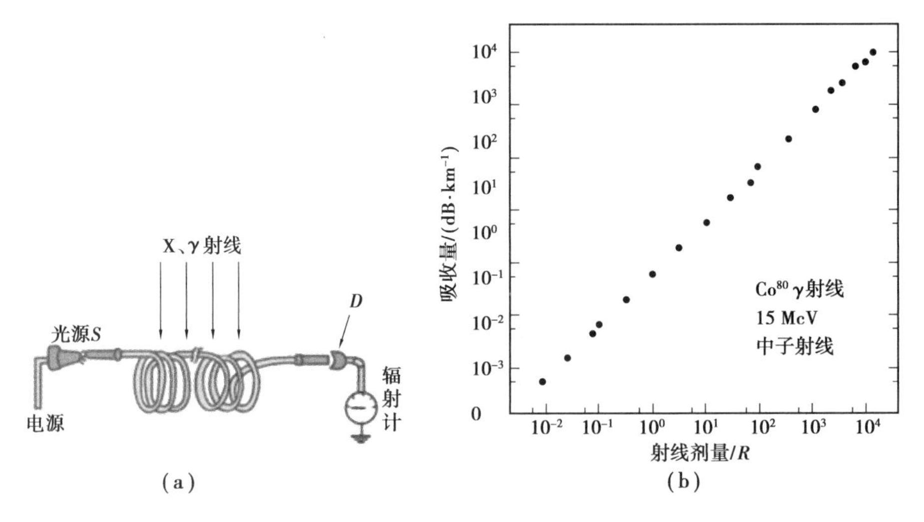

图 9.29　吸收特性的强度调制

(2)频率调制

利用外界作用改变光纤中光的波长或频率,通过检测光纤中光的波长或频率的变化来测量各种物理量,这两种调制方式分别称为波长调制和频率调制。主要利用多普勒效应来实现非功能型调制,如图 9.30 所示。

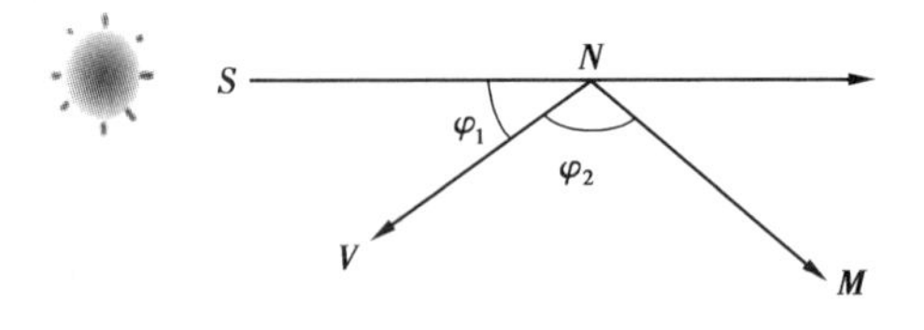

图 9.30　多普勒效应示意图

光学多普勒效应:当光源 S 发射出的光,经运动物体 N 散射后,观察者 M 接收到的光波发射频率 f_D 相对于原发射频率 f 发生了变化。

$$\Delta f = f_D - f = \frac{v}{\lambda}(\cos \varphi_2 - \cos \varphi_1) \tag{9.2}$$

(3)偏振态调制

在垂直于光波传播方向上施加应力,被施加应力的材料将会使光产生双折射现象,其折射率的变化与应力相关,这种现象称为光弹效应。可以构成压力、振动、位移等光纤传感器。如图 9.31 所示的光弹效应实验,从光源发出的光经起偏器后成为直线偏振光。当有与入射光偏振方向呈 45°的压力作用于晶体时,使晶体呈双折射,从而使出射光成为椭圆偏振光,由检偏器检测出与入射光偏振方向相垂直方向上的光强，即可测出压力的变化。

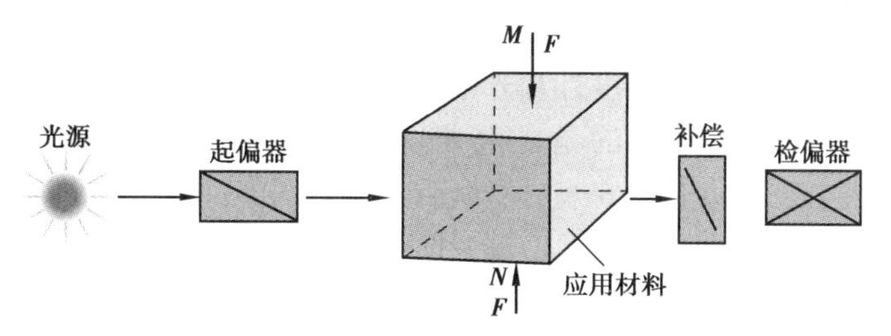

图9.31　光弹效应实验系统

9.4.7　光纤传感器的应用

光纤流速传感器：由于流体流动而使光纤发生机械变形，从而使光纤中传播的各模式光强出现强弱变化，其振幅的变化与流速成正比，其工作原理如图9.32所示。

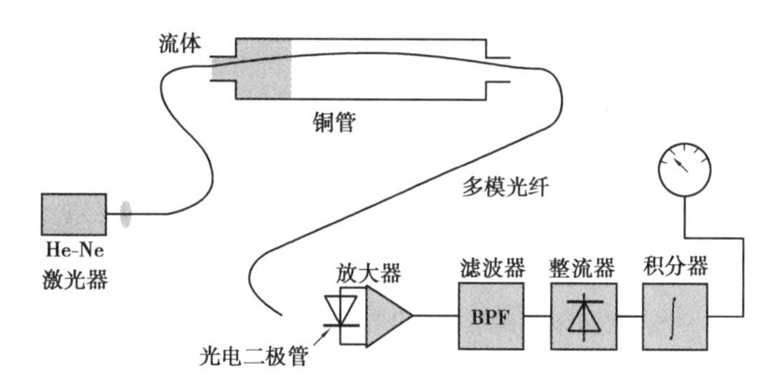

图9.32　光纤传感器测流速工作原理

9.5　照度计

光照强度（即照度）是指物体被照明的程度，也即物体表面所得到的光通量与被照面积之比。照度计（或称勒克斯计）就是专门用于测量光度、亮度的仪器。手持照度计实物如图9.33所示。

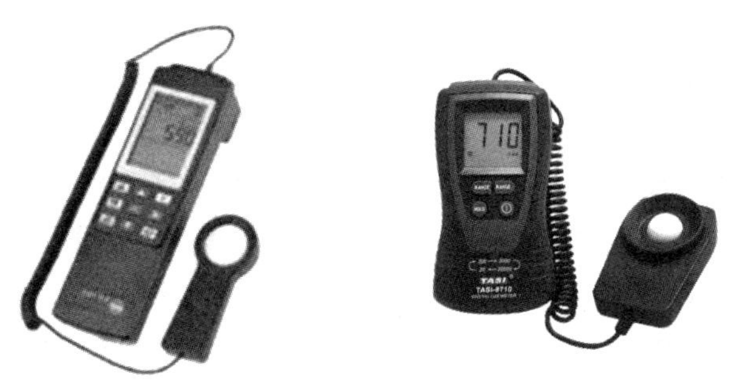

图9.33　手持式照度计实物图

9.5.1 照度计的测量原理

照度计通常分为两类:目视照度计和光电照度计。其中目视照度计使用不便、精度不高,只能用于概略测量,工程上常用的是光电照度计,由硒(Se)光电池或硅(Si)光电池,加上V(λ)修正滤光器、放大电路、微安表、换挡旋钮、零点调节、接线柱等部件组成。

以图9.34所示的硒光电池照度计为例,其工作原理为:当光线射到硒光电池表面时,入射光透过金属薄膜4到达半导体硒层2和金属薄膜4的分界面上,在界面上产生光电效应。产生电位差的大小与光电池受光表面上的照度呈比例关系。这时,如果接上外电路构成回路,就会有光电流通过,使用以勒[克斯](Lux,光照度单位,1 lx相当于每平方米的面积上,受距离1 m、发光强度为1烛光的光源,垂直照射的光通量)为刻度的微安表测量电流值,就可以显示出照度的大小。光电流的大小取决于入射光的强弱和回路中的电阻,因此,通过选择电阻的阻值,光照度计有多个挡位可供选用,可以测量不同强度的光照情况。

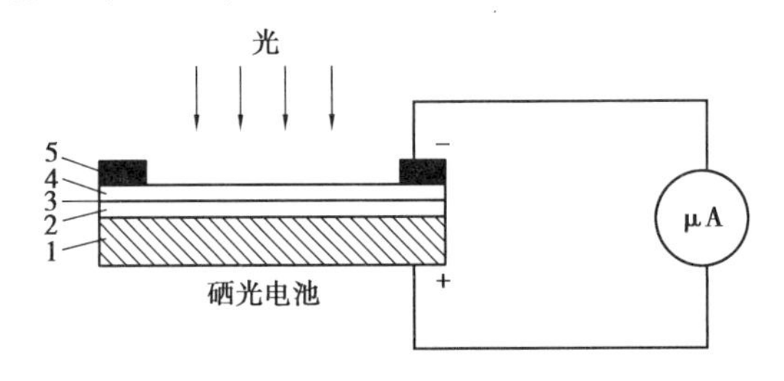

图9.34 硒光电池照度计原理图

1—金属底板;2—硒层;3—分界面;4—金属薄膜;5—集电环

9.5.2 照度计的标定

(1)标定原理

使用光强为I的点光源垂直照射光电池,根据照度-光强的关系公式$E=I/r^2$,改变光源与光电池的距离r,即可改变照度值的大小,再用微安表测量回路中的光电流i,即可得不同照度下的光电流值,根据照度E与光电流i的对应关系,即可将微安表的电流刻度转换为照度刻度。

(2)标定方法

利用光强为I的光强标准灯,在近似点光源的工作距离下,改变光电池与标准灯的距离r,由距离平方反比定律$E=I/r^2$计算光照度E,记录下各个照度下的微安表的读数,由此可以得到一系列不同照度的光电流值i,绘出光电流i与照度E的变化曲线,即为照度计的标定曲线,据此对微安表的表盘进行分度,即可实现对照度计的标定。

(3)照度计的标定要求

光电池和电流计更换时需重新进行标定;照度计使用一段时间后,应对照度计重新进行定标(一般一年内应标定1~2次),高精度的照度计可用光强标准灯进行检定。扩大照度计的标定量程,可采用改变距离r或选择不同强度的标准灯的方法,也可采用选择小量程微安表的方法。

9.5.3 对照度计的一般要求

①光电池应采用线性度较好的硒光电池或硅光电池,要求长时间工作仍能保持良好的稳定性,且灵敏度高;测量高照度时,应选用高内阻、灵敏度低、线性度好的光电池,以避免高光照损坏光电池。

②照度计应内附 V(λ)修正滤光片,以减少测量异色温光源照度时的误差,使仪器的测量结果与人眼的观察结果一致。

③照度计应工作在室温或接近室温下,原因在于温度改变时光电池会产生漂移。

④体积小、质量小:照度计使用的时机和场合非常广泛,可携带、体积小、质量小的照度计使用更为方便灵活。

⑤精度高:通常照度计的价格与其精度等级成正比,一般以误差不超过±15%为宜。

⑥色彩补偿功能:光源的种类包罗万象,有波长较长的红色系高压灯,或波长较短的蓝紫色系日光灯,也有波长分布比较平均的如白炽灯泡系列,同一照度计对不同的波长其灵敏度可能略有不同,故需要色彩补偿功能。

⑦余弦补偿功能:受照面的亮度与光源的入射角度有关,在用照度计测量时,当光源入射角度较大(大于40°)时,光电池特性会偏离余弦定则,从而对照度计的测量结果有影响,因此,照度计需具备余弦补偿功能,通常做法是在光电池前加一块用白色玻璃或塑料制成的余弦角度补偿器。

9.5.4 照度计的主要技术指标

以 VC1010A 照度计技术指标为例:

①感光元件:附滤光镜片的硅光电池。

②光谱反应:符合 CIE photopic(视觉函数)标准。

③光谱准确性:≤6%。

④温度特性:±0.1%/℃。

⑤测量范围:0.1~50 000 lx。

⑥量程选择:1~200 lx;200~2 000 lx;2 000~20 000 lx;20 000~50 000 lx;具备量程自动切换功能。

⑦精度等级:±3% rdg+3 lx;±2% rdg+2 lx;±3% rdg+8 lx;±4% rdg+10 lx。精度测量条件:标准的平行光钨灯,温度2 856 K。

⑧分辨率:0.1 lx;1 lx;10 lx;100 lx。

⑨响应时间:0.5 s。

⑩具备射光余弦角度自动补正功能。

9.5.5 照度计的作用

照度与人们的工作和生活有着密切的关系。充足的光照,可防止人们免遭意外事故的发生;反之,过暗的光线不仅对眼睛造成伤害,还可引起人体疲劳,不适合或较差的照明条件是造成事故和疲劳的主要原因之一。因此,我国制定了有关室内(包括公共场所)照度的卫生标准。例如,学校、教室内的照度为400~700 lx,工厂生产线上的照度要求为1 000 lx,医院病房为 150 ~ 200 lx 等。

照度计可以用于检测工厂、仓库、学校、办公室、家庭、实验室等场合的照明条件是否符合标准。此外,在农业生产上,照度计可用于监测农田、温室中的光强、光质与光照时间,分析农作物的光合作用环境,为光照控制和自动补光装置提供参考数据,有助于提高农业生产的自动化水平和农作物产出效率。

本章小结

本章对光电传感器的工作原理及特性,光电传感器的测量电路,光电传感器的应用,光纤传感器的工作原理及应用等几方面进行阐述。

①光照射在某些物质上,引起物质的电性质发生变化,也就是光电能转化为电能,这类现象被人们统称为光电效应。光电效应分为外光电效应和内光电效应。

②常见的光电元件有光电管、光电倍增管、光敏电阻、光电池等。

③光电传感器是以光为媒介、光电效应为基础,以光电元件作为转化元件,可以将被测的非电量转化成电量的传感器。光电编码器是一种通过光电转换将输出轴上的机械几何位移量转换成脉冲或数字量的传感器。

④光纤传感器广泛应用于位移、速度、加速度、压力、温度、液位、流量、电磁场等物理量的测量,光导纤维能够大容量、高效率地传输光信号,实现以光代电传输信息。

⑤照度计可用于检测工农业、商业、家居生活中的照明条件。

习　题

9.1　光电效应有哪几种？与之对应的光电元件各有哪些？

9.2　常用的半导体光电元件有哪些？它们的图形符号如何？

9.3　各种半导体原件各运用在哪些方面？

9.4　对每种半导体光电元件,画出一种测量电路。

9.5　什么是光电元件的光谱特性？

9.6　光电传感器是由哪些部分组成？被测量可以影响光电传感器的哪些部分？

9.7　模拟式光电传感器有哪几种常见形式？

9.8　列举一个光电传感器的运用,并简述其工作原理。

第 10 章 固态图像传感器

固态图像传感器是指在同一半导体衬底上，生成若干个光敏单元与位移寄存器构成一体的集成光电器件，按空间分布的光强信息转换成按时序串行输出的电信号。

固态图像传感器可以实现可见光、紫外线、X 射线、近红外光等的检测，是现代获取视觉信息的一种基础器材。因其能实现信息的读取转换和视觉功能的扩展，能给出直观、真实、多层次、多内容的可视图像信息，图像传感器在现代科学技术中得到越来越广泛的应用。其中，CCD 是应用最广泛的一种。

10.1 CCD 图像传感器

10.1.1 CCD 的基本介绍

CCD(Charge Coupled Devices)即电荷耦合器件，它的发明是应用爱因斯坦有关光电效应理论的结果，即光照射到某些物质上，能够引起物质的电性质发生变化。但是从理论到实践，道路却并不平坦。科学家遇到的最大挑战，在于如何在很短的时间内，将每一个点上因为光照而产生改变的大量电信号采集并且辨别出来。

经过多次试验，贝尔实验室的波意耳(W. S. Boyle)和史密斯(G. E. Smith)于 1970 年终于解决了上述难题。他们采用一种高感光度的半导体材料，将光线照射导致的电信号变化转换成数字信号，使得其高效存储、编辑、传输都成为可能。由于它有光电转换、信息存储、延时和将电信号按顺序传送等功能，且集成度高、功耗低，因此随后得到飞速发展，是图像采集及数字化处理必不可少的关键器件，广泛应用于科学、教育、医学、商业、工业、军事和消费领域。

一个完整的 CCD 器件由光敏单元、转移栅、移位寄存器及一些辅助输入、输出电路组成。CCD 是一种新型的 MOS 型半导体器件，其是在 N 型或 P 型硅衬底上生长一层二氧化硅层，然后在二氧化硅层上依一定次序沉积金属电极，形成一个 MOS 阵列，再根据不同应用要求加上输入和输出端，就构成了 CCD。图 10.1 为 64 位 CCD 结构。每个光敏元(像素)对应有 3 个相邻的转移栅电极 1、2、3，所有电极彼此间离得足够近，以保证硅表面的耗尽区和电荷的势阱耦合及电荷转移。

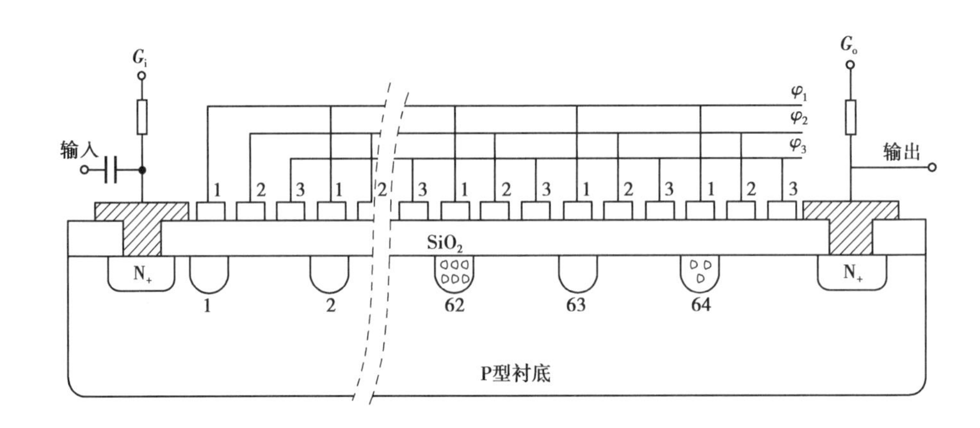

图 10.1　CCD 芯片的构造

10.1.2　CCD 的基本原理

(1) MOS 的基本结构与原理

CCD 的基本原理是在一系列 MOS 电容器金属电极上,加以适当的脉冲电压,排斥掉半导体衬底内的多数载流子,形成“势阱”的运动,进而达到信号电荷(少数载流子)的转移。由此可知,CCD 的基本原理与 MOS 电容器的物理机理密切相关。因此,首先分析 MOS 电容器的原理。

如图 10.2 所示为热氧化 P 型 Si 衬底上沉积金属而构成的 MOS 电容器的单元结构图,若在某一时刻给它的金属电极加上正向电压 U,P-Si 中的多数载流子(此时是空穴)便会受到排斥,于是在 Si 表面处就会形成一个耗尽区。这个耗尽区与普通的 PN 结一样,同样也是电离受阻构成的空间电荷区。并且在一定条件下,U 越大,耗尽层就越深。这时,Si 表面吸收少数载流子(此时是电子)的势(即表面势 V)也就越大。显而易见,这时的 MOS 电容器所能容纳的少数载流子电荷的量就越大。据此,恰好可以利用“表面势阱”(简称势阱)这一形象比喻来说明 MOS 电容器在 V 作用下存储(信号)电荷的能力。习惯上,将势阱想象为一个桶,并将少数载流子(信号电荷)想象成盛在桶底上的流体。在分析固态器件时,通常取半导体衬底内的电位为零,因此,取表面势环的正值增方向朝下将更方便。

表面势 V 是一个非常重要的物理量。在图 10.2 所示的情况下,若所加 U 不超过某限定值时,则表面势为

$$V_i = \frac{qN_A}{2\varepsilon_S\varepsilon_0}X_d \tag{10.1}$$

式中　q——电子电荷;

N_A——单位面积受阻浓度;

X_d——耗尽层厚度;

ε_S——Si 的介电常数;

ε_0——真空介电常数。

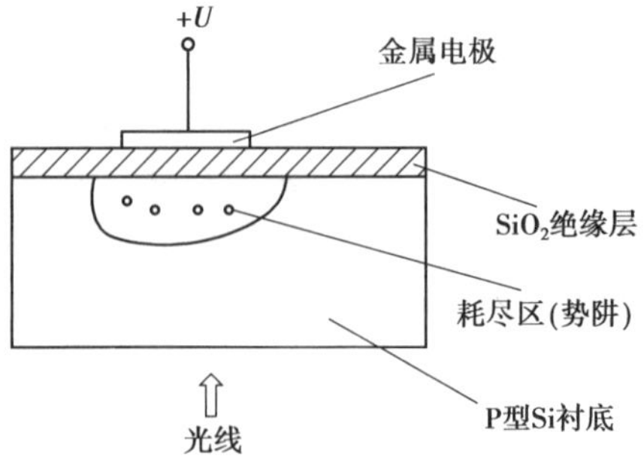

图 10.2　MOS 电容器原理结构图

如果衬底是 N 型硅,则在电极上加负电压,可达到同样目的。

光照射到光敏元上，会产生电子-空穴对（光生电荷），电子被吸引存储在势阱中。入射光强则光生电荷多，弱则光生电荷少，无光照的光敏元则无光生电荷。这样就在转移栅实行转移前，把光的强弱变成与其成比例的电荷的数量，实现了光电转换。若停止光照，电荷在一定时间内也不会损失，可实现对光照的记忆。

（2）转移栅实行转移的工作原理

下面以三相 CCD 为例，介绍转移栅实行转移的工作原理。

图 10.3 为 3 个时钟脉冲的时序图，所有的 1 电极相连并施加时钟脉冲 φ_1，所有的 2、3 也是如此，并施加时钟脉冲 φ_2、φ_3。这 3 个时钟脉冲在时序上相互交叠。

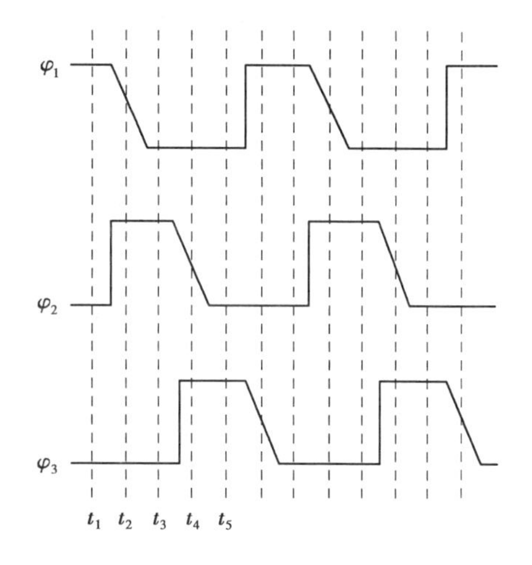

图 10.3　3 个时钟脉冲的时序

t_1 时刻 φ_1 是高电平，于是在电极 1 下形成势阱，并将少数载流子（电子）吸引至聚集在 $Si\text{-}SiO_2$ 界面处，而电极 2、3 却因为加的是低电平，形象地称为垒起阱壁。如图 10.1 所示，第 62、64 位光敏元受光，而第 1、2、63 位等单元未受光照。

t_2 时刻，φ_1 的高电平有所下降，φ_2 变为高电平，而 φ_3 仍是低电平。这样在电极 2 下面势阱最深，且和电极 1 下面势阱交叠，因此储存在电极 1 下面势阱中的电荷逐渐扩散漂移到电极 2 下的势阱区。由于电极 3 上的高电平无变化，因此仍高筑势垒，势阱里的电荷不能往电极 3 下扩散和漂移。

t_3 时刻，φ_1 变为低电平，φ_2 为高电平，这样电极 1 下面的势阱完全被撤除而成为阱壁，电荷转移到电极 2 下的势阱内。由于电极 3 下仍是阱壁，因此不能继续前进，这样便完成了电荷由电极 1 下转移到电极 2 下的一次转移，如图 10.4 所示。

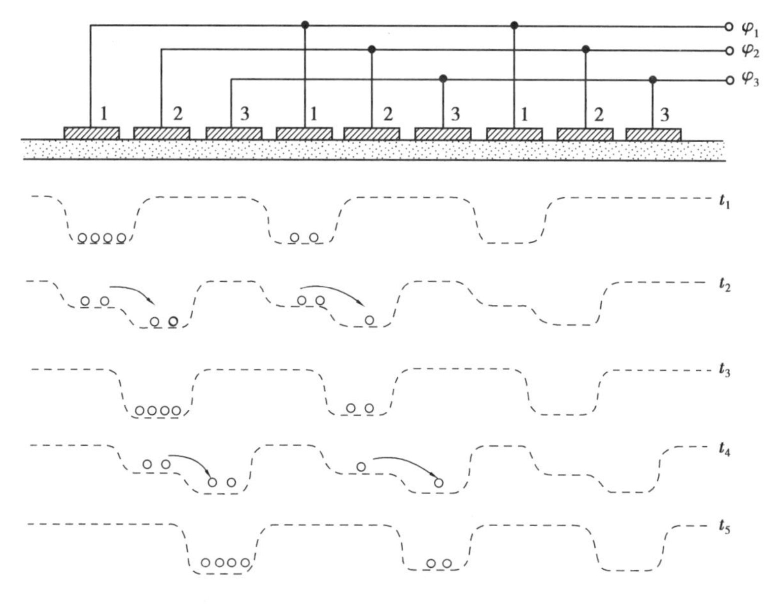

图 10.4　完成一次转移的过程

(3)输入和输出

CCD 的输入实际上是对光信号或电信号进行电荷取样,并把取样的电荷存储于 CCD 的势阱中,然后在时钟脉冲的作用下,把这些电荷转移到 CCD 的输出端。信号的输入有光注入和电注入两种方式。CCD 作摄像光敏器件时,其信号电荷由光注入产生。器件受光照射时,光被半导体吸收,产生电子-空穴对,这时少数载流子被收集到较深的势阱中。光照越强,产生的电子-空穴对越多,势阱中收集的电子也越多;反之亦然。就是说,势阱中收集的电子电荷的多少反映了光的强弱,从而可以反映图像的明暗程度,这样就实现了光信号与电信号之间的转换。

一个 MOS 光敏单元称为一个像素,通常的 CCD 器件是在半导体硅片上制有几百或几千个相互独立排列规则的 MOS 光敏元,即光敏元阵列,然后在光线照射下产生光生载流子的信号电荷,这一过程称为光电转换,再使其具备转移信号电荷的自扫描功能,即构成 CCD 固态图像传感器。

图 10.5(a)为 MOS 光敏单元示意图,图 10.5(b)为 CCD 的单元阵列示意图。

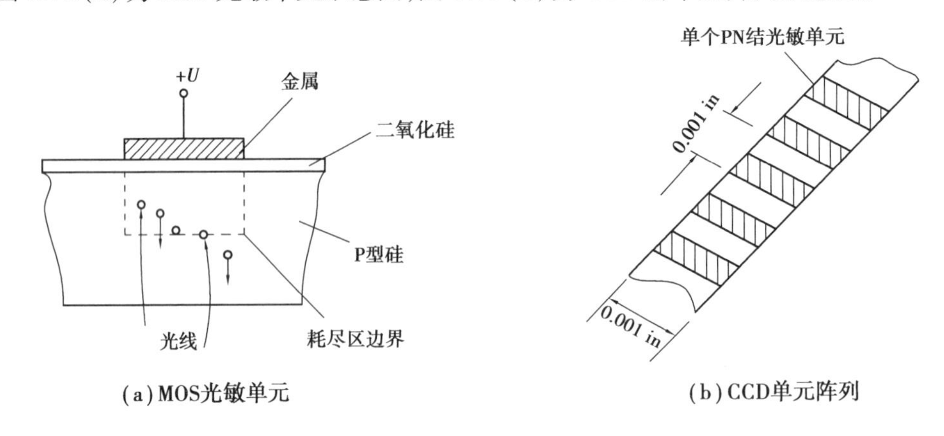

图 10.5　CCD 构成图

10.1.3　三相 CCD 和二相 CCD 传输原理

(1)三相 CCD

所谓三相,是指在金属电极上依次施加 3 个相位相差 120°的时钟脉冲 ϕ_1、ϕ_2 和 ϕ_3,电极 1,4,7…,与时钟脉冲 ϕ_1 相连,电极 2,5,8…,与时钟脉冲 ϕ_2 相连,电极 3,6,9…,与时钟脉冲 ϕ_3 相连。通过电极上时钟脉冲的变化,可在半导体表面形成存储少数载流子的势阱。在电荷转移期间,3 组电极必须施加不同的电压,以便在存储电荷的势阱右侧形成更深的势阱,而在它的左侧形成阻挡电荷运动的势垒,使电荷自左向右做定向运动。因此,要使电荷定向转移,必须采用三相或三相以上的时钟脉冲驱动。三相 CCD 时钟电压与电荷传输的关系如图 10.6 所示。

当三相时钟电压循环一个时钟周期时,电荷包向右转移一级(一个像元),以此类推,信号电荷一直由电极 1,2,3,…,N 向右移,直到输出。

(2)二相 CCD

CCD 中的电荷定向转移是靠势阱的非对称性实现的。在三相 CCD 中是靠时钟脉冲的时

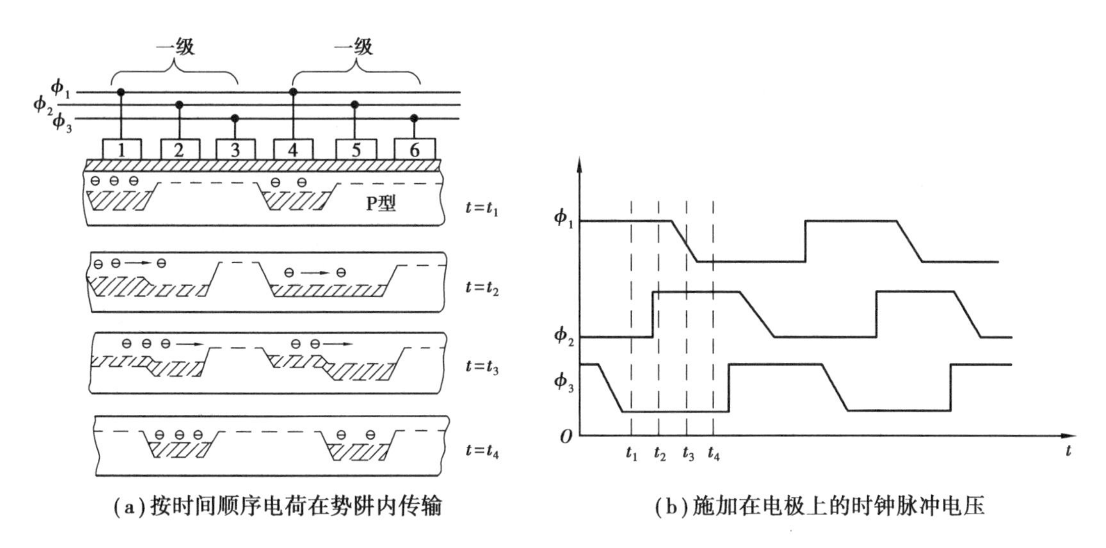

图 10.6　三相 CCD 时钟电压与电荷传输的关系

序控制来形成非对称势阱,但采用不对称的电极结构也可以引进不对称势阱,从而变成二相驱动的 CCD,目前实用 CCD 中多采用二相结构,实现二相驱动的方案有以下两种:

1)阶梯氧化层电极

阶梯氧化层电极结构如图 10.7 所示。由图可知,此结构中将一个电极分成两部分,其左边部分电极下的氧化层比右边的厚,则在同一电压下,左边电极下的位阱浅,自动起到了阻挡信号倒流的作用。

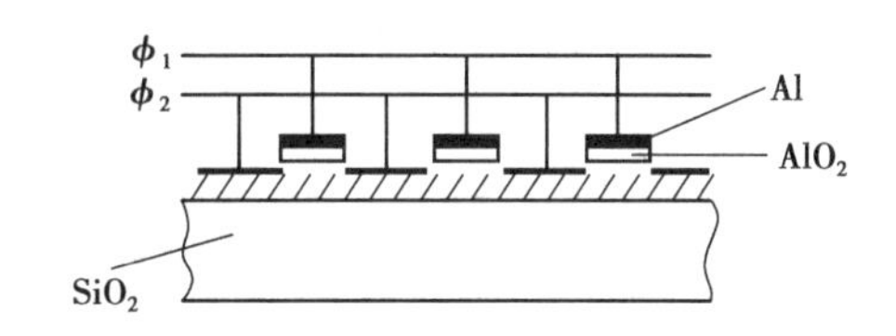

图 10.7　采用阶梯氧化层电极形成的二相结构

2)设置势垒注入区

采用势垒注入区形成的二相结构示意图如图 10.8 所示。

对于给定的栅压,位阱深度是掺杂浓度的函数,掺杂浓度高,则位阱浅,采用离子注入技术使转移电极前沿下衬底浓度高于别处,则该处位阱就较浅,任何电荷包都将只向位阱的后沿方向移动。

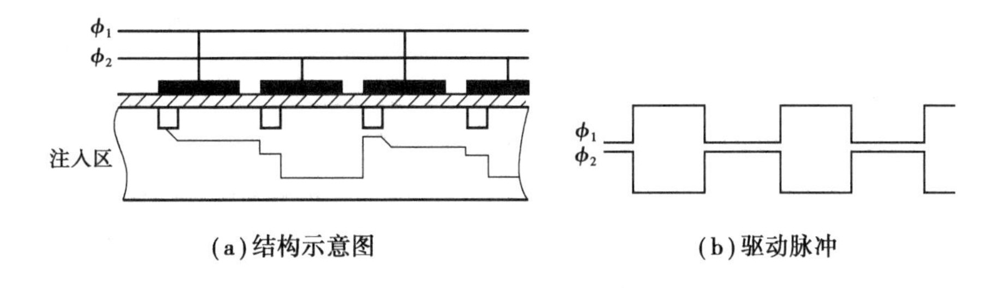

图 10.8　采用势垒注入区形成二相结构

10.2 CCD 图像传感器分类

CCD 图像传感器按其像素的空间排列可分为两大类:一是线阵 CCD,主要用于一维尺寸的自动检测,如测量精确的位移量、空间尺寸等,也可以由线阵 CCD 通过附加的机械扫描,得到二维图像,用以实现字符、图像的识别;二是面阵 CCD,主要用于实时摄像,如生产线上工件的装配控制、可视电话以及空间遥感遥测、航空摄影等。

10.2.1 线阵 CCD 图像传感器

最简单的线性固态图像传感器是单通道式的,图 10.9 为其结构示意图。它包括感光区和传输区两部分:感光区是由一列光敏单元组成;传输区是由转移栅及一列移位寄存器组成。光照产生的信号电荷存储于感光区的势阱中,接通转移栅,信号电荷流入传输区。传输区是遮光的,以防止因光生噪声电荷的干扰而导致图像模糊。

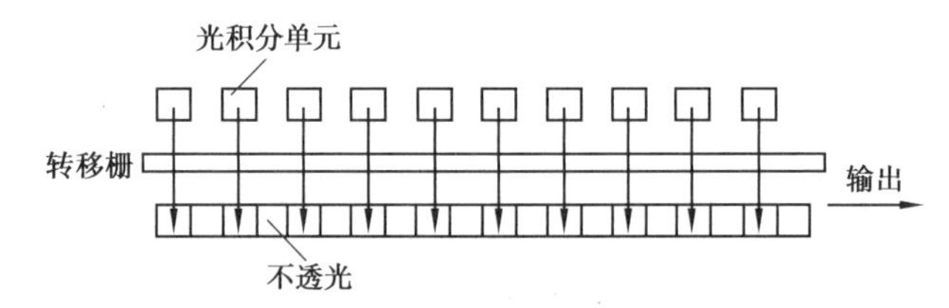

图 10.9 单通道线型图像传感器的结构

为了减少信号电荷在转移过程中的损失,转移的次数应尽量少,因此,通常采用双通道式固态图像传感器。双通道式固态图像传感器如图 10.10 所示,有两个移位寄存器平行地配置在感光区两侧。当光生信号电荷积累后,时钟脉冲接通转移栅 ϕ_{XA} 和 ϕ_{XB},信号电荷就转移到移位寄存器。奇数光敏单元中的电荷转移到 A 寄存器,偶数单元转移到 B 寄存器。这样每个电荷包的传输次数减少了一半,降低了器件的传输损失,也缩短了器件尺寸。

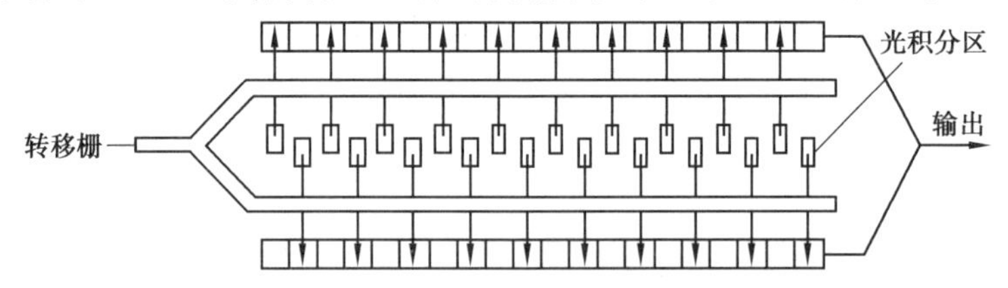

图 10.10 双通道线型图像传感器的结构

线型 CCD 图像传感器可以直接接收一维光信息,不能直接将二维图像转变为视频信号输出,为了得到整个二维图像的视频信号,就必须用扫描的方法来实现。

10.2.2 面阵 CCD 图像传感器

按一定的方式将一维线型光敏单元及移位寄存器排列成二维阵列, 即可以构成面型 CCD 图像传感器。按传输方式的不同,面阵 CCD 图像传感器常用的两种传输结构为行间传输结构和场传输结构。

图 10.11(a)为行间传输面阵 CCD 结构图。它是由光敏单元阵列构成的光敏面、垂直移

位寄存器、转移栅和水平移位寄存器组成。光敏单元与垂直寄存单元相隔排列,即一列感光元件,一列不透光的存储元件,一一对应,两者之间由转移栅控制,下部是一个水平读出移位寄存器。

光敏单元在光积分结束时,在转移栅控制下,电荷包并行转移至垂直寄存器中暂存,然后每行信号依次从水平移位寄存器输出。这种器件操作简单,图像清晰,因此,单片式彩色摄像机大多采用这种器件。

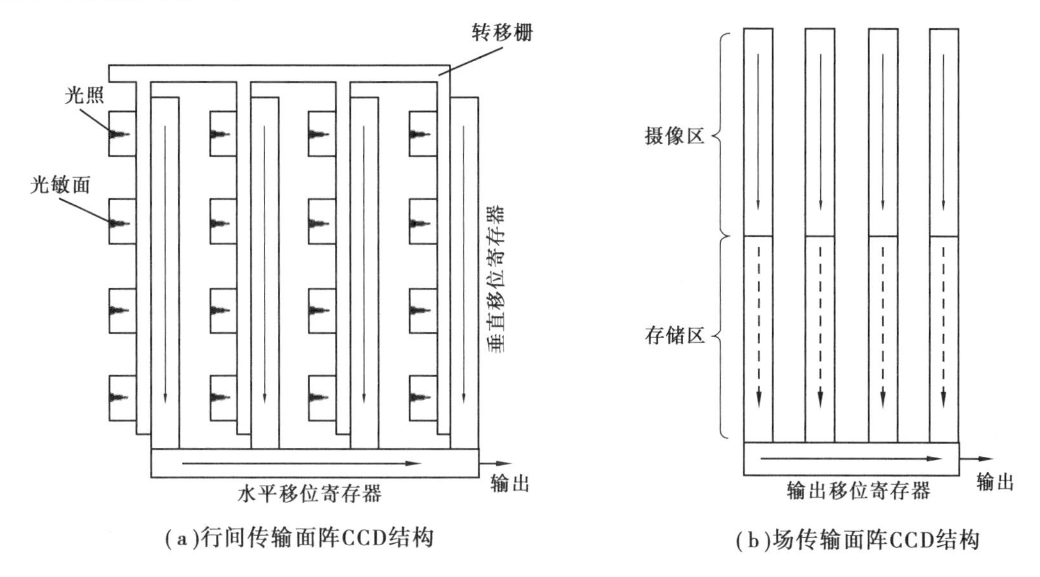

图 10.11　面阵 CCD 的两种传输结构

图 10.11(b)为场传输结构原理图。它由光敏元面阵、存储器面阵和输出移位寄存器组成。存储器面阵的存储单元与光敏元面阵的像素一一对应,在存储器面阵上覆盖了一层遮光层,防止外来光线的干扰,从而消除光学拖影,提高图像的清晰度。

在光积分时间内各光敏元感光生成电荷包,曝光结束时,在转移脉冲作用下电荷包进行转移,将摄像区的电荷信号全部迅速地转移到对应的存储区暂存。此后光敏元面阵开始第二次光积分,与此同时存储器面阵里存储的光生电荷信息从储存器底部开始向下,一排一排地转移到输出移位寄存器中,每向下转移一排,在高速时钟驱动下从移位寄存器中顺次输出每行中各位光信息,从而完成二维图像信息向二维电信息的转换。

10.3　CCD 的基本特性参数及特点

10.3.1　CCD 的基本特性参数

(1)响应度

响应度也称为光电转换因子,是指输出的电信号与输入的光信号能量之比,即

$$k = \frac{I}{\Phi} \tag{10.2}$$

式中 I——输出的电压或电流值；

Φ——输入的光信号能量。

响应度描述的是传感器的光-电转换效率。响应度与入射光的波长有关，因此，响应度分为光谱响应度和积分响应度。

所谓光谱响应度，是指传感器对某特定波长光的响应程度 K_λ。积分响应度是指传感器对连续辐射光的响应程度。如果已知特定波长 λ 处的响应度 K_λ 和波长的增量 $\mathrm{d}\lambda$，则积分响应度为

$$K = \int K_\lambda \mathrm{d}\lambda \tag{10.3}$$

(2)暗电流

在正常工作的情况下，MOS 电容处于未饱和的非平衡态。然而随着时间的失衡，由于热激发而产生的少数载流子使系统趋向平衡。因此，即使在没有光照或其他方式对器件进行电荷注入的情况下，也会存在不希望有的暗电流。

图像传感器的工作受暗电流的影响，光信号电荷的积累时间越长，受其影响越大。同时，由于暗电流的产生不均匀，在图像传感器中会现出固定图形。暗电流限制了器件的灵敏度和动态范围。另外，在图像阵列中局部产生大暗电流之外，多数会出现暗电流尖峰。

暗电流与温度有密切的关系。温度每降低 10 ℃，暗电流可降低 1/2。在图像传感器中，对于每一个器件，产生暗电流尖峰的缺陷总是出现在相同位置的单元上。利用信号处理把出现暗电流尖峰的单元位置存储在 PROM(可编程序的只读存储器)中，读出时只除去该单元的信号，并立刻读取相邻单元的信号值，就能消除暗电流尖峰的影响。

(3)光谱特性

光谱特性表示器件的响应度与入射光频率或波长的关系。光谱特性曲线以波长为横坐标，以对应的响应度为纵坐标。图 10.12 为 CCD 的光谱特性图。λ 为响应峰值波长，常用线阵 CCD 的光谱响应范围为 0.38 ~ 1.10 μm。

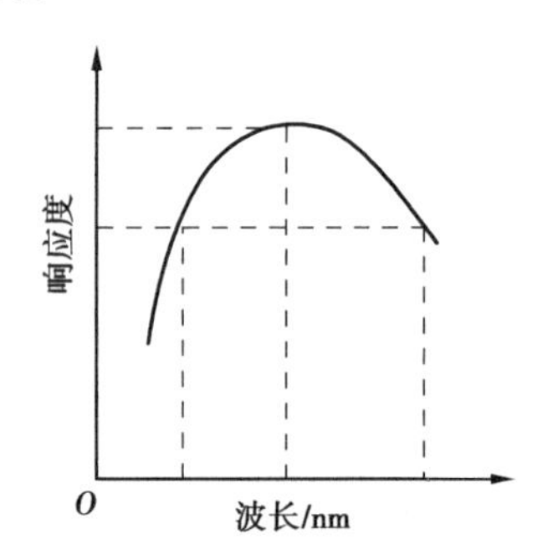

图 10.12　CCD 的光谱特性图

(4)分辨率

分辨率表示图像传感器分辨图像的能力。CCD 传感器的分辨率取决于光敏单元的间距，通常用 CCD 光敏单元数来表示，像元越多的器件具有更高的分辨率。尤其是用于位移测量时，采用高位数光敏单元的 CCD 器件可以得到高的测量精度。

在检测应用中，CCD 传感器对被测图像的实际分辨率取决于 CCD 光敏单元数的中心间距、光学系统的放大率以及 CCD 的光敏单元数。目前常用的 CCD 传感器光敏单元数为 1 024、2 048，精密 CCD 器件已经达到 4 096 光敏单元，最小光敏单元尺寸为 6.38 μm×8.50 μm。

如果线阵 CCD 传感器的光敏单元数为 2 048，则光敏单元中心距为 14 μm，光学系统放大倍率为 8，则全部光敏单元的总长度为

$$2\,048(\text{光敏单元}) \times 14\ \mu\text{m} = 28.672\ \text{mm}$$

CCD 的实际分辨率为

$$14\ \mu\text{m} \div 8 = 1.75\ \mu\text{m}$$

对于 CCD 光学成像尺寸测量系统，当光学系统的放大倍率和 CCD 传感器的空间分辨率

给定时,最大被测物体尺寸D可确定为

$$D = \frac{L}{\beta} = \frac{N \times P}{\beta} \tag{10.4}$$

式中　D——最大被测物体尺寸;

L——最大成像尺寸;

N——光敏单元数;

P——光敏单元中心距;

β——光学系统放大倍率。

上例中最大被测物体尺寸为

$$D = \frac{N \times P}{\beta} = \frac{2\ 048 \times 14}{8}\ \text{mm} = 3.584\ \text{mm}$$

(5)噪声

CCD是一种低噪声器件,因此,它可用于微光成像。CCD中的噪声主要由输入电路、寄存器本身以及输出电路3部分引起。为了减少噪声,在制造工艺上将输入二极管和输出放大器都集成在同一芯片上。

对移位寄存器影响最大的噪声源是界面态对信号电荷的捕获和释放所引起的噪声,这是表面沟道型CCD的最大弱点。为了降低捕获噪声,可改用埋沟CCD来消除背景电荷的散射噪声。

10.3.2　CCD的特点

CCD图像传感器作为一种新型的光电转换型传感器,不但具有体积小、重量轻、功耗小、工作电压低和抗烧毁等优点,而且在分辨率、动态范围、灵敏度、实时传输和自扫描等方面的优越性,也是其他摄像器件无法比拟的。

①具有理想的扫描线型,可以进行像素寻址,可以变化扫描速度。畸变小、尺寸重现性好,特别适合于定位、尺寸测量和成像传感等方面。

②具有很高的空间分辨率,分辨能力可达3.24 μm。由于光敏像元间距的几何尺寸精确,因此可以获得很高的定位精度和测量精度。

③具有数字扫描能力,像元的位置可以由数字代码确定,便于和计算机组成一个功能强大的自动化检测系统。

④具有很高的光电灵敏度和很大的动态范围,灵敏度可达0.01 lx,CCD的动态响应范围在4个数量级以上,最高可达8个数量级。

10.4　CCD的应用实例

(1)几何量的测量

测量几何量参数如长、宽、液位、面积等,在其他方面,如进行多尺寸的检测和检查包装尺寸、形状、商标位置与方向是否准确等,都可以采用CCD来进行测量。图10.13为用线型固态图像传感器测量物体尺寸的基本原理图。

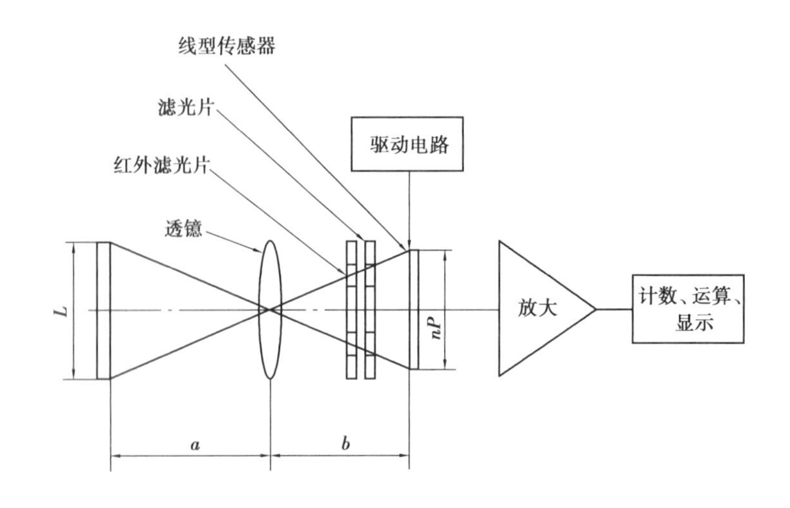

图 10.13　线型固态图像传感器测量物体尺寸的基本原理图

利用几何光学知识可以很容易推导出被测对象长度 L 与系统诸参数之间的关系为

$$L=\frac{1}{M}\cdot np=\left(\frac{a}{f}-1\right)\cdot np \tag{10.5}$$

式中　M——倍率；

n——线型传感器的像素数；

a——物距；

b——像距；

f——所有透镜焦距；

p——像素间距。

因为固态图像传感器所感知的光像之光强，是被测对象与背景光强之差。因此，就具体测量技术而言，测量精度与两者比较基准值的选定有关，并取决于传感器像素数与透镜视场的比值。为提高测量精度应当选用像素多的传感器并且应当尽量缩短视场。

图 10.14 为尺寸测量的一个实例，所测对象为热轧板宽度。因为两只 CCD 线型传感器各只测量板端的一部分，这就相当于缩短了视场。当要求更高的测量精度时，可同时并用多个传感器取其平均值，也可以根据所测板宽的变化，将 d 做成可调的形式。

如图 10.14 所示，CCD 传感器是用来摄取激光器在板上的反射光像的，其输出信号用来补偿由于板厚度变化而造成的测量误差。整个系统由微处理机控制，这样可做到在线实时检测热轧板宽度。对于 2 m 宽的热轧板，最终测量精度可达 10.025%。工件伤痕及表面污垢测试检测原理基本上同于尺寸测量方法。

图 10.15 为利用线阵式及面阵式 CCD 摄像机对物件尺寸进行的在线检测示意图。

(2) CCD 用于平板位置的检测

利用准直光源（准直的激光或白光光源）和具有成像物镜的线阵 CCD 摄像头就可以构成测量平板物体在垂直方向上的位置或位移的测量装置。这种装置结构简单，没有运动部件，测量精度高，容易与计算机接口实现多种功能，因而被广泛地应用于板材的在线测量技术中。

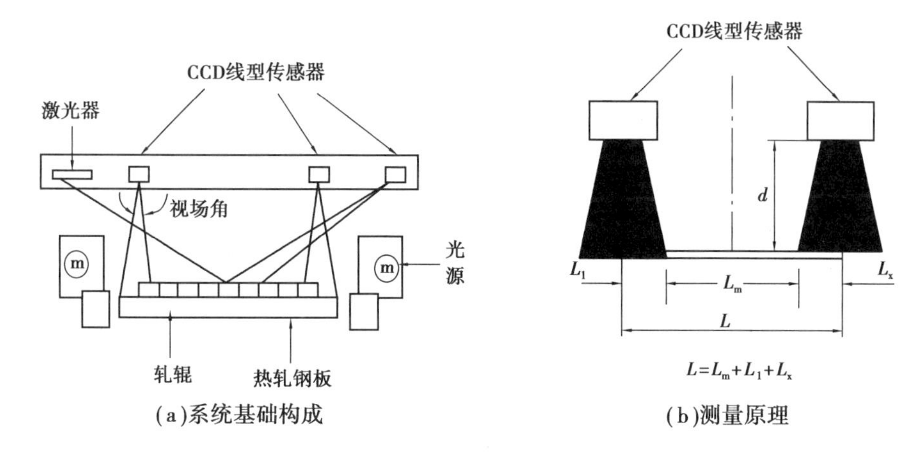

(a)系统基础构成　　(b)测量原理

图 10.14　热轧板宽度自动测量原理

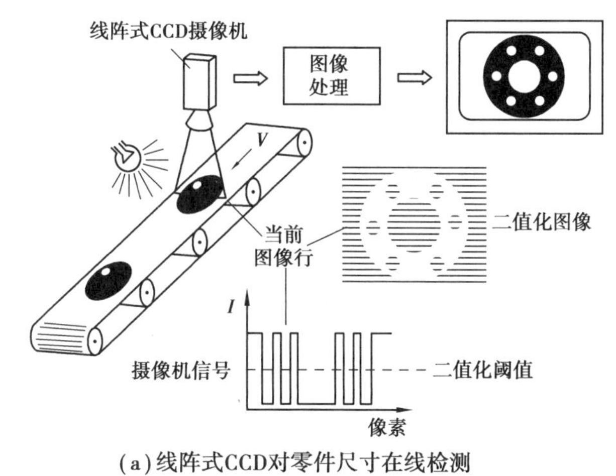

(a)线阵式CCD对零件尺寸在线检测

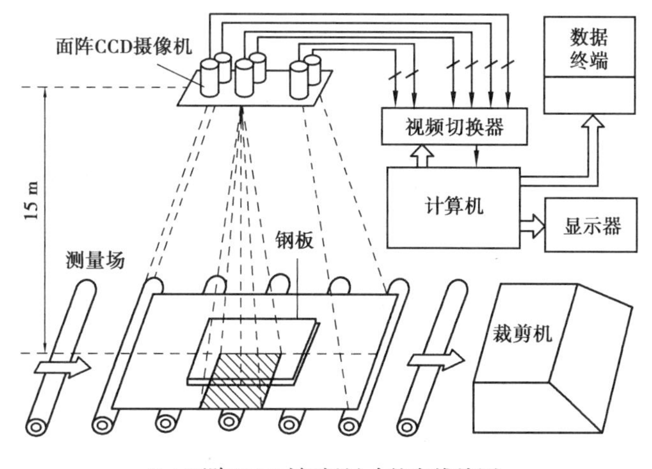

(b)面阵CCD对钢板尺寸的在线检测

图 10.15

平板位置检测的基本原理如图 10.16 所示。由半导体激光器(图 10.16)发出的激光束经聚光镜(图 10.16 中 2)入射到被测面(图 10.16 中 3)上,设入射光与被测表面法线的夹角 α 为 45°,成像物镜(图 10.16 中 4)的光轴与被测物表面法线的夹角也为 45°,即线阵 CCD(图 10.16 中 5)的像平面平行于入射光线。

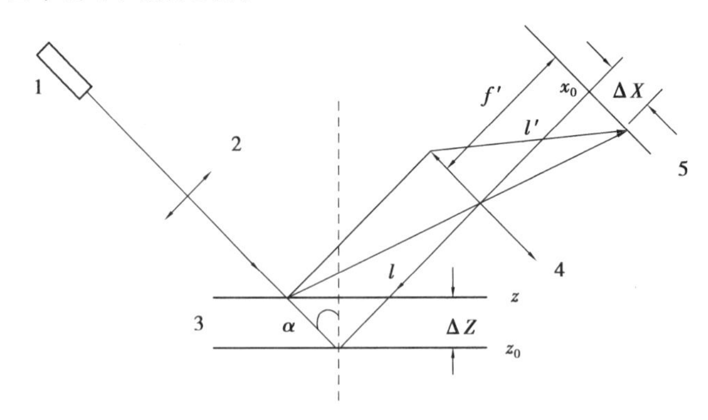

图 10.16　平板位置检测的基本原理

设成像物镜的焦距为 f,物距为 l,被测物的底面或初始位置为 z_0,像距为 l',初始光点在 CCD 上的像点位置为 x_0(为了获得对称的最大检测范围,x_0 取 CCD 的中点)。当物体表面在垂直方向的位置发生变化时,图 10.16 中为从 z_0 的位置移动到 z,这时光点的位置也将产生位移,光点的像在 CCD 像面上的位移为 Δx。根据物像关系可以求出平板位置的变化为

$$\Delta z=\frac{(N-N_0)l_0}{\beta}\cos\alpha \tag{10.6}$$

式中　N_0——校准时像点中心在 CCD 像敏面上的像元值,即 x_0 的像元位置值;

N——像点移动后的位置值;

l_0——线阵 CCD 像敏单元的中心距;

β——光学系统的横向放大倍率;

α——入射光线与被测物法线的夹角。

(3)在线模式识别

识别沿生产线传送的离散物件或产品;装备于机器人上作为视觉系统,检测零件的有无,安装是否符合要求,位置是否准确等等。CCD 光电传感器的光电检测能力与微处理器(NP)的信号处理能力结合起来便能大大扩展 CCD 的应用前景,如用来对在线零件的图形检查与识别,从而提高了生产自动化的水平和产品质量。图 10.17 为线型 CCD 光电传感器对机械零件进行图形识别检查的工作原理图。

被测物是一个轴类零件,它在传输线上做等速运动。在光源的照射下,它的阴影依次扫过光电阵列,从而使传感器输出与阴影相对应的信号。将 CCD 输出的信号与传输线的运动速度信息同时输入微型计算机(NC),根据输入信号进行处理和编译,然后再与 NC 中内存的标准图形信息进行比较,便可以计算出偏差信息,并由 NC 依据偏差大小作出判断后,发出指令对零件进行接收或剔除。CCD 光电传感器和 NC 的配合目前已用来识别大规模集成电路(LSI)电路的焊点图案,不仅提高了自动化程度,也使 LSI 电路的成品率大大提高。

(4)钢板表面缺陷检测

钢板是工业上不可或缺的原材料,钢板的质量对工业的发展产生着重大的影响。在钢板

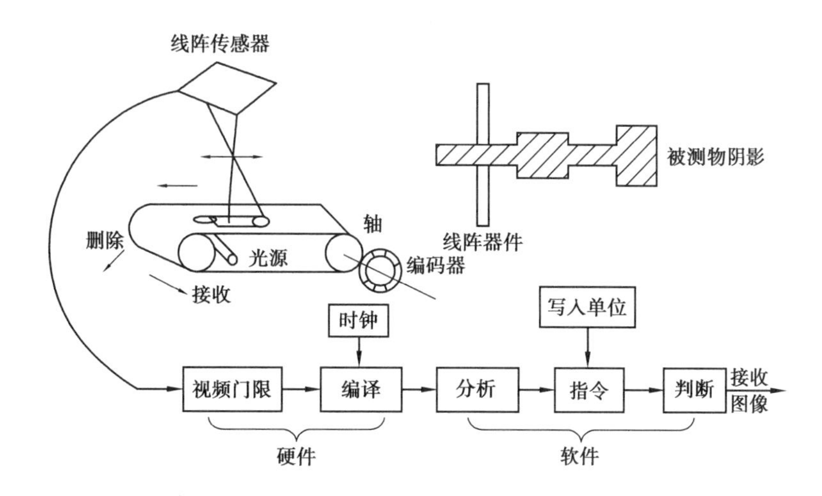

图 10.17　图形检查的工作原理

轧制过程中,由于轧铸钢坯、轧制设备及轧制工艺等原因,会导致钢板表面出现裂纹、刮伤、孔洞、腐蚀、结疤、氧化皮、针眼等不同种类的表面缺陷,这些缺陷降低了产品的疲劳极限、抗腐蚀性、抗磨性等性能,因此,必须加强对钢板表面质量的检测力度和监控力度,以保证所用钢板的质量安全。

随着 CCD 传感器技术的发展,CCD 成像检测技术在检测钢板表面缺陷上已得到了应用。图 10.18 为检测系统组成原理框图,其中所用 CCD 是线阵 CCD。

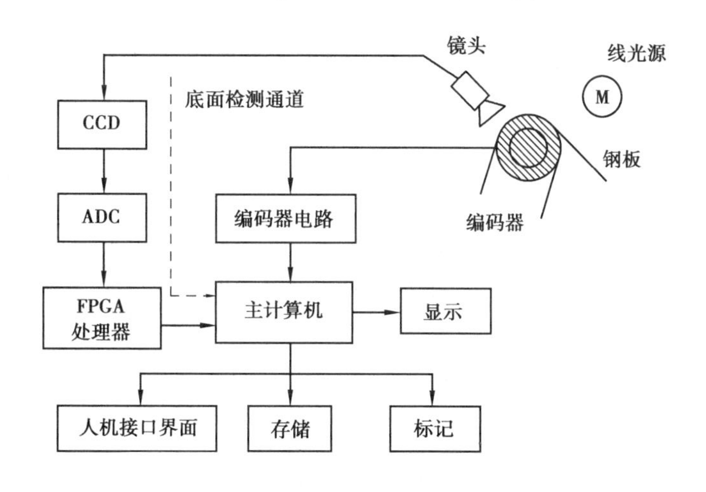

图 10.18　检测系统组成原理框图

检测系统对光源有一定的要求,线光源在设计时需考虑在特定的检测线上能使待检缺陷以尽量高的分辨率得到复现。另外,光源等级与钢板速度、最大检测分辨率有着特定的关系。其中特别是光源的均匀性和强度必须满足很高的要求,因为这直接影响图像质量和检测性能。

为实现钢板表面大多数缺陷的全面检出,摄像机组被安装在两个不同的成像角度方向接收(图 10.19),这样做也为缺陷分类提供了有效的分类特征。图 10.19 中两个接收角度称为明域和暗域,明域角度接收了钢板表面的大部分反射光,由于吸收与散射,缺陷图像表现为亮背景、暗缺陷,明域缺陷包括凹坑、夹渣与气泡等;而暗域成像角度接收散射光,由于光散射缺陷表现为暗背景、亮缺陷,包括划伤与裂纹。结合明域与暗域照明,合理安排光源与摄像机成像位置,大部分表面缺陷可被检出。

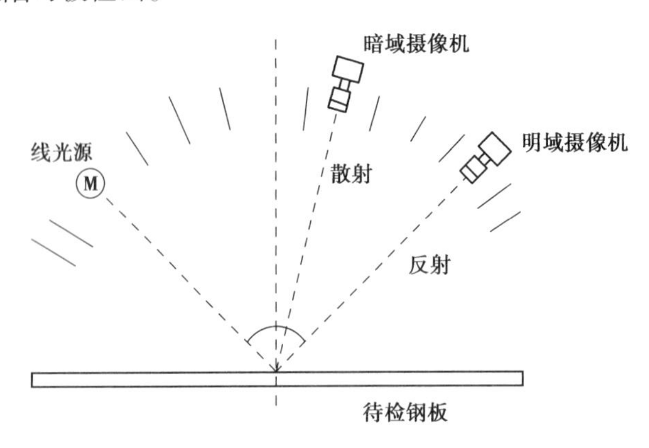

图 10.19　钢板表面缺陷检测图

(5)传真应用

传真是线阵 CCD 图像传感器使用最广泛的领域之一,其原理与文字识别基本上一样。被传真的图文纸随滚筒放置完成一维扫描,CCD 的自扫描完成另一维扫描。由于一次曝光就可得到一行图像,因此比点光源扫描速度要快得多。CCD 输出的信号经过处理后送到传真机发出传真信号。二维扫描的实现也有采用放置棱镜和电子线路控制等方法的,但机械扫描装置简单可靠,用得较多。

传真机一般采用荧光灯作光源,也有采用卤素灯的。为使入射光量可调,可设置活动覆盖窗。图 10.20 为传真装置的输入环节示意图。将传感器输出信号放大后,进行适当频带压缩(编码),并通过调制与解调电路送往发射电路。为读取全版面,需令所摄稿纸依次移动。

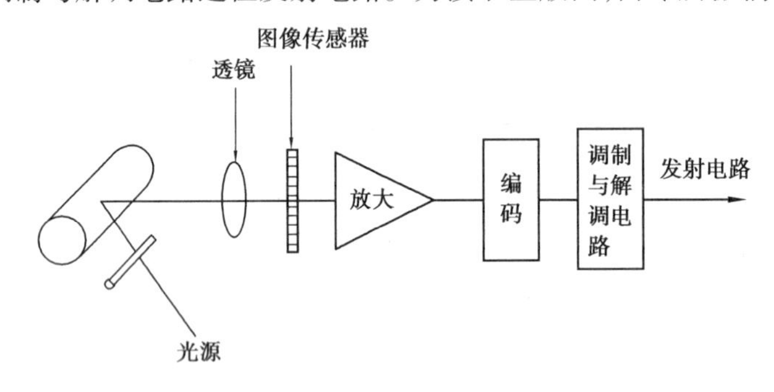

图 10.20　传真装置的输入环节示意图

线阵 CCD 和面阵 CCD 在传真机中均可使用,其中线阵 CCD 从 1 728 ~ 5 000 位用得较多,以满足高分辨率的要求。

(6)光学文字识别装置

利用线阵 CCD 图像传感器的自扫描特性可以实现文字和图像识别,从而组成一个功能很强的扫描/识别系统。

固态图像传感器还可用作光学文字识别装置的"读取头"。光学文字识别装置(OCR)的光源可用卤素灯。光源与透镜间设置红外滤光片以消除红外光影响。每次扫描时间为300 μs,因此,可做到高速文字识别。图 10.21 为 OCR 的原理图。经 A/D 变换后的二进制信号通过特别滤光片后，文字更加清晰。下一步骤是把文字逐个断切出来。以上处理称为"前处理"。前处理后，以固定方式对各个文字进行特征抽取。将抽取所得特征与预先置入的诸文字特征相比较以判断与识别输入的文字。

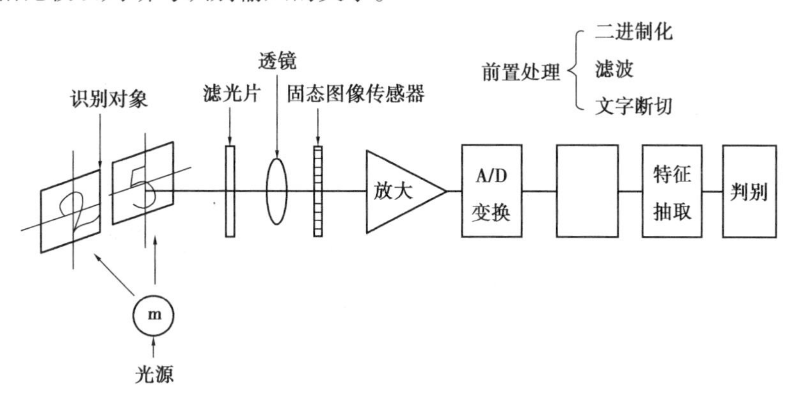

图10.21 OCR原理图

图10.22为对邮政编码进行的识别示意图。写有邮政编码的信封放在传送带上，CCD像元排列方向与信封运动方向垂直；一个光学镜头把编码数字聚焦在CCD上，当信封移动时，CCD即以远行扫描方式依次读出数字，经细化处理后与计算机中存储的各数字特征点进行比较，最后识别出数字；根据识别出的数字，计算机去控制一个分类机构，把信件送入相应的分类箱中。类似的系统可用于货币识别和分类，商品条码识别等。此外还可用于汉字输入系统，把印刷汉字或手写字直接输入给计算机进行处理，从而省去人工编码和人工输入所需的大量工作。

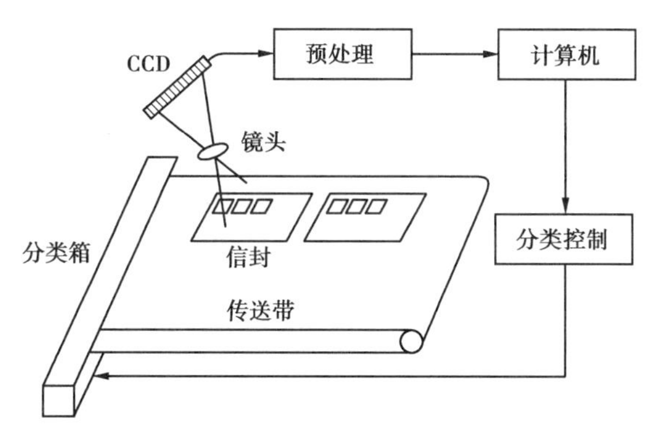

图10.22 邮政编码识别

(7) CCD 用于轨道振动的非接触测量

振动测量与试验一直是工程技术界重视的课题，对于航空航天、动力机械、交通运输、军械兵器、能源工业、土木建筑、电力工业、环境保护等尤为重要。振动直接影响机器（或结构）的运行稳定性、安全性和人体感觉的舒适性，直接影响生产的有效性和精确性。例如，在铁路行业，铁轨受到机车的激励会产生受迫振动，当振动量级过大时会使铁轨产生裂纹、疲劳、断裂、接触面磨损、紧固件松动，从而提前报废，严重时甚至会造成车毁人亡的惨痛事故，因此，在机车通过时对铁轨振动的现场检测已成为铁道部门的重要课题。如今CCD已成功地运用到了轨道振动的测量中，并取得了很好的效果。

1)采用二值化图像处理

在不要求图像灰度的系统中,为提高处理速度和降低成本,尽可能采用二值化图像处理方法。

实际上许多检测对象在本质上也表现为二值情况,如图纸、文件的输入、物体尺寸、位置的检测等。在输入这些信息时采用二值化处理是恰当的。二值化处理是把图像和背景作为分离的二值(0,1)对待。光学系统把被测对象成像在CCD光敏像元上。由于被测物与背景在光强上的变化反映在CCD视频信号中所对应的图像尺寸边界处会有明显的电平变化,通过二值化处理把CCD视频信号中图像尺寸部分与背景部分分离成二值电平。实现CCD视频信号二值化的方法很多,一般采用硬件电路实现,以下是几种常用的二值化电路原理图。

①固定阈值法电路原理图,如图10.23所示。

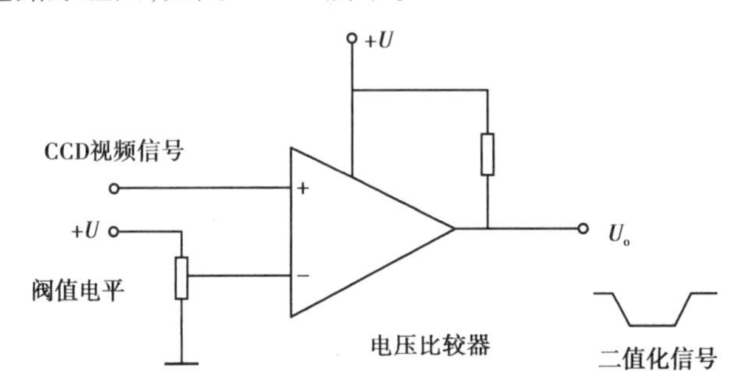

图10.23　固定阈值法电路原理图

②浮动阈值法电路原理图,如图10.24所示。

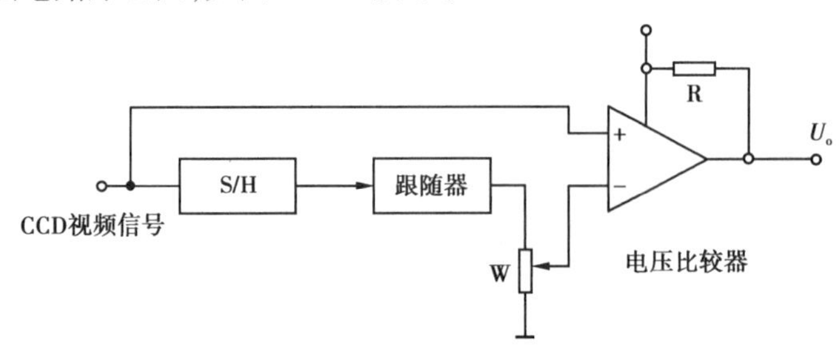

图10.24　浮动阈值法电路原理图

2)CCD检测铁轨振动的工作原理

图10.25为CCD检测铁轨振动的原理图。

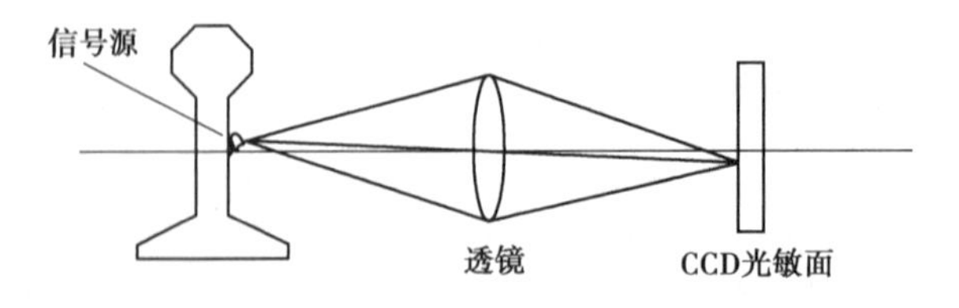

图10.25　检测原理

将粘贴在铁轨外侧的黑底口条图案经光学系统成像到CCD的光敏面上,线阵CCD的输出端将得到如图10.26所示的信号。

SH为转移脉冲。该脉冲作为同步信号,完成CCD与计数器的同步。在驱动脉冲作用下,

得到视频输出信号 U_o，经二值化电路处理得到如图 10.26 所示的方波脉冲，其前沿对应于黑白边，后沿对应于白黑边。当采用图 10.27 的硬件处理电路捡取边界值时，前沿的值为 N_1，后沿的值为 N_2，而白条中心所对应的值为 N。设振动的初始位置，即 $t=0$ 时，$N=N_0$。轨道的振动将使白条像在 CCD 像敏阵列上做上下振动。当 CCD 的光积分时间远小于振动周期时，CCD 不断地输出白条像在 CCD 上不同位置的视频信号 U_o，经二值化与数据采集后，将得到每一时刻的 N 值。N 值对应于此刻轨道的位移为

$$S=\frac{l}{\beta}(N-N_0) \tag{10.7}$$

式中　l——CCD 两相邻像元的中心距；

β——光学成像系统的横向放大倍率。

β 可通过已知的白条宽度 W 随时由下标定，即

$$\beta=\frac{l(N_2-N_1)}{W} \tag{10.8}$$

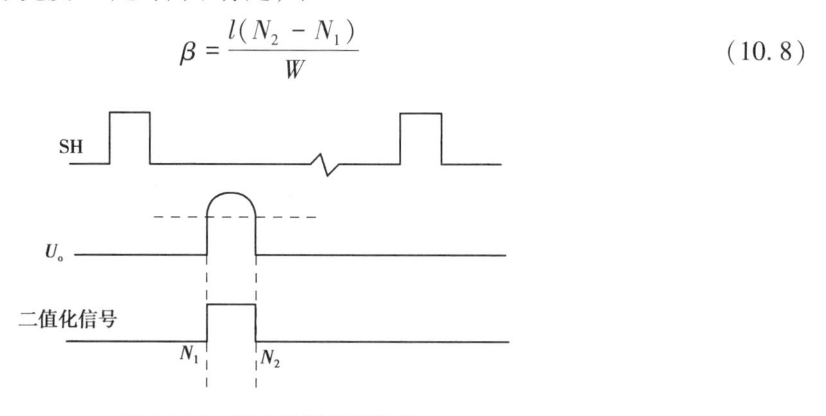

图 10.26　振动检测原理信号

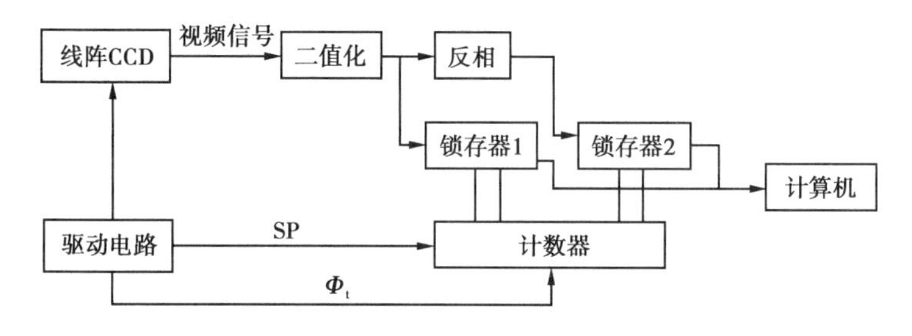

图 10.27　硬件电路原理图

本章小结

本章介绍了固态图像传感器 CCD 的工作原理、结构、特性以及其在工业检测中的原理，说明了固态图像传感器当前在工业中的应用现状，由于固态图像传感器是一种高精度的检测传感器，其应用已渗透到工业生产的各部门，尤其在精细加工、机器人技术、工业自动化领域中有着广泛的应用，为我国国民经济发展起了重大作用。相信随着固态图像传感器制作技术的提高及图像处理软件的进一步发展，固态图像传感器的应用前景将更为广阔。

习　题

10.1　简述 CCD 的基本原理。

10.2　转移栅实行电荷转移的过程是怎样的?

10.3　固态图像传感器中转移栅的主要作用是什么?

10.4　简述线阵 CCD 图像传感器的工作原理,并列举其两个典型应用。

10.5　说明场传输面阵 CCD 的电荷信号是如何从光敏区转移出来,成为视频信号的?

10.6　CCD 的基本特性参数有哪些? 它们各自对 CCD 有何影响?

10.7　试设计一个用 CCD 图像传感器测量小孔直径的检测系统,画出系统并说明其工作原理。

第 11 章 红外和辐射式传感器

辐射式传感器在许多领域特别是科学研究、国防、生物医学等方面得到广泛应用。本章主要介绍非电量测量技术中常用的3种辐射式传感器:红外辐射传感器、超声波传感器和核辐射传感器。

11.1 红外辐射传感器

11.1.1 红外辐射的物理基础

红外辐射又称为红外光,是热辐射的一种形式。它是一种电磁波,其波长范围为0.76~1 000 μm。红外线在电磁波谱中的位置如图11.1所示。在红外技术中,一般将红外辐射分成4个区域,即近红外区、中红外区、远红外区及极远红外区。此处所说的远近,是指红外辐射在电磁波谱中与可见光的距离。

红外辐射的物理本质是热辐射。任何物体,只要其温度高于绝对零度,就会向周围空间辐射红外线。物体的温度越高,辐射出的红外线越多,红外辐射的能量就越强。研究发现,太阳光谱各种单色光的热效应从紫色到红色是逐渐增大的,且最大热效应出现在红外辐射的频率范围内,因此人们又将红外辐射称为热辐射。

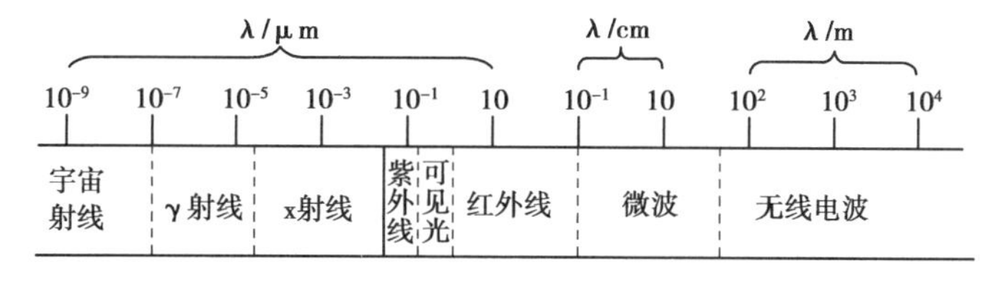

图11.1 电磁波谱

11.1.2 红外传感器

红外传感器也称红外探测器,它是利用红外辐射与物质相互作用所呈现的物理效应来探测红外辐射的,是一种能将红外辐射能转换成电能的器件。红外传感器一般由光学系统、探测器、信号调理电路及显示单元等组成。它的种类很多,按工作原理的不同,可分为热电红外传感器和光电红外传感器两大类。

(1)热电红外传感器

热电红外传感器是利用红外辐射的热电效应原理工作的。当一些晶体受热时,在晶体两端将会产生数量相等而符号相反的电荷,这种由于热变化产生的电极化现象就是热电效应。能产生热电效应的晶体称为热电体,又称热电元件,热电红外传感器主要就是采用一种高热电系统的热敏材料,如锆钛酸铅系陶瓷、钽酸锂、硫酸三甘肽等制成探测元件。探测元件探测并吸收红外辐射使得自身温度升高进而使有关物理参数(如阻值)发生相应变化,然后通过测量电路测量物理参数的变化来确定探测器所吸收的红外辐射。

由于热敏材料的热效应需要一定的平衡时间,因此,其响应速度较低,响应时间较长。但热探测器的主要优点是响应波段宽,响应范围可扩展到整个红外区域,可以在常温下工作,使用方便,应用相当广泛。

常用的热探测器有热敏电阻型、热电偶型、高莱气动型及热释电型。其中,热释电型探测器是20世纪80年代发展起来的一种热电探测器,它是利用某些材料的热释电效应来探测红外辐射能量的器件。由于热释电信号正比于器件温升的时间变化率,而不像通常的热敏探测元件有个热平衡过程,因此,其响应速度比其他热敏探测器快得多,同时,若恒定的红外辐射信号照射在热释电传感器上时,因器件温升的时间变化率为零,使得传感器无信号输出,因此,热释电传感器不适合于测量恒定的红外辐射信号。与其他热敏探测器相比,它不仅探测率高,而且频率响应范围最宽,既可以工作于低频区,也可工作于高频区。目前,灵敏度最高也是最常用的热电红外敏感材料是TGS(硫酸三甘肽)系列水溶性晶体。这种材料特别适用于低功率探测,其缺点是脆弱、居里温度低、易于极化、不能经受较高的辐射功率等。

高莱气动型红外传感器是利用气体吸收红外辐射后,温度升高,体积膨胀的特点来测量红外辐射信号的,其典型应用——高莱池的工作原理如图11.2所示。

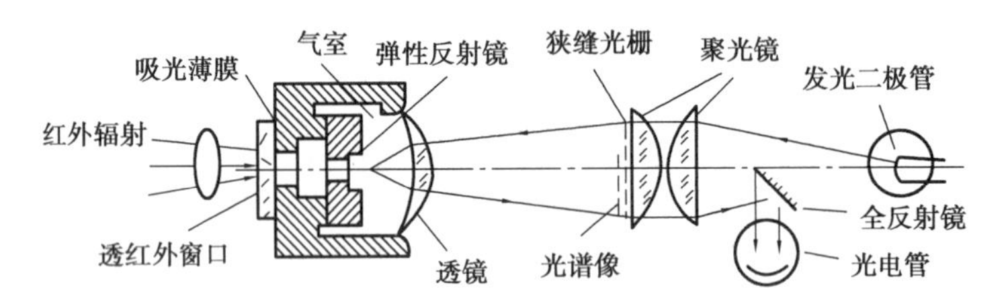

图11.2　高莱池的结构

红外辐射通过盐窗照射到气室一端的涂黑金属吸光薄膜上,使气室温度升高,气室中的惰性气体(氙或氩气)膨胀,另一端涂银的弹性反射镜变形凸出。导致发光二极管发出的光线经反射镜背面反射,再经透镜、光栅后照射到达光电(倍增)管的光量改变,由光电管输出的信号强弱即可知道红外辐射的强度大小。

热电型红外光敏器件一般灵敏度低,响应慢,但有较宽的红外波长响应范围,一般用于温度的测量及自动控制中。

(2)光电传感器

光电红外传感器是利用红外辐射的光电效应原理工作的。它是采用一种光电元件,如电真空器件(光电管、光电倍增管),也可以是半导体器件,当入射辐射波的频率大于某一特定频率时,入射辐射波的光子能量被光电元件吸收,从而改变光电元件电子的能量状态,使得其电量发生改变,经测量电路转变成微弱的电压信号,放大后向外输出。

光电红外传感器有内光电和外光电红外传感器两种,前者又分为光电导、光生伏特和光磁电红外传感器等 3 种。光电红外传感器的主要特点是灵敏度高,响应速度快,具有较宽的响应频率,但探测波段较窄,一般需在低温下工作。

1)透射式红外传感器

透射式红外传感器是采用多个组合在一起的透镜将红外辐射聚焦在红外敏感元件上。图 11.3 为透射式红外传感器的光学系统。

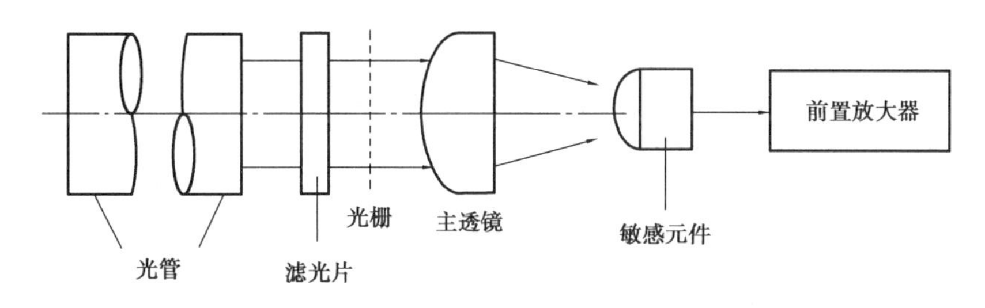

图 11.3　透射式红外传感器的光学系统

其光学系统的元件采用红外光学材料,并且根据所探测的红外波长来选择光学材料。在近红外区,可用一般的光学玻璃和石英材料;在中红外区,可用氟化镁、氧化镁等材料;在远红外区,可用锗、硅等材料。由于获得透射式光学材料比较困难,人们还研制了反射式红外传感器。

2)反射式红外传感器

反射式红外传感器是采用凹面玻璃反射镜,将红外辐射聚焦到敏感元件上。其光学系统的结构示意图如图 11.4 所示。反射式的光学系统元件表面镀金、铝或镍铬等对红外波段反射率较高的材料,其材料比较好找,但制造工艺较复杂。

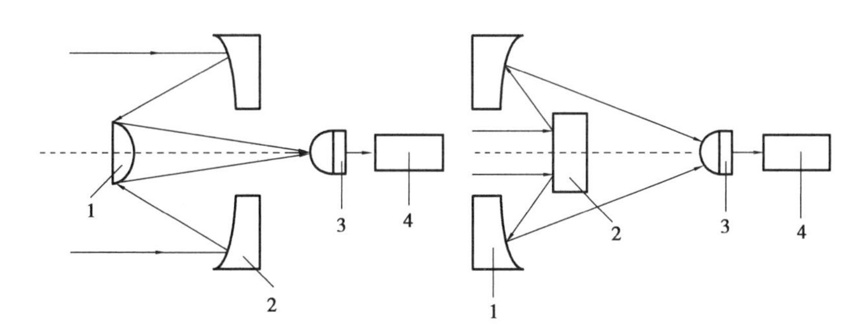

图 11.4　反射式红外传感器的两种光学系统

1—次反射镜;2—主反射镜;3—敏感元件;4—前置放大器

光电型红外光敏器件可直接把红外光能转换成电能,这种器件灵敏度高、响应快,但其红外波长响应范围窄,有的还需在低温条件下才能使用。利用光电红外光敏器件组成的红外探测器广泛应用在遥测、遥感、成像、测温等方面。

11.1.3　红外传感器的性能参数

(1)灵敏度

当经过调制的红外光照射到传感器的敏感面上时,传感器的输出电压与输入红外辐射功率之比称为灵敏度(电压响应率),即

$$R_{\mathrm{V}}=\frac{u_{\mathrm{o}}}{\rho}\cdot A_{\mathrm{d}} \tag{11.1}$$

式中　u_{o}——红外传感器的输出电压,V;

ρ——照射到红外敏感元件单位面积上的红外辐射功率,$\mathrm{W/cm^2}$;

A_{d}——红外传感器敏感元件的面积,$\mathrm{cm^2}$。

(2)响应波长范围

响应波长范围(或称光谱响应)表示传感器的电压响应与入射红外辐射波长之间的关系,一般用曲线表示。由于热电传感器的电压响应率与波长无关,它的曲线为一条平行横坐标(波长)的直线,而光电型传感器的电压响应率曲线是一条随波长变化的曲线。一般将响应率最大值所对应的波长称为峰值波长 λ_{m},而把响应率下降到响应值的一半所对应的波长称为截止波长 λ_{c}。它表示红外传感器使用的波长范围。

(3)噪声等效功率 *NEP*

红外传感器光敏器件的输出电压较低,外界噪声对它的影响很大,因此要用噪声等效功率参数来衡量红外传感器的性能。噪声等效功率是输出信噪比为 1 时所对应的红外入射功率值,也是红外器件探测到的最小辐射功率,即

$$NEP=\frac{U_{\mathrm{N}}}{R_{\mathrm{V}}} \tag{11.2}$$

式中　U_{N}——红外传感器输出的噪声电平;

R_{V}——灵敏度(电压响应率)。

NEP 值越小,器件越灵敏。

(4)探测率 *D*

探测率 D 是噪声等效功率的倒数,即

$$D=\frac{1}{\mathrm{NEP}}=\frac{R_{\mathrm{V}}}{U_{\mathrm{N}}} \tag{11.3}$$

红外传感器探测率越高,表明传感器所能探测的最小辐射功率越小,传感器越灵敏。

(5)时间常数

时间常数表示红外线传感器的输出信号随红外辐射变化的速率。输出信号滞后于红外辐射的时间,称为传感器的时间常数,即

$$\tau=\frac{1}{2\pi f_{\mathrm{c}}} \tag{11.4}$$

式中　f_{c}——响应率下降到最大值的 0.707(3 dB)时的调制频率。

11.1.4　红外辐射的基本定律

1)基尔霍夫定律

光谱发射率等于它的光谱吸收率,物体向外发射辐射能取决于它的吸收本领,即

$$W_R = \alpha W_0 \tag{11.5}$$

式中　W_R—— 物体在单位时间和单位面积内辐射出的辐射能;

α—— 物体辐射吸收度;

W_0—— 常数,为黑体在相同条件下辐射出的辐射能。

2)斯蒂芬-玻尔兹曼(Stefan-Boltzmann)定律

物体总的辐射出射度与温度的四次方成正比,即

$$W = \sigma\varepsilon T^4 \tag{11.6}$$

式中　ε—— 温度为 T 时全波长范围的材料发射率,也称为黑度系数;

σ—— 斯蒂芬-玻尔兹曼常数,$\sigma=5.67\times10^{-8}\ \mathrm{W/(m^2 \cdot k^4)}$;

T—— 物体的热力学温度。

通常物体的 ε 处于 0 ~ 1,$\varepsilon=1$ 的物体称为黑体。

3)维恩位移定律

红外辐射的电磁波中,包含着各种波长,其峰值辐射波长 λ_m 与物体自身的绝对温度 T 成反比,即

$$\lambda_m = \frac{2\ 897}{T} \tag{11.7}$$

图 11.5 为不同温度的光谱辐射分布曲线,图中虚线表示了由式(11.7)描述的峰值辐射波长 λ_m 与温度的关系曲线。从图中可知,随着温度的升高其峰值波长向短波方向移动,在温度不很高的情况下,峰值辐射波长在红外区域。

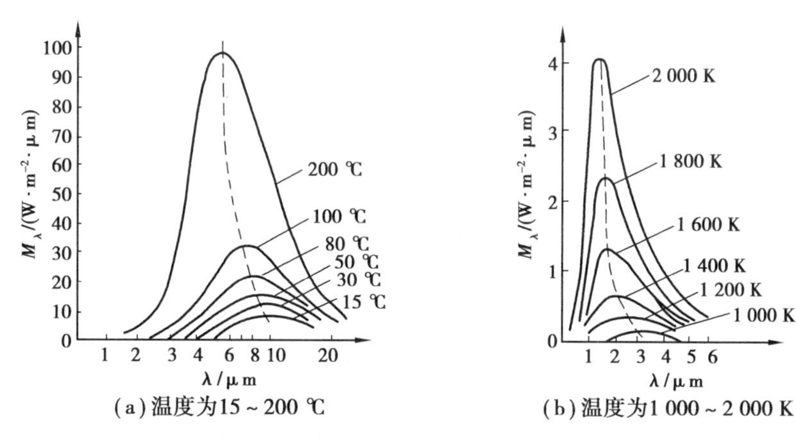

图 11.5　同温度的光谱辐射分布曲线

11.1.5　红外辐射传感器的应用

用红外线作媒介来实现某些非电量的测量方法,比可见光作媒介的检测方法更有优势,这主要表现在:红外线(中、远红外线)不受周围可见光的影响,可昼夜进行测量;由于待测对象

自身辐射红外线,故不必设光源;大气对某些特定波长范围内的红外线吸收甚少,适用于遥感、遥测。下面介绍两种典型的应用。

(1)红外测温仪

1)红外测温的基础

在自然界中,一切温度高于绝对零度的物体都在不停地向周围空间发出红外辐射能量。物体的红外辐射能量的大小,按波长的分布与它的表面温度有着十分密切的关系。因此,通过对物体自身辐射的红外能量的测量,便能准确地测定它的表面温度,这就是红外辐射测温所依据的客观基础。

红外测温有几种方法,其中常用的全辐射测温法就是应用斯蒂芬-玻耳兹曼定律测物体辐射出的全波辐射能来确定物体的温度。

2)测温仪的构成

红外辐射测温仪结构原理如图 11.6 所示。它的光学系统是一个固定焦距的透射系统,物镜一般为锗透镜。有效通光口径即作为系统的孔径光澜。滤光片一般采用只允许 8 ~ 14 μm 的红外辐射能通过的材料。红外传感器一般为热释电红外传感器。安装时保证其光敏面落在透镜的焦点上。步进电机带动调制盘对入射的红外辐射进行斩光,将恒定或缓变的红外辐射变换为交变辐射。调制器是把红外辐射调制成交变辐射的装置,因为系统对交变信号处理较易,且能取得高信噪比。被测目标的红外辐射通过透镜聚焦在红外传感器上。红外传感器将红外辐射变换为电信号输出。

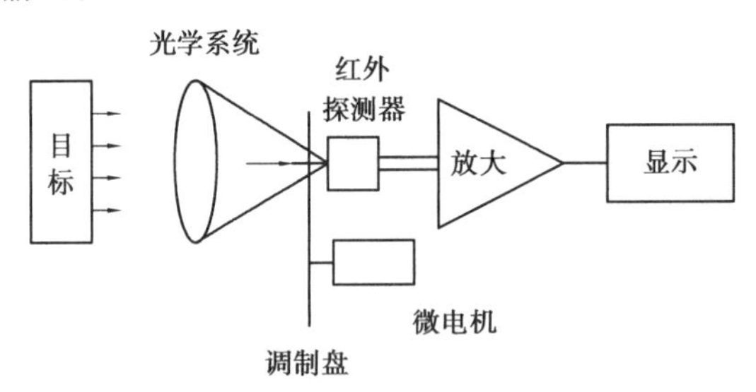

图 11.6　红外测温仪结构原理

图 11.6 所示的红外测温仪的光学系统为透射式的,也可以采用反射式光学系统。透射式光学系统的部件是用红外光学材料制成的,根据红外波长选择光学材料。反射式光学系统多用凹面玻璃反射镜,表面镀金、铝或镍、铬等在红外波段反射率很高的材料。

(2)红外无损探伤

红外无损探伤是 20 世纪 60 年代以后发展起来的新技术。它是通过测量热流或热量来鉴定金属或非金属材料质量的。其原理很简单,当内部存在缺陷的工件均匀受热而温度升高时,由于缺陷的存在将使热流的流动受到阻碍,从而在工件的相应部位上出现温度异常现象。对于某些采用超声波、涡流等方法无法探测的局部缺陷,用红外无损探伤可取得良好的效果。因此红外无损探伤的应用范围比较广泛,可以进行金属、陶瓷、塑料、橡胶等各种材料中的裂缝、异物、孔洞、气泡等各种缺陷的探伤。

红外无损探伤分主动式和被动式两类。主动式是人为地在被测物体上注入(或移出)固定热量,探测物体表面热量或热流变化规律,并以此来判断材料的质量。被动式则是用物体自身的热辐射作为辐射源,探测其辐射的强弱或分布情况,判断材料内部有无缺陷。

图11.7为某包装袋封口质量的红外检测示意图。该系统由加热源、传送带、红外传感器及信号处理显示电路4部分组成。工作时，传送带把包装袋的封口送往热源和红外传感器之间，传送带匀速前进，热源对封口均匀加热并使其封合，如果塑料袋封口中夹杂气泡、小颗粒、油腻、空隙起皱等缺陷时，都会妨碍热能的流动而引起温度分布的异常现象。通过温度分布的测量就可判断出缺陷的位置。

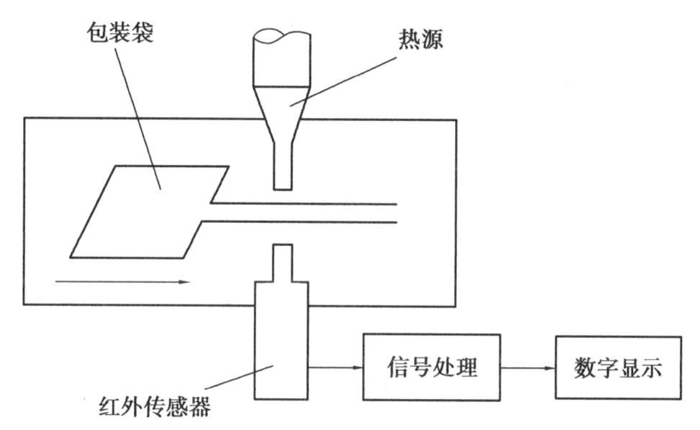

图11.7　包装袋封口质量的红外检测示意图

与传统依靠物体本身热辐射而对其温度被动成像的探伤技术不同，红外热波技术利用物体因结构或材料不同而导致的热传导特性不同，采用对试件加热的方法用以激发显示表面裂纹、内部损伤和结构异常等，最后用计算机处理热成像仪采集到的图像以达到探伤的目的。

(3)红外气体分析仪

红外气体分析仪是根据气体对红外线具有选择性吸收的特性来对气体成分进行分析的。许多气体在红外波段都有吸收带，而且因气体不同，吸收带所在的波长和吸收的强弱也不相同，根据红外辐射在气体中的吸收带的不同，可以对气体成分进行分析。例如，二氧化碳对于波长为2.7、4.33 μm和14.5 μm的红外光吸收相当强烈，并且吸收谱相当的宽，即存在吸收带。根据实验分析，只有4.33 μm吸收带不受大气中其他成分影响，因此可以利用这个吸收带来判别大气中的CO_2的含量。

二氧化碳红外气体分析仪由气体(含CO_2)的样品室、参比室(无CO_2)、斩光调制器、反射镜系统、滤光片、红外检测器及选频放大器等组成。图11.8为CO_2红外气体分析仪原理图。

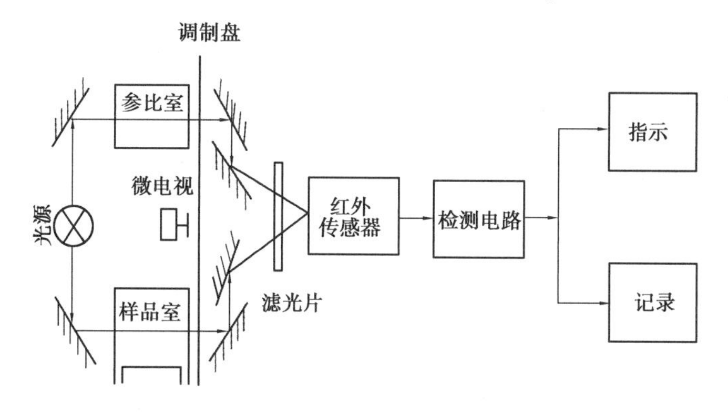

图11.8　CO_2红外气体分析仪原理图

测量时，使待测气体连续流过样品室，参比室里充满不含CO_2的气体(或CO_2含量已知的气体)。红外光源发射的红外光分成两束光经反射镜反射到样品室和参比室,经反射镜系统,这两束光可以通过中心波长为4.33 μm的红外光滤色片投射到红外敏感元件上。由于斩光调制器的作用,敏感元件交替地接收通过样品室和参比室的辐射。若样品室和参比室均无CO_2气体,只要两束辐射完全相等,那么敏感元件所接收到的是一个通量恒定不变的辐射,因此,敏感元件只有直流响应,交流选频放大器输出为零。若进入样品室的气体中含有CO_2气体,对4.33 μm的辐射就有吸收,那么两束辐射的通量不等,则敏感元件所接收到的就是交变辐射,这时选频放大器输出不为零。经过标定后,就可以从输出信号的大小来推测CO_2的含量。

(4)夜视仪

红外夜视仪是利用光电转换技术的军用夜视仪器。它分为主动式和被动式两种:前者用红外探照灯照射目标,接收反射的红外辐射形成图像;红外夜视仪不是利用目标自身发射的红外辐射来获得目标的信息,而是靠红外探照灯发射的红外辐射去“照明”目标,并接收目标反射的红外辐射来侦察和显示目标,故又被称为“主动式红外夜视仪”。图11.9为主动式红外夜视仪成像原理图。

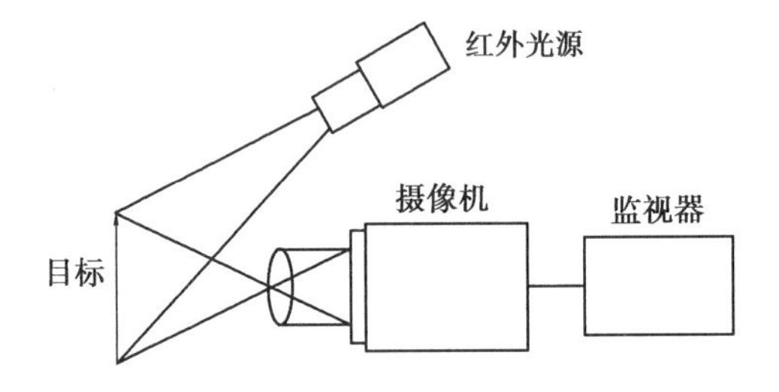

图11.9　主动式红外夜视仪成像原理图

被动式不发射红外线,依靠目标自身的红外辐射形成“热图像”,故称为“热像仪”。热像仪又被称为“被动式红外夜视仪”,它本身不发出红外辐射,只接收目标的红外辐射,并转换成人眼可见的红外图像,图像反映了目标各部分的红外辐射强度。

夜间可见光很微弱,但人眼看不见的红外线却很丰富。红外线夜视仪可以帮助人们在夜间进行观察、搜索、瞄准和驾驶车辆。主动式红外夜视仪具有成像清晰,制作简单等特点,但它的致命弱点是红外探照灯的红外光会被敌人的红外探测装置发现。但是随着军事技术的发展,一种被动式热像仪已经在现代战争中得到了应用,这种被动式热像仪不发射红外光,不易被敌人发现,并且具有透过雾、雨等进行观察的能力。

11.2　超声波传感器

超声波传感器在检测技术中的应用,主要是利用超声波的物理性质,通过被测介质的某些声反射来检测一些非电参数或者进行探伤。

11.2.1　超声波检测的物理基础

振动在弹性介质内的传播称为波动,简称波。频率在16 Hz ~ 20 MHz,能为人耳所闻的机械波,称为声波,低于16 Hz的机械波称为次声波;高于20 MHz的机械波称为超声波,如图11.10所示。

次声波是频率低于20 Hz的声波,人耳听不到,但可与人体器官发生共振,7 ~8 Hz的次声波会引起人的恐怖感,动作不协调,甚至导致心脏停止跳动。超声波的指向性很好,能量集中,因此穿透本领大,能穿透几米厚的钢板,而能量损失不大。在遇到两种介质的分界面(如钢板与空气的交界面)时,能产生明显的反射和折射现象,超声波的频率越高,其声场指向性就越好。

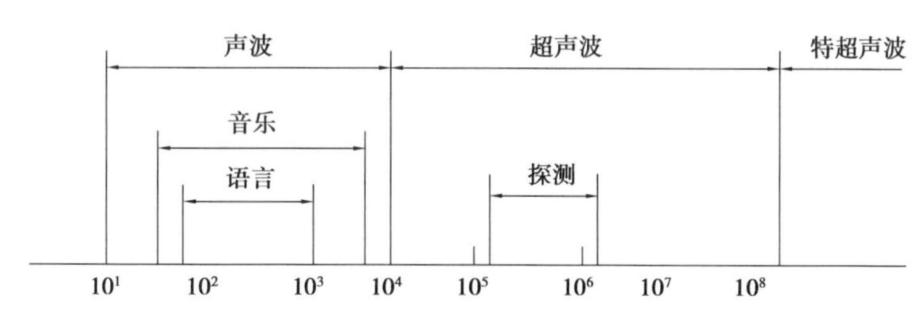

图 11.10　声波的频率界限图

超声波的波形主要可分为纵波、横波和表面波 3 种。质点的扰动方向与波的传播方向一致的波称为纵波。质点的振动方向与波的传播方向垂直的波称为横波。质点的振动方式介于纵波和横波之间,且沿表面传播,振幅随深度的增加而迅速衰减的波称为表面波。横波和表面波只能在固体中传播,而纵波可以在固体、液体和气体中传播。因此常用的超声波为纵波。

超声波可以在气体、液体及固体中传播,其传播速度不同。另外,它也有折射和反射现象,并且在传播过程中有衰减。在空气中传播超声波,其频率较低,一般为几十千赫,而在固体、液体中则频率可用得较高。在空气中衰减较快,而在液体及固体中传播,衰减较小,传播较远。利用超声波的特性,可做成各种超声传感器,配上不同的电路,制成各种超声测量仪器及装置,并在通讯、医疗、家电等各方面得到广泛应用。

11.2.2　超声波传感器工作原理

超声波传感器是实现声、电转换的装置,又称为超声换能器或超声波探头,工作原理有压电式、磁致伸缩式、电磁式等数种,在检测技术中主要采用压电式。超声波探头又分为直探头、斜探头、双探头、表面波探头、聚焦探头、冲水探头、水浸探头、高温探头、空气传导探头以及其他专用探头等。

超声波探头由发送传感器和接收传感器两部分组成,在超声波检测中成对使用。

(1)发送传感器

发送传感器由发送电源与换能器组成,发送电源是提供高频电流或电压的电源;换能器的作用是将电磁振荡能量变换成机械振荡而产生超声波并向空中辐射。换能器一般有压电式和磁致伸缩式两种。

1)压电式超声波发送传感器

压电式发送传感器根据压电晶体的电致伸缩原理制成。如图 11.11 所示,在压电材料切片上施加高频正弦交流电压,使它产生电致伸缩运动,从而产生超声波并向空中辐射。常用的压电材料有石英晶体、压电陶瓷锆肽酸铅等。

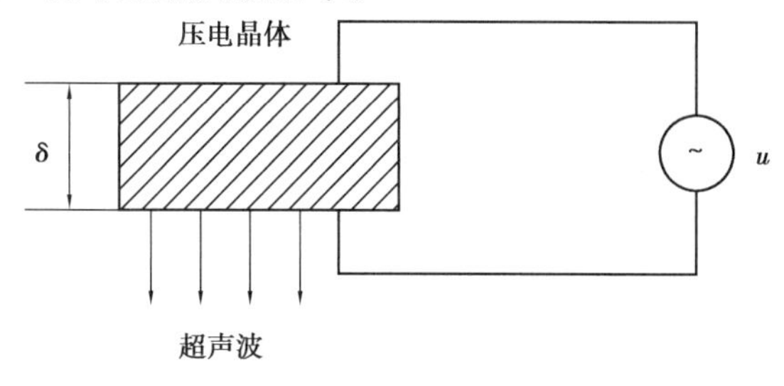

图 11.11　压电式超声波传感器工作原理

压电材料在高频电压作用下会产生振动(伸缩),当外加高频电压的频率与压电材料的本身固有频率相等时,压电材料产生共振,此时产生的超声波声强最强。

压电材料的固有频率与压电材料晶体切片的厚度 δ 有关,即

$$f = n\frac{c}{2\delta} \tag{11.8}$$

式中 n——谐波级数,取 1,2,3,…;

c——超声波在压电材料里的传播速度,与压电材料的密度有关。

压电式超声波发送传感器可以产生几十千赫到几十兆赫的超声波,场强可达几十瓦每平方厘米。

2)磁致伸缩式发送传感器

磁致伸缩式发送传感器是根据铁磁物质的磁致伸缩效应原理制成的。磁致伸缩效应是指铁磁性物质在交变的磁场中,在顺着磁场方向产生伸缩的现象。

磁致伸缩超声波发送器把铁磁材料置于交变磁场中,使它产生机械尺寸的交替变化,即产生机械振动,从而产生超声波。

磁致伸缩超声波发送器是用厚度为 0.1 ~ 0.4 mm 的镍片叠加而成的,片间绝缘以减少涡流电流损失。它也可采用铁钴钒合金等材料制作。其结构形状有矩形、窗形等,如图 11.12 所示。它的固有频率的表达式与压电式的发送器相同。

碰到伸缩超声波发生器产生的频率只能在几万赫以内,但声强可达几千瓦每平方厘米。它与压电式的发送器比较所产生的超声波的频率较低,而强度则大许多。

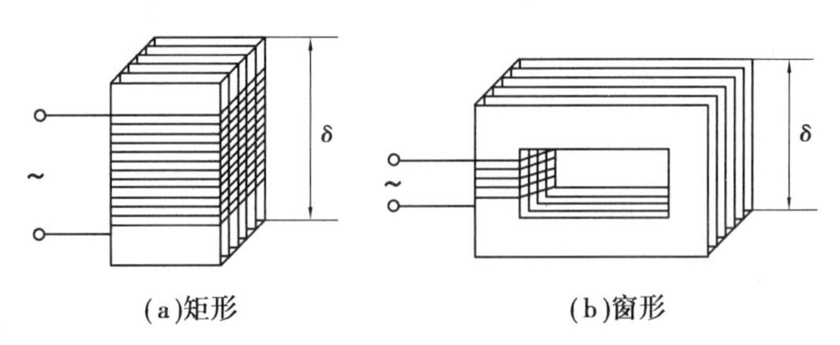

图 11.12 磁致伸缩超声波发生器

(2)接收传感器

接收传感器由换能器与放大电路组成。超声波接收器是利用超声波发生器的逆变效应进行工作的。换能器接收超声波产生的机械振动,将其变换成电能量,作为传感器接收器的输出。同样,接收传感器有压电式和磁致伸缩式两种。

1)压电式超声波接收器

当超声波作用到电晶体片上时,使晶片伸缩,则在晶片的两个界面上产生交变电荷,这种电荷先被转换成电压,经过放大后送到测量电路,最后记录或显示出结果,而实际使用中,发送传感器的压电陶瓷也可以用作接收器传感器的压电陶瓷。

2)磁致伸缩超声波接收器

当超声波作用到磁致伸缩材料上时,使磁致材料伸缩引起内部磁场变化,根据电磁感应,磁致伸缩材料上所绕的线圈获得感应电动势,再将此感应电动势送到测量电路及记录显示设备。

压电陶瓷或磁致伸缩材料在高电压窄脉冲作用下，可得到较大功率的超声波，可以被聚焦，能用于集成电路及塑料的焊接。图 11.13 为超声波塑料焊接机和超声波金属焊接机。

(a)超声波塑料焊接机

(b)超声波金属焊接机

图 11.13　焊接机

11.2.3　超声波的应用特点

①超声波具有较好的指向性——频率越高，指向性越强。这在如探伤和水下声通信等应用场合是主要的考虑因素。

②频率高时，相应的波长将变短，因而波长可与传播超声波的试样尺寸相比拟，甚至波长可远小于试样材料的尺寸，这在尺寸很小的测量应用中以及在高分辨率的探伤应用中是非常重要的。

③超声波用起来很安静，人们听不到它。这一点在高强度工作场合尤为重要。这些高强度的工作用可闻频率的声波来完成时往往更有效，但可闻声波工作时所产生的噪声令人难以忍受，有时甚至是对人体有害的。

11.2.4　超声波传感器的应用

(1)超声波探伤

超声波探伤是利用超声波能透入金属材料的深处，并由一截面进入另一截面时，在界面边缘发生反射的特点来检查零件缺陷的一种方法，当超声波束自零件表面由探头通至金属内部，遇到缺陷与零件底面时就分别发生反射波，在荧光屏上形成脉冲波形，根据这些脉冲波形来判断缺陷位置和大小。

超声波在介质中传播时有多种波形，检验中最常用的为纵波、横波、表面波及板波。用纵波可探测金属铸锭、坯料、中厚板、大型锻件及形状比较简单的制件中所存在的夹杂物、裂缝、缩管、白点、分层等缺陷；用横波可探测管材中的周向和轴向裂缝、划伤、焊缝中的气孔、夹渣、裂缝、未焊透等缺陷；用表面波可探测形状简单的制件上的表面缺陷；用板波可探测薄板中的缺陷。

利用超声波探伤进行测量的方法很多，常用的有以下两种方法：

1)穿透法探伤

穿透法探伤是根据超声波穿透工件后的能量变化情况，来判别工件内部质量的方法。穿透法有一个发射探头和一个接收探头，分别置于被测工件的两边，工作原理如图 11.14 所示。

工作时，如果工件内部有缺陷，则有一部分超声波在缺陷处即被反射，其余部分到达工件的底部被接收探头接收。因此到达接收探头的能量有一部分损失，接收到的能量变小；如果工件内部没有缺陷，超声波都能到达接收探头，因此，接收探头接收到的能量较大，这样就可以检测工件的质量。

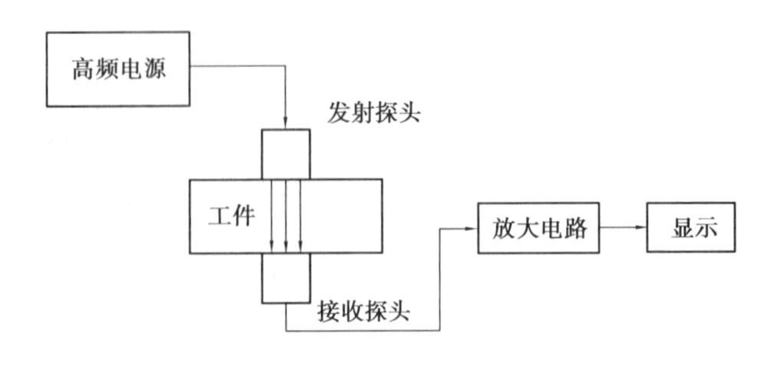

图 11.14　穿透法探伤工作原理

2）反射法探伤

反射法探伤是根据超声波在工件中反射情况的不同，来探测缺陷的一种方法。图 11.15 为反射法探伤的示意图。

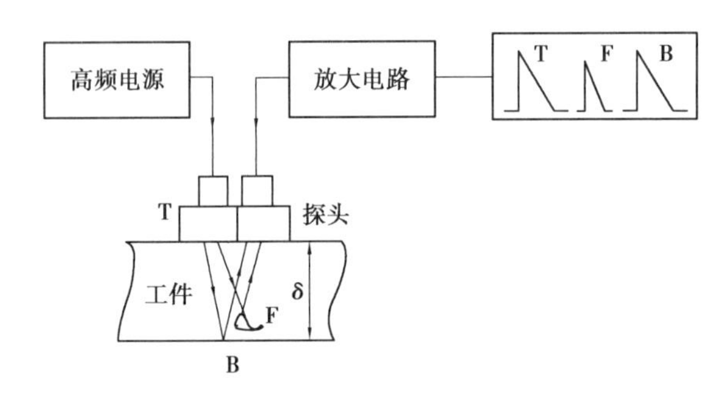

图 11.15　反射法探伤示意图

它也有两个探头，这两个探头制作在一起，一个发射超声波，另一个接收超声波。工作时探头放在被测工件上，并在工件上来回移动进行检测。发射探头发出超声波并以一定速度向工件内部传播，如果工件没有缺陷，则超声波传到工件底部才反射回来形成一个反射波，被接收探头接收，一般称为底波 B，显示在屏幕上；如果工件有缺陷，则一部分超声波在遇到缺陷时反射回来，形成缺陷波 F，其余的传到底部反射回来，显示到屏幕上，则屏幕上出现缺陷波 F 和底波 B 两种反射波形，以及发射波波形 T。可以通过缺陷波在屏幕上的位置来确定缺陷在工件中的位置。

（2）超声波测量厚度

超声波测厚度的方法有共振法、干涉法、脉冲回波法等。如图 11.16 所示为脉冲回波法检测厚度的工作原理。

超声探头与被测体表面接触，主控制器控制发射电路，使探头发出的超声波达到被测物体底面反射回来，该脉冲信号又被探头接收，经放大器放大加到示波器垂直偏转板上。标记发生器输出时间标记脉冲信号，同时加到该垂直偏转板上。而扫描电压则加在水平偏转板上。因此，在示波器上可直接读出发射与接收超声波之间的时间间隔 t。被测体的厚度 h 为

$$h = \frac{ct}{2} \tag{11.9}$$

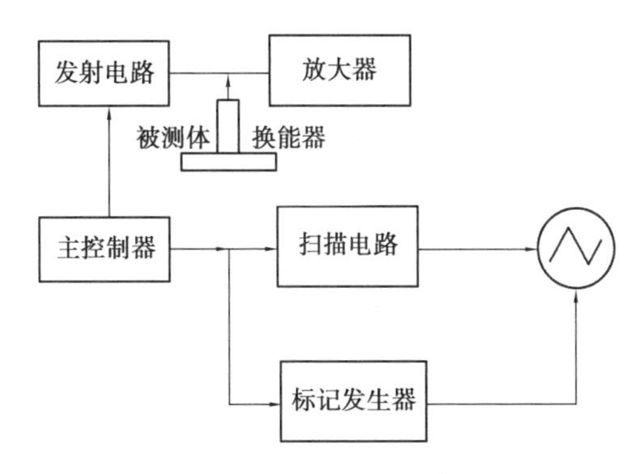

图 11.16　超声波测厚工作原理图

式中　c——超声波的传播速度。

图 11.17 为超声波测厚仪和测距仪。

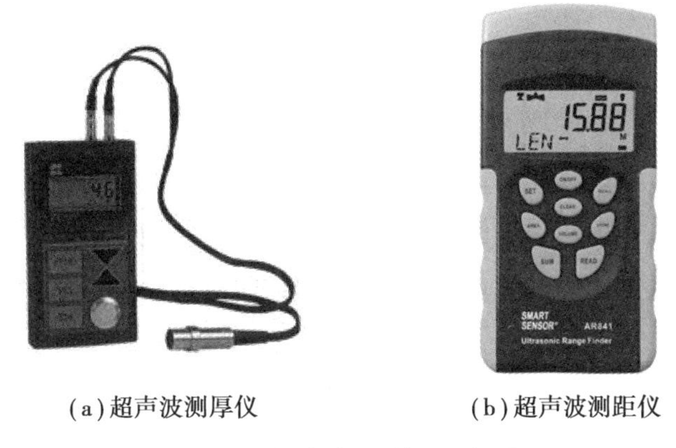

(a)超声波测厚仪　　(b)超声波测距仪

图 11.17　超声波测厚仪和测距仪

(3)超声波测液位

超声波测量液位的基本原理是：由超声探头发出的超声脉冲信号，在气体中传播，遇到空气与液体的界面后被反射，接收到回波信号后计算其超声波往返的传播时间，即可换算出距离或液位高度。超声波测量方法有很多其他方法不可比拟的优点：

①无任何机械传动部件，也不接触被测液体，属于非接触式测量，不怕电磁干扰，不怕酸碱等强腐蚀性液体等，因此性能稳定、可靠性高、寿命长。

②响应时间短，可以方便地实现无滞后的实时测量。

在化工、石油和水电等部门，超声波被广泛用于油位、水位等的液位测量。如图 11.18 所示为脉冲回波式测量液位的工作原理图。探头发出的超声脉冲通过介质到达液面，经液面反射后又被探头接收。测量发射与接收超声脉冲的时间间隔和介质中的传播速度，即可求出探头与液面之间的距离。根据传声方式和使用探头数量的不同，可分为单探头液介式(图 11.18(a))、单探头气介式(图 11.18(b))、单探头固介式(图 11.18(c))及双探头液介式(图 11.18(d))等数种。

在生产实践中，有时只需要知道液面是否升到或降到某个或几个固定高度，则可采用如图 11.19 所示的超声波定点式液位计，实现定点报警或液面控制。图 11.19(a)、(b)为连续波阻抗式液位计的示意图。由于气体和液体的声阻抗差别很大，当探头发射面分别与气体或液体

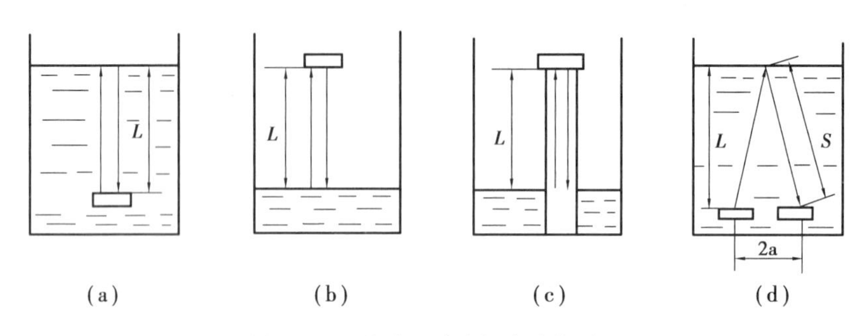

图 11.18　脉冲回波式超声液位测量

接触时,发射电路中通过的电流也就明显不同。因此,利用一个处于谐振状态的超声波探头,就能通过指示仪表判断出探头前是气体还是液体。图 11.19(c)、(d)为连续波透射式液位计示意图。图中相对安装的两个探头,一个发射,另一个接收。当发射探头发生频率较高的超声波时,只有在两个探头之间有液体时,接收探头才能接收到透射波。由此可判断出液面是否达到探头的高度。

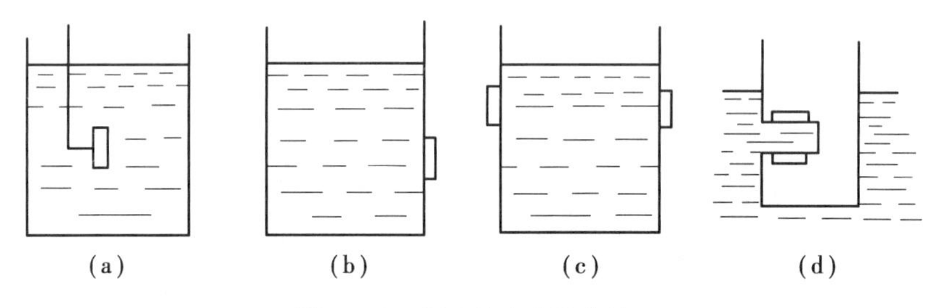

图 11.19　超声波定点液位计

11.3　核辐射传感器

核辐射传感器是利用放射性同位素来进行测量的传感器,又称放射性同位素传感器。核辐射传感器是基于被测物质对射线的吸收、反射散射或射线对被测物质的电离激发作用而进行工作的。放射性同位素在衰变过程中放出带有一定能量的粒子(或称射线),包括 α 粒子、β 粒子、γ 射线和中子射线。用 α 粒子使气体电离比用其他辐射强得多,所以 α 粒子常用于气体成分分析,测量气体的压力、流量或其他参数。β 粒子在气体中的射程可达 20 m。根据材料对 β 辐射的吸收,可测量材料的厚度和密度;根据对 β 辐射的反射可判断覆盖层厚度;利用 β 粒子的电离能力可测量气体流量。γ 射线是一种电磁辐射,它在物质中的穿透能力比较强,在气体中的射程为数百米,能穿过几十厘米厚的固体物质,因此广泛应用于金属探伤、测厚,以及流速、料位和密度的测量。中子射线常用于测量湿度、含氢介质的料位或成分。

11.3.1　核辐射及其物理特性

测量技术常用 4 种核辐射源:α、β、γ 射线源和 X 射线管。α 射线是带正电荷的高速粒子流;β 射线是带负电荷的高速粒子流;γ 射线是一种光子流,不带电,以光速运动,由原子核内放射;X 射线由原子核外的内层电子被激发而放出的电磁波能量。

(1)辐射源的特性

1)源强度 A

源强度 A 用单位时间内发生的裂变数来表示,用居里(C_i)作为强度单位。$1C_i$ 对应于每秒钟内有 3.700×10^{10} 个原子核衰变($1C_i = 3.7\times10^{10}$Ba)。产生 3×10^{10} 次/s 核衰变的放射性物质,称其源强度 A 为 $1C_i$。居里的单位太大,也常用毫居或微居里来表示。

2)核辐射强度 J_0

单位时间内在垂直于射线前进方向的单位截面积上穿过的能量的大小,称为核辐射强度 J_0。一个点源照射在面积为 S 的检测器上,其辐射强度 J_0 为

$$J_0 = A \cdot C \frac{KS}{4\pi r_0^2} \tag{11.10}$$

式中 r_0——辐射源到检测器之间的距离;

A——源强度;

C——在源强度为 $1C_i$ 时,每秒放射出的粒子数;

K——次裂变放射出的射线数;

S——检测器的工作面积。

如果知道粒子的能量,则辐射强度的计算公式为

$$J_0 = A \cdot C \cdot E \times 1.6 \times 10^{-13} \tag{11.11}$$

式中 E——粒子的能量,单位为 MeV。

(2)核辐射线与物质的相互作用

1)电离作用

电离作用是带电粒子与物质相互作用的主要形式。带电粒子在物质中穿行时其能量逐渐耗尽而停止运动,其穿行的一段直线距离(起点和终点的距离)称为粒子的射程。射程是表示带电粒子在物质中被吸收的一个重要参数。α、β、γ 3 种粒子的射程各有不同,α 粒子质量大,电荷也大,因而在物质中会引起很强的电离,射程很短,一般在空气中的射程不过几厘米,在固体中不超过几十微米;β 粒子质量小,其电离能力比同样能量的 α 粒子要弱,同时容易改变运动方向而产生散射;相比之下,γ 光子电离的能力更弱,几乎为零。

粒子的射程可表示为

$$f_N = \frac{1}{2} \frac{E}{\Delta E} \cdot C \cdot A \tag{11.12}$$

式中 E——带电粒子的能量;

ΔE——离子对的能量;

A——源强度;

C——在源强度为 $1C_i$ 时,每秒放射出的粒子数。

2)核辐射的吸收和散射

一个细的平行的射线束穿过物质层后其强度衰减经验公式为

$$J = J_0 e^{-\mu_m \rho x} \tag{11.13}$$

式中 J——穿过厚度为 x mm 的物质后的辐射强度;

J_0——射入物质前的辐射强度;

x——吸收物质的厚度;

μ_m——物质的质量吸收系数；

ρ——物质的密度。

如果所用射线为β射线，则其质量吸收系数的近似公式为

$$\mu_m = \frac{2.2}{E_{\beta_{max}}^{4/3}} \tag{11.14}$$

式中 $E_{\beta_{max}}$——β粒子的最大能量。

β射线在物质中穿行时容易改变运动方向而产生散射现象，尤其是向反方向的散射，即反射。反射的大小取决于散射物质的厚度和性质以及散射物质的原子序数 Z，Z 越大，则β粒子的散射百分比也越大。反射的大小与反射板厚度的关系为

$$J_S = J_{S\,max}(1 - e^{-\mu_s x}) \tag{11.15}$$

式中 J_S——反射板为 x mm时，放射线被反射的强度；

$J_{S\,max}$——当 x 趋于无穷大时的反射强度；

μ_s——取决于辐射能量的常数。

11.3.2 测量中常用的同位素

具有相同核电荷数，而有不同质量数的原子所构成的元素称为同位素。假如某种同位素的原子核在没有任何外因作用下自动变化，衰变中将放射出射线，这种变化称为放射性衰变，这种同位素称为放射性同位素。其衰减规律为

$$\alpha = \alpha_0 e^{-\lambda t} \tag{11.16}$$

式中 α_0——初始时的原子核数；

α——经过时间 t 秒后的原子核数；

λ——衰变常数（不同的放射性同位素有不同的 λ 值）。

式(11.16)表明，放射性同位素的原子核数按指数规律随时间减少，其衰变速度通常用半衰期表示。半衰期是指放射性同位素的原子核数衰变到一半所需的时间，一般将它作为该放射性同位素的寿命。常用的产生α、β、γ和X射线的同位素有很多，如碳14、铁55、钴57、钴60、铱192等。核辐射同位素具有各自独特的衰变类型，其与射线的类型、释放的能量和衰变率（即半衰期）有关。

11.3.3 核辐射传感器

核辐射传感器的工作原理是基于射线通过物质时产生的电离作用，或利用射线能使某些物质产生荧光，再配以光电元件，将光信号转变为电信号。可作为核辐射传感器的有电离室、气体放电计数管、闪烁计数器和半导体检测器。

(1)电离室

图11.20为电离室示意图。电离室两侧设有两块平行极板，对其加上极化电压 E 使两极板间形成电场。当有粒子或射线射向两极板间空气时，空气分子被电离成正、负离子。带电离子在电场作用下形成电离电流，并在外接电阻R上形成压降。测量此压降值即可得核辐射的强度。电离室

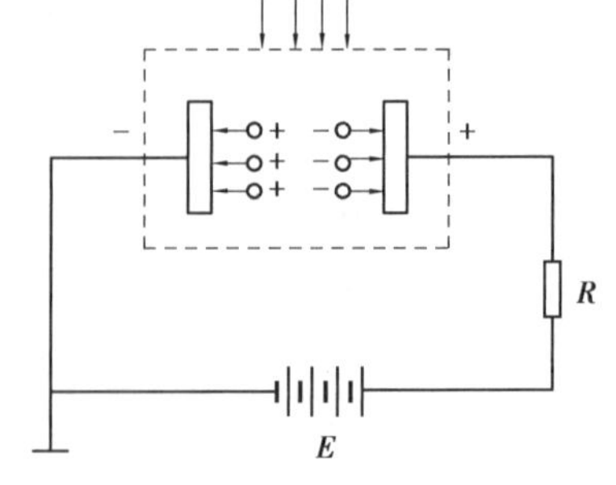

图11.20 电离室示意图

主要用于探测 α、β 粒子，它具有坚固、稳定、成本低、寿命长等优点，但输出电流很小。

(2)**气体放电计数管——盖格计数管**

图 11.21 为气体放电计数管示意图。

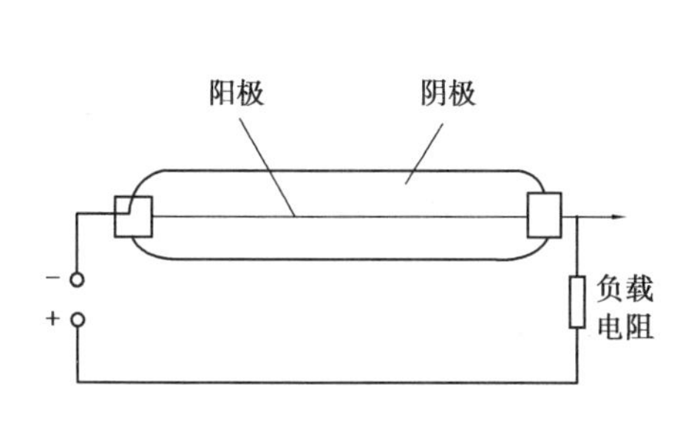

图 11.21　气体放电计数管示意图

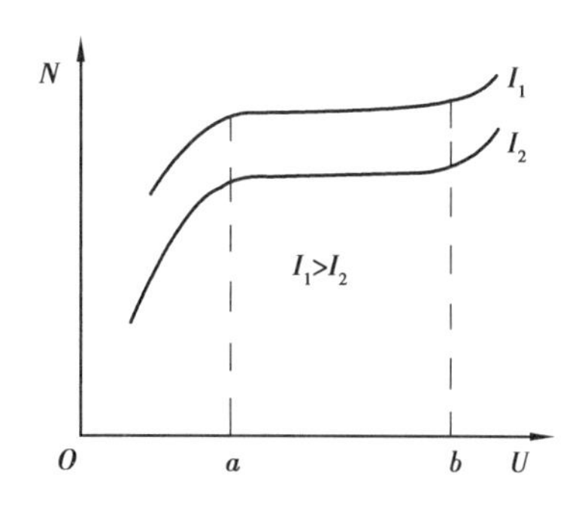

图 11.22　气体放电计数管特性曲线

计数管的阴极为金属筒或涂有导电层的玻璃圆筒。阳极为圆筒中心的钨丝或钼丝。圆筒与金属丝之间用绝缘体隔开，并在它们之间加上电压。核辐射进入计数管后，管内气体产生电离。当负离子在电场作用下加速向阳极运动时，由于碰撞气体分子产生次级电子，次级电子又碰撞气体分子，产生新的次级电子。这样，次级电子急剧倍增，发生"雪崩"现象，使阳极放电。放电后由于雪崩产生的电子都被中和，阳极被许多正离子包围着。这些正离子被称为"正离子鞘"。正离子鞘的形成，使阳极附近电场下降，直到不再产生离子增殖，原始电离的放大过程停止。由于电场的作用，正离子鞘向阴极移动，在串联电阻上产生电压脉冲，其大小决定于正离子鞘的总电荷，与初始电离无关。

正离子鞘到达阴极时得到一定的动能，能从阴极打出次级电子。由于此时阳极附近的电场已恢复，次级电子又能再一次产生正离子鞘和电压脉冲，从而形成连续放电。若在计数管内加入少量有机分子蒸汽或卤族气体，可以避免正离子鞘在阴极产生次级电子，而使放电自动停止。

气体放电计数管的特性曲线如图 11.22 所示。图中 I_1、I_2 代表入射的核辐射强度，$I_1>I_2$。由图可知，在相同外电压 U 时不同辐射强度将得到不同的脉冲数 N。气体放电计数管常用于探测 β 粒子和 γ 射线。

气体放电计数管有以下优点：

①灵敏度高，可探测任何类型粒子的强度。

②输出脉冲较大，往往可达到 1 V 左右。

③使用寿命 $10^8\sim10^9$ 次计数(有机管)。

(3)**闪烁计数器**

闪烁计数器是一种将闪烁晶体直接或通过光导与光敏器件(一个或多个光电倍增管)经光耦合后组成的核辐射探测器。图 11.23 为闪烁计数器组成示意图。闪烁晶体是一种受激发光物质，有固态、液态、气体 3 种，以及有机与无机两大类。有机闪烁晶体的特点是发光时间常

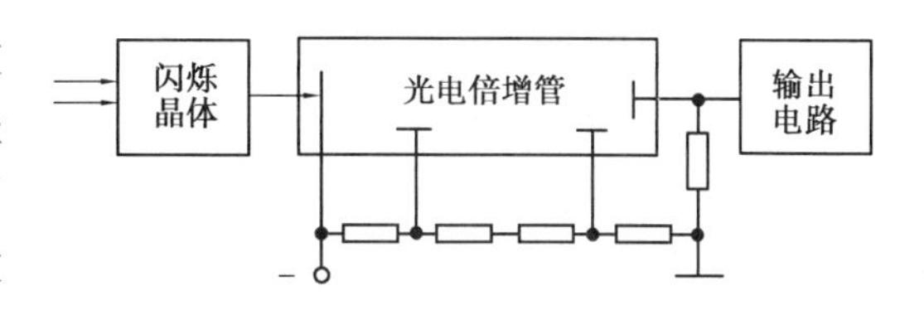

图 11.23　闪烁计数器示意图

数小,只有与分辨力高的光电倍增管配合时才能获得 10^{-10}s 的分辨时间,并且容易制成较大的体积,常用于探测 β 粒子。无机闪烁晶体的特点是对入射粒子的阻止本领大,发光效率高,有很高的探测效率,常用于探测 γ 射线。光敏器件是由一个或多个光电倍增管组合而成的。

当核辐射进入闪烁晶体时,晶体原子会受激发光,透过晶体射到光电倍增管的光阴极上,根据光电效应在光阴极上产生的光电子在光电倍增管中倍增,在阳极上形成电流脉冲,即可用仪器指示或记录。

闪烁计数器的特点:

①探测效率高,对带电粒子探测效率可达 100%,对 γ 射线探测效率要比电离室、盖格计数管大几十倍。

②分辨时间短,最大计数率一般为 $10^6 \sim 10^8$/min 数量级。

11.3.4 核辐射传感器的应用

(1)核辐射在线测厚仪

透射式核辐射测厚仪工作原理如图 11.24 所示。它利用射线可以穿透物质的能力进行工作,其特点是放射源和核辐射探测器分别置于被测物体两侧,射线穿过被测物体后被核辐射探测器接收。对于一定的放射源和一定的材料,射线透射前的核辐射强度 J_0、物质的密度 ρ 和物质的质量吸收系数 μ_m 一定,由探测器测出射线透射后的核辐射强度 J,则可求出被测物体的厚度。放射源常用 γ 射线,也可采用 β 射线,射线从铅制容器内以一定的立体角度射出。透射式 γ 射线测厚仪的探测器常采用盖格计数管或 P-N 结半导体探测器,β 射线测厚仪的探测器常采用电离室。

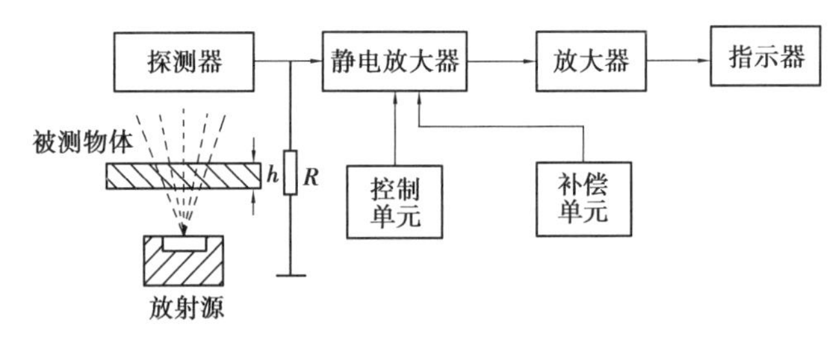

图 11.24 透射式核辐射测厚仪

(2)核辐射料位计

不同介质对 γ 射线的吸收能力是不同的,固体吸收能力最强,液体次之,气体最弱。若核辐射源和被测介质一定,则被测介质高度与穿过被测介质后的射线强度的关系为

$$H = \frac{1}{\mu}\ln I_0 + \frac{1}{\mu}\ln I \tag{11.17}$$

式中 I_0——穿过被测介质前的射线强度;

I——穿过被测介质后的射线强度;

μ——被测介质的吸收系数。

探测器将穿过被测介质的 I 值检测出来,并通过仪表显示 H 值。图 11.25 为 I 测量的系统图。

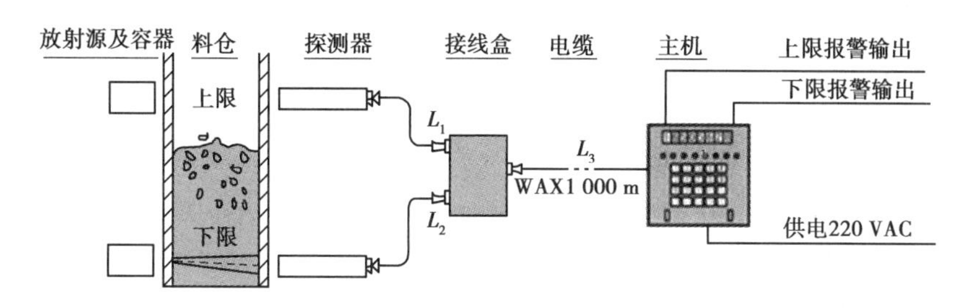

图 11.25 *I* 测量系统图

工作中仪表各部件与被测物料不接触,故测量过程是非接触式的,因此特别适用于密闭容器中高温、高压、高黏度、强腐蚀、剧毒物料料位的测量。对于液态、固态、粉态等物理状态下的料位测量有很好的适用性。仪表整体由信号检测装置和信号转换器两大部分组成。检测装置由放射源和其容器及射线探测器组成。信号转换器安装在控制室仪表盘上,通过专用电缆与探测器相连。射线探测器为防爆探测器,具有探测效率高、使用寿命长的特点,可工作在具有爆炸性危险的场合。图 11.26 为液位计的测量系统图。

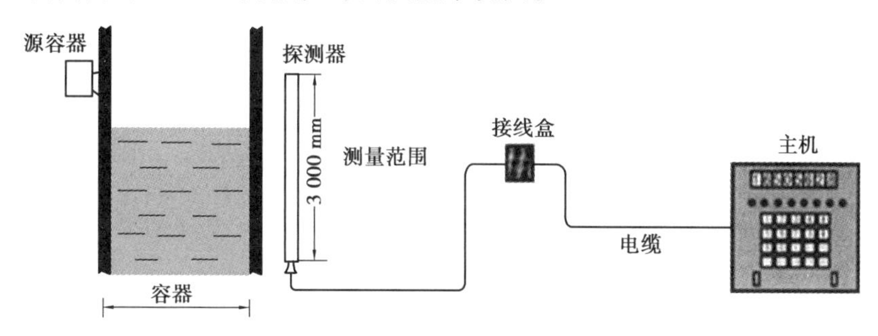

图 11.26 液位计测量系统图

11.3.5 放射性辐射的防护

放射性辐射过度地照射人体,能够引起多种放射性疾病,如皮炎、白细胞减少症等,辐射的危害还可能污染周围环境。目前防护工作已逐步完善,很多问题的研究已形成专门的学科,如辐射医学、剂量学、防护学等。

在实际工作中,要采取多种方式来减少射线的照射强度和照射时间,如采用屏蔽层,利用辅助工具,或是增加与辐射源的距离,等等。

本章小结

红外和辐射式传感器主要包括红外辐射传感器、超声波传感器和核辐射传感器,本章分别介绍了这 3 种传感器的物理基础、各自的特点和进行测量的原理,并且引用了大量的例子说明各类传感器在科学研究、军事工程和工业检测等各个领域的应用。

红外和辐射式传感器已经在现代化的生产实践中发挥着它的巨大作用,并且随着探测设备和其他部分技术的提高,红外和辐射式传感器将拥有更多的性能和更好的灵敏度,也将有更广阔的应用前景。

习　题

11.1　简述红外传感器的分类及其各自的特点。

11.2　红外辐射的基本定律有哪些?

11.3　叙述红外测温仪的测试原理。

11.4　超声波传感器由哪些部分组成? 各组成部分的作用是什么?

11.5　叙述超声波测量厚度的基本原理。

11.6　核辐射传感器有哪些? 其各自有什么特点?

11.7　试说明用 β 射线测量物体厚度的原理。

11.8　需要监测轧钢过程中薄板的宽度,应当选用哪些传感器? 说明其工作原理。

第12章 温度传感器

温度是国际单位制给出的基本物理量之一。它是工农业生产和科学试验中需要经常测量和控制的主要参数,也是与人们日常生活紧密相关的一个重要物理量。温度传感器是利用物质各种物理性质随温度变化的规律把温度转换为电量的传感器,本章主要介绍温度传感器的工作原理及特性、传感器的测量电路(热电偶)及传感器的应用等相关知识。

12.1 有关温度的概述

温度是一个重要的物理量,任何物理、化学过程都与温度相联系,它是工农业生产、科学试验中需要经常测量和控制的主要参数之一。从热平衡的观点看,温度可以作为物体内部分子无规则热运动剧烈程度的标志。

温度是无法直接测量的,只能通过物体的某些特性(如体积、长度、电阻、辐射强度等)随温度变化的情况来间接测量。

12.1.1 热力学温标

为了客观地计量物体的温度,必须建立一个衡量温度的标尺,简称温标。温标是衡量温度的统一标准尺度,是为定量地表示温度高低而对温度零点和分度方法所做的规定,是温度的单位制。

1714年德国人法勒海特(Fahrenheit)以水银为测温介质,制成玻璃水银温度计,提出华氏温标。华氏温标规定,水的冰点为32 ℉,沸点为212 ℉,中间分为180等份。1740年瑞典人摄氏(Celsius)提出在标准大气压下,把水的冰点规定为0 ℃,水的沸点规定为100 ℃,两者中间分为100等份,成为摄氏温标。华氏温标 θ 和摄氏温标 t 的换算关系为

$$t(℃)=\frac{5}{9}[\theta(℉)-32] \tag{12.1}$$

这两种温标的温度特性依赖于所用测温物质的情况,如所用水银的纯度不尽相同,就不能保证温度值的一致性,故将这两种温标称为经验温标。

热力学温标也称为绝对温标,是由开尔文(Kelvin)在1848年提出的,以热力学第二定律

为基础,已由国际计量大会采纳作为国际统一的基本温标。热力学温标规定:将理想气体压力为零时对应的温度成为绝对零度,绝对零度与水的三相点温度之间分为 273.16 等份,每等份为 1 K(开[尔文])。热力学温标在分度上和摄氏温标相一致。

12.1.2 温度的标定

(1)标准值法

以国际温标定义的固定温度点(恒温)作标准值,把被标定温度计(或传感器)依次置于这些标准温度值之下,记录下温度计的相应示值(或传感器的输出),并根据国际温标规定的内插公式对温度计(传感器)的分度进行对比记录,从而完成对温度计的标定。

(2)标准表法

把被标定温度计(传感器)与已被标定好的更高一级精度的温度计(传感器)共同置于可调节的恒温槽中,在选择的若干温度点,比较和记录两者的读数,获得一系列对应差值,把记录下的这些差值作为被标定温度计的修正量,就成了对被标定温度计的标定。

各国都根据国际温标规定建立了自己的标准,并定期和国际标准相对比,以保证其精度和可靠性。我国的国家温度标准保存在中国计量科学院。各省(直辖市、自治区)市县计量部门的温度标准定期进行下级与上一级标准对比(修正)、标定,据此进行温度标准的传递,从而保证温度标准的准确与统一。

12.1.3 温度测量方法

温度的定量测量以热平衡现象为基础,两个受热程度不同的物体接触后,经过一段时间的热交换,达到共同的平衡态后具有相同的温度。温度测量的原理就是选择合适的物体作为温度敏感元件,其某一物理性质随温度变化的特性为已知,通过温度敏感元件与被测对象的热交换,测量相关的物理量,即可确定被测对象的温度。温度测量方法有两种,即接触式测温和非接触式测温。

(1)接触式测温

接触式温度传感器的检测部分与被测对象有良好的接触,又称温度计。接触式测温基于热平衡机理,特点是测温元件直接与被测对象相接触,两者之间进行充分的热交换,最后达到热平衡,这时感温元件的某一物理参数的量值就代表了被测对象的温度值。接触式测温的特点是,测温精度相对较高,直观可靠及测温仪表价格相对较低;由于感温元件与被测介质直接接触,从而要影响被测介质热平衡状态,而接触不良则会增加测温误差;被测介质具有腐蚀性及温度太高将严重影响感温元件性能和寿命。常见的接触式测温元件有:热敏电阻、水银温度计、热电偶等。

(2)非接触式测温

它的敏感元件与被测对象互不接触,又称非接触式测温仪表。非接触式测温基于热辐射原理,特点是感温元件不与被测对象直接接触,而是通过接受被测物体的热辐射能实现热交换,据此测出被测对象的温度。非接触式测温的特点是,不改变被测物体的温度分布;测温上限很高;热惯性小,便于测量运动物体的温度和快速变化的温度。常见的非接触式测温元件有:光学高温计、红外测温仪等。

本章将介绍几种自动化系统中常用的测温方法及仪表,以接触式测温为主。

12.2 热膨胀式测温方法

热膨胀式测温是基于物体受热时产生膨胀的原理,分为液体膨胀式和固体膨胀式两类。按膨胀基体可分成液体膨胀式玻璃温度计、液体或气体膨胀式压力温度计及固体膨胀式双金属温度计。常见器件如下:

(1)玻璃温度计

玻璃温度计是利用液体与贮液管球温度膨胀系数不同,读取液体在玻璃毛细管中的高度位置示值的温度测量仪表。它是一种经过人工烧制、灌液等十几道工艺制作而成,其结构简单,制作容易,价格低廉,测温范围较广,安装使用方便,现场直接读数,一般无须能源。

(2)压力温度计

压力温度计的原理是基于密闭测温系统内蒸发液体的饱和蒸汽压力和温度之间的变化关系,而进行温度测量的。压力温度计一般是具有毛细管结构的器件。毛细管细而长(一般为1~60 m)它的作用主要是传递压力,长度越长,则使温度计响应越慢,在长度相等的条件下,管越细,则准确度越高。

压力温度计具有强度大、不易破损、读数方便,但准确度较低、耐腐蚀性较差等特点。

(3)双金属温度计

它是基于固体受热膨胀原理,通常是把两片线膨胀系数差异相对很大的金属片叠焊在一起,构成双金属片感温元件,当温度变化时,因双金属片的两种不同材料线膨胀系数差异相对很大而产生不同的膨胀和收缩,导致双金属片产生弯曲变形。

其线性变化关系为

$$L_1 = L_0[1 + k(t_1 - t_0)]$$

$$x = G(l^2 - d) \cdot \Delta t \tag{12.2}$$

双金属温度计结构简单、体积小,既可以测温,又可以作为温度补偿元件。其缺点是精度不高,性能不够稳定。

12.3 热阻式测温

热阻式测温是利用金属导体或半导体的电阻值随温度变化的性质,将电阻值的变化转换为电信号,通过测量电路检测电信号从而达到测温的目的。热电阻按感温元件的材质分金属热电阻与半导体热敏电阻两类。

12.3.1 金属热电阻

绝大多数金属导体的电阻值随着温度的变化而变化,这种现象称为金属导体的热电阻效应。在温度升高1 ℃时,大多数金属导体的电阻值将增加0.4%~0.6%,热电阻的工作原理就是基于金属导体的热电阻效应。金属热电阻的选择应具备以下特性:制造热电阻的材料,电阻率、电阻温度系数要大,热容量、热惯性要小,电阻与温度的关系最好近于线性;材料的物理、化学性质要稳定,复现性好,易提纯,同时价格尽可能便宜。常用的金属热电阻有铂热电阻、铜热电阻和镍热电阻。工业用热电阻式温度传感的结构图如图 12.1 所示。它主要由热电阻、连接用的内部导线、绝缘管、保护管等组成。

(1)铂热电阻

以铂作感温材料的感温元件,并由内引线和保护管组成的一种温度检测器,通常还带有与外部测量、控制装置及机械装置连接的部件。铂热电阻,精度高、稳定性好、性能可靠;在还原介质中的铂丝变脆,并改变它的电阻与温度间的关系;但其价格较贵。

铂热电阻的使用范围为-200 ~ 850 ℃。铂热电阻阻值与温度的关系如下:

当 $t \geqslant 0$ ℃时:

$$R(t) = R_0(1 + At + Bt^2) \tag{12.3}$$

当 $t<0$ ℃时:

$$R(t) = R_0[1 + At + Bt^2 + Ct^3(t - 100)] \tag{12.4}$$

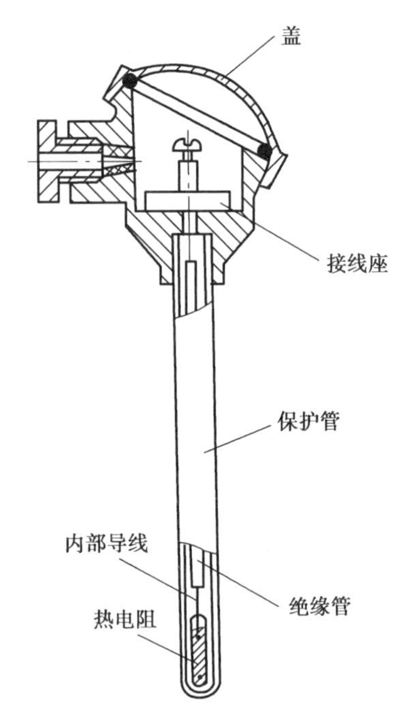

图 12.1　工业用热电阻式温度传感的结构图

式中　$R(t)$——温度为 t ℃时的电阻值;

R_0——温度为 0 ℃时的电阻值;A、B、C 为常数。其中,$A=3.908\ 3\times10^{-3}$℃$^{-1}$,$B=-5.775\times10^{-7}$℃$^{-2}$,$C=-4.183\times10^{-12}$℃$^{-4}$。

对于每一种标准化热电阻,根据精密测定的数据,编制了其电阻值与温度的对应表格,称为“分度表”。每个分度表都有一个分度号,对应于不同的热电阻。

工业用铂热电阻分度表见表 12.1。标准化铂电阻的分度号有 Pt100 和 Pt10,其 0 ℃的电阻值 R_0 分别取 100 Ω 和 10 Ω。

表 12.1　工业用铂热电阻分度表

分度号:Pt100　$R_0=100$ Ω　$a=0.003\ 850$　电阻单位:Ω

℃ IpTS-68	分度值	℃ IpTS-68	分度值	℃ IpTS-68	分度值
-200	18.49	40	115.54	280	204.88
-190	22.80	50	119.40	290	208.45
-180	27.08	60	123.24	300	212.02
-170	31.32	70	127.07	310	215.57
-160	35.53	80	130.89	320	219.12
-150	39.71	90	134.70	330	222.65
-140	43.87	100	138.50	340	226.17
-130	48.00	110	142.29	350	229.67
-120	52.11	120	146.06	360	233.17

续表

℃ IpTS-68	分度值	℃ IpTS-68	分度值	℃ IpTS-68	分度值
-110	56.19	130	149.82	370	236.65
-100	60.25	140	153.58	380	240.13
-90	64.30	150	157.31	390	243.59
-80	68.33	160	161.04	400	247.04
-70	72.33	170	164.76	410	250.48
-60	76.33	180	168.46	420	253.90
-50	80.31	190	172.16	430	257.32
-40	84.27	200	175.84	440	260.72
-30	88.22	210	179.51	450	264.11
-20	92.16	220	183.17	460	267.49
-10	96.09	230	186.32	470	270.86
0	100.00	240	190.45	480	274.22
10	103.90	250	194.07	490	277.56
20	107.79	260	197.69	500	280.90
30	111.67	270	201.29		

例 12.1 已测得 Pt100 铂电阻的电阻值为 $R(t)=180.25\ \Omega$，求被测温度 t。

解 查 Pt100 分度表得 $t=210$ ℃，$R(t)=179.51\ \Omega$；$t=220$ ℃，$R(t)=183.17\ \Omega$，则

$$t=210+\frac{180.25-179.51}{183.17-179.51}\times 10\ ℃=212.02\ ℃$$

(2)铜热电阻

铜电阻具有以下特性：线性好，在 0～100 ℃温度范围内的特性基本上是线性的；电阻温度系数高；容易提纯，价格便宜；电阻率小；当温度超过 100 ℃时，铜容易氧化，故它只能在低温的环境中工作。

铜热电阻的使用范围为-50～150 ℃。R_0 选用 50 Ω 和 100 Ω 两种，分度号分别为 Cu50 和 Cu100，见表 12.2 和表 12.3。铜热电阻阻值与温度的关系为

$$R(t)=R_0(1+At+Bt^2+Ct^3) \tag{12.5}$$

式中 $A=4.28\ 899\times10^{-3}\ ℃^{-1}$

$B=-2.133\times10^{-7}\ ℃^{-2}$

$C=10\ 233\times10^{-9}\ ℃^{-3}$

表 12.2 工业铜热电阻分度表

分度号:Cu50 $R_0=50\ \Omega$ $a=0.004\ 280$ 电阻单位:Ω

℃ IpTS-68	分度值	℃ IpTS-68	分度值	℃ IpTS-68	分度值
-50	39.24	20	54.28	90	69.26
-40	41.40	30	56.42	100	71.40
-30	43.55	40	58.56	110	73.54
-20	45.70	50	60.70	120	75.68
-10	47.85	60	62.84	130	77.83
0	50.00	70	64.98	140	79.98
10	52.14	80	67.12	150	82.13

表 12.3 工业铜热电阻分度表

分度号:Cu100 $R_0=100\ \Omega$ $a=0.004\ 280$ 电阻单位:Ω

℃ IpTS-68	分度值	℃ IpTS-68	分度值	℃ IpTS-68	分度值
-50	78.49	20	108.56	90	138.52
-40	82.80	30	112.84	100	142.80
-30	87.10	40	117.12	110	147.08
-20	91.40	50	121.40	120	151.36
-10	95.70	60	125.68	130	155.66
0	100.00	70	129.96	140	159.96
10	104.28	80	134.24	150	164.27

(3)镍热电阻

镍热电阻具有以下特性:电阻温度系数较高、电阻率较大,故可做成体积小、灵敏度高的热电阻。性能一致性差,非线性也较严重。镍热电阻阻值与温度之间的关系为

$$R(t)=100+0.548\ 5t+0.665\times10^{-3}t^2+2.805\times10^{-9}t^4 \tag{12.6}$$

12.3.2 热电阻的测量电路

在实际应用中,通常用不平衡电桥来测量热电阻的阻值。将热电阻作为一个桥臂电阻接入测量电桥,通过电桥将热电阻的阻值变化转换为电压或电流,再送入显示仪表。

在实际测量中,热电阻引出线处于保护管内,其电阻值随被测温度而变化;连接导线处于周围环境中,其电阻值随环境而变化。由于热电阻的阻值不大,一般为几欧到几十欧的范围内,因此,热电阻引出线和连接导线的电阻变化对测量结果会造成很大的影响。

热电阻的引线方式有二线制、三线制和四线制 3 种。

(1)二线制接法

在二线制接法中,引出线、连接导线和热电阻串联在一起接入一个桥臂。引出线和连接导线的电阻值变化全部加到热电阻的电阻值变化上,必然会造成测量误差,并且这种误差是很难估计和修正的。图12.2为二线制接法原理图。

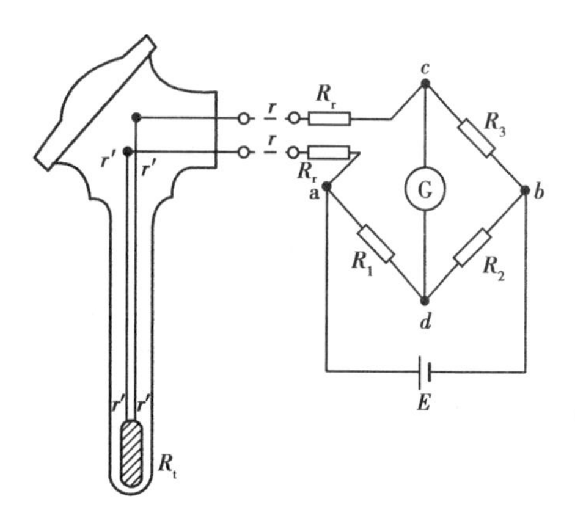

图12.2　二线制接法原理图

(2)三线制接法

三线制接法是在热电阻的一端连接两根导线(其中一根作为电源线),另一端连接一根导线。当热电阻与测量电桥配用时,分别将两端引线接入两个桥臂,就可较好地消除引线电阻影响,提高测量精度,工业热电阻测温多用此种接法。图12.3为三线制接法原理图。

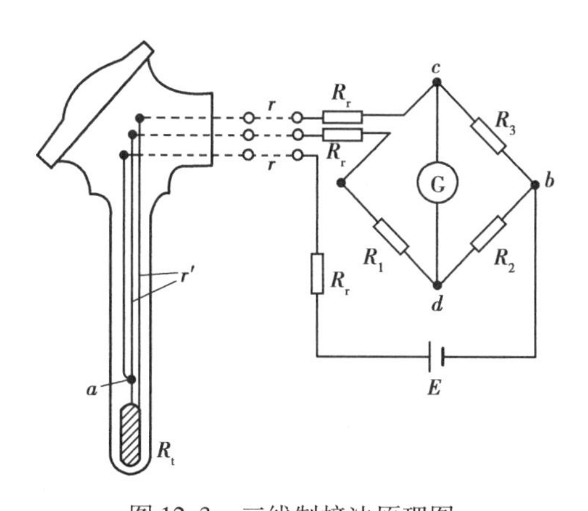

图12.3　三线制接法原理图

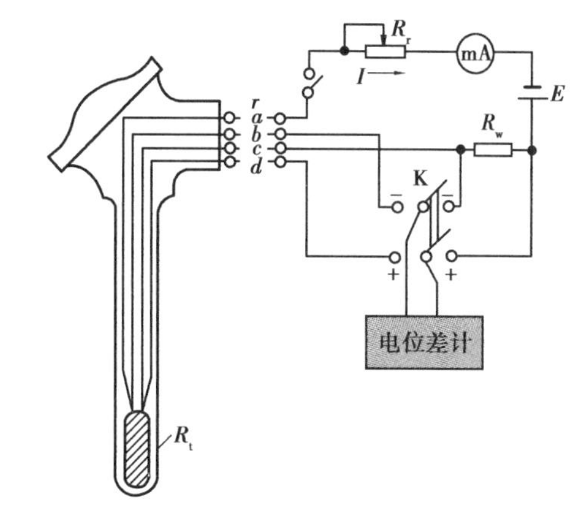

图12.4　四线制接法原理图

(3)四线制接法

四线制接法是在热电阻两端各接两根导线,其中两根引线为热电阻提供恒流源,在热电阻上产生的压降通过另外两根导线接入电势测量仪表进行测量,当电势测量端的电流很小时,可以完全消除引线对测量的影响,这种引线方式主要用于高精度的温度测量。图12.4为四线制接法原理图。

12.3.3　热电阻的应用

在工业中广泛应用热电阻测量温度,应用时应注意以下6点:

①热电阻测温的特点是精度高,适于测低温。

②温度测量的范围一般为-200～+700 ℃。在特殊情况下,测量的低温端可达3.4 K,甚至更低。

③热电阻测温通常使用电桥作为测量电路。

④采用三线或四线制接法。

⑤对于测量准确度要求较高的温度测量,可采用线性化的测量电路。

⑥在测量过程中,不要使流经热电阻中的电流过大,一般规定通过热电阻的电流不超过6 mA。

12.3.4 半导体热敏电阻

热敏电阻是一种用半导体材料制成的温度敏感元件，是由两种以上的金属氧化物如 Mn、Co、Ne、Fe 等氧化物构成的烧结体。

金属导体的电阻值随温度的升高而增大，但半导体却相反，它的电阻值随温度的升高而急剧减小，并呈现非线性，在温度变化相同时，热敏电阻的阻值变化约为铂热电阻的 10 倍，因此可以用它来测量 0.01 ℃或更小的温度差异。

其一般具有以下特性：热惯性小，响应快，时间常数通常为 0.5 ~ 3 s，可用于动态测量；电阻值大，因此不必考虑线路引线电阻和接线方式等问题，容易实现远距离测量；化学稳定性好，可用于环境较恶劣的场合；主要缺点是其电阻值与温度变化呈非线性关系，元件稳定性和互换性较差。

(1) 热敏电阻的结构

热敏电阻由热敏探头、壳体和引出线组成，如图 12.5 所示。

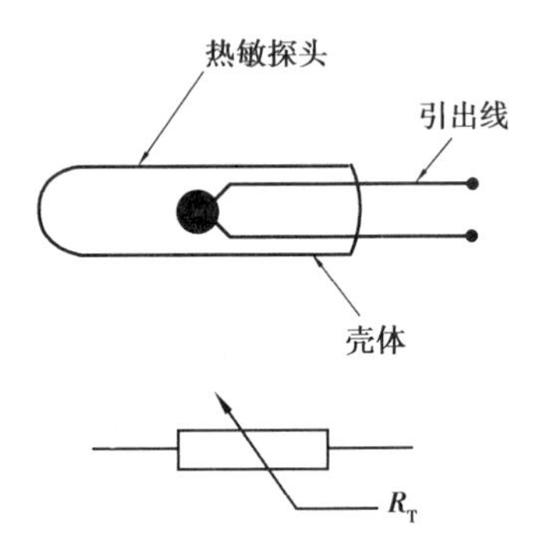

图 12.5　热敏电阻结构示意图

热敏电阻一般做成二端器件，但也有做成三端或四端的。二端或三端器件可直接由电路中获得功率，称为直热式。根据不同的使用需求，热敏电阻可制成不同的结构形式如图 12.6 所示。

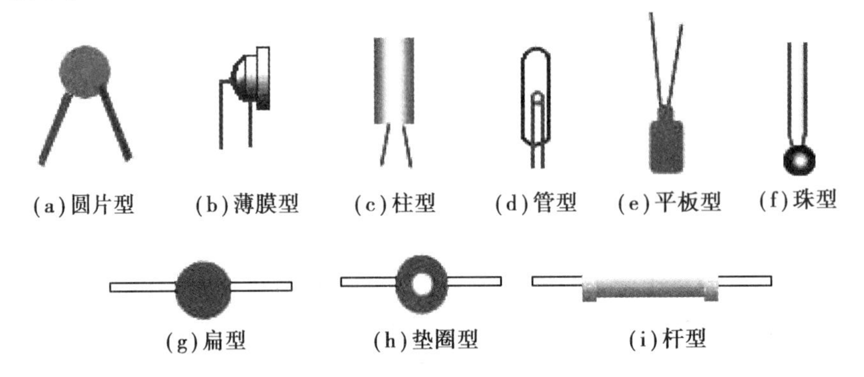

图 12.6　热敏电阻的不同结构形式

(2) 热敏电阻的分类

热敏电阻根据电阻率随温度变化特性的不同，可分为正温度系数热敏电阻(PTC)、负温度系数热敏电阻(NTC)和临界温度系数热敏电阻(CTR)。

负温度系数的热敏电阻电阻率随着温度的升高比较均匀地减小，线性度较好，最为常用，其温度特性为

$$R(t) = R(t_0)e^{\beta\left(\frac{1}{t}-\frac{1}{t_0}\right)} \tag{12.7}$$

式中　$R(t)$、$R(t_0)$——热敏电阻在温度为 t、t_0 时的电阻值；

β——取决于半导体材料和结构的系数。

正温度系数的热敏电阻，简称为 PTC，电阻率随温度的升高而增加，但超过某一温度后急剧增加。电阻率急剧变化的温度称为居里点。

临界温度系数的热敏电阻,简称为 CTR,当温度达到某一数值(约 68 ℃)时,电阻率产生突变,电阻率突变的数量级为 2 ~4。

3 种热敏电阻的电阻特性图如图 12.7 所示。

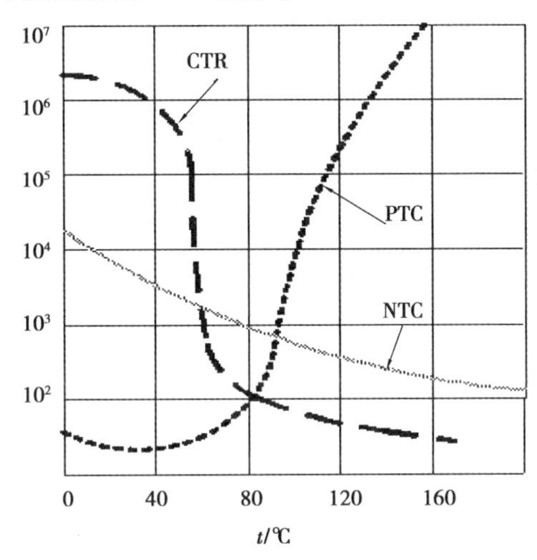

图 12.7　3 种热敏电阻特性

近年来,新研制出一些采用新材料的热敏电阻。$CdO\text{-}Sb_2O_3\text{-}WO_3$ 系热敏电阻和 $MnO\text{-}CoO\text{-}CaO\text{-}RuO_2$ 系热敏电阻,就是新型的 NTC 型热敏电阻,它们的电阻-温度特性呈线性,非线性偏差小于 2%,可用于-100 ~ +300 ℃的温度测量。

(3)热敏电阻的主要技术参数

①标称电阻 R_H。是热敏电阻在(25±0.2)℃时测得的电阻值。

②材料常数 B。是表征负温度系数(NTC)热敏电阻器材料的物理特性常数。B 值决定于材料的激活能 ΔE,具有 $B=\Delta E/2k$ 的函数关系,式中 k 为波尔兹曼常数。一般 B 值越大,则电阻值越大,绝对灵敏度越高。在工作温度范围内,B 值并不是一个常数,而是随温度的升高略有增加的。

③耗散系数 H。热敏电阻器温度变化 1 ℃所耗散的功率变化量。在工作范围内,当环境温度变化时,H 值随之变化,其大小与热敏电阻的结构、形状和所处介质的种类及状态有关。

④电阻温度系数 α。指热敏电阻的温度变化 1 ℃时电阻值的变化率。

⑤时间常数 τ。定义为热容量 C 与耗散系数 H 之比,即 $\tau=\dfrac{C}{H}$。其数值等于热敏电阻在零功率测量状态下,当环境温度突变 Δt 时,热敏电阻的温度变化量达到 $0.632\Delta t$ 所需的时间。

⑥最高工作温度 t_{max}。热敏电阻器在规定的技术条件下长期连续工作所允许的最高温度,即

$$t_{max} = t_0 + \frac{P_E}{H} \tag{12.8}$$

式中　t_0——环境温度;

P_E——环境温度为 t_0 时的额定功率;

H——耗散系数。

⑦额定功率 P_E。热敏电阻在规定的条件下,长期连续负荷工作所允许的消耗功率。在此

功率下，它自身温度不应超过 t_{max}。

(4) 热敏电阻的用途

热敏电阻的用途主要分成两大类：一类是作为检测元件，另一类是作为电路元件。

①NTC 型热敏电阻工作有较均匀的感温特性，因而可用于温度测量，也可用于空气的湿度测量、作各种电路元件的温度补偿和热电偶冷端温度补偿等。

②NTC 型热敏电阻工作因峰值电压 U_m 随环境温度和耗散系数的变化而变化，利用这个特性，NTC 型热敏电阻可用作各种开关元件。

③PTC 型热敏电阻和 CTR 随温度变化的特性属于剧变型(开关型)，因而不能用于宽范围的温度测量，而用在某一窄范围内的温度控制却是十分优良的，它们适用于制作温度开关和电器设备的过热保护。

④NTC 型热敏电阻具有比较大的电阻温度系数，因而利用 NTC 型热敏电阻器组成的线路来测量温度，可比其他测温元件具有更高的灵敏度。

(5) 热敏电阻测温

热敏电阻的测温电路如图 12.8 所示，热敏电阻 R_0 和 3 个固定电阻 R_1、R_2、R_3 组成电桥，R_4 为校准电桥的固定电阻，电位器 R_6 可调节电桥的输入电压。当开关 S 处于位置 1 时，电阻 R_4 接入电桥，调节电位器 R_6 使电表指到满刻度，表示电桥工作正常；当开关 S 处于位置 2 时，电阻 R_4 被热敏电阻 R_t 代替，两者阻值不同，其差值为温度的函数，此时电桥输出发生变化，电表指示的读数反映被测温度。

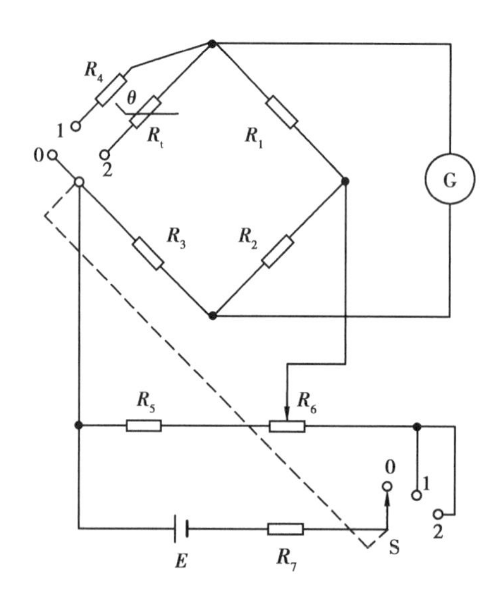

图 12.8　热敏电阻的测量电路

由于热敏电阻的阻值随温度改变显著，只要很小的电流流过热敏电阻，就能产生明显的电压变化，而电流对热敏电阻自身有加热作用，因此，应注意勿使电流过大，以防止带来测量误差。

12.4　热电偶测温

热电偶是工业中使用最为普遍的接触式测温装置。它具有测温范围大,性能稳定,信号可远距离传输等优点,而且结构简单,使用方便。热电偶将热能直接转化为电能,并输出直流电压信号,记录、显示和传输都很容易。

12.4.1　热电效应

两种不同的金属导体 A 和 B 组成一个闭合回路时,如图12.9所示,若两个结合点的温度不同,则在回路中就有电流产生,这种现象称为热电效应,相应的电势称热电势。两种不同金属 A、B 组成的闭合回路称为热电偶,A、B 称为热电极,两电极的连接点称为接点。测温时置于被测温度场 T 的接点称为热端,另一端称为冷端。

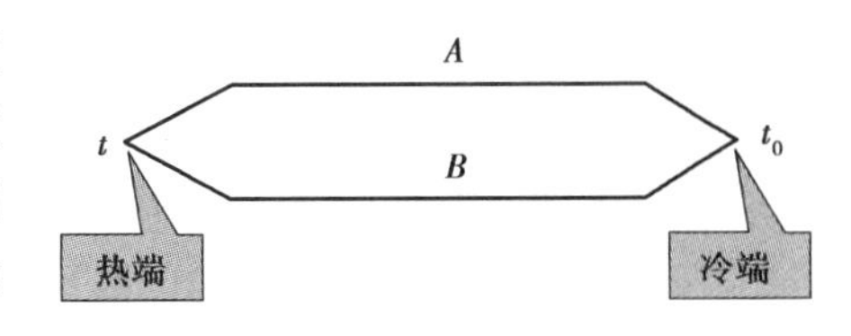

图12.9　热电效应示意图

由理论分析可知,热电热是由两个导体接点的接触电势和同一导体的温差电势组成的。

(1)接触电势

因接触内部自由电子密度不同而导致电子扩散而在接触处形成电场,这个电场阻碍着电子继续扩散。当扩散作用与电场的反作用相等时,就达到了动态平衡,这时在 A、B 接触面处形成的稳定电位差称为接触电势。

接触电势的大小取决于两种金属的性质和接触点(结点)的温度。

(2)温差电势

金属中自由电子的能量随温度的增加而增大。如果一个导体 A 两端存在着温度差,那么热端自由电子的动能比冷端要大,热端便有更多的电子扩散到冷端,使热端失去电子而带正电,冷端得到电子而带负电,当电子扩散达到动态平衡时,高温与低温之间形成的稳定的电位差称为温差电势。

综合两种电势,由导体 A、B 组成的闭合回路的总热电势为

$$E_{AB}(t,t_0)=[E_{AB}(t)-E_{AB}(t_0)]+[-E_A(t,t_0)+E_B(t,t_0)] \tag{12.9}$$

由此可以得出如下结论:

①如果热电偶两电极材料相同,虽然两结点温度不同,但闭合回路的总热电势仍为零,因此热电偶必须用两种不同材料作热电极。

②如果热电偶两电极材料不同,而热电偶两结点的温度相同,即 $t=t_0$,闭合回路中也不产生热电势。

③热电偶产生热电势的必要条件是:热电偶必须由两种不同材料作热电极,两结点的温度必须不同。在同一种金属导体内,温差电势极小。

④在一个热电偶回路中起决定作用的,是两个结点处产生的与材料性质和该点所处温度有关的接触电势。当热电偶的两个不同的电极材料确定后,热电势便与两个结点温度 t、t_0 有关,即回路的热电势是两个结点的温度函数之差,则

$$E_{AB}(t,t_0)=f(t)-f(t_0) \tag{12.10}$$

若使冷端温度 t_0 保持不变,则热电势为热端温度 t 的单值函数。这就是热电偶测温的基本原理。

在实际测量中,不可能也没有必要单独测量接触电势和温差电势,而只需要用仪表测量总的热电势。另外,温差电势与接触电势相比较,数值很小,因此,在工程应用中认为热电势近似等于接触电势。

12.4.2 热电偶的基本定律

(1)均值导体定律

若组成热电偶的两热电极为均质导体,则热电偶回路热电势的大小只与两热电极的材料和两结点的温度有关,而与热电极的形状、尺寸及沿热电极的温度分布无关。

(2)中间导体定律

在热电偶测温过程中,需要用连接导线将热电偶与测量仪表接通,这相当于在热电偶回路中接入第3种材料的导体,如图12.10所示,只要第3种导体两端温度相等,该导体的接入就不会影响热电偶回路的总热电势。因此,可以在回路中引入各种仪表直接测量其热电势,也允许采用不同方法来焊接热电偶,或将两热电极直接焊接在被测导体表面。

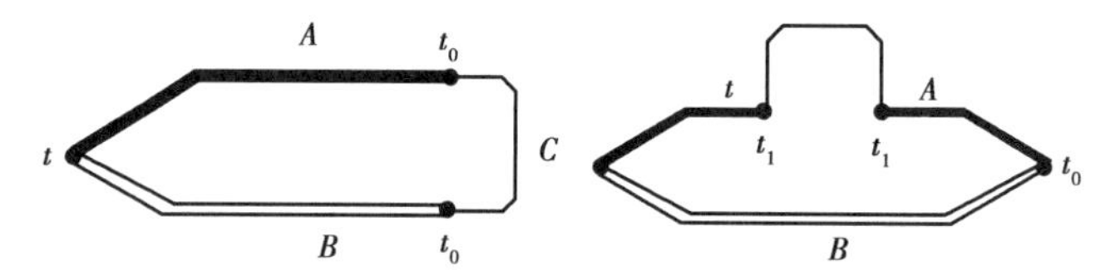

图12.10 中间导体定律示意图

$$E_{ABC}(t,t_0)=E_{AB}(t)-E_{AB}(t_0)=E_{AB}(t,t_0) \tag{12.11}$$

式中 $E_{ABC}(t,t_0)$——热电偶回路中接入第3种材料后回路的总热电势。

(3)标准电极定律

用导体 A、B 组成的热电偶产生的热电势 $E_{AB}(t,t_0)$ 等于 A、C 组成的热电偶产生的热电势 $E_{AC}(t,t_0)$ 和 C、B 组成的热电偶产生的热电势 $E_{CB}(t,t_0)$ 的代数和。这一规律称为标准电极定律。导体 C 称为标准电极,通常采用铂作为标准电极,如图12.11所示。

$$E_{AB}(t,t_0)=E_{AC}(t,t_0)+E_{CB}(t,t_0) \tag{12.12}$$

标准电极定律为热电偶的选配提供了理论依据。只要已知有关电极与标准电极组成的热电偶产生的热电势,即可根据上式求出任何两种电极组成的热电偶产生的热电势。

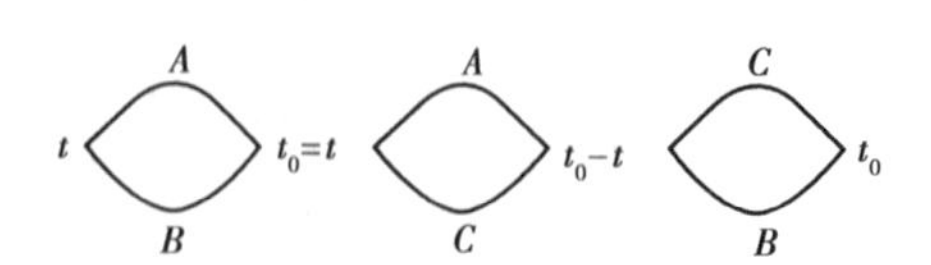

图12.11 标准电极定律示意图

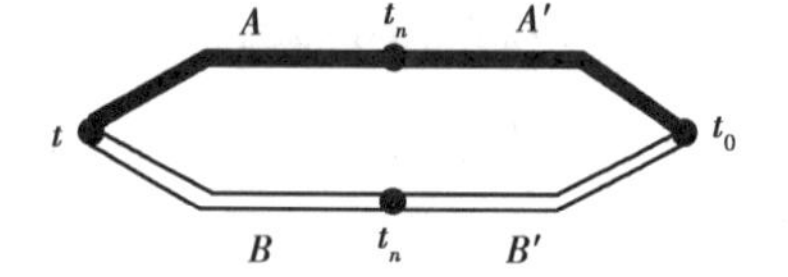

图12.12 连接导体定律示意图

(4)连接导体定律

在热电偶回路中,若导体 A、B 分别与连接导线 A'、B' 相接,接点温度分别为 t、t_n、t_0,如图12.12所示,则回路的总热电势等于热电偶热电势与连接导线热电势的代数和。这一规律称为连接导体定律。连接导线定律是工业上利用热电偶进行温度测量时运用补偿导线的理论基础。

$$E_{ABB'A'}(t,t_n,t_0)=E_{AB}(t,t_n)+E_{A'B'}(t_n,t_0) \tag{12.13}$$

(5)中间温度定律

当导体 A 与 A'、B 与 B' 材料分别相同时，则式(12.13)可写为

$$E_{AB}(t,t_0)=E_{AB}(t,t_n)+E_{AB}(t_n,t_0) \tag{12.14}$$

中间温度定律是制订热电偶分度表的理论基础。热电偶分度表都是以冷端温度为零时做出的。一般工程测量中冷端都不为零(任一恒定值)，因此，只要测出热端、冷端的热电势，便可利用热电偶分度表求出工作端的被测温度值。

12.4.3　常用热电偶

根据热电偶的基本定律，虽然任意两种导体都可以组成热电偶，但实用中为了工作可靠和具有足够的灵敏度及精度，并不是所有导体都适合作热电偶。对热电极材料的要求是：

①在测温范围内，热电性质稳定，不随时间而变化。

②有足够的物理化学稳定性，不易氧化或腐蚀。

③电阻温度系数小，导电率高，比热小。

④测温中产生热电势要大，并且热电势与温度之间呈线性或接近线性的单值函数关系。

⑤材料复制性好，机械强度高，加工性能好，价格便宜。

常用热电偶可分为标准热电偶和非标准热电偶两大类。标准热电偶是指国家标准规定了其热电势与温度的关系、允许误差并有统一的标准分度表的热电偶，它有与其配套的显示仪表可供选用。非标准热电偶在使用范围或数量级上均不及标准化热电偶，一般也没有统一的分度表，主要用于某些特殊场合的测量。适于制作热电偶的材料有300多种，其中广泛应用的有40～50种。常用8种标准化热电偶见表12.4。

表12.4　8种标准化热电偶

8种标准化热电偶		
型号标志	材　料	使用温度/℃
S	铂铑10-铂	-50～1 768
R	铂铑13-铂	-50～1 768
B	铂铑30-铂铑6	0～1 820
K	镍铬-镍硅	-270～1 372
N	镍铬硅-镍硅	-270～1 300
E	镍铬-铜镍合金(康铜)	-270～1 000
J	铁-铜镍合金(康铜)	-210～1 200
T	铜-铜镍合金(康铜)	-270～400

a. 铂铑 10-铂热电偶,性能稳定,准确度高,可用于基准和标准热电偶。热电势较低,价格昂贵,不能用于金属蒸汽和还原性气体中。

b. 铂铑 30-铂铑 6 热电偶,较铂铑 10-铂热电偶更具较高的稳定性和机械强度,最高测量温度可达 1 800 ℃,室温下热电势较低,可作标准热电偶,一般情况下,不需要进行补偿和修正处理。由于其热电势较低,需要采用高灵敏度和高精度的仪表。

c. 镍铬-镍硅或镍铬-镍铝热电偶,热电势较高,热电特性具有较好线性,良好的化学稳定性,具有较强的抗氧化性和抗腐蚀性。稳定性稍差,测量精度不高。

d. 镍铬-考铜热电偶,热电势较高,电阻率小,适于还原性和中性气氛下测量,价格便宜,测量上限较低。

e. 镍铬-康铜热电偶:热电势较高,价格低,高温下易氧化,适于低温和超低温测量。

12.4.4 热电偶的结构

将两个热电极的一个端点焊接在一起组成热接点,就构成了热电偶。为保证在使用时能够正常工作,热电偶需要良好的电绝缘,并需要保护套管将其与被测介质相隔离。工业热电偶的典型结构有普通型、铠装型和薄膜型等。

(1)铠装热电偶的组成

铠装热电偶是将热电极、绝缘材料和金属保护套管三者组合,经拉伸加工而成的坚实的组合体。由于它的热端形状不同,可分为 4 种形式,如图 12.13 所示。

铠装热电偶有其独特的优点:

小型化,其内部热电极的直径为 0.2 ~ 0.8 mm,套管厚度一般为 0.12 ~ 0.6 mm,套管外径可为 1 ~ 3 mm。热容量小,时间常数小,动态响应快,适于测量动态温度。挠性好,可以弯曲成各种形状,因而适用于狭小地点和结构复杂的被测对象的温度测量。机械强度高、抗震性能好、耐冲击、寿命长。

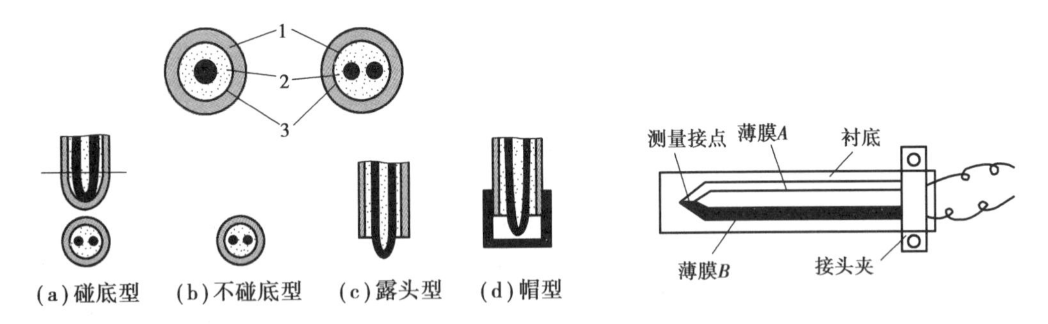

图 12.13 铠装热电偶断面结构示意图
1—金属套管;2—绝缘材料;3—热电极

图 12.14 薄膜热电偶的结构

(2)薄膜热电偶的组成

薄膜热电偶是用真空蒸镀的方法将热电极材料蒸镀到绝缘衬架上形成薄膜电极。其工作端既小且薄,具有热容量小、动态响应快、精度高等优点,适用于微小面积上的测温。图 12.14 为薄膜热电偶的结构示意图。

12.4.5　热电偶冷端温度补偿

由热电偶测温原理可知，热电偶的热电动势的大小不仅与工作端的温度有关，而且与冷端温度有关，是工作端和冷端温度的函数差。只有当热电偶的冷端温度保持不变，热电动势才是被测温度的单值函数。工程技术上使用的热电偶分度表中的热电动势值是根据冷端温度为0 ℃而制作的。但在实际使用时，由于热电偶的热端（工作端）与冷端离得很近，冷端又暴露于空气，容易受到环境温度的影响，因而冷端温度很难保持恒定。通常采取如下一些方法进行温度补偿：

(1)补偿导线法

在实际测温中，为了使热电偶的冷端温度能保持恒定，用补偿导线来连接热电偶与显示仪表。图12.15为补偿导线法示意图。

补偿导线是一种由相互绝缘的两根不同导体组合起来的导线。这两种导体组成的热电偶和所连接的热电偶应具有相同的热电性能，而其材料又是廉价金属。补偿导线法的实质是利用补偿导线将热电偶的冷端进行延伸，使热电偶的冷端从温度波动的地方延伸到温度恒定的地方。回路总热电势仅与t、t_0有关，而与t_0'无关。

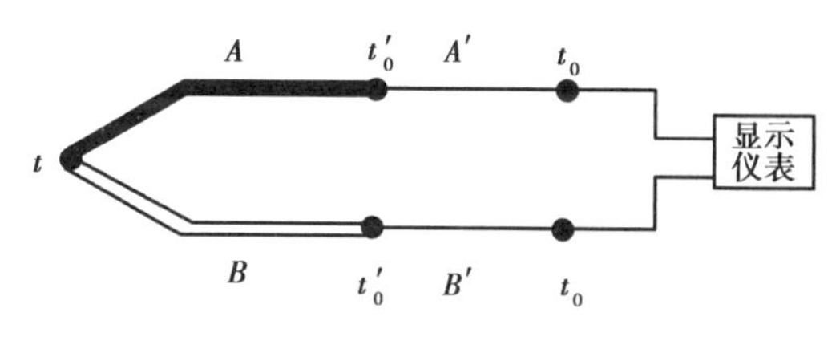

图12.15　补偿导线法

因此可以认为，补偿导线将热电偶的冷端进行延伸，从温度t_0'处延伸到温度t_0处。在应用热电偶时，只要保持新冷端的温度t_0恒定即可，原冷端的温度t_0'波动，对热电偶回路的热电势是没有影响的。只有当新的冷端温度恒定或配用仪表本身具有冷端温度自动补偿装置时，应用补偿导线才有意义。因此，热电偶冷端必须妥善安置。不同的热电偶要配不同的导线，极性也不能接错。

(2)0 ℃恒温法

根据物理学可知，在冰水共存容器中，可获得标准0 ℃温度。因此，为了测温准确，可以把热电偶的冷端置于冰水混合物的容器里，保证使冷端温度为0 ℃。这种方法精度高，但在工程中应用很不方便，一般在实验室用于校正标准热电偶等高精度温度测量。

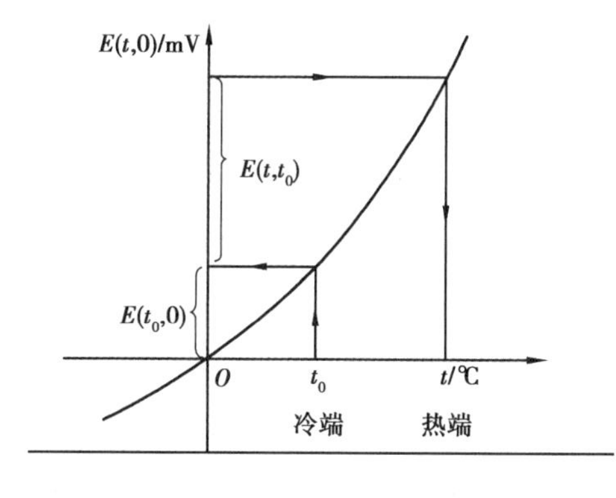

图12.16　热电势校正法

(3)热电势校正法

通过计算对实际测得的热电势值进行校正。设热电偶冷端的温度为t_0℃，实际测得的回路热电势为$E(t,t_0)$，由中间温度定律有

$$E(t,0)=E(t,t_0)+E(t_0,0) \qquad (12.15)$$

式中，$E(t_0,0)$可查相应的分度表得到，再按$E(t,0)$查相应的分度表即可得被测温度的实际值t。应注意的是，由于热电偶的热电特性具有非线性，如图12.16所示，故不能直接按$E(t,t_0)$查出温度值，再与t_0相加。

例12.2　K型热电偶在工作时冷端温

度$t_0=30$ ℃,测得热电势$E(t,t_0)=39.175$ mV。求被测介质的实际温度t。

解 由K分度表查得$E(30,0)=1.203$ mV,则

$$E(t,0)=E(t,30)+E(30,0)=(39.175+1.203)\text{mV}=40.378\text{ mV}$$

查K分度表可得被测介质的真实温度为

$$t=977.2\text{ ℃}$$

(4)机械调零法

若所接显示仪表是以温度刻度的,则可采用机械调零法。这种方法是,先测出冷端温度t_0℃,然后将显示仪表的机械零位调整到刻度t_0℃处。此方法必须采取措施保证冷端温度恒定在t_0℃。

(5)补偿电桥法

补偿电桥法是利用补偿电桥产生的电势来自动补偿热电偶因冷端温度变化而引起的热电动势的变化值,如图12.17所示。R_{Cu}的阻值随温度的升高而增大。使用时,应使电阻R_{Cu}与热电偶冷端靠近,使它们处于同一温度。

设计使R_{Cu}在温度t_P时的电阻值$R_{Cu}(t_P)$与其余3个桥臂电阻值相等,即$R_1=R_2=R_3=R_{Cu}(t_P)$,此时电桥平衡,对角线a、b两点电位相等,即$U_{ab}=0$,电桥对仪表的读数无影响。t_P称为电桥平衡温度,通常取$t_P=20$ ℃。当冷端温度高于电桥平衡温度t_P时,热电势减小,同时R_{Cu}增加,电桥平衡被破坏,a点电位高于b点,产生的不平衡电压U_{ab}与热电势同向叠加,因此,整个电路输出电压U不变。

反之,当冷端温度低于电桥平衡温度t_P时,热电势增加,同时R_{Cu}减小,a点电位低于b点,产生的不平衡电压U_{ab}与热电势反向叠加,因此,整个电路输出电压U也不变。

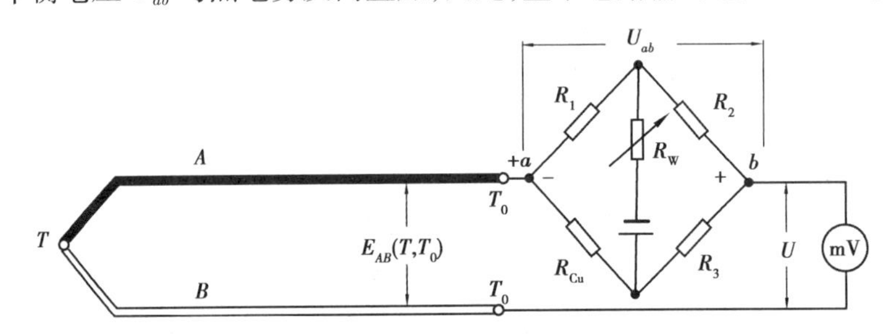

图12.17 补偿电桥法示意图

适当选择桥臂电阻和电流的数值,可使电桥产生的不平衡电压U_{ab}正好补偿由于冷端温度变化而引起的热电动势变化值,送入显示仪表的电势值U就不随冷端温度而变化,显示仪表即可指示出正确的温度。

采用补偿电桥法需把仪表的机械零位调整到电桥平衡温度相应刻度处。根据各种标准化热电偶的热电特性,已设计了相应的补偿电桥,并有定型产品,称为冷端温度补偿器。冷端补偿器一般用4 V直流供电,它可以在0~40 ℃或-20~20 ℃的范围内起补偿作用。只要冷端温度的波动不超出此范围,电桥不平衡输出信号可以自动补偿冷端温度波动所引起的热电势的变化。

还有PN结冷端温度补偿法、集成温度传感器补偿法、集成电路补偿法等方法在本书中不再详细介绍。

12.4.6　热电偶的校验和标定

热电偶使用一段时间后，由于受到物理、化学等诸多因素影响，使得热电特性发生变化，测量精度降低，因而要定期校准。

热电偶校准的目的是核对热电势-温度的关系是否符合规范（标准），还可以对整个热电偶系统（包括导线、附件、仪表等）进行校正，以消除测量系统的系统误差，提高测量精度。

标定的目的是确定热电偶的热电势与温度之间的关系，尤其在采用非标准热电偶时要更经常进行标定。

校准和标定的方法一样，通常采用以下两种方法：

①定点法。利用纯元素具有固定的沸点或凝固点作为温度标准来校正热电偶，定点法的精度高，但使用不便，适用于计量单位。

②比较法。将标准热电偶和被校准的热电偶一起放在同一温度介质中，以标准热电偶的读数为标准来校准。

12.5　新型热电式传感器

随着半导体、计算机等高新技术的发展，近年来出现了一批新型热电式传感器，如半导体PN结温度传感器、光纤温度传感器、压电型温度传感器、磁热敏传感器等。

12.5.1　半导体PN结温度传感器

PN结温度传感器是利用PN结的伏安特性与温度之间的线性关系测量温度的。PN结的这种温度效应在一般电路设计时要尽量避免，但利用这一特性可以制成二极管和三极管温度传感器。无论硅还是锗，只要通过PN结的正向电流 I 恒定，则在一定的温度范围内，二极管PN结的正向压降 U 及三极管的基极-发射极电压 U_{be} 与温度呈线性关系，灵敏度约为-2 mV/℃。

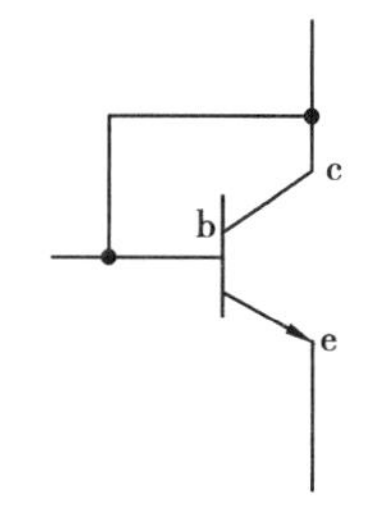

图12.18　双极型晶体管温度传感器

把晶体管和激励电路、放大电路、恒流及补偿电路等集成在一个芯片上就构成集成温度传感器。用于温度测量时，常把基极b与集电极c短接作为一个电极，与发射极e构成PN结，如图12.18所示。

使用PN结温度传感器应注意：

①PN结温度传感器是有极性的，有正负之分。

②流过PN结温度传感器的电流可选用100 μA左右。

③PN结温度传感器在0 ℃时的输出电压不是为0 V，而是700 mV左右，并随着温度的升高而降低。

④PN结温度传感器在常温区使用（-50～200 ℃）温度范围的选取应按实际需要来确定。

⑤PN结温度传感器的输出信号较大，约2 mV/℃，因此，可依据实际应用情况决定是否要加放大电路。

12.5.2 压电型温度传感器

压电型温度传感器是利用振动频率与温度的依赖关系工作的，可分为石英晶体温度传感器、压电超声温度传感器和压电表面波温度传感器。

(1)石英晶体温度传感器

石英晶体具有各向异性，通过选择适当的切割角度，则能把温度系统减小到零，反之也能使温度系数变得很大。利用温度系数很小的石英晶片做成的振子，其谐振频率在很宽的温度范围内具有很高的频率稳定性，常作为频率基准。而石英晶体温度传感器是利用大温度系数的石英晶体，两面镀上电极构成电容，连接成 LC 振荡器做成振子，其谐振频率随温度而变化。这种温度传感器的灵敏度为 1 000 Hz/℃，分辨力高达 0.001 ℃，稳定性好，并能得到频率输出信号，因此适用于数字电路中，测温范围为-80～250 ℃。

(2)压电超声温度传感器

气体中声波传输的速度与气体的种类、压力、密度和温度有关，而压电超声温度传感器是利用压电振子产生的超声波来测温的。介质温度不同时，超声波传播的速度也不同，通过测量超声波从发送器到达接收器的时间，就可测出温度的高低。这种传感器的精度在常温时为±0.18 ℃，在 430 ℃时为±0.42 ℃。在有热辐射的地方，要检测急剧变化的气温采用这种传感器非常方便。

(3)压电表面波(SAW)温度传感器

表面波(SAW)温度传感器是利用 SAW 振荡器的振荡频率随温度变化的原理工作的。SAW 振荡器由在压电基片上制成的叉指电极和反射栅组成。

SAW 振荡器的频率变化与温度变化的比值称为频率-温度系数，由压电基片的材料确定。这种传感器的工作温度范围为-20～80 ℃。

12.5.3 磁热敏传感器

热敏铁氧体在居里温度 t_c 附近发生相变，使其磁通密度 B 和磁导率 μ 发生剧变，图 12.19 为不同铁氧体的磁导率 μ 随温度变化的关系。由图 12.19 可知，温度在 t_c 以下时，铁氧体的磁导率较大，可被磁铁吸住，当温度超过 t_c 时，铁氧体的磁性消失，便会自动脱离磁铁。

铁氧体的居里温度 t_c 可通过调节材料配方和烧结温度改变，误差可控制在±1 ℃。只要不出现裂纹，其磁特性不变，故可做成稳定的恒温开关。

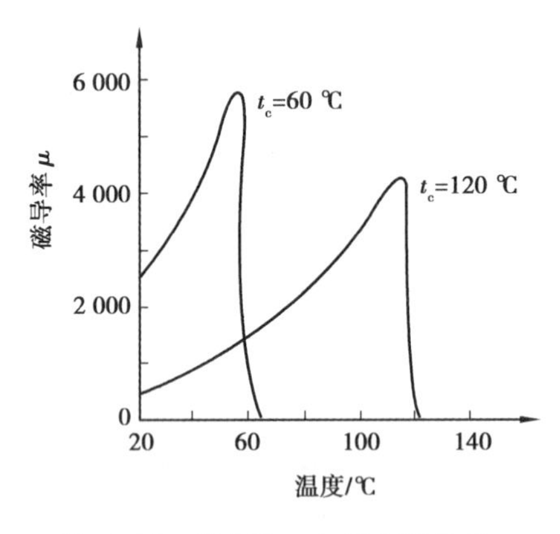

图 12.19 铁氧体 μ 与温度的关系

12.5.4 数字温度传感器 DS1820

DALLAS 最新单线数字温度传感器 DS1820 是世界上第一片支持“一线总线”接口的温度传感器。“一线总线”即用一根线连接主从器件，DS1820 作为从属器件，主控器件一般为微处理器。

DS18B20、DS1822“一线总线”数字化温度传感器同 DS1820 一样，DS18B20 也支持“一线总线”接口，测量温度范围为-55～+125 ℃，在-10～+85 ℃范围内，精度为±0.5 ℃。DS1822的精度较差为±2 ℃。

DS18B20可以程序设定9～12位的分辨率，精度为±0.5 ℃。可选更小的封装方式，更宽的电压适用范围。分辨率设定及用户设定的报警温度存储在EEPROM中，掉电后依然保存。DS1822与DS18B20软件兼容，是DS18B20的简化版本，它是省略了存储用户定义报警温度、分辨率参数的EEPROM，精度降低为±2 ℃，适用于对性能要求不高，成本控制严格的应用，是经济型产品。

继“一线总线”的早期产品后，DS1820开辟了温度传感器技术的新概念。

DS18B20内部结构主要由4部分组成：64位光刻ROM、温度传感器、非挥发的温度报警触发器TH和TL、配置寄存器。其中的温度传感器可完成对温度的测量，其内部存储器包括一个高速暂存RAM和一个非易失性的可电擦除的E2RAM，后者存放高温度和低温度触发器TH、TL和结构寄存器。DS18B20封装形式、与单片机的接口电路如图12.20和图12.21所示。

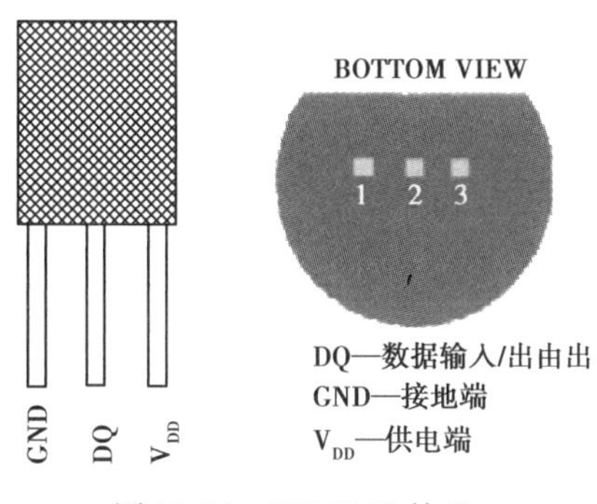

图12.20　DS18B20外观

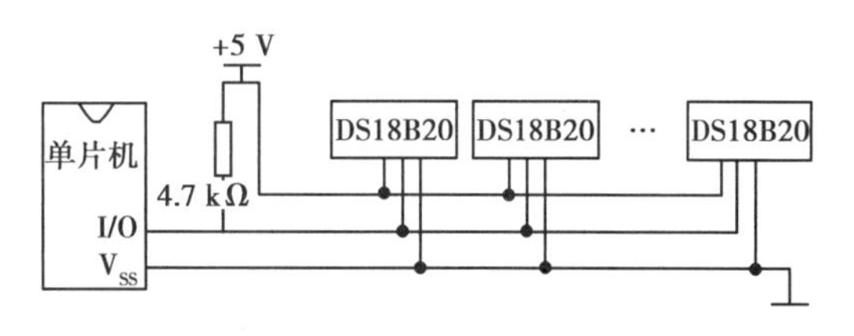

图12.21　DS18B20与单片机的接口

根据DS18B20的通信协议，主机控制DS18B20完成温度转换必须经过3个步骤：

①每一次读写之前都要对DS18B20进行复位；

②复位成功后发送一条ROM指令；

③最后发送RAM指令，这样才能对DS18B20进行预定的操作。复位要求主CPU将数据线下拉500 μs，然后释放，DS18B20收到信号后等待16～60 μs，后发出60～240 μs的存在低脉冲，主CPU收到此信号表示复位成功。

DS1820虽然具有测温系统简单、测温精度高、连接方便、占用口线少等优点，在实际应用中，应注意以下4方面的问题：

①较小的硬件开销需要相对复杂的软件进行补偿，由于DS1820与微处理器间采用串行数据传送，因此，在对DS1820进行读写编程时，必须严格地保证读写时序，否则将无法读取测温结果。

②当单总线上所挂DS1820超过8个时，就需要解决微处理器的总线驱动问题，这一点在进行多点测温系统设计时要加以注意。

③连接DS1820的总线电缆是有长度限制的，在用DS1820进行长距离测温系统设计时要充分考虑总线分布电容和阻抗匹配问题。

④在DS1820测温程序设计中，向DS1820发出温度转换命令后，程序总要等待DS1820的返回信号，一旦某个DS1820接触不好或断线，当程序读该DS1820时，将没有返回信号，程序进入死循环。这一点在进行DS1820硬件连接和软件设计时也要给予一定的重视。

12.5.5 温度测量典型应用

例 12.3 由 LTC1799 温度测量电路的设计方案。

LTC1799 是 Linear Technology 公司生产的一个精密低功率振荡器，它的输出频率可在 1 kHz ~ 30 MHz 范围内灵活调整。测温电路利用温度传感器监测外界温度的变化，通过振荡器将温度传感器的阻值变化转换为频率信号的变化，实现模拟信号到数字信号的转换，再利用数字信号处理方法计算得出温度值，实现温度的测量。

温度测量电路的测温范围为-20 ~ 50 ℃，分辨率为 1 ℃，测温时间小于 1 s。电路中采用凌特公司的电阻可编程振荡器 LT1799 来实现电阻值到频率的转换，见表 12.5。

表 12.5 LTC1799 第 4 脚状态与分频系数对应表

LTC1799 第 4 脚状态	接 V+	悬空	接地
分频系数	100	10	1

温度监测主要是利用温度传感器来实现。本设计的温度传感器采用的是 NTC 热敏电阻，即具有负温度系数的热敏电阻，其电阻值 R_T 随温度 T 的升高而迅速减小。阻值温度关系表达式为

$$R_T = Ae^{\frac{B}{T}}$$

式中，A、B 是由半导体材料和加工工艺所决定的两个常数，B 值为热敏指数。设计中选用的是 $R_{25\ ℃}$ 为 100 kΩ 的 MF58 高精度测温热敏电阻，热敏指数为 3 650 K。

LTC1799 具有温度稳定和电源电压稳定的特性，是一种低功率器件，外围需要元件少，即设置电阻和旁路电容，可产生占空比为 50% 的方波。如图 12.22 所示，图中 0.1 μF 的电容接在电源引脚与地之间，可以减少电源噪声。第 1、3 引脚之间连接设置电阻，用来控制输出频率，本设计中用热敏电阻替代设置电阻。第 4 引脚是一个三态分频引脚，决定主控时钟在输出前是被 1、10 或 100 分频，设计中将该引脚接地，即输出分频系数为 1。第 5 引脚为输出引脚，输出频率与设置电阻之间的关系为

$$f_{\text{osc}} = \frac{100\ \text{MHz}}{10} \times \frac{10\ \text{k}\Omega}{R_t}$$

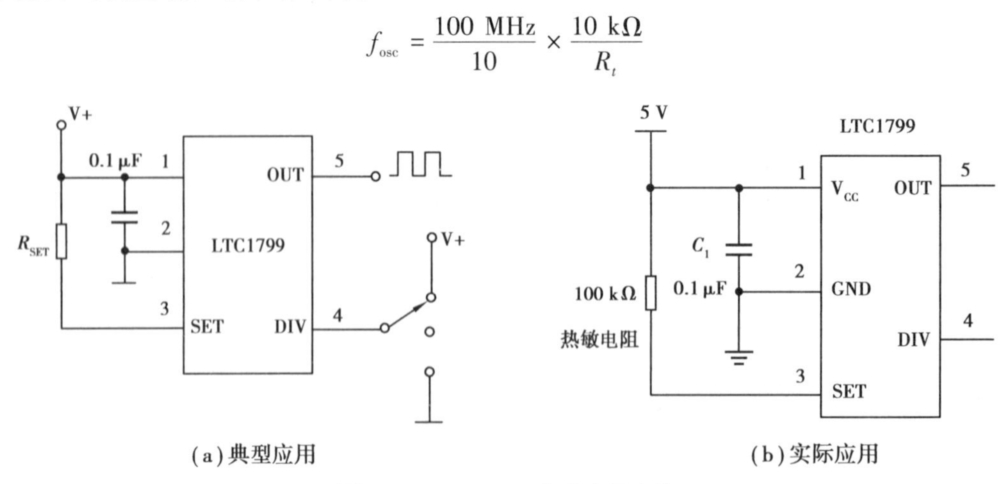

图 12.22 LTC1799 典型应用电路

热敏电阻的阻值随温度的变化而改变,这样便可以通过 LTC1799 建立温度和频率之间的关系,以实现对温度的测量。

例 12.4　由非门构成的传统 RC 振荡器电路。

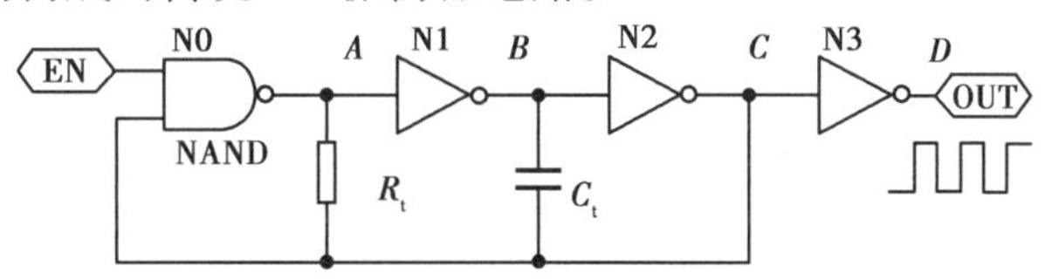

图 12.23　由非门电路构成的带控制端的振荡电路

图 12.23 给出了最基本的振荡器电路的结构,其中与非门和反相器组成的 RC 振荡器电路 EN 为信号使能端,当 EN=1 时,电路正常工作,EN=0 时不工作。振荡频率取决于 R、C 的乘积,近似估算值:

$$T = 2.2R_tC_t$$

由上式可知,当 R_t、C_t 分别为变量时,该电路可将电阻或电容的变化量转换为相应的频率变化量。该方法可应用于低成本的温度和液位传感器。部分太阳能热水器的传感器就是参考此电路。

本章小结

本章主要介绍了热电阻和热电偶温度传感器,其中将温度转换为电阻变化的称为热电阻和热敏电阻传感器;将温度转换成电势变化的称为热电偶传感器。

热电阻温度传感器的主要特点是精度高,适宜于测低温,而热敏电阻具有灵敏度高,体积小,较稳定,制作简单等优点,因此得到较广泛的应用,尤其是应用于远距离测量和控制中。

热电偶的特点是结构简单、具有较高的准确度、测量范围宽并具有良好的敏感度和使用方便等优点。

学习本章内容应结合实例,学会分析温度传感器的实际应用。

习　题

12.1　热膨胀式测温方法有哪些？其各自有何优缺点？

12.2　简述热阻式测温的基本原理及分类。

12.3　什么是热电效应？热电偶的基本定律有哪些？

12.4　试比较热电偶测温与热电阻测温有什么不同？（可从原理、系统组成和应用场合 3 方面来考虑）

12.5　将一灵敏度为 0.08 mV/℃的热电偶与电压表相连接,电压表接线端是 50 ℃,若电位计上读数是 60 mV,热电偶的热端温度是多少？

12.6　参考电极定律与中间导体定律的内在联系如何？参考电极定律的实用价值如何？

12.7　热电偶测量温度时,为什么要进行温度补偿？补偿的方法有几种？

12.8　DS1820 是什么类型传感器？测量范围有多大？

12.9　列举一种新型的热电式传感器及其应用。

第 13 章 位移、流量参量的测量

随着现代科学技术的发展，工业微控控制器的系统越来越多，要求采集到的信号尽量的精确。本章主要介绍几种典型参量的测量，其中包括感应同步器的工作原理及应用，光栅传感器的工作原理及应用，流量的测量方法等。

13.1 感应同步器

感应同步器是应用电磁感应原理来测量直线位移或转角位移的一种器件。测量直线位移的称为直线感应同步器，测量转角位移的称为圆感应同步器。直线感应同步器由定尺和滑尺组成，圆感应同步器由转子和定子组成。

13.1.1 感应同步器的基本结构

直线感应同步器由定尺和滑尺组成，如图 13.1 所示。其制造工艺方法一般为：首先用绝缘黏结剂把铜箔粘牢在金属(或玻璃)基板上，然后按设计要求腐蚀成不同曲折形状的平面绕组。这种绕组一般称为印制电路绕组。定尺是连续绕组，滑尺则是分段绕组。分段绕组分为两组，布置成在空间相差 90°相角，又称为正、余弦绕组。感应同步器的连续绕组和分段绕组相当于变压器的一次侧和二次侧线圈，利用交变电磁场和互感原理工作。直线型感应同步器外形及结构如图 13.2 所示。

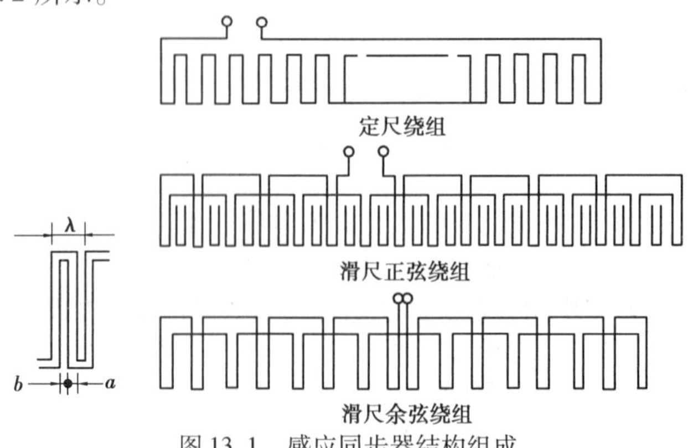

图 13.1 感应同步器结构组成

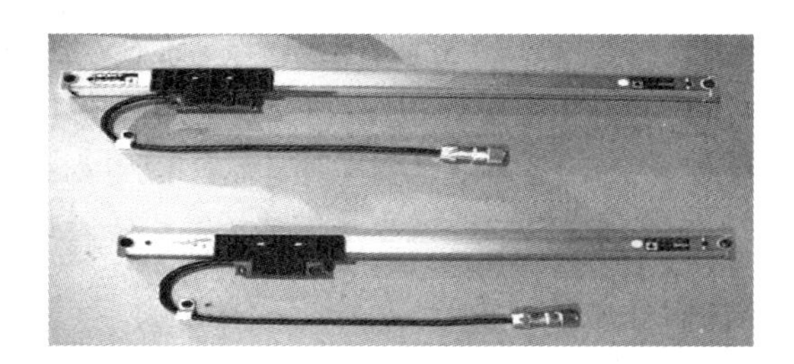

图 13.2　直线型感应同步器外形及结构

13.1.2　感应同步器的工作原理

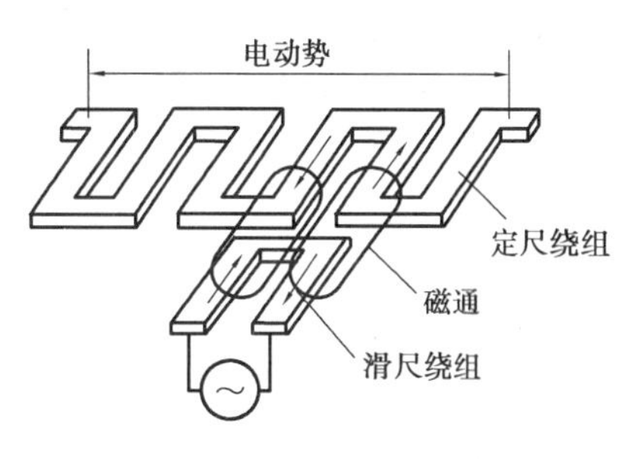

图 13.3　感应同步器工作原理图

定尺或滑尺其中一种绕组上，通以交流激励电压，由于电磁耦合，在另一种绕组上产生感应电动势，该电动势随定尺与滑尺的相对位置不同而呈正弦、余弦函数变化。再对此信号进行处理，便可测量出直线位移量，原理图如图 13.3 所示。

根据电磁感应定律，当滑尺绕组加正弦电压时，将产生同频率的交变磁通，这个交变磁通与定尺绕组耦合，在定尺绕组上产生同频率的交变电动势。该电动势的幅值除了与励磁频率、感应绕组耦合的导体组、耦合长度、两绕组间隙、励磁电流有关之外，还与两绕组的相对位置有关，如图 13.4 所示。图中，定尺连续平面绕组两端通以正弦激磁电压，则当电流由左端流向右端的瞬间，各个单元导线周围将形成封闭的磁力线。线圈 S 和线圈 N 分别为滑尺上的正弦绕组和余弦绕组，它们之间的几何距离不变。下面分析由于两线圈相对位置变化而引起滑尺绕组中感应电动势大小的变化情况。

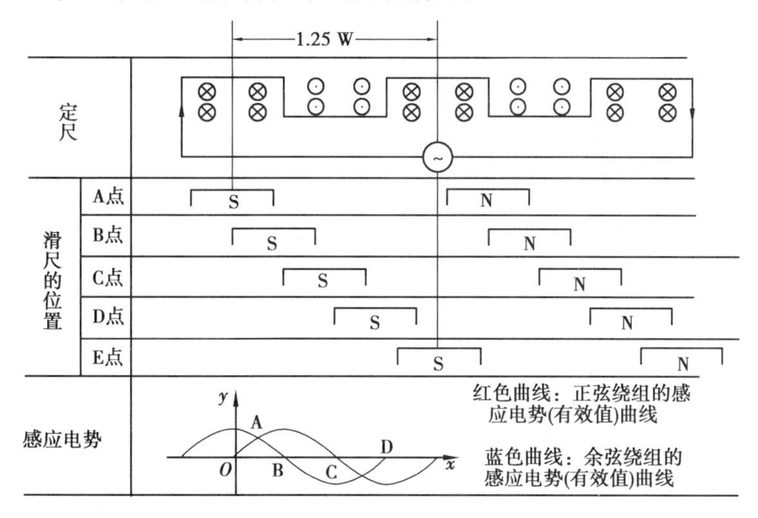

图 13.4　感应电势与两绕组相对位置关系

当滑尺的正弦绕组和定尺绕组重合（A 点）时，电磁耦合最强，定尺绕组的感应电动势最大，N 绕组空间磁通全部抵消，感应电动势为零。继续向右平移滑尺，感应电动势慢慢减小，当滑尺绕组移动到 1/4 节距（B 点）时，S 绕组空间磁通全部抵消，感应电动势为零。N 绕组感应电动势为反向最大。当滑尺绕组移动到 2/4 节距（C 点）时，S 绕组感应电动势为反向最大，N

绕组感应电动势为零。当滑尺绕组移动到3/4节距(D点)时,S绕组感应电动势为零,N绕组感应电动势为最大。当滑尺移动到1个节距(E点)时,S绕组感应电动势最大,N绕组感应电动势为零,定尺绕组的感应电动势幅值变化一个周期2π,感应电动势的幅值是位移x的余弦函数。同理,滑尺余弦绕组N的感应电动势大小是位移x的正弦函数。

13.1.3 感应同步器的信号处理

对于由感应同步器组成的检测系统,可以采取不同的励磁方式,并对输出信号采取不同的处理方式。感应同步器的励磁方式可分为两大类:一类是以滑尺(或定子)励磁,由定尺(或转子)取出感应电动势信号;另一类以定尺(或转子)励磁,由滑尺(或定子)取出感应电动势信号。目前,多数采用前一类励磁方式。

感应同步器的信号处理方式可分为两种:鉴幅方式和鉴相方式,分别用输出感应电动势的幅值或相位来进行处理。

(1)鉴幅法

根据感应电势的幅值来鉴别感应同步器、滑尺间相对位移量的方法。它采用在滑尺的正、余弦绕组上施加频率和相位相同,但幅值不同(注意:幅值是随电压细分角θ变化的)的正弦激励电压,即

$$\left.\begin{aligned}U_{sm}&=-U_m\sin\theta\\U_{cm}&=U_m\cos\theta\end{aligned}\right\}\qquad\begin{aligned}U_s&=U_{sm}\sin\omega t\\U_c&=U_{cm}\sin\omega t\end{aligned}\tag{13.1}$$

正、余弦绕组在定尺上产生的感应电势分别为

$$\begin{aligned}e_s&=kU_{sm}\cos\omega t\cos\varphi\\e_c&=kU_{cm}\cos\omega t\sin\varphi\end{aligned}\qquad\varphi=\frac{2\pi}{W}x\tag{13.2}$$

结论:感应电动势的幅值随机械位移角φ变化,即与位移x有关。感应同步器相当于调幅器,可由幅值变化测量位移量。定尺上产生的总感应电势为

$$e=e_s+e_c=kU_m\cdot\sin(\varphi-\theta)\cdot\cos\omega t\tag{13.3}$$

根据鉴幅型的工作原理,设计一个鉴幅位移测量系统。如图13.5所示,系统由感应同步器、放大器、逻辑控制电路、函数电压发生器、显示计算器、电源及振荡器等组成。

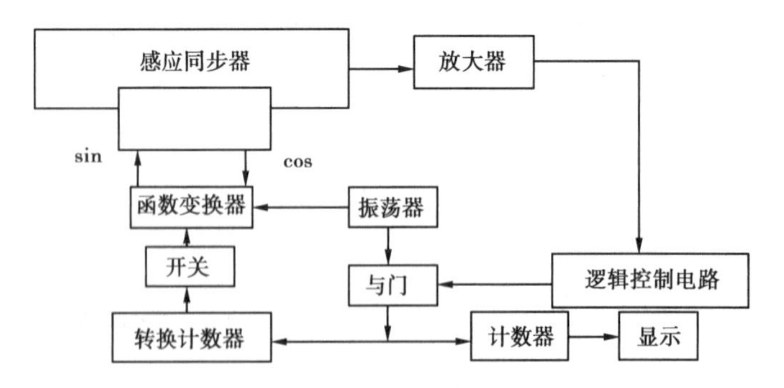

图13.5 感应同步器鉴幅位移测量方框图

该感应同步器的滑尺和定尺开始处于平衡位置,当$\varphi_{机}=\varphi_{电}$时,感应同步器的感应电动势$e=0$,系统处于平衡状态。若滑尺移动Δx后,产生$\Delta\varphi_{机}$;则$\varphi_{机}\neq\varphi_{电}$,此时$e\neq0$,故定尺上有输出信号,此信号经过放大,滤波再放大后与比较器的基准电压比较。

(2)鉴相法

根据感应电势的相位来鉴别位移量。在滑尺的正弦、余弦绕组上供给频率相同、相位差为90°的交流电压励磁,即

$$\left.\begin{aligned} u_s &= U_m \sin \omega t \\ u_c &= U_m \cos \omega t \end{aligned}\right\} \tag{13.4}$$

定尺输出的总感应电势为

$$e = e_s + e_c = k\omega U_m \sin(\omega t + \varphi) \qquad \varphi = \frac{2\pi}{W}x \tag{13.5}$$

结论:感应电动势与激励电压的相位差随机械位移角 ϕ 变化,即与位移 x 有关。通过鉴别感应电动势的相位,如同励磁电压 u_s 比相,即可得知 ϕ 的大小,通过关系式确定出定尺和滑尺之间的相对位移 x。

13.1.4　感应同步器的应用

感应同步器具有较高的精度与分辨力。其测量精度首先取决于印制电路绕组的加工精度,温度变化对其测量精度影响不大。感应同步器是由许多节距同时参加工作,多节距的误差平均效应减小了局部误差的影响。目前,直线感应同步器的精度可达到±1.5 μm,分辨力0.05 μm,重复性0.2 μm。其中,测量精度受到测量方法的限制(传统测量方法的测量精度为2~5 μm)。

①抗干扰能力强。感应同步器在一个节距内是一个绝对测量装置,在任何时间内都可以给出仅与位置相对应的单值电压信号,因而瞬时作用的偶然干扰信号在其消失后不再有影响。平面绕组的阻抗很小,受外界干扰电场的影响很小。

②可作长距离位移测量。可以根据测量长度的需要,将若干根定尺拼接。拼接后总长度的精度可保持(或稍低于)单个定尺的精度。目前几米到几十米的大型机床工作台位移的直线测量,大多采用感应同步器来实现。

③使用寿命长,维护简单。定尺和滑尺、定子和转子互不接触,没有摩擦、磨损,故使用寿命较长。它不怕油污、灰尘和冲击振动的影响,不需要经常清扫。但需装设防护罩,以防止铁屑进入其气隙。

④工艺性好,成本较低,便于复制和成批生产。由于感应同步器具有上述优点,直线感应同步器目前被广泛地应用于大位移静态与动态测量中,如用于三坐标测量机、程控数控机床及高精度重型机床及加工中测量装置等。圆感应同步器则被广泛地用于机床和仪器的转台以及各种回转伺服控制系统中。

图13.6和图13.7所示为感应同步器在磨床测长系统以及数显表中的应用。

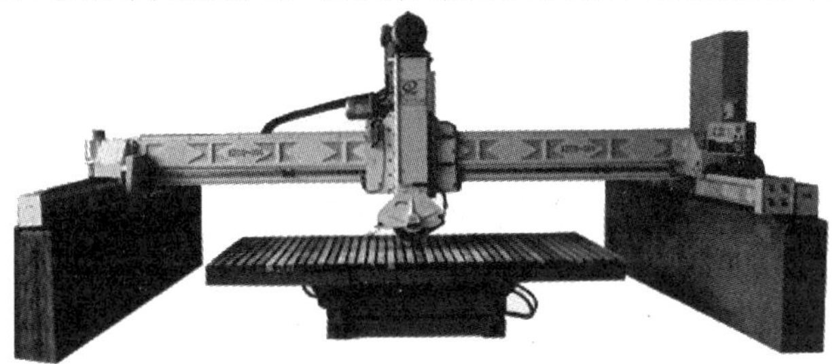

图13.6　感应同步器在磨床测长系统中的应用

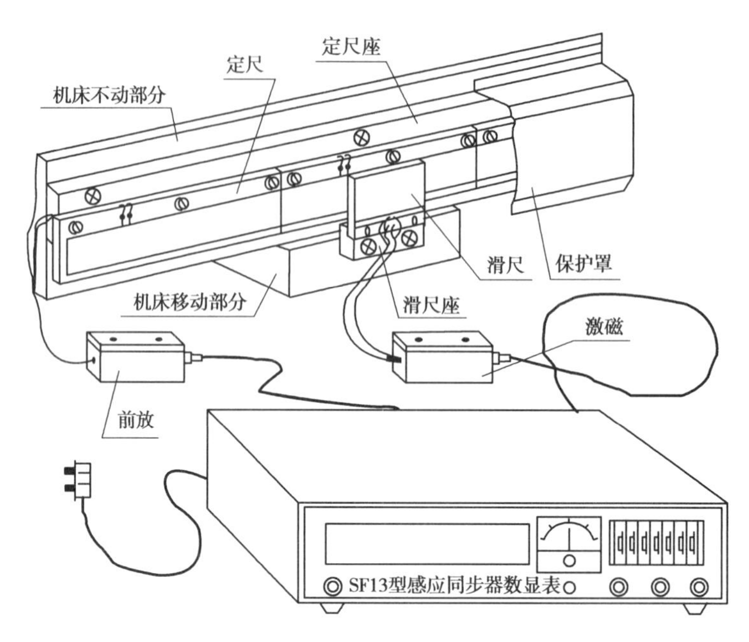

图 13.7　直线感应同步器与数显表的连接图

13.2　光栅传感器

13.2.1　光栅的类型和结构

(1)光栅的类型

光栅是在基体(玻璃或金属)上刻有均匀分布条纹的光学元件。按其原理和用途可分为：物理光栅和计量光栅。物理光栅刻线细密,利用光的衍射原理,主要用于光谱分析和光波长等量的测量。计量光栅主要利用莫尔现象实现长度、角度、速度、加速度、振动等几何量的测量。计量光栅分为两种:透射式及反射式。前者使光线通过光栅后产生明暗条纹,后者反射光线并使之产生明暗条纹。测量直线位移的光栅为直光栅(长光栅),测量角位移的光栅为圆光栅。

(2)光栅的结构

光栅是在刻画基面(玻璃尺或金属尺或玻璃圆盘)上等间距或不等间距的密集刻画线,使刻栅线处不透光或不反光,没刻栅线处透光或反光,形成黑白相间,排列间隔细小条纹构成的光电器件。

光栅上的刻画线称为栅线,a 为刻线宽度,b 为缝隙宽度,一般取 $a=b$,也可以做成 $a:b=1.1:0.9$,则 $W=a+b$ 称为光栅的栅距(a 和 b 也称光栅常数)。栅距又称为光栅常数或光栅节距,是光栅的重要参数,用每毫米内的栅线数表示栅线密度,如 100 线/mm、250 线/mm。光栅的结构示意图如图 13.8 所示。

光栅的外形及结构如图 13.9 和图 13.10 所示。

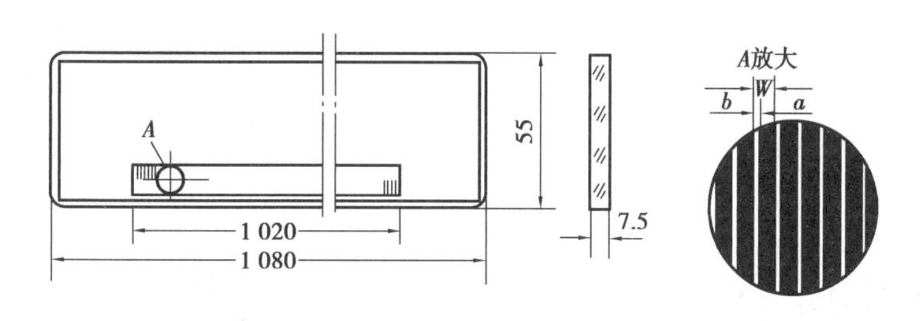

图13.8　光栅结构图

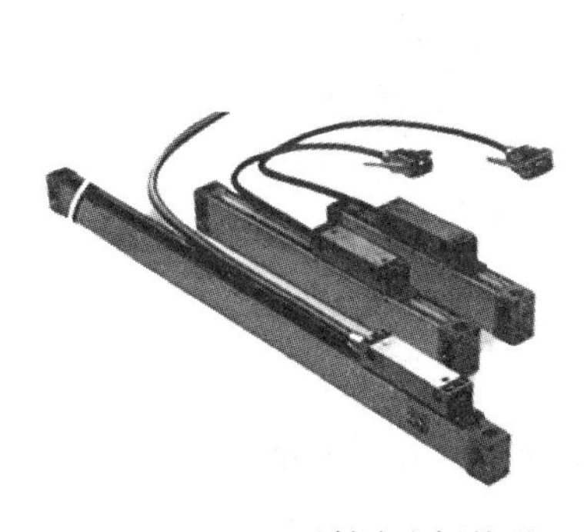

(a)反射式光栅外形

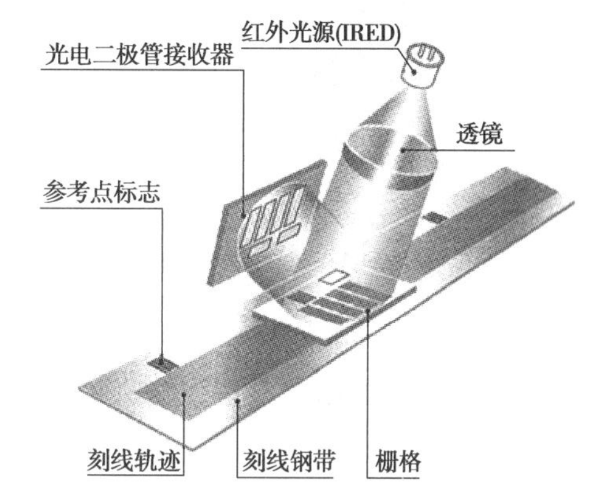

(b)反射式光栅结构图

图13.9　反射式光栅的外形及结构

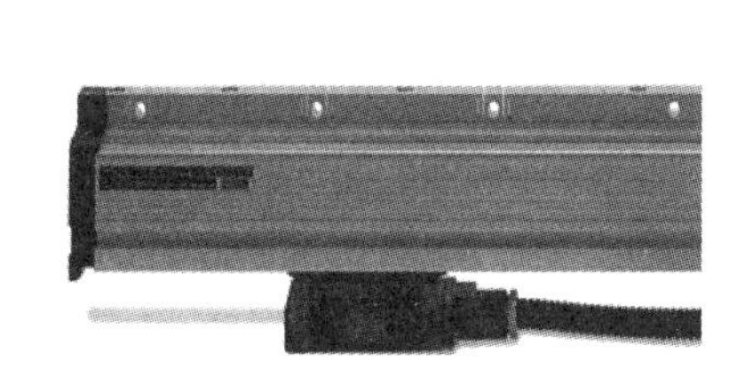

(a)透射式光删外形

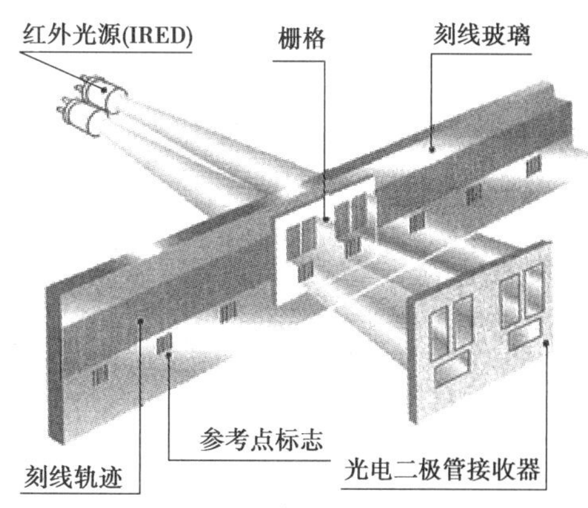

(b)透射式光删结构图

图13.10　透射式光栅的外形及结构

13.2.2　光栅数字传感器的工作原理

(1)莫尔条纹原理

莫尔条纹的成因是由主光栅和指示光栅的遮光和透光效应形成的。主光栅用于满足测量范围,可以移动也可以固定。通常,指示光栅是从主尺上截一段用于拾取信号,可以移动也可以固定。将主光栅与指示光栅刻画面相向放置,并且使两者栅线有很小的夹角 θ,这时必然会造成两光栅尺上的线纹相互交叉。在光源的照射下,交叉点附近的小区域内由于黑色线纹重叠,因而遮光面积最小,挡光效应最弱,光的累积作用使得这个区域出现亮带;相反,距交叉点较远的距离,因两光栅尺不透明的黑色条纹的重叠部分变得越来越少,不透明区域面积逐渐变大,即遮光面积逐渐变大,使得挡光效应变强,只有较少的光线能通过这个区域透过光栅,使这个区域出现暗带。这些与光栅线纹几乎垂直,相间出现的亮、暗带,就是莫尔条纹,如图 13.11 所示。

图 13.11　莫尔条纹结构示意图

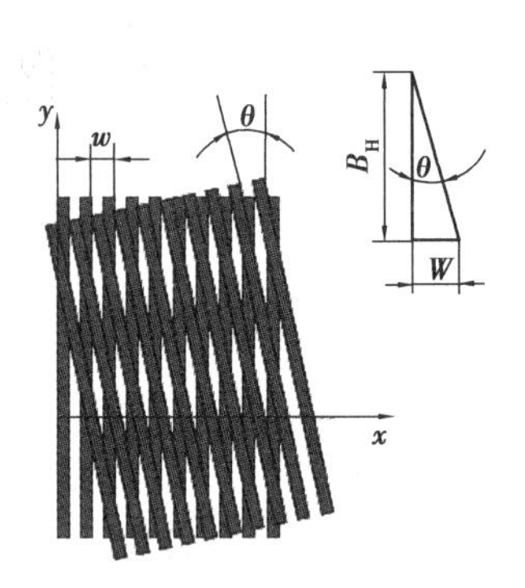

图 13.12　莫尔条纹的形成

(2)莫尔条纹的特点

①当用平行光束照射光栅时,透过莫尔条纹的光强度分布近似于余弦函数。

②根据相邻两条莫尔条纹间距 B 与栅距 w 及两光栅夹角 θ,如图 13.12 所示。它们之间的几何关系为

$$B = \frac{w}{2\sin\frac{\theta}{2}} \tag{13.6}$$

当 θ 角很小时,取 $\sin\theta\approx\theta$,式(13.6)可近似写为

$$B = \frac{w}{\theta} \tag{13.7}$$

若取 $w=0.01$ mm,$\theta=0.01$ rad,则上式可得 $B=1$ mm。这说明,无须复杂的光学系统和电子系统,仅利用光的干涉现象,就能将光栅的栅距转换成放大 100 倍的莫尔条纹的宽度。这种放大作用是光栅的一个重要特点。

③莫尔条纹的移动量和移动方向与主光栅相对于指示光栅的位移量和位移方向有着严格的对应关系。主光栅向右或向左运动一个栅距 w 时,莫尔条纹向下或向上移动一个条纹间距 B。当光栅改变运动方向时,莫尔条纹也随之改变运动方向,两者有相互对应的关系。因此,可以通过测量莫尔条纹的运动来判别光栅的运动。

④光电元件获取的莫尔条纹是光栅的大量删线(数百条)共同形成的,故莫尔条纹对光栅个别线纹之间的栅距误差具有平均效应,从而能在很大程度上消除栅距的局部误差及短周期误差的影响。个别栅线的栅距误差或断线以及瑕疵对莫尔条纹的影响微小,这是光栅传感器精度高的一个重要原因。

(3)光栅数字传感器的工作原理

光栅数字传感器主要由标尺光栅、指示光栅、光路系统和光电元件等组成。利用光栅的莫尔条纹现象,将被测几何量转换为莫尔条纹的变化,再将莫尔条纹的变化经过光电转换系统转

换成电信号,从而实现精密测量。光栅数字传感器的结构示意图如图 13.13 所示,其工作原理:标尺光栅的有效长度即为测量范围。必要时,标尺光栅还可延长。两光栅相互重叠,两者之间有微小的空隙 d(取 $d=W^2/\lambda$,W 为栅距,λ 为有效光波长),指示光栅固定,标尺光栅随着被测物体移动,即可实现位移测量。

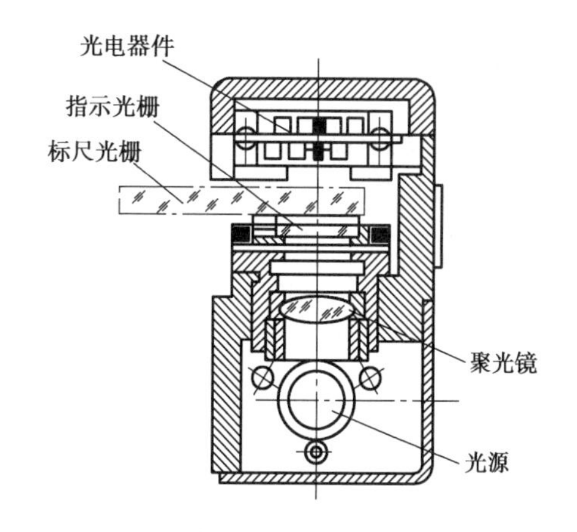

图 13.13　光栅数字传感器的工作原理图

(4)光电转换

当两块光栅作相对移动时,光敏元件上的光强随莫尔条纹移动而变化:在 a 处,两光栅刻线不重叠,透过的光强最大,光电元件输出的电信号最大。在 c 处,由于光被遮去一半,光强减小。在 d 处,光全被遮去而成全黑,光强为零。若光栅继续移动,透射到光敏元件上的光强又逐渐增大,如图 13.14 所示。

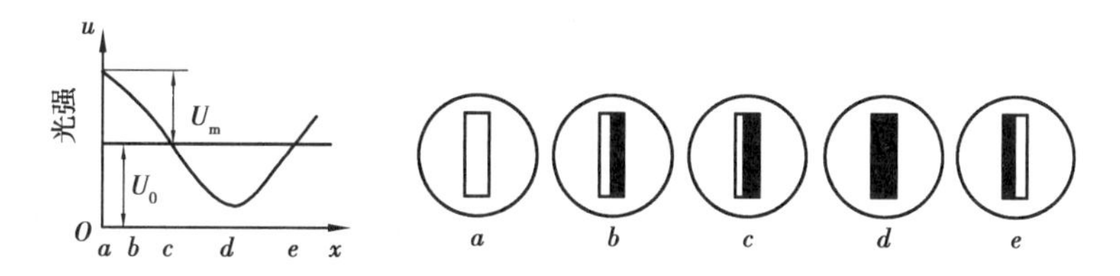

图 13.14　光电转换示意图

若用光电元件接收莫尔条纹移动时光强的变化,则光信号被转换为电信号(电压或电流)输出。当主光栅移动一个栅距 w 时,电信号则变化一个周期,光栅输出电压信号的幅值为光栅位移量 x 的函数,即

$$U = U_0 + U_m \sin\left(2\pi + \frac{2\pi x}{W}\right) \tag{13.8}$$

式中　U_0——输出信号中的直流分量;

U_m——输出交流信号的幅值;

x——两光栅间的相对位移。

当检测到的光电信号波形重复到原来的相位和幅值时,相当于光栅移动了一个栅距 w,如果光栅相对位移了 N 个栅距,此时位移为

$$x = NW \tag{13.9}$$

因此,只要记录移动过的莫尔条纹数 N,就知道光栅的位移量 x 值。计量光栅测量位移的原理图如图 13.15 所示。将该电压信号放大、整形,使其变为方波,经微分电路转换成脉冲信号,再经过辨向电路和可逆计数器计数,则可在显示器上以数字形式实时地显示出位移量的大小。

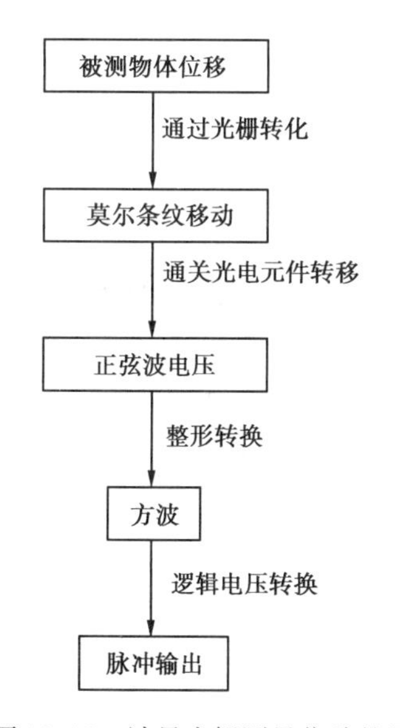

图 13.15　计量光栅测量位移的原理

13.2.3 辨向与细分电路

(1)辨向电路

在实际应用中,由于位移具有方向性,即位移有正负之分,如果采用一个光电元件则无法确定光栅的移动方向。为此,必须设置辨向电路,如图 13.16 所示。辨向电路的作用是在物体正向移动时,将得到的脉冲数累加,而物体反向移动时从已得到的脉冲数上减去反向得到的脉冲数,为了实现这种功能,在相隔 1/4 B_H 莫尔条纹间距的位置上安放两个光电元件,获得相位差为 90°的两个信号,然后送到辨向电路中处理,如图 13.17 所示。

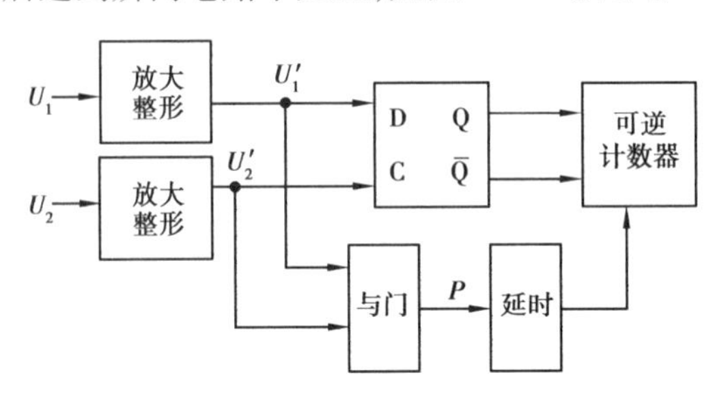

图 13.16 光栅辨向电路原理图

当标尺光栅向右(A'方向)移动时,图 13.17 中的莫尔条纹向下(B'方向)移动,辨向电路中的信号波形如图 13.18 所示,U_1'的相位滞后 U_2'90°,在位置 1,U_2'(接 D 触发器的 C 端)为上升沿,触发器的端锁存为 U_2'的状态,即 Q=0,可逆计数器为减法功能,在位置 2,与门的输出由 0 变为 1,计数器进行减 1 计数。可见,当标尺光栅右移一个栅距时,计数值-1。

同理,当标尺光栅向右(A 方向)移动时,图 13.17 中的莫尔条纹向上(B 方向)移动,U_1'的相位超前 U_2'90°,可逆计数器为加法功能,当标尺光栅左移一个栅距时,可逆计数器的计数值=+1。

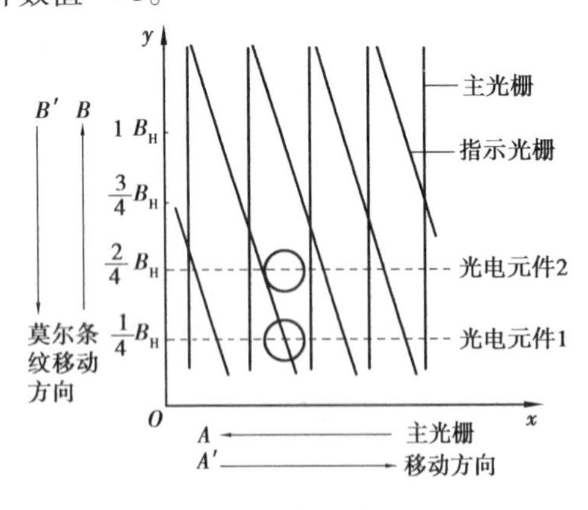

图 13.17 光栅辨向原理图

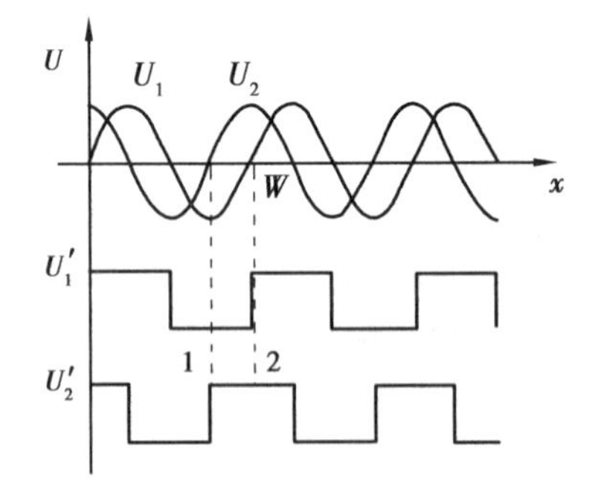

图 13.18 向右移动的波形

(2)细分电路

若以移过的莫尔条纹的数来确定位移量,其分辨力为光栅栅距。目前工艺水平,若进行高精度几何量测量(如纳米测量)无法实现。需要对栅距进一步细分,才可能获得更高的测量精度。为了提高分辨力和测得比栅距更小的位移量,可采用细分技术:它是在莫尔条纹信号变化的一个周期内,给出若干个计数脉冲来减小脉冲当量的方法。

细分方法有两类:机械细分和电子细分。机械细分是增加刻线密度,制造、安装及调试困难;电子细分是在一个莫尔条纹的间隔内,放置若干个光电元件,可得到多个不同相位的信号,提高计数脉冲数。

(3)四倍频细分法

在辨向原理中已知,在相差 $B_H/4$ 位置上安装2个光电元件,得到2个相位相差 $\pi/2$ 的电信号。同理,若在相差 $B_H/4$ 位置上安装4个光电元件,得到4个相位相差 $\pi/2$ 的电信号。将这4个依次相差 $\pi/2$ 的信号,进行整形后,则可在一个移动一个栅距的周期内得到4个计数脉冲,实现4倍频细分。这种方法的确定在于光电元件的数目不可能很多,因而细分的倍数不高。

(4)电阻链细分法

每一个输出分别接一个过零触发电路。在触发电路输出端产生相应的脉冲信号,其结构图如图13.19所示

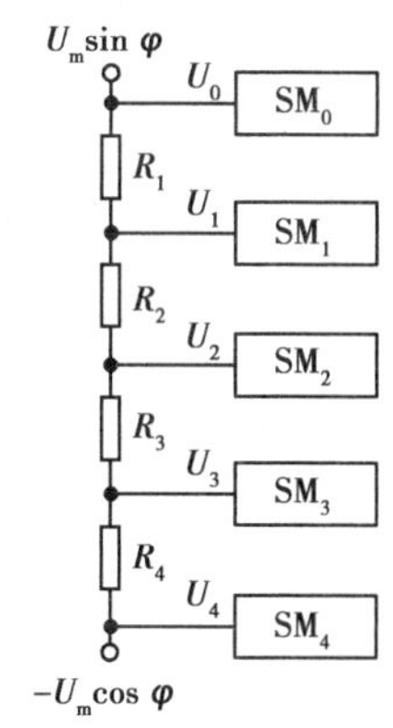

图13.19　电阻链路细分电路

13.3　流量的测量

13.3.1　流量的概念

流量(瞬时流量)是指单位时间内流过管道某一截面的流体的数量。

(1)累积流量(总流量)

累积流量是指某一时段内流过的流体的总合。该总量可以用在该段时间间隔内的瞬时流量对时间的积分而得到,故也称为积分流量。

(2)瞬时流量

瞬时流量是指在单位时间内流过管道某一截面的流体的量。

(3)流量的表示方法

①质量流量 q_m:单位时间内流过某截面的流体的质量,单位为kg/s。

②体积流量 q_v:单位时间内流过某截面的流体的体积(工作状态下) 单位为 m^3/s,即

$$q_m = q_v\rho \tag{13.10}$$

③体积流量 q_{vn}:折算到标准的压力和温度下的体积流量(标准状态下),即

$$q_{vn} = \frac{q_m}{\rho_n} \tag{13.11}$$

$$q_{vn} = \frac{q_v\rho}{\rho_n} \tag{13.12}$$

在流量测量中,必须准确地知道反映被测流体属性和状态的各种物理参数,如流体的密度、黏度、压缩系数等。对管道内的流体,还必须考虑其流动状况、流速分布等因素。生产过程中各种流体的性质各不相同,流体的工作状态及流体的黏度、腐蚀性、导电性也不同,很难用一种原理或方法测量不同流体的流量。尤其工业生产过程,其情况复杂,某些场合的流体是高

温、高压，有时是气液两相或液固两相的混合流体。因此，目前流量测量的方法很多，测量原理和流量传感器（或称流量计）也各不相同。

13.3.2 流量检测的主要方法

（1）容积法

在单位时间内以标准固定体积对流动介质连续不断地进行度量，以排出流体的固定容积数来计算流量。

容积法受流体流动状态影响较小，适用于测量高黏度、低雷诺数的流体。雷诺数是流体流动中惯性力与黏性力比值的量度，依据雷诺数的大小可以判别流动特征。但是，容积法不宜用于高温，赃、污的介质，上限很大，漏流和磨损的情况。

检测流量的容器有多种，典型的有椭圆齿轮流量计、差压式流量计、节流式流量计、涡轮流量计和超声波流量计等。

（2）速度法

速度法是应用最多的一种方法，通流截面积恒定时，截面上的平均流速与体积流量成正比，测出与流速有关的物理量就可以知流量的大小。

（3）测量平均流速的方法

①差压式。差压式又称节流式，利用节流件前后的差压和流速关系，通过差压值获得流体的流速。

②电磁式。导电流体在磁场中运动产生感应电势，感应电势大小与流体的平均流速成正比。

③旋涡式。流体在流动中遇到一定形状的物体会在其周围产生有规则的旋涡，旋涡释放的频率与流速成正比。

④涡轮式。流体作用在置于管道内部的涡轮上使涡轮转动，其转动速度在一定流速范围内与管道内流体的流速成正比。

⑤声学式。根据声波在流体中传播速度的变化得到流体的流速。

⑥热学式。利用加热体被流体的冷却程度与流速的关系来检测流速。

13.3.3 常用流量计

（1）椭圆齿轮流量计

椭圆齿轮流量计的测量本体由一对相互啮合的椭圆齿轮和壳体组成，这对椭圆齿轮在流量计进出口两端流体差压作用下，交替地相互驱动并各自绕轴作非匀角速度的旋转。

当被测介质从入口进入流量计时，椭圆齿轮在被测介质的压差 $\Delta p=p_1-p_2$ 的作用下，产生作用力矩使其转动。在图 13.20（a）所示位置时，由于 $p_1>p_2$，在 p_1 和 p_2 所产生的合力矩作用下使轮 A 产生顺时针方向转动，把轮 A 和壳体间月牙形容积内的液体排至出口，并带动轮 B 做逆时针方向转动，这时 A 为主动轮，B 为从动轮；在如图 13.20（b）所示的位置上，A 和 B 均为主动轮，两轮对都产生转矩，两轮继续转动，并逐渐将液体封入轮 B 和壳体所形成的月牙形容积内；而在图 13.20（c）所示位置上 p_1 和 p_2 作用在 A 轮上的合力矩为零，作用在 B 轮上的合力矩使 B 轮做逆时针方向转动，并把已吸入半月形容积内的介质排至出口，这时 B 为主动轮，A 为从动轮。如此循环往复，A、B 两轮交替带动，椭圆齿轮每转一周，向出口排出 4 个月牙

形容积的液体。通过机械的或其他的方式测出齿轮的转数，从而可得到被测流体的体积流量，即瞬时流量为

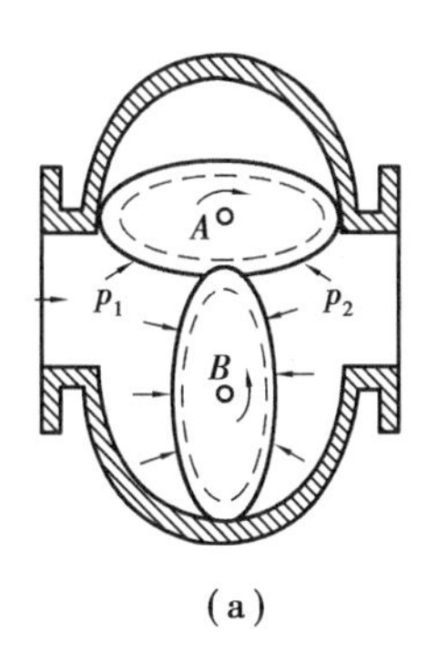

(a)

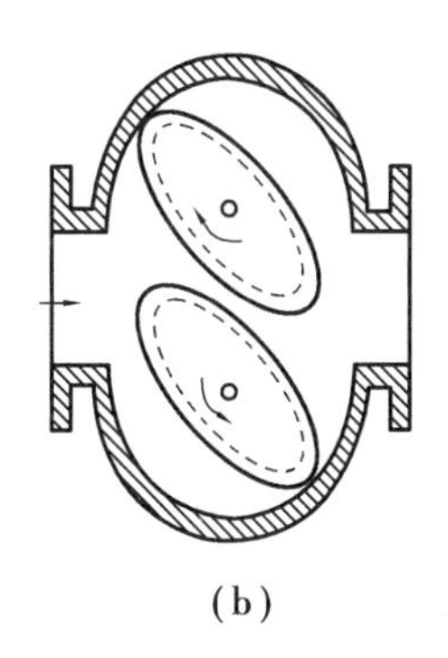
(b)

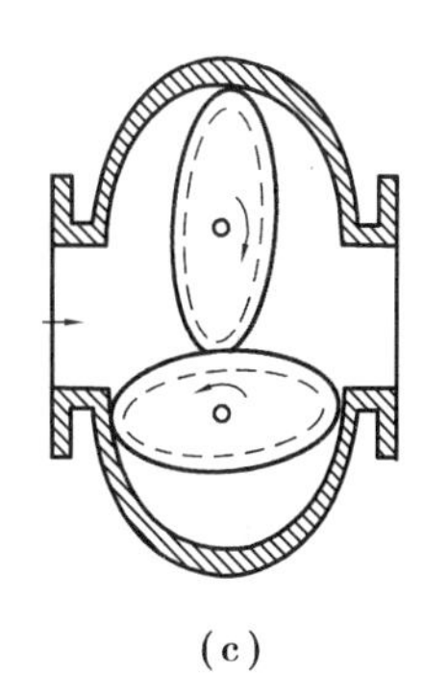
(c)

图 13.20　椭圆齿轮流量计工作原理

$$Q = 4NV \tag{13.13}$$

式中，N 为椭圆齿轮的转数，V 为每个月牙形容积的体积。只要测量出齿轮的转数 N，就可以确定通过流量计的流量大小。

椭圆流量计具有以下的特点：

流量测量与流体的流动状态无关，这是因为椭圆齿轮流量计是依靠被测介质的压头推动椭圆齿轮旋转而进行计量的。

黏度越大的介质，从齿轮和计量空间细缝中泄漏出去的泄漏量越小，因此，介质的黏度越大，泄漏误差越小。

椭圆齿轮流量计计量精度高，适用于高黏度介质流量的测量，但不适用于含有固体颗粒的流体，如果被测液体介质中夹杂有气体时，也会引起测量误差。

(2)刮板式流量计

刮板流量计是一种高精度的容积式流量计，较常见的凸轮式刮板流量计如图 13.21 所示。

在流量计测量室内有 2 对或 3 对可旋转的刮板，在转子圆筒的槽内刮板沿径向滑动，在有压流体的作用下，推动刮板与转子旋转。刮板把流体连续不断地分割成单个的体积，然后利用驱动齿轮和计数指示机构计量出流体总量。

刮板式流量计由于结构的特点，能适用于不同黏度和带有细小颗粒杂质的液体，性能稳定，其计量精度可达 0.2%，压损小于椭圆齿轮和腰轮流量计，振动及噪音小，适合于中、大流量测量；但刮板流量计结构复杂，制造技术要求高，价格较高。

(3)伺服式容积流量计

伺服式的容积流量计，通过使流量计入出口差压保持接近于零的状态，消除泄漏，提高对小流量、低黏度流体的测量精度。伺服式容积式流量计是目前解决微小流量测量的较好仪表之一。

图 13.22 为伺服式腰轮流量计工作原理图。在流量计工作时，腰轮由伺服电机通过传动齿轮带动，伺服电机转动的快慢，随流体入出口压力差的大小而改变。导压管将入出口压力引至差压变送器，以测量入出口压差的变化，当入出口压差大于零时，差压变送器输出信号经放大后驱动伺服电机带动腰轮加快旋转，使流量计排出较大流量的流体，从而使压差趋近于零。

这种近于无压差的流量计,使泄漏量减小到最低限度,因而可以实现小流量的高精度测量,而且测量误差几乎不受流体压力、黏度和密度的影响。

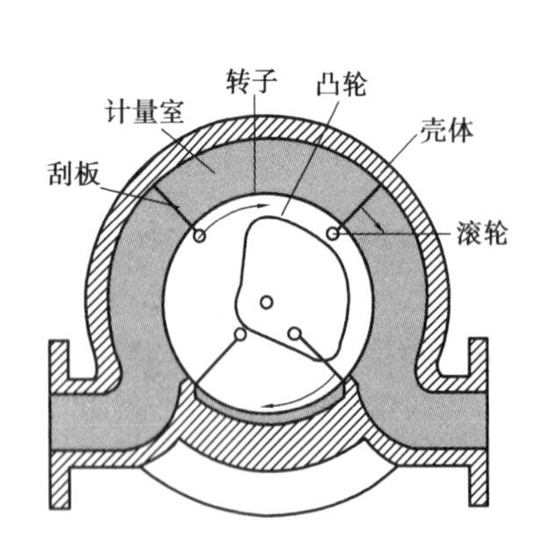

图 13.21　凸轮式刮板流量计

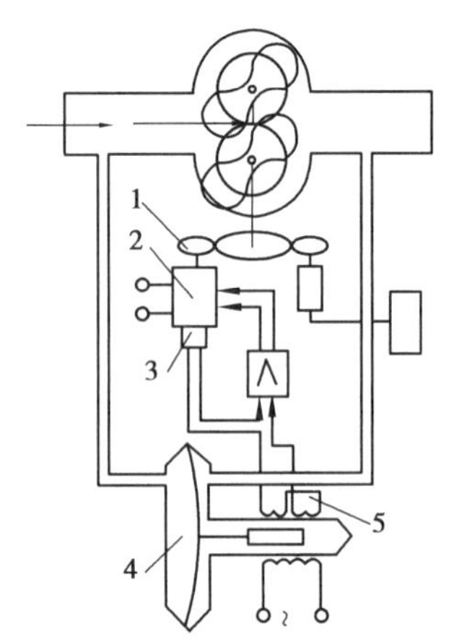

图 13.22　伺服式腰轮流量计工作原理示意图
1—传动齿轮;2—伺服电机;3—反馈测速发电机;
4—微差压变送器;5—差动变压器

(4)差压式流量计

差压式流量计基于流体在通过设置于流通管道上的流动阻力件(节流装置)时产生的压力差与流体流量之间的确定关系,通过测量差压值求得流体流量,故又称为节流式流量计。其可靠性好、标准化高、结构简单、使用寿命长,适应能力强,几乎能测量各种工况下的流量,在工业中被大量使用。节流式流量计是目前工业生产中用来测量液体、气体或蒸汽流量的最常用的一类流量仪表。由节流元件、引压管路、三阀组和差压计组成,如图 13.23 所示。

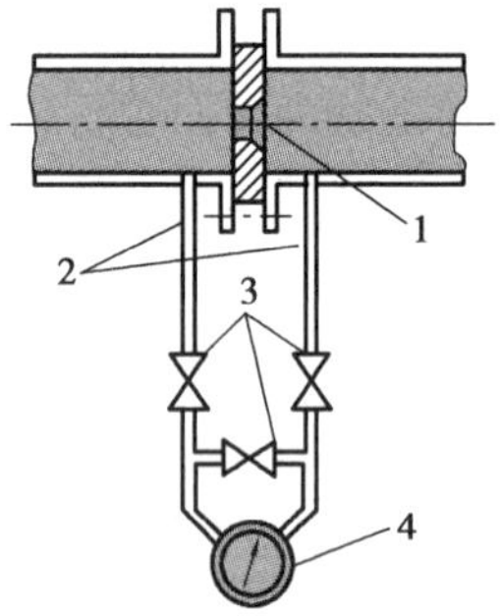

图 13.23　节流式流量计组成
1—节流元件;2—引压管路;
3—三阀组;4—差压计

节流元件:安装于管道中产生差压,节流元件前后的差压与流量成开方关系。

引压管路:取节流元件前后产生的差压,传送给差压计。

差压计:产生的差压转换成标准信号(4~20 mA)。

1)测量原理及流量方程

节流式流量计中产生差压的装置称节流装置,其主体是一个流通面积小于管道截面的局部收缩阻力件,称为节流元件。

当流体流过节流元件时产生节流现象,在节流元件两侧形成压力差,在节流元件、测压位置、管道条件和流体参数一定的情况下,节流元件前后压力差的大小与流量有关。因此,可以通过测量节流元件前的差压来测量流量。流体流经节流元件时的压力、速度变化情况如图 13.24 所示。从图中可见,稳定流动的流体沿水平管道流动到节流件前截面正之后,流束开始收缩,位于边缘处的流体向中心加速,流束中央的压力开始下降。由于流动有惯性,流束收缩到最小截面的位置不在节流件处,而在节流件后的截面 2 处(此位置随流量大小而变),此处的流速 u_2 最大,压力 p_2 最低。过截面 2 后,流束逐渐扩大。在截面 3 处,流束充满管道,流体速度恢复到节流前的速度($u_2=u_3$)。由于流体流经节流件时会产生漩涡及沿程的摩擦阻力等造成能量损失,此压力 p_3 就不能恢复到原来的数值 p_1。p_1 与 p_3 的差值 δ_p 称为流体流经节流件的压力损失。

节流元件前后差压与流量之间的关系,即节流式流量计的流量方程可由伯努利方程和流动连续方程推出:设管道水平放置,对于截面 1、2,由于

$$Z_1 = Z_2 \tag{13.14}$$

所以

$$\frac{p_1}{\rho_2} + \frac{u_1^2}{2} = \frac{p_2}{\rho_2} + \frac{u_2^2}{2} \tag{13.15}$$

$$q_v = K_{qv}\sqrt{\Delta p} \tag{13.16}$$

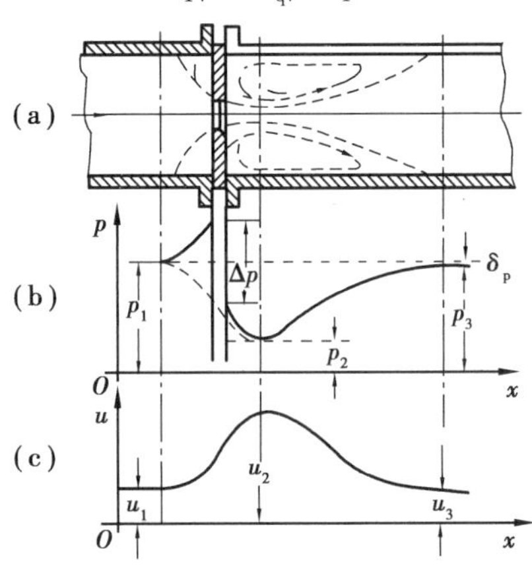

图 13.24　流体流经节流件时压力和流速变化情况

2)节流装置

节流装置按其标准化程度可分为:标准节流装置和非标准节流装置两大类。

标准节流装置是指按照标准文件设计、制造、安装和使用,无须经实际流体校准,即可确定其流量值并估算流量测量误差,如标准孔板、标准喷嘴等。

非标准节流装置是指在流量测量中,常碰到一些特殊流体或特殊测量情况,如高黏度、易结晶、易沉淀或液固混合物等。若仍用上述标准节流装置测量流量,则流量误差大甚至无法测量,这时要采用圆喷嘴、双重孔板等一些特殊的节流装置。

标准节流装置的适用条件:流体必须是流动流体,在物理学和热力学上是均匀的、单相的,或者可认为是单相的流体。流体必须充满管道和节流装置且连续流动,流经节流元件前流动应达至充分紊流,流束平行于管道轴线且无旋转,流经节流元件时不发生相变。流动是稳定的或随时间缓变的,不适用于脉动流和临界流的流量测量,流量变化范围也不能太大(一般最大流量与最小流量之比值不超 3∶1)。

3)节流装置的取压方式

根据节流装置取压四位置可将取压方式分为五种:理论取压、角接取压、法兰取压、径距取压和损失取压,如图 13.25 所示。

径距取压法与理论取压法的下游取压点均在流束的最小截面区域内,而流束的最小截面是随流量而变的。理论取压法的上游取压孔中心与孔板前端面的距离为$(1\pm0.1)D$,下游取压孔中心与孔板后端面的距离随孔板孔径与管道内径的比值的不同而异,为$(0.34\sim0.84)D$,如图 13.25 所示的 1—1;角接取压法的取压孔紧靠孔板的前后端面,如图 13.25 所示的 2—2;法

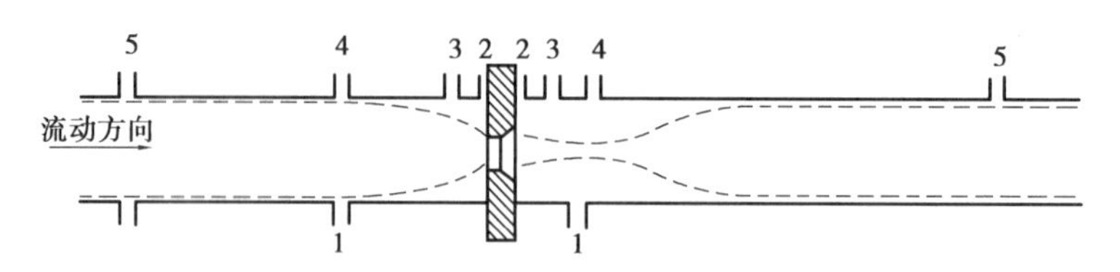

图 13.25 节流装置的取压方式

1—1 理论取压;2—2 角接取压;3—3 法兰取压;4—4 径距取压;5—5 损失取压

兰取压法上下游取压孔中心与孔板前后端面的距离均为 25.4 mm,如图 13.25 所示的 3—3;径距取压法上游取压孔中心与孔板前端面的距离为 $1D$,下游取压孔中心与孔板后端面的距离为 $0.5D$,如图 13.25 所示的 4—4;损失取压法直接在管道上开孔,上游取压孔距孔板前端而为 $2.5D$,下游取压孔距孔板后端面为 $8D$,如图 13.25 所示的 5—5。

4)差压计

差压计与节流装置配套组成节流式流量计。差压计经导压管与节流装置连接,接受被测流体流过节流装置时所产生的差压信号,并根据生产的要求,以不同信号形式把差压信号传递给显示仪表,从而实现对流量参数的显示、记录和自动控制。

差压计的种类很多,凡可测量差压的仪表均可作为节流式流量计中的差压计使用。目前,工业生产中大多数采用差压变送器。它们可将测得的差压信号转换为 0.02 ~0.1 MPa 的气压信号和 4 ~20 mA 的直流电流信号。

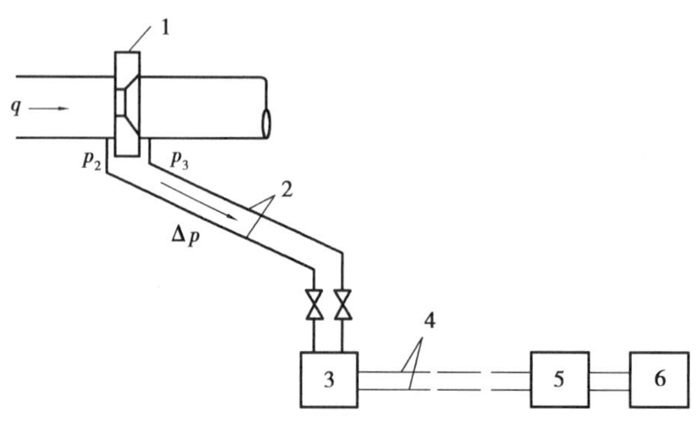

图 13.26 差压式流量检测系统结构示意图

1—节流装置;2—压力信号管路;3—差压变送器;

4—电流信号传输线;5—开方器;6—显示仪表

如图 13.26 所示,介质为液体时,差压变送器应装在节流装置下面,取压点应在工艺管道的中心线以下引出(下倾 45°左右),导压管最好垂直安装,否则也应有一定斜度。当差压变送器放在节流装置之上时,应在连接管路的最高点处安装带阀门的集气器,在最低点处安装带阀门的沉降器。图中开方器是一种输出与输入变量的平方根成比例的装置,与检测流量成平方关系的差压变送器配合,对输出信号进行开方运算,以便线性地反映出变量的数值。

介质为气体时,差压变送器应装在节流装置的上面, 防止导压管内积聚液滴,取压点应在工艺管道的上半部引出。

介质为蒸汽时,应使导压管内充满冷凝液,因此,在取压点的出口处要装设凝液罐,其他安装同液体。

介质具有腐蚀性时,可在节流装置和差压变送器之间装设隔离罐,内放不与介质有互溶的隔离液来传递压力，或采用喷吹法等。

YJLB型一体化节流式流量计将节流装置和差压变送器做成一体，继承了节流装置的优点，结构紧凑，成套性好，故障率低，使用安装方便，动态特性好，提高了测量精度，可满足各种流量测量的需要，结构如图13.27所示。

图13.27　YJLB型一体化节流式流量计

（5）转子流量计

转子流量计又称浮子流量计。它也是利用节流原理测量流体的流量，但在测量过程中节流元件前后的差压值基本保持不变，而通过节流面积的变化反映流量的大小，故也称恒压降变截面流量计。

根据流体连续性方程和伯努利方程，转子流量计的体积流量可表示为

$$q_v = aA\sqrt{\frac{2}{\rho}\Delta p} \tag{13.17}$$

式中　a——流量系数；

A——转子与锥形管间的环形流通面积；

Δp——差压。

转子在锥形管中的受力平衡条件为

$$A_f \Delta p = V_f(\rho_f - \rho)g \tag{13.18}$$

式中　A_f、V_f——转子的迎流面积和体积；

ρ_f——转子的密度；

g——重力加速度。

环形流通面积A的大小由转子和锥形管尺寸所决定，即

$$A = \frac{\pi}{4}(D^2 - D_f^2) \tag{13.19}$$

式中　D——转子所在处锥形管内径；

D_f——转子的最大直径。

若锥形管设计时保证在零刻度处$D = D_f$，锥形管锥角为φ，转子高度为h，因为锥角φ很小，则A可近似表示为

$$A = \pi D_f h \tan\varphi \tag{13.20}$$

体积流量推导为

$$q_v = a\pi D_f h \tan\varphi\sqrt{\frac{2V_f(\rho_f - \rho)g}{\rho A_f}} \tag{13.21}$$

转子流量计具有结构简单、使用方便、价格便宜、量程比大、刻度均匀、直观性好等特点，可测量各种液体和气体的体积流量，并将所测得的流量信号实时显示或变成标准的电信号或气信号远距离传送。

转子流量计主要由转子、锥形管及支撑连接部分组成，如图13.28所示。

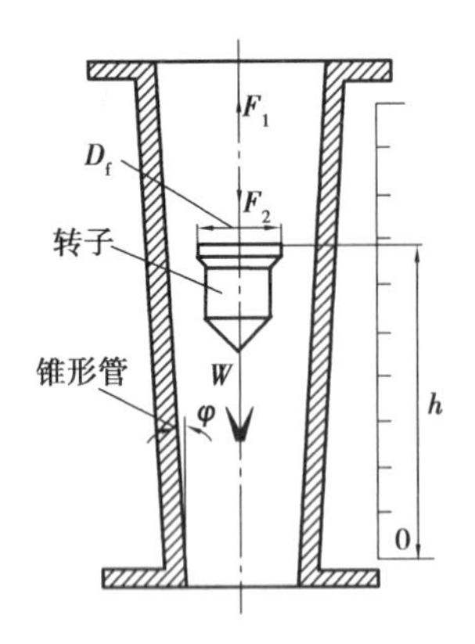

图 13.28 转子流量计测量原理图

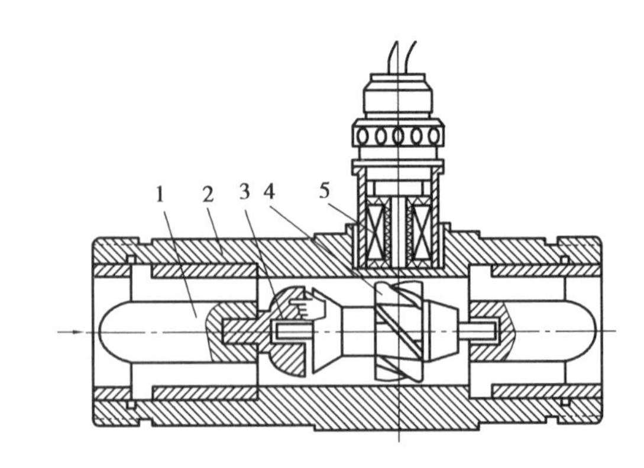

图 13.29 涡轮流量计的结构图

1—导流器;2—外壳;3—轴承;4—涡轮;5—磁电转换器

(6)涡轮流量计

涡轮流量计是一种典型的速度式流量计。它具有测量精度高、反应快和耐压高等特点,因而在工业生产中应用日益广泛,其结构图如图 13.29 所示。

导流器包括前流导器和后流导器是用来稳定流体的流向,防止因流体的漩涡而改变流体与涡轮叶片的作用角,从而保证其精度,还可以支撑涡轮。涡轮是用高导磁系数的不锈钢材料制成,涡轮芯上装有螺旋形叶片,流体作用于叶片上,使之转动。电磁转换装置安装在流量计的壳体上,由线圈和磁钢组成,用以将涡轮的转速转换成相应的电信号,以供给前置放大器进行放大。整个涡轮流量计安装在外壳上,外壳是由非导磁的不锈钢制成、两端与流体管道相连接。

1)流量方程

当涡轮稳定旋转时,叶片的切向速度为

$$u_s = \omega R \tag{13.22}$$

在一定的雷诺数 Re 范围内,体积流量 q_v 与旋涡的频率 f 呈线性关系。只要测出旋涡的频率 f 就能求得流过流量计管道流体的体积流量 q_v。

磁电转换器所产生的脉冲频率为

$$f = nZ = \frac{u \tan \theta}{2\pi R}Z \tag{13.23}$$

流体的体积流量方程为

$$q_v = uA = \frac{2\pi RA}{Z \tan \theta}f = \frac{f}{\xi} \tag{13.24}$$

2)涡轮流量计的特点和使用

涡轮流量计可用以测量气体、液体流量,但要求被测介质洁净,并且不适用于对黏度大的液体测量,其测量精度高。

旋涡流量计的输出信号是与流量成正比的脉冲频率信号或标准电流信号,可以远距离传输,而且输出信号与流体的温度、压力、密度、成分、黏度等参数无关。该流量计量程比宽,结构简单,无运动件,具有测量精度高、应用范围广、使用寿命长等特点。

(7)靶式流量计

靶式流量计属于压差式流量计,是一种适用于测量高黏度、低雷诺数流体流量的流量测量仪表,如用于测量重油、沥青、含固体颗粒的浆液及腐蚀性介质的流量。

靶式流量计由检测(传感)和转换部分组成,检测部分包括放在管道中心的圆形靶、杠杆、密封膜片和测量管。如图13.30所示,在被测管道中心迎着流速方向安装一个靶,当介质流过时,靶受到流体的作用力。此作用力与流速之间存在着一定关系,通过测量靶所受作用力,可以求出流体流速与流量。这个力由两部分组成:一部分是流体和靶表面的摩擦力,另一部分是由于流束在靶后分离,产生压差阻力。这两者相比较,后者是主要的。

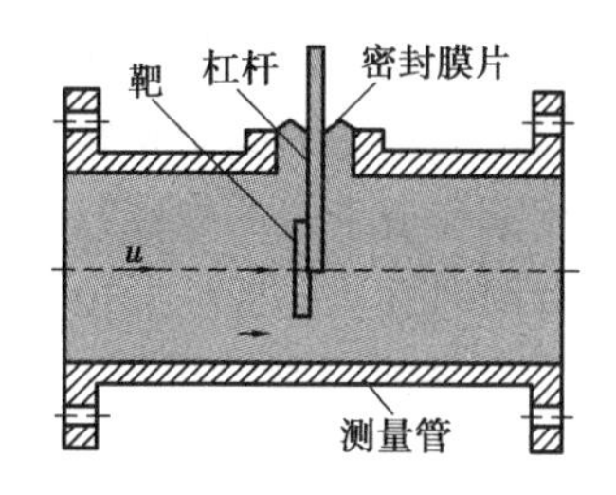

图13.30　靶式流量计工作原理图

流体对靶的作用力

$$F = k\frac{\rho}{2}u^2 A_B \tag{13.25}$$

式中　k——阻力系数;

A_B——靶和管壁间环面积中的平均流速;

ρ——介质密度。

(8)**电磁流量计**

电磁流量计是工业中测量导电流体常用的流量计,它能够测量酸、碱、盐溶液以及含有固体颗粒(如泥浆)或纤维液体的流量。电磁流量计是基于法拉第电磁感应原理制成的一种流量计,其测量原理如图13.31所示,被测导电流体在磁场中沿垂直于磁力线方向流动而切割磁力线时,在对称安装在流通管道两侧的电极上将产生感应电势,磁场方向、电权及管道轴线三者在空间互相垂直,其电势E的大小与被测液体的流速有确定的关系,即

$$E = BDu \tag{13.26}$$

式中　B——磁感应强度;

D——管道内径;

u——流体平均流速。

流体流量方程为

$$q_v = \frac{1}{4}\pi D^2 u = \frac{\pi D}{4B}E = \frac{E}{k} \tag{13.27}$$

式中,$k=\frac{4B}{\pi D}$称为仪表常数。对于确定的电磁流量计,k为定值。

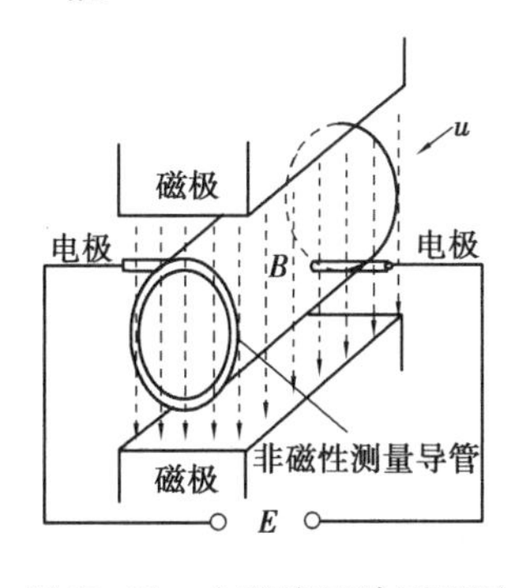

图13.31　电磁流量计原理图

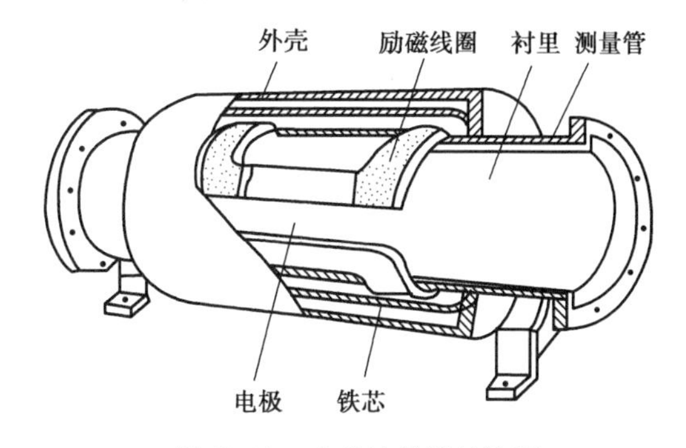

图13.32　电磁流量计结构图

电磁流量计的结构如图13.32所示。其中,励磁线圈和磁轭构成励磁系统,以产生均匀和

具有较大磁通量的工作磁场。为避免磁力线被测量导管管壁短路,并尽可能地降低涡流损耗,测量管由非导磁的高阻材料制成,一般为不锈钢、玻璃钢或某些具有高电阻率的铝合金。导管内壁用搪瓷或专门的橡胶、环氧树脂等材料作为绝缘衬里,使流体与测量导管绝缘并增加耐腐蚀性和耐磨性。电极一般由非导磁的不锈钢材料制成,测量腐蚀性流体时,多用铂铱合金、耐酸钨基合金或镍基合金等。电极嵌在管壁上,若导管为导电材料,必须和测量导管很好地绝缘。电极应在管道水平方向安装,以防止沉淀物堆积在电极上而影响测量精度。电磁流量计的外壳用铁磁材料制成,以屏蔽外磁场的干扰,保护仪表。

(9)超声波流量计

超声波测流量为非接触测量,具有不受被测介质导电性、腐蚀性、黏稠度的影响。

1)测量原理

超声波在流体中的传播速度与流体的流速 v 有关,假设超声波在静止的流体中的传播速度为 c,则当超声波的传播方向与流体的流动方向相同时,其传播速度为 $c+v$,而当超声波的传播方向与流体的流动方向相反时,其传播速度为 $c-v$,如图 13.33 所示,图中 T 表示超声波发射探头,R 表示超声波接收探头。因此,可利用超声波在流体中顺流与逆流传播的速度变化来测量流体的流速 v,进而求得流过管道的流量。

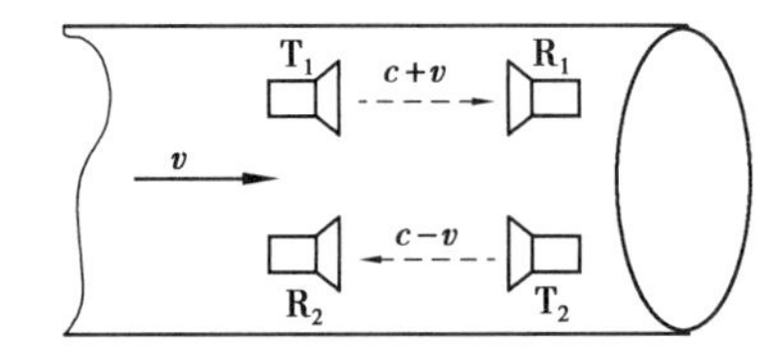

图 13.33　超声波在顺流和逆流情况下的传播速度

①时差法

时差法通过测量超声波脉冲在顺流和逆流情况下,传播相同距离时产生的时间差 Δt 来推导出流体的流速 v。

如图 13.34 所示,在管道外安装一对距离为 L 的超声波收发一体化探头 T_1/R_1 和 T_2/R_2,先测量顺流情况下 T_1/R_1 探头发射的超声波到达 T_2/R_2 探头的时间 t_1,即

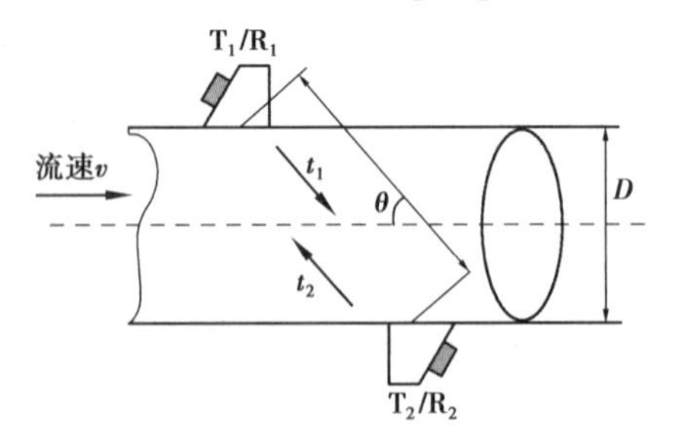

图 13.34　时差法测量原理

$$t_1 = \frac{L}{c + v\cos\theta} \tag{13.28}$$

再测量逆流情况下 T_2/R_2 探头发射的超声波到达 T_1/R_1 探头的时间 t_2,即

$$t_2 = \frac{L}{c - v\cos\theta} \tag{13.29}$$

顺流和逆流两种情况下，超声波传输的时间差为

$$\Delta t = |t_1 - t_2| = \frac{2Lv\cos\theta}{c^2 - v^2\cos^2\theta} \tag{13.30}$$

由式(13.30)可知，时差法测量存在一定的非线性，当流体的流速相对声速而言很小，即 $c \gg v\cos\theta$ 时，可忽略非线性误差，则

$$\Delta t = \frac{2Lv\cos\theta}{c^2} \tag{13.31}$$

进而推导出流速 v 为

$$v \approx \frac{c^2\Delta t}{2L\cos\theta} \tag{13.32}$$

假设管道直径为 D，则体积流量为

$$Q_V = \frac{\pi D^2}{4}v = \frac{\pi D^2}{4}\cdot\frac{c^2\Delta t}{2L\cos\theta} = \frac{\pi Dc^2}{8}\cdot\tan\theta\cdot\Delta t \tag{13.33}$$

由于声波在不同性质的流体中的传播速度 c 差别较大且易受温度干扰的影响，因此在测量流量前宜提前精确测量声波的传输速度 c，这样会增加一定的工作量。

②频差法

频差法是通过测量顺流和逆流时超声脉冲的循环频率之差来测量流量，其基本原理如图13.35所示。同样采用一对安装在管道外距离为 L 的超声波收发一体化探头 T_1/R_1 和 T_2/R_2，并配合相应的控制电路组成。

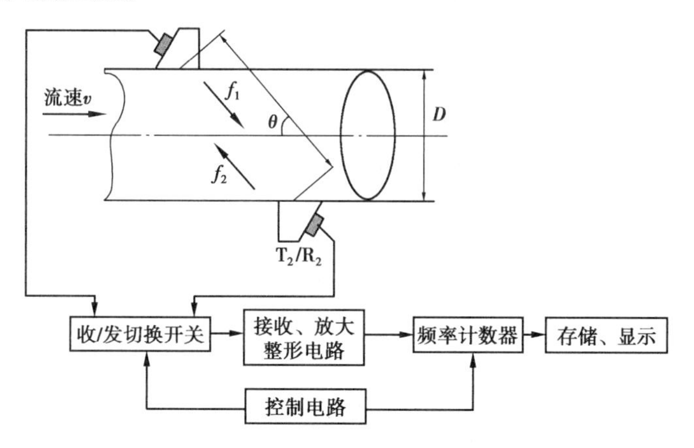

图13.35　频差法测量原理

首先，控制电路设置收/发切换开关，使 T_1/R_1 工作于发射模式，而 T_2/R_2 工作于接收模式，由时差法原理可知，经过式(13.28)所示的时间 t_1 后，R_2 探头将接收到 T_1 探头发射的超声波脉冲并转换成电脉冲；然后，一方面电脉冲经放大、整形后由频率计数器进行计数，另一方面控制电路将发出一个控制信号至 T_1 探头触发一个新的超声脉冲，不断重复，使得每一个超声脉冲都是由前一个接收信号脉冲所触发而形成"声循环"，由于控制信号的传输速度远远大于超声波的传输速度，其传输时间可以忽略不计，这样经过一段时间后，可由频率计数器计算出顺流时的声循环频率为

$$f_1 = \frac{1}{t_1} = \frac{c + v\cos\theta}{L} \tag{13.34}$$

然后,控制电路设置收/发切换开关,使 T_2/R_2 工作于发射模式,而 T_1/R_1 工作于接收模式,同样由频率计数器计算出逆流时的声循环频率为

$$f_2 = \frac{1}{t_2} = \frac{c - v\cos\theta}{L} \tag{13.35}$$

两循环之间的频率差为

$$\Delta f = f_1 - f_2 = \frac{2v\cos\theta}{L} \tag{13.36}$$

综上所述,可用频差法计算出管道内的体积流量为

$$Q_V = \frac{\pi D^2}{4}v = \frac{\pi D^2}{4}\cdot\frac{L\cdot\Delta f}{2\cos\theta} = \frac{\pi D^3}{4\sin 2\theta}\cdot\Delta f \tag{13.37}$$

可见,频差法测流量的线性度较好,且与超声波的传播速度 c 无关,抗干扰能力较强。但是,频差法需要每个声循环持续一段时间才能较为准确地测量循环频率,因此,花费的测量时间较时差法要长。

2)特点与应用

超声波流量计的最大优点在于:采用非接触式测量方式,不易受被测介质特性的干扰,已广泛应用于大口径管路的液体流量测量,以及蒸汽、空气、煤气等无液体介质的测量。

超声流量计由超声换能器、电子线路及流量显示系统组成。超声换能器通常由铬钛酸铅陶瓷等压电材料制成,通过电致伸缩效应或压电效应来发射和接收超声波;流量计的电子线路包括发射、接收电路和控制测量电路,显示系统可显示瞬时流量和累积流量。

超声波流量计的测量精度受换能器安装方式的影响较大,换能器大致有三种结构形式:夹装型、插入型和管道型。换能器在管道上的主要配置方式如图 13.36 所示,Z 式(又称单声道式)是最常见的方式,装置简单,适用于有足够长的直管段,流速分布为管道轴对称的场合;V 式适用于流速不对称的流动流体的测量;当安装距离受到限制时,可采用 X 式。换能器一般均交替转换作为发射和接收器使用。

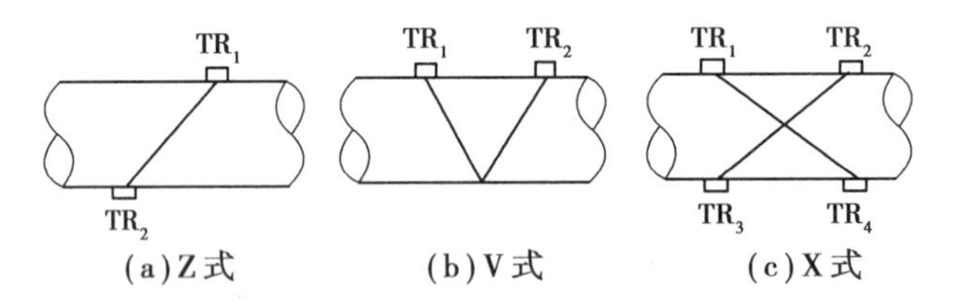

图 13.36 超声换能器在管道上的配置方式

在安装时,要求测量点附近不能有泵、阀门等震动较大的器件存在,以避免干扰换能器的工作。确定好安装位置后,应在换能器与管道之间涂抹耦合剂。

本章小结

本章对感应同步器的工作原理及应用,光栅传感器的工作原理及应用,流量的测量方法等方面阐述。

①感应同步器是应用电磁感应原理来测量直线位移或转角位移的一种器件。感应同步器具

有以下特点:广泛用于雷达天线定位、程控数控机床及高精度重型机床及加工中测量装置等;可作大范围的位移测量;制造成本低,安装使用方便;对工作环境条件要求不高,抗干扰能力强。

②光栅数字传感器主要由标尺光栅、指示光栅、光路系统和光电元件等组成,利用光栅的莫尔条纹现象,将被测几何量转换为莫尔条纹的变化,再将莫尔条纹的变化经过光电转换系统转换成电信号,从而实现精密测量。

③流量的测量方法主要有容积发和速度发,常用的流量计有椭圆齿轮流量计、刮板式流量计、伺服式容积流量计、差压式流量计、节流式流量计、转子流量计、涡轮流量计、耙式流量计、电磁流量计和超声波流量计。

习　题

13.1　光栅传感器的基本原理是什么?

13.2　透射式光栅传感器的莫尔条纹是怎样产生的?条纹间距、栅距和夹角的关系是什么?

13.3　怎样理解光栅的误差平均特性?

13.4　如何实现提高光电式编码器的分辨率?

13.5　简述差压式流量计、涡轮流量计的工作原理。

13.6　如何用超声波测量流量?

参考文献

[1] 叶湘滨,熊飞丽,张文娜,等. 传感器与测试技术[M]. 北京:国防工业出版社,2007.

[2] 李晓莹. 传感器与测试技术[M]. 2 版. 北京:高等教育出版社,2019.

[3] 周杏鹏. 现代检测技术[M]. 2 版. 北京:高等教育出版社,2010.

[4] 周杏鹏. 传感器与检测技术[M]. 北京:清华大学出版社,2010.

[5] 陈杰,黄鸿. 传感器与检测技术[M]. 2 版. 北京:高等教育出版社,2010.

[6] 刘迎春,叶湘滨. 传感器原理、设计及应用[M]. 5 版. 长沙:国防科技大学出版社,2015.

[7] 朱明武,李永新,卜雄洙. 测试信号处理与分析[M]. 北京:北京航空航天大学出版社,2008.

[8] 范云霄,隋秀华. 测试技术与信号处理[M]. 2 版. 北京:中国计量出版社,2006.

[9] 俞金寿,孙自强. 过程自动化及仪表[M]. 3 版. 北京:化学工业出版社,2015.

[10] 王煜东. 传感器应用电路 400 例[M]. 北京:中国电力出版社,2008.

[11] 吕俊芳,钱政,袁梅. 传感器接口与检测仪器电路[M]. 北京:国防工业出版社,2009.

[12] 孟立凡,郑宾. 传感器原理及技术[M]. 北京:国防工业出版社,2005.

[13] 费业泰. 误差理论与数据处理[M]. 7 版. 北京:机械工业出版社,2017.

[14] 陈岭丽,冯志华. 检测技术和系统[M]. 北京:清华大学出版社,2005.

[15] 张靖,刘少强. 检测技术与系统设计[M]. 北京:中国电力出版社,2002.

[16] 杜维,张宏建,王会芹. 过程检测技术及仪表[M]. 3 版. 北京:化学工业出版社,2018.

[17] 梁国伟,蔡武昌. 流量测量技术及仪表[M]. 北京:机械工业出版社,2002.

[18] 雷玉堂. 光电检测技术[M]. 2 版. 北京:中国计量出版社,2009.

[19] 栾桂冬,张金铎,王仁乾. 压电换能器和换能器阵[M]. 北京:北京大学出版社,2005.

[20] 李希文,赵建,李智奇,等. 传感器与信号调理技术[M]. 西安:西安电子科技大学出版社,2008.

[21] 周乐挺. 传感器与检测技术[M]. 北京:高等教育出版社,2008.